CEMENTED MATERIAL DAMS: DESIGN AND PRACTICE. CEMENTED SOIL DAMS

BARRAGES EN MATÉRIAU CIMENTÉ: CONCEPTION ET RÉALISATION. BARRAGES EN SOL CIMENTÉ

INTERNATIONAL COMMISSION ON LARGE DAMS
COMMISSION INTERNATIONALE DES GRANDS BARRAGES
6 Quai Watier - 78400 Chatou
http://www.icold-cigb.org.

Cover illustration: construction of the 17 m high zoned cofferdam for the protection of the rehabilitation works of the Pannecière Dam (France 2011 – 2013). Core material: untreated granite arena; Carapace: granite arena treated with 4% hydraulic road binder.
Couverture: construction du batardeau de 17 m de haut pour la protection des travaux de réhabilitation du barrage de Pannecière (France 2011 – 2013). Noyau: enceinte en granite non-traité; Carapace: enceinte en granite traité avec 4% de liant hydraulique routier.

CRC Press/Balkema is an imprint of the Taylor & Francis Group, an informa business

Typeset by CodeMantra

Published by: CRC Press/Balkema
Schipholweg 107C, 2316 XC Leiden, The Netherlands
e-mail: Pub.NL@taylorandfrancis.com
www.routledge.com – www.taylorandfrancis.com

Original text in English
French translation by CFBR
Layout by Nathalie Schauner

Texte original en anglais
Traduction en français par CFBR
Mise en page par Nathalie Schauner

ISBN: 978-1-032-88351-9 (Pbk)
ISBN: 978-1-003-54005-2 (eBook)

CEMENTED MATERIAL DAMS: DESIGN AND PRACTICE. CEMENTED SOIL DAMS

BARRAGES EN MATÉRIAU CIMENTÉ: CONCEPTION ET RÉALISATION. BARRAGES EN SOL CIMENTÉ

The Cemented Material Dam (CMD) is defined as a series of new dam types utilizing cementitious binder together with various natural or manufactured materials in the construction of a dam. The principles used to design the dam section are different from those used in conventional gravity, rockfill and embankment dams. CMD dams offer the possibility to build dams safely, quickly and economically in an environment-friendly way, to decrease the risk of overtopping failure and the associated flood caused as much as possible, as well as to adapt, in some of the CMD types of dams, conventional "concrete" gravity dam design to foundation conditions usually not acceptable for concrete gravity dam structures. CMD is still in an early stage of development. Further optimization is needed in material preparation, structural design and construction processes to achieve a more uniform level of safety, a cheaper way to build dams with respect to different local materials, and a faster way of construction for different dam foundations.

ICOLD Bulletin 195 is the second of a series of planned bulletins, and introduces material properties (binders, soils), properties of cemented soil, structural design of a Cemented Soil Dam (CSD), investigation, construction, quality control and performance.

Le barrage en matériaux cimentés (CMD) est défini comme une série de nouveaux types de barrages utilisant un liant cimentaire ainsi que divers matériaux naturels ou manufacturés dans la construction d'un barrage. Les principes utilisés pour concevoir la section du barrage sont différents de ceux utilisés dans les barrages-poids, en enrochement et en remblai conventionnels. Les barrages CMD offrent la possibilité de construire des barrages de manière sûre, rapide et économique dans le respect de l'environnement, de réduire autant que possible le risque de rupture de franchissement et les inondations associées provoquées, ainsi que de s'adapter, dans certains des types de CMD. Pour les barrages, la conception conventionnelle des barrages-poids en « béton » répond à des conditions de fondation généralement inacceptables pour les structures de barrages-poids en béton. CMD en est encore à ses premiers stades de développement. Une optimisation plus poussée est nécessaire dans la préparation des matériaux, la conception structurelle et les processus de construction pour atteindre un niveau de sécurité plus uniforme, une manière moins coûteuse de construire des barrages par rapport aux différents matériaux locaux et une méthode de construction plus rapide pour les différentes fondations des barrages.

ICOLD Bulletin 195 est le deuxième d'une série de bulletins prévus et présente les propriétés des matériaux (liants, sols), les propriétés du sol cimenté, la conception structurelle d'un barrage en sol cimenté (CSD), l'enquête, la construction, le contrôle qualité et les performances.

COMMITTEE CEMENTED MATERIAL DAMS

COMITÉ DES BARRAGES EN MATERIAU CIMENTÉ

(2013–2022)

Chairman/Président

China/Chine	Dr. Jinsheng JIA

Vice Chairman/Vice-Président

France	Mr. Michel LINO

Members/Membres

Austria/Autriche	Mr. Walter PICHLER
Spain/Espagne & Germany/Allemagne	Mr. Francisco ORTEGA
Greece/Grêce	Mr. Nikos MOUTAFIS (†)
Iran	Mr. Ali NOORZAD
Italy/Italie	Mr. Marco SCARELLA
Japan/Japon	Mr. Yoshida HITOSHI
Portugal	Mr. Armando CAMELO
Russia/Russie	Mr. S. YURIEV
South Africa/Afrique du Sud	Mr. David CAMERON-ELLIS
South Korea/Corée du Sud	Mr. Wan-Ho LEE
Sri Lanka	Mr. WICKRAMASOORIYA
Switzerland/Suisse	Mr. Matthias GOLZ
Turkey/Turquie	Mr. Ersan YILDIZ
United Kingdom/Royaume-Uni	Mr. Peter MASSON
United States/États-Unis	Mr. Terry ARNOLD

Co-opted Members/Membres co-optés

China/Chine	Mr. Feng JIN
	Ms. Cuying ZHENG
	Ms. Aili LI
France	Mr. François DELORME
	Mr. Daniel PUIATTI
Russia/Russie	Mr. MIKHAILOV

SOMMAIRE	CONTENTS

TABLE DES MATIERES

TABLE OF CONTENTS

TABLEAUX & FIGURES

TABLEAUX

TABLES & FIGURES

TABLES

FIGURES

FIGURES

AVANT-PROPOS

Le Barrage en Matériau Cimenté (CMD en anglais pour Cemented Material Dam) est défini comme une série de nouveaux types de barrages utilisant des liants cimentaires associés à divers matériaux naturels ou artificiels dans la construction de barrages. Les principes utilisés pour concevoir la section du barrage sont différents de ceux utilisés pour les barrages poids gravitaires en béton, en enrochement et en remblai. Ce nouveau type de barrage a été proposé par le Dr. Jia lors de la réunion du bureau de la CIGB en 2009 et le premier article sur le CMD a été publié dans les Actes du 6ème Colloque International sur les Barrages en Béton Compacté au Rouleau organisé en Espagne en 2012. L'intérêt de proposer et de développer le concept de CMD est de construire des barrages de manière sûre, rapide et économique tout en respectant l'environnement, de réduire autant que possible le risque de rupture par surverse et les inondations associées, ainsi que d'adapter, dans certains types de barrages en CMD, la conception conventionnelle des barrages-poids en béton à des conditions de fondation habituellement inacceptables pour les structures de barrages-poids en béton.

Un nouveau Comité Technique de la CIGB, nommé le Comité P sur les Barrages en Matériau Cimenté, a été proposé par le Dr. Jia en 2012 et formellement approuvé lors de l'Assemblée Générale de la CIGB en 2013. La première réunion du comité s'est tenue à Seattle aux États-Unis en 2013.

Le CMD est toujours à un stade précoce de développement. Il est nécessaire que les experts du monde entier développent davantage le concept et la technologie du CMD dans la pratique. Il est nécessaire d'optimiser davantage la préparation des matériaux, la conception structurelle et les processus de construction afin d'obtenir un niveau de sécurité plus uniforme, un moyen moins coûteux de construire des barrages en tenant compte des différents matériaux locaux, et un moyen plus rapide de construire les barrages quelles que soient leurs conditions de fondation.

D'après la définition du CMD, les barrages suivants pourraient être développés en continu sur la base du concept de CMD :

- Les barrages en Remblai Dur Symétrique à Masque (RDSM en français et FSHD en anglais pour Faced Symmetrical Hardfill Dam)
- Les barrages trapézoïdaux en sable et gravier cimentés (CSG en anglais pour Cemented Sand and Gravel)
- Les barrages en sable, gravier et roche cimentés (CSGR en anglais pour Cemented Sand, Gravel and Rock)
- Les barrages en blocs rocheux percolés par du béton autoplaçant (RFC en anglais pour Rock-Filled Concrete)
- Les barrages en sol cimenté (CSD en anglais pour Cemented Soil Dams)

Les concepts et principes de base du CMD ont été définis par le Comité P sous la direction de son président le Dr. Jia et de son vice-président M. Lino.

Ce bulletin est le second d'une trilogie de bulletins planifiés et préparés par le Comité P de la CIGB. Il est basé sur le concept des barrages en matériau cimenté (CMD) et traite le sujet du barrage en sol cimenté (CSD).

Un sous-comité dirigé par M. Lino et D. Puiatti (France) a été responsable de la préparation du bulletin CSD. Les travaux de recherche chinois ont été ajoutés par le Dr. Jia (Chine). D'importants commentaires, discussions et contributions ont été faits par les membres du Comité P et par les membres des Comité E et Comité LE. Une dernière réunion de révision présidée par le Dr Jia et Mr. Lino a été organisée le 24 janvier 2022. Le groupe chargé de la révision littéraire et responsable de l'édition

FOREWORD

The Cemented Material Dam (CMD) is defined as a series of new dam types utilizing cementitious binder together with various natural or manufactured materials in the construction of dam. The principles used to design the dam section are different from those used in conventional gravity, rockfill and embankment dams. The new type of dam was proposed by Dr. Jia during the board meeting of ICOLD in 2009 and the first paper on CMD was published in the Proceeding of 6th International Symposium on Roller Compacted Concrete Dams organized in Spain in 2012. The purpose of proposing and developing CMD is to build dam safely, quickly and economically in an environment-friendly way, to decrease the risk of overtopping failure and the associated flood caused as much as possible, as well as to adapt, in some of the CMD types of dams, conventional "concrete" gravity dam design to foundation conditions usually not acceptable for concrete gravity dam structures.

A new ICOLD Technical Committee, named Committee P on Cemented Material Dams, was proposed by Dr. Jia in 2012 and formally approved by the general assembly of ICOLD in 2013. The first committee meeting was held in Seattle, USA in 2013.

CMD is still in an early stage of development. It is necessary for experts worldwide to further develop the concept and technology of CMD in practice. Further optimization is needed in material preparation, structural design and construction processes to achieve a more uniform level of safety, a cheaper way to build dams with respect to different local materials, and a faster way of construction for different dam foundations.

According to the definition of CMD, the following dams could be continuously developed based on the concept and principle of CMD:

- Faced Symmetrical Hardfill Dams (FSHD)
- Cemented Sand and Gravel (CSG) dams
- Cemented Sand, Gravel and Rock (CSGR) dams
- Rock-Filled Concrete (RFC) dams
- Cemented Soil Dams (CSD)

The main concept and principle of CMD were defined by Committee P under the leadership of the chairman Dr. Jia and vice-chairman Mr. Lino.

This bulletin is the second of a series of planned bulletins prepared by ICOLD Technical Committee P. It is based on the concept of Cemented Material Dams and addresses the subject of Cemented Soil Dam (CSD).

A sub-committee headed by M. Lino and D. Puiatti (France) was responsible for preparing the CSD bulletin. The Chinese research works were included by Dr Jia (China). Important comments, discussions and contributions were made by Committee P members and Committee E and Committee LE members. A final review meeting headed by Dr. Jia and Mr. Lino was organized on 24th of January 2022. A language review group led by the French Committee was responsible for English language editing. The translation of the original English version into French is headed by the French Committee.

en langue anglaise a été dirigé par le Comité Français. La traduction de la version anglaise originale vers le français est dirigée par le Comité Français. Ce bulletin présente les propriétés des matériaux (liant, sol), les propriétés du sol cimenté, la conception structurelle du CSD, la phase d'étude, la construction, le contrôle de la qualité et les performances. La recherche continue et le cumul d'expérience en ingénierie restent importantes. Le comité technique sur le CMD espère que ce bulletin servira à informer les concepteurs de barrages sur la technologie applicable aux barrages CSD et qu'il les aidera à choisir les paramètres et les processus de conception et de construction appropriés.

Dr. J. S. Jia
Président
Comité des Barrages en Matériau Cimenté

This bulletin introduces material properties (Binders, soils), properties of cemented soil, structural design of CSD, investigation, construction, quality control and performance. Ongoing research and accumulation of engineering experience remain important. The technical committee on CMD hopes this Bulletin will serve to inform dam engineers about the technology applicable to CSD dams and will assist in the selection of appropriate design and construction parameters and processes.

Dr. J. S. Jia
Chairman,
Committee on Cemented Material Dams

REMERCIEMENTS

Ce Bulletin a été rédigé sous les auspices du Comité P des Barrages en Matériau Cimenté de la CIGB. Ce Bulletin a été initié et complété sous la présidence du Comité du Dr. J. S. Jia (Chine).

L'auteur principal du Bulletin est D. Puiatti (France). Le sous-comité de rédaction est composé des auteurs principaux suivants :

M. Lino (France), J. Jia (Chine), F. Ortega (Espagne/Allemagne), M. Scarella (Italie), C. Zheng et A. Li (Chine), avec l'assistance des membres du sous-Comité Français, P. Agresti, C. Alleon, S. Bonelli, P. Cochet, F. Delorme, J.-J. Fry, G. Herrier, V. Mouy, N. Nerincx.

Les personnes suivantes ont également apporté des contributions significatives :

C. K. Toh (Malaisie).

Une assistance éditoriale supplémentaire et des commentaires importants ont été fournis par les personnes suivantes :

J.-P. Tournier (Canada), D. Badenhorst (Afrique du Sud), R. Tourment (France). M. Bottema (Pays-Bas).

La traduction française du bulletin a été assurée par Fabien Koltz, Pierre Cochet et Daniel Puiatti.

ACKNOWLEDGEMENT

This Bulletin was drafted under the auspices of the ICOLD Committee P on Cemented Material Dams. The Bulletin was initiated and completed under the Committee Chairmanship of Dr. J. S. Jia (China).

The lead author of the Bulletin was D. Puiatti (France). The drafting sub-Committee comprised the following primary authors:

M. Lino (France), J. Jia (China), F. Ortega (Spain/Germany), A. Noorzad (Iran), M. Scarella (Italy), C. Zheng and A. Li (China), with assistance of the French sub-Committee members, P. Agresti, C. Alleon, S. Bonelli, P. Cochet, F. Delorme, J.-J. Fry, G. Herrier, V. Mouy, N. Nerincx, and the valuable contribution of Prof. O. Cuisinier (LEMTA-CNRS, University of Lorraine, Nancy).

Significant contributions were also provided by the following:

C. K. Toh (Malaysia).

Additional editorial assistance and important comments were provided by the following:

J.-P. Tournier (Canada), D. Badenhorst (South Africa), R. Tourment (France). M. Bottema (The Netherlands).

TERMINOLOGIE

Dans ce Bulletin, la terminologie et les abréviations suivantes sont utilisés :

Abréviation/terme/acronyme	Définition	Description/traduction
ASTM	American Society for Testing & Materials	Autorité de normalisation des États-Unis
CEN	European Committee for Standardization	Autorité européenne de normalisation
CM	Cementitious Materials	Ciment, chaux ou une combinaison des deux ou de plusieurs parmi les suivants : ciment, chaux, cendres volantes, matériaux cimentaires supplémentaires (SCM en anglais)
CMD	Cemented Material Dam	Barrage en Matériau Cimenté
CSD	Cemented Soil Dam	Barrage en Sol Cimenté, désigné auparavant comme Barrage en Sol Traité (TSD en anglais)
CSGD	Cemented Sand and Gravel Dam	Barrage en Sable Cimenté et Gravier
CSGRD	Cemented Sand, Gravel and Rock Dam	Barrage en Sable Cimenté, Gravier et blocs rocheux(R)
CVC	Conventional Vibrated Concrete	Béton de masse, consolidé par vibration immersive
EN	European standard	Acronyme placé devant le numéro d'une norme européenne
Hardfill dam	Un type de CMD provenant d'un barrage RCC	La section du barrage est trapézoïdale et avec un parement imperméable en amont. Aucun traitement des joints entre les couches n'est appliqué.
ICOLD	International Commission on Large Dams	Commission Internationale des Grands Barrages (CIGB)
ISO	International Organization for Standardization	Autorité de normalisation internationale
ISO/TS	Technical specification	Acronyme placé devant le numéro d'une spécification technique ISO
ISO/TR	Technical report	Acronyme placé avant le numéro d'un rapport technique ISO
RCC	Roller Compacted Concrete	Béton compacté au rouleau (BCR)
RFCD	Rock Filled Concrete Dam	Barrage en blocs rocheux percolés par du béton autoplaçant

TERMINOLOGY

Abbreviation/Term/Acronym	Definition	Description
ASTM	American Society for Testing & Materials	U.S.A. standards authority
CEN	European Committee for Standardization	European standards authority
CM	Cementitious Materials	Cement, lime, or a combination of two or several of the followings: cement, lime, fly ash and Supplementary Cementitious Materials (SCM)
CMD	Cemented Material Dam	
CSD	Cemented Soil Dam	Formerly designated as Treated Soil Dam (TSD)
CSGD	Cemented Sand and Gravel Dam	
CSGRD	Cemented Sand, Gravel, and Rock Dam	
CVC	Conventional Vibrated Concrete	Mass concrete, consolidated by immersion vibration
EN	European standard	Acronym placed before the number of a European Standard
Hardfill dam	A type of CMD originated from RCC	The dam section is trapezoidal and with an impermeable layer upstream. No inter-layer joint treatment is applied.
ICOLD	International Commission on Large Dams	
ISO	International Organization for Standardization	International standards authority
ISO/TS	Technical specification	Acronym placed before the number of an ISO Technical Specification
ISO/TR	Technical report	Acronym placed before the number of an ISO Technical report
RCC	Roller Compacted Concrete	
RFCD	Rock Filled Concrete Dam	

1. INTRODUCTION AU PRINCIPE DES CMD

1.1. POURQUOI PROPOSER LE CONCEPT DES BARRAGES EN MATÉRIAU CIMENTÉ

Alors que les barrages sont construits depuis des milliers d'années, les ingénieurs barragistes s'efforcent continuellement de développer de nouvelles technologies pour améliorer la sécurité et la rentabilité, tout en réduisant l'impact environnemental que représentent les barrages. Le développement systématique de diverses philosophies de construction de barrages a permis d'établir une base solide pour comprendre le comportement de ces barrages, ce qui a permis d'en construire de plus en plus hauts et d'améliorer considérablement leurs niveaux de sécurité, en particulier au cours des dernières décennies. Au cours du nouveau siècle, une attention accrue est accordée à la sécurité des barrages, aux méthodes de construction respectueuses de l'environnement et à la réduction des risques pour les personnes en aval des barrages, tout en continuant à réduire les coûts des projets.

Le développement des barrages en remblai s'est avéré très fructueux, particulièrement pour la construction de barrages en enrochement avec masque amont en béton (en anglais CFRD pour Concrete Face Rockfill Dam), qui peuvent être construits de manière rapide et économique avec des matériaux locaux. Des statistiques (CIGB, 2020) indiquent que les barrages en remblai, incluant les barrages en terre et en enrochement, sont de loin la proportion de barrages la plus importante du monde. En partie à cause des critères de fondation, les barrages-poids en béton ne représentent que 17% de l'ensemble des barrages, et ce malgré le niveau de sécurité relativement élevé qu'ils procurent. Les statistiques de barrages en Chine collectées par CHINCOLD (2018) révèlent que parmi les 98 000 barrages recensés en Chine, les barrages en remblai représentent 91,1% du total. La proportion de barrages en remblai de hauteur inférieure à 15 mètres est de 96%. Depuis l'an 2000, le taux de rupture annuelle des barrages en Chine est inférieur à 0,005% cependant l'analyse historique des ruptures doit toujours être soigneusement considérée. Le taux de rupture des barrages en remblai depuis 1950 jusqu'à présent est de 3,76%, ce qui est également beaucoup plus élevé que celui des barrages en béton ou en maçonnerie. Ces derniers taux sont respectivement de 0,70% et 0,59%. 90,1% des ruptures de barrages en Chine depuis 2000 concernent les barrages en remblai. Ce taux élevé de ruptures de barrages en remblai provient des ruptures de petits barrages, 93,5% de ces ruptures intervenant sur des barrages de moins de 30 mètres de hauteur, parmi lesquels 61.3% sont des barrages de moins de 15 mètres de hauteur.

Pour illustrer les différents types de défaillance des barrages en remblai, la Figure 1.1 montre les statistiques collectées par CHINCOLD. Il est clairement démontré que la surverse est un mode de rupture fréquent qui représente 48% du taux de défaillance des barrages en remblai. La capacité des barrages en remblai à résister à la surverse est relativement faible, et le temps qui s'écoule entre le débordement de la crue et le débit maximal de la rupture du barrage est généralement trop court pour que la population en aval puisse évacuer dans des zones plus sûres. Bien que les inondations par débordement, par ruptures provoquées par séismes et par les autres cas de sollicitation accidentelle ou extrême soient peu fréquentes, il faut tout de même veiller à limiter ces risques, en particulier lorsque de nombreuses personnes vivent en aval des barrages.

Type de rupture	Nombre	Taux
Débordement	2698	48.0%
Infiltration	1310	23.3%
Glissement	270	4.8%
Défauts de qualité	437	7.8%
Mauvaise Gestion	217	3.9%
Autres	256	4.6%
Inconnu	437	7.8%
Total	5625	

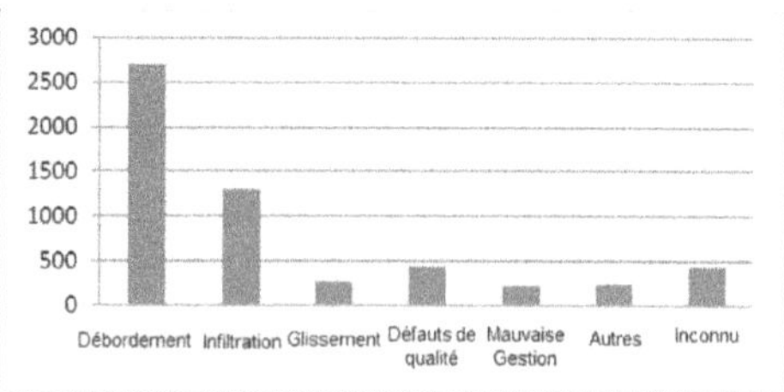

Fig. 1.1
Statistiques des différents types de rupture des barrages (5625 ruptures dans 61 pays collectées par CHINCOLD en 2021)

1. INTRODUCTION TO CMD PRINCIPLE

1.1. WHY PROPOSE THE CONCEPT OF CEMENTED MATERIAL DAMS

While dams have been constructed for thousands of years, dam engineers continuously strive to develop new technologies to improve safety and economics, while reducing the environmental impact that dams represent. The systematic development of various dam construction philosophies has established a sound foundation for understanding dam behavior, allowing higher and higher dams to be built, culminating in significantly improved levels of dam safety, especially in recent decades. In the new century, more attention is paid to dam safety, environmentally friendly construction methods and the reduction of risk to people downstream of dams, while continuing to decrease project costs.

The development of embankment dams has proved very successful, especially the construction of concrete faced rockfill dams, which can be built in a very fast and cost-saving way with local materials. Statistics (ICOLD, 2020) indicate that embankment dams, including earth dams and rockfill dams, comprise by far the largest proportion of dams in the world. Partly as a result of increased foundation criteria, concrete gravity dams represent only 17% of all dams, despite the relatively high degree of safety that they provide. Dam statistics for China collected by CHINCOLD (2018) reveal that, among the 98,000 dams in China, embankment dams account for 91.1%. The proportion of embankment dams with a dam height below 15m is about 96%. Since 2000, the average annual dam failure rate in China has been lower than 0.005%, but the analysis of historical dam failure data is still valuable. The failure ratio of embankment dams in China from 1950 up to now is 3.76%, which is also much higher than that of concrete or masonry dams. The latter ratio is 0.70% and 0.59% respectively. 90.1% of dam failures in China since 2000 are embankment dams. The high failure ratio of embankment dams in China derives from more extensive records of small dam failures. 93.5% of failed dams are below 30m, among which 61.3% are dams below 15m.

In order to illustrate different failure types, Figure 1.1 shows statistics collected by CHINCOLD. It clearly demonstrates that overtopping is a frequent failure mode that accounts for the 48% failure rate. The ability of embankment dams to resist overtopping is relatively low, and the time from flood overtopping to maximum dam-breach discharge generally is too short for the downstream population to escape to safer places. Although overtopping floods, dam breach as a result of earthquakes and other accidental or extreme loading cases are limited in number, care must still be taken to limit such situations, especially where large numbers of people live downstream of dams.

Failure type	Number	Ratio
Overtopping	2698	48.0%
Seepage	1310	23.3%
Sliding	270	4.8%
Quality defects	437	7.8%
Improper management	217	3.9%
others	256	4.6%
unkown	437	7.8%
Total	5625	

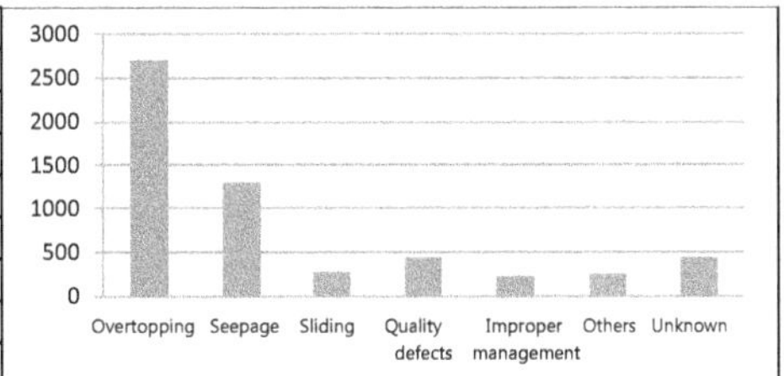

Fig. 1.1
Statistics of different failure types (5625 dam failure cases from 61 countries collected by CHINCOLD, 2021)

Le développement des barrages en béton s'est également avéré très fructueux. De nombreux projets célèbres, tels que le barrage poids-voûte de Hoover et le barrage-poids des Trois Gorges, ont été construits avec des matériaux en béton. Le développement de la technologie de construction de barrages en BCR a encouragé un plus grand nombre de projets à adopter des configurations de barrage-poids et de barrage-voûte en raison des avantages qu'elle offre en termes de sécurité et d'efficacité. Il existe néanmoins deux défis évidents pour les barrages-poids en béton : a) le rapport élevé du ratio résistance/sollicitation des matériaux et b) la fissuration due à la température et au retrait.

Les barrages-poids en béton sont généralement des structures massives où les niveaux de sollicitation interne en compression sont faibles. La résistance réelle du matériau en béton est, dans de nombreux cas, beaucoup plus élevée que nécessaire pour résister à ces contraintes. Pour le barrage poids-voûte de Hoover aux États-Unis, le critère de contrôle de la contrainte maximum de compression était de 3,79 MPa. La résistance nominale du béton était de 25 MPa, ce qui donne un rapport résistance/ sollicitation de 6,5. La résistance moyenne des échantillons de carottes forées et testées en 1994 était de 50 MPa, indiquant un rapport résistance/sollicitation de 13. La résistance en compression des barrages en béton conventionnel est généralement calculée à 90 ou 180 jours (180 ou 365 jours pour les barrages RCC). Les barrages en béton massif utilisent généralement une pouzzolane comme substitut partiel du ciment pour réduire l'augmentation de chaleur et le besoin associé de contrôler les contraintes thermiques dans le barrage. Le remplacement du ciment par de la pouzzolane entraîne un accroissement de résistance retardé qui se poursuit pendant une très longue période. Par conséquent, la résistance à long terme peut être beaucoup plus importante que les contraintes de compression dans le barrage, comme démontré par le fort taux résistance/sollicitation du barrage de Hoover. Au barrage des Trois Gorges, la résistance à la compression du béton du noyau a atteint 60 MPa en 2013, quelques dix ans après l'achèvement du barrage, principalement en raison d'une teneur en ciment beaucoup plus élevée que nécessaire. Une teneur en ciment plus élevée signifie généralement une chaleur d'hydratation plus importante et des contraintes thermiques plus élevées, ce qui peut entraîner une fissuration thermique et un retrait plus important. Dans le cas des barrages-voûtes en béton, ou des barrages-poids situés dans des climats extrêmes et/ou des régions fortement sismiques, le béton est conçu pour résister à des contraintes de traction. Dans ces cas, une attention particulière est requise pour concevoir le béton afin qu'il résiste aux charges dynamiques et/ou thermiques, y compris les détails requis au niveau des joints de reprise entre chaque levée et la résistance à la traction du béton lui-même. Bien que le rapport résistance/sollicitation qui en résulte soit proche de l'unité pour la traction, il en résulte généralement des rapports résistance/sollicitation élevés pour la compression.

Les principaux matériaux de construction pour les barrages en remblai sont les sols (sables, limons, argiles et roches), alors que les barrages en béton (y compris le béton compacté au rouleau) sont construits en utilisant du sable, du gravier, des cailloux provenant de divers types de roches. Les matériaux constitutifs des deux familles de barrage, et leur comportement, sont donc assez différents. Est-il possible de développer un nouveau matériau qui se situe entre les deux extrêmes de matériaux pour la construction de barrages? Est-il alors possible de poursuivre le développement de la philosophie de conception de barrage selon les caractéristiques de ces nouveaux matériaux? Grâce à la cimentation de sable naturel ou artificiel, de roche et même de certains types de sols avec du ciment, des cendres volantes, de la chaux, en association ou non avec des additifs, un nouveau type de matériau de construction pour les barrages peut être produit. Ce matériau peut être conçu non seulement pour résister à la rupture circulaire par glissement et pour s'opposer à la dispersivité de certains matériaux de remblai, mais aussi pour réduire le ratio excessif résistance du béton versus sollicitation ainsi que pour réduire la fissuration thermique. Ce nouveau type de barrage est appelé barrage en matériau cimenté (CMD en anglais pour Cemented Material Dam). Il est défini comme une série de nouveaux types de barrages utilisant un liant cimentaire associé à divers matériaux naturels dans la construction du corps du barrage. Le matériau résultant est différent du béton, du BCR, du sol ou des matériaux d'enrochement. Les principes utilisés pour concevoir la section du barrage peuvent également être différents de ceux appliqués aux barrages-poids en BCR ou aux barrages en remblai. Ce nouveau type de barrage a été proposé par le Dr Jia (Chine), lors de la réunion du bureau de la CIGB en 2009 et dans sa présentation au congrès de la CIGB à Kyoto en 2012. Son premier article sur le CMD a été publié dans les Actes du 6eme Symposium international sur les barrages en béton compacté au rouleau organisé en Espagne en 2012.

The development of concrete dams has also proved very successful. Numerous famous projects such as the Hoover arch dam and Three Gorges gravity dam were built using concrete materials. The development of RCC dam construction technology has promoted more projects to adopt gravity dam and arch dam configurations because of the safety and efficiency benefits it provides. There are nevertheless two obvious challenges for concrete gravity dams: a) high strength/demand ratio of materials and b) temperature cracking.

Concrete gravity dams are commonly massive structures where internal compressive stress levels are low. The actual strength of the concrete material is, in many cases, much higher than necessary to resist these stresses. For the Hoover curved gravity dam in the United States, the compressive stress control standard was 3.79 MPa. The concrete design strength was 25 MPa, resulting in a strength/demand ratio of 6.5. The average strength of core samples drilled and tested in 1994 was 50 MPa, indicating a strength/demand ratio of 13. The compressive strength of conventional concrete dams is usually designed at 90 or 180 days (180 and 365 days in RCC dams). Mass concrete dams generally utilize a pozzolan as a partial cement replacement to reduce heat gain and the associated need to control thermal stresses in the dam. Pozzolan replacement results in delayed strength gain that continues for a very long period. As a result, the long-term strength can be much higher than the compressive stresses in the dam, as demonstrated by the high strength/demand ratio at Hoover Dam. At the Three Gorges Dam, the compressive strength of its core concrete reached 60 MPa in 2013, some ten years after completion of the dam, primarily as a result of a cement content which was much higher than necessary. Higher cement content typically means higher heat of hydration and higher thermal stresses, potentially leading the more thermal cracking. In the case of concrete arch dams, or gravity dams in extreme climates and/or highly seismic regions, the concrete is designed to withstand tensile stresses. In these cases, special care is required to design the concrete to withstand the dynamic and/or thermal loads, including the details required at lift joints and concrete tensile strength itself. While the resulting strength/demand ratio is near unity for tension, this typically results in high compression strength/demand ratios.

The main construction materials for embankment dam are soil (sands, silts, clays, and rock), while concrete dams (including roller compacted concrete) are constructed using sand, gravel, cobbles as well as various rock types. The constituent materials of the two dam types, and their behavior, are accordingly quite different. Is it possible to develop a new material which lies between the two extremes of materials for dam construction? Is it possible to further develop dam design philosophy based on the characteristics of these new materials? By cementation of natural or manufactured sand, rock and even certain soil types with cement, fly ash, lime and/or additives, a new type of dam construction material can be formed. This material can be designed to not only resist slip circle failure and dispersion problems in embankment materials but can be configured to also avoid excessive strength/demand ratios of concrete materials and reduce thermal cracking. This new type of dam is called Cemented Material Dam (CMD). It is defined as a series of new dam types utilizing a cementitious binder together with various natural materials in the construction of the dam body. The resulting material is different from concrete, RCC, soil or rockfill materials. The principles utilized to design the dam section can also be different from those applied to concrete (RCC) gravity, or embankment dams. This new type of dam was proposed by Dr. Jia of China during the board meeting of ICOLD in 2009 by his presentation for the ICOLD Congress in Kyoto in 2012. His first paper on CMD was published in the Proceeding of 6th International Symposium on Roller Compacted Concrete Dams organized in Spain in 2012.

L'objectif de la proposition et du développement du CMD est de construire un barrage de manière sûre, rapide et économique tout en respectant l'environnement, de réduire au maximum les risque de rupture par surverse et les inondations associées, et de s'adapter aux différentes conditions de fondation.

1.2. PERSPECTIVE HISTORIQUE DES BARRAGES EN SOL CIMENTÉ

En 1992, les Français Pierre Londe et Michel Lino, en suivant les idées et les tests développés dans le cadre du programme français de Recherche et de Développement BaCaRa, proposèrent le concept du barrage en Remblai Dur Symétrique à Masque (RDSM en Français et FSHD en anglais pour Faced Symmetrical Hardfill Dam (Londe et al., 1992)). Le concept fut approuvé par la Commission Internationale des Grands Barrages dans le Bulletin No. 117 : "Le barrage-poids : un barrage d'avenir – Synthèse et recommandations" (CIGB, 2000). La conception des barrages en remblai dur adopte le principe du barrage en béton compacté au rouleau, ce qui simplifie la préparation du matériau du barrage et les procédures de mise en place (pas de cohésion requise sur les levées horizontales, pas besoin de joints de retrait). Du sable et du gravier naturels provenant du lit de la rivière sont utilisés, des roches tendres peuvent être incluses, et la dimension maximale des éléments est contrôlée et limitée à 80 mm. Afin d'éviter les infiltrations, le parement amont du barrage est constitué d'un masque en béton armé similaire au CFRD (Concrete Face Rockfill Dam). Le premier barrage FSHD (barrage de Marathia, H = 30 m), a été construit en 1993 en Grèce. Depuis lors, plus de 30 FSHD ont été construits dans dix pays à travers le monde, mais principalement en Grèce (6), en Turquie (6), aux États-Unis (5) et au Pérou (2). Neuf autres barrages en remblai dur avec des sections trapézoïdales non symétriques ont été construits, principalement au Maroc (4), en Turquie (2) et aux USA (2). Le plus haut barrage symétrique construit à ce jour est celui de Çetin en Turquie (H = 165 m), qui a été achevé en 2020. Le plus haut barrage trapézoïdal non symétrique est le barrage de Beygad en Turquie (H = 96 m).

Sur la base du concept du barrage de type remblai dur (FSHD), les ingénieurs japonais ont développé le concept du barrage trapézoïdal en sable et gravier cimentés (CSG). La conception adopte toujours le principe du barrage en béton compacté au rouleau et utilise le sable et le gravier naturel du lit de la rivière pour préparer le matériau du barrage avec une granulométrie maximale de 80 mm. La conception des proportions du mélange est basée sur la teneur en eau et l'accent est mis sur l'adoption d'une section symétrique "trapézoïdale" (Hirose, 2001). Le concept CSG a été testé sur plus de dix batardeaux (une première fois pour le projet Nagashima en 1992), et sur une vingtaine d'autres projets (traitement des talus, ouvrages de contrôle des sédiments, divers petits ouvrages hydrauliques et digues de protection). Le barrage auxiliaire de Kasegawa est considéré comme le premier barrage CSG au Japon et a été construit en 2011. En 2012, le barrage de Tobetsu (H = 52 m) a été achevé, puis trois autres barrages CSG ont été construits et un est en construction (barrage de Naruse, H = 114,5 m), dont l'achèvement est prévu en 2024.

En développant plus avant la technologie en Chine, le Dr J. S. Jia a proposé le concept de barrage en sable, gravier et roche cimentés (barrage CSGR ou CSGRD) (JIA, 2006). Le barrage CSGR élargit l'utilisation des matériaux locaux pour inclure le sable et le gravier des lits de rivière, les roches excavées et même les agrégats de roches relativement tendres. Le concept permet d'augmenter la taille maximale des particules de 80 mm à 150 mm pour les barrages et jusqu'à 300 mm pour les batardeaux. Les principes du CSGR mettent l'accent sur la prise en compte de l'uniformité de la résistance des matériaux, l'évitement des rapports résistance/sollicitation excessifs, l'assouplissement des limites relatives à la taille des matériaux, à la teneur en fines, à la teneur en eau et à la résistance des matériaux dans la mesure du possible, l'ajustement de la structure pour une meilleure utilisation des matériaux locaux, et la sélection de matériaux appropriés pour répondre aux exigences particulières des différentes parties structurelles des barrages. Par conséquent, une section symétrique "trapézoïdale" n'est pas une caractéristique inhérente des barrages CSGR et, sur la base de l'expérience passée, les barrages CSGR de moins de 30 m peuvent être construits sur des fondations non rocheuses.

The purpose of proposing and developing CMD is to build dam safely, quickly and economically in an environment-friendly way, to reduce the risk of overtopping failure and the associated floods as much as possible, and to adapt to the various foundation conditions.

1.2. HISTORICAL PERSPECTIVE OF CEMENTED MATERIAL DAMS

In 1992, Pierre Londe and Michel Lino from France, following ideas and tests undertaken within the framework of the French Research and Development Program (BaCaRa), proposed the concept of the Faced Symmetrical Hardfill Dam (FSHD) (Londe et al., 1992). This was endorsed by the International Commission on Large Dams in the Bulletin No. 117: "The Gravity Dam: a dam for the future - review and recommendations" (ICOLD, 2000). The design of hardfill dams adopts the principle of roller compacted concrete dams, simplifying the preparation of dam material, and placing procedures (no cohesion required on horizontal lifts, no need for contraction joints). It utilizes natural sand and gravel from the riverbed, can include soft rocks, and the maximum particle size is controlled, limited to 80 mm. In order to prevent seepage, the upstream face of the dam adopts reinforced concrete face similar to CFRD. Based on these principles, the first FSHD dam (Marathia dam, H = 30 m), was constructed in 1993 in Greece. Since then, more than 30 FSHD have been built in ten countries across the world, but mainly in Greece (6), Turkey (6), USA (5) and Peru (2). Nine other hardfill dams with non-symmetrical trapezoidal sections were built, mainly in Morocco (4), Turkey (2) and USA (2). The highest symmetrical dam constructed to date is Çetin in Turkey (H = 165 m), which was completed in 2020. The highest non-symmetrical trapezoidal is Beydag in Turkey (H = 96 m).

Based on the concept of the Faced Symmetrical Hardfill Dam, Japanese engineers developed the concept of the trapezoidal Cemented Sand and Gravel (CSG) dam. The design still adopts the principle of roller compacted concrete dam and uses the natural sand and gravel from the riverbed to prepare the dam material with 80 mm maximum particle size. Mix proportion design is based on water content and the emphasis is placed on the adoption of a "trapezoidal" symmetrical section (Hirose, 2001). The CSG concept was tested on more than ten cofferdams (the first time for Nagashima project in 1992), and on twenty other projects (slope treatment, sediment control structures, various small hydraulic structures and protection levees). The Kasegawa auxiliary dam is considered to be the first CSG dam in Japan and was constructed in 2011. In 2012, Tobetsu dam (H = 52 m) was completed and then three other CSG dams were built, and one is under construction (Naruse dam, H = 114.5 m), which is scheduled to be completed in 2024.

Developing the technology further, Dr. J. S. Jia of China proposed the concept of the Cemented Sand, Gravel, and Rock dam (CSGR dam, or CSGRD) (JIA, 2006). The CSGR dam further broadens the utilization of local materials to include riverbed sand and gravels, excavated rock, and even relatively soft rock aggregates. The concept allows for an increase in the maximum particle size from 80 mm to 150 mm for dams and up to 300 mm for cofferdams. CSGR principles emphasize the consideration of the uniformity of material strength, the avoidance of excessive strength/demand ratios, relaxation of the limits on material size, fines content, water content and material strength as far as possible, the adjustment of the structure for better use of local materials, and the selection of appropriate materials to meet the particular requirements of different structural parts of dams. Therefore, a "trapezoidal" symmetrical section is not an inherent characteristic of CSGR dams and based on the past experience CSGR dams smaller than 30 m can be built on non-rock foundation.

Cette nouvelle approche a considérablement élargi le champ d'application de ce nouveau type de barrage. Dans de nombreux cas, il est nécessaire de vérifier le coefficient de sécurité minimum requis selon les critères de fiabilité. Lors de la construction, en raison de la faible résistance des matériaux, il est également nécessaire de vérifier la stabilité en fonction des critères de conception des barrages en remblai.

Plus de 20 batardeaux CSGR ont été construits à ce jour. Les batardeaux CSGR de Jiemian et Hongkou ont été achevés respectivement en 2004 et 2006. Le batardeau de Hongkou mesure 35,5 m de haut et a résisté en toute sécurité à une surverse de 8 m de haut. Le plus haut batardeau CSGR achevé à ce jour fait partie du projet Dahuaqiao, avec une hauteur de 57 m. Il a passé en toute sécurité à un certain nombre de surverses. Les premiers petits barrages CSGR construits en 2016 ont été le barrage de Shunjiangyan (H = 11,6 m, avec une section de barrage-poids sur une fondation non rocheuse), puis le barrage de Maomaohe (H = 18,2 m, avec une section de barrage-poids non symétrique). Le plus haut barrage CSGR construit est celui de Shoukoubu, avec une hauteur de 61,6 m, et le plus haut barrage CSGR en cours de construction est celui de Xijiang, dans la province de Guizhou, d'une hauteur de 49,5m. Depuis la fin de 2020, plus de dix projets de barrages CSGR sont achevés ou en cours de construction, le plus haut barrage CSGR en cours de conception étant le barrage de Tieliekete, d'une hauteur de 88 m.

En 2003, les professeurs chinois F. Jin et X.H. An ont proposé une nouvelle innovation dans la technologie de construction des barrages, à savoir le barrage en blocs rocheux percolés par du béton autoplaçant (RFC) (JIN et al., 2003). Ce concept comprend un assemblage de gros blocs de roches, ou enrochements, qui est cimenté avec du Béton Auto-Plaçant à Haute Performance (BAPHP) pour construire des barrages-poids et des barrages-voûtes. La technologie RFC combine les avantages de la maçonnerie et du béton, en diminuant la teneur en ciment, en réduisant l'élévation de la température d'hydratation et en réduisant le retrait du béton. Depuis la construction du premier barrage RFC en 2005, la technologie RFC a été appliquée avec succès dans plus de quatre-vingts projets de barrages en Chine, d'une hauteur comprise entre 30 et 90 m. Sur la base des pratiques actuelles en Chine, les coûts des projets utilisant la technologie RFC peuvent être réduits de 10 à 30% par rapport aux barrages en béton traditionnel (BCV) ou en BCR dans les mêmes conditions.

Le traitement des sols à la chaux et/ou au ciment est une technique économique qui est largement utilisée avec succès dans les infrastructures de transport. Des applications existent également dans les ouvrages hydrauliques aux États-Unis, en Australie, en Afrique du Sud et dans les pays européens. L'idée du barrage en sol cimenté (CSD) a été proposée pour la première fois par des ingénieurs français lors de la 82e réunion annuelle de la CIGB en 2014. Le CSD utilise des sols naturels, généralement des matériaux limono-argileux, avec presque aucun traitement en dehors d'un éventuel criblage pour la taille maximale des granulats avant qu'ils ne soient mélangés avec une quantité appropriée de chaux et/ou de ciment et, si nécessaire, avec de l'eau. Alors que le ciment se comporte comme une "colle" pour lier les particules d'un matériau granulaire, la chaux est un réactif chimique qui, en présence d'eau, se combine progressivement avec les minéraux argileux du sol pour générer un amalgame qui durcit lentement. La chaux est donc utilisée avec les sols limono-argileux, et le ciment est utilisé lorsqu'on travaille avec des sols sableux. Un traitement combiné à la chaux suivi d'un traitement au ciment peut être appliqué avec des sols limono-argileux plastiques. La chaux, en réduisant la plasticité des sols et en provoquant la floculation des minéraux argileux, améliore ensuite l'action du ciment et permet d'atteindre des performances élevées (Lino, et al., 2015).

1.3. PRINCIPES DE CONCEPTION ET DE CONSTRUCTION DES BARRAGES EN MATÉRIAU CIMENTÉ

Comme les barrages en remblai et les barrages en béton, le CMD peut être conçu et construit de manière sûre et durable pour des cas de charge normaux et extrêmes et peut répondre aux exigences de contrainte, de stabilité et de contrôle des infiltrations. Il existe quelques différences dans les matériaux des barrages, la conception structurelle et le processus de construction. Ceux-ci incluent :

1. En tenant compte à la fois de la fondation et des matériaux constitutifs en présence, la configuration du CMD est conçue pour produire un comportement structurel optimal.

This new approach has greatly expanded the application scope of this new dam type. In many cases, it is necessary to check the minimum required factor of safety according to reliability criteria. During construction, due to the low strength of the materials, it is also necessary to check the stability in terms of the design criteria of embankment dams.

More than 20 CSGR cofferdams have been built to date. Jiemian and Hongkou CSGR cofferdams were completed in 2004 and 2006, respectively. Hongkou cofferdam is 35.5 m high, and safely resisted an 8 m overtopping flood. The highest CSGR cofferdam completed to date is part of the Dahuaqiao project, with a height of 57 m. It has safely passed a number of flood events. The first small CSGR dams built in 2016 were Shunjiangyan dam (H = 11.6 m, with a gravity dam section on a non-rock foundation), and then the Maomaohe dam (H = 18.2 m, with a gravity non-symmetrical dam section). The highest CSGR dam built is the Shoukoubu dam, with a height of 61.6 m and the highest CSGR dam under construction is the Xijiang dam in Guizhou province, with a height of 49.5m. By the end of 2020, there are more than ten CSGR dam projects completed or under construction, with the highest CSGR dam under design being the Tieliekete Dam with a height of 88 m.

In 2003, Prof. F. Jin and Prof. X.H. An of China proposed a further innovation in dam construction technology, namely the Rock-Filled Concrete (RFC) dam (JIN et al., 2003). This concept comprises an assembly of large rocks, called rockfill, which is cemented with High-Performance Self-Compacting Concrete (HSCC) to construct gravity and arch dams. RFC technology combines the advantages of masonry and concrete, decreasing cement content, lowering hydration temperature rise, and reducing shrinkage of the concrete. Since the first RFC dam was constructed in 2005, RFC technology has been successfully applied in more than eighty dam projects in China with heights between 30 m and 90 m. Based on current practice in China, project costs utilizing RFC technology can be reduced by 10% to 30% when compared with CVC or RCC dams under the same conditions.

Soil treatment with lime and/or cement is an economical technique that is widely and successfully used in transport infrastructure. Applications also exist in hydraulic works in the USA, Australia, South Africa, and European countries. The idea of the Cemented Soil Dam (CSD) was first proposed by French engineers during the 82nd Annual Meeting of ICOLD in 2014. The CSD uses natural soils, generally silty-clayey materials, with almost no processing aside from eventual screening for the maximum size of aggregate before it is mixed with an appropriate amount of lime and/or cement and, when necessary, with water. While cement behaves as a “glue” to bind the particles of a granular material, lime is a chemical reactant, which, in presence of water, progressively combines with the clay minerals of the soil to generate an amalgamation that hardens slowly. Lime is accordingly used together with silty-clayey soils, and cement is used when working with sandy soils. A combined lime treatment followed by a cement treatment can be applied with plastic silty–clayey soils. Lime, by reducing the plasticity of the soils and causing the flocculation of clay minerals, improves the action of cement afterwards and enables high performance to be achieved (Lino, et al., 2015).

1.3. PRINCIPLES FOR THE DESIGN AND CONSTRUCTION OF CEMENTED MATERIAL DAMS

Similar to embankment and concrete dams, CMD can be designed and built in a safe and durable way for normal and extreme loading cases and can meet the requirements of stress, stability and seepage control. There are some differences in dam materials, structural design and construction process. These include:

1. Considering both the foundation and constituent the materials involved, the configuration of CMD is geared to produce optimal structural behavior. Efforts have been made to design CMD for the best use of local materials, including the selection

Des efforts ont été faits pour concevoir le CMD pour une meilleure utilisation des matériaux locaux, y compris la sélection de matériaux appropriés pour les différentes parties des barrages. Une large gamme de matériaux, allant des sols argileux et limoneux aux sables, graviers et roches naturels et/ou artificiels (dans certains cas des roches tendres), peuvent être utilisés pour la construction des barrages. Il est nécessaire de sélectionner ces matériaux pour répondre aux exigences de contraintes, de contrôle/prévention des infiltrations, de stabilité et de durabilité pour toutes les parties du barrage. Par rapport aux processus utilisés pour configurer les barrages-poids conventionnels, les processus d'optimisation de la forme du CMD exigent que la stabilité structurelle soit assurée à la fois pendant la construction et pendant l'exploitation et qu'elle réponde à ces exigences sans rapports excessifs entre la résistance et la sollicitation pendant toute la durée de vie de la structure. La forme du CMD doit donc être conçue pour une utilisation optimale des matériaux et pour être bien adaptée aux conditions de fondation. Une section de barrage trapézoïdale symétrique est courante mais pas toujours nécessaire.

2. Les matériaux du barrage sont choisis de manière à utiliser au mieux les matériaux locaux.

   - Un CSD peut être construit quand du sol ou des matériaux fins sont disponibles.
   - Les barrages en remblai dur ou les barrages CSG peuvent être construits lorsque des matériaux alluvionnaires d'une granulométrie maximale de 80 mm sont disponibles, ou lorsque des granulats rocheux (y compris des roches tendres) peuvent être facilement préparés avec un minimum de traitement ou lorsque des granulats de dimension similaire peuvent être fabriqués.
   - Les barrages CSGR peuvent être construits lorsque des matériaux alluvionnaires d'une granulométrie maximale de 150 mm sont disponibles, ou lorsque des granulats de dimension similaire peuvent être fabriqués (de la roche tendre peut être utilisée dans certains cas). Les batardeaux CSGR peuvent être construits avec des granulats d'une taille maximale de 300 mm.
   - Un barrage RFC est approprié lorsque des roches d'une taille supérieure à 300 mm sont disponibles.

3. Un contrôle de la qualité de la construction et des équipements spéciaux ont été développés. Les matériaux utilisés dans les barrages cimentés peuvent être différents des barrages traditionnels en béton et en béton compacté au rouleau. Les teneurs en fines et en eau des matériaux utilisés pour les sols cimentés, les remblais durs, le CSG, le CSGR peuvent avoir une plage beaucoup plus large et variable. Les méthodes numériques et intelligentes peuvent donc améliorer le contrôle de la qualité de la construction afin de garantir la sécurité pendant la construction et l'exploitation.

Ce bulletin est l'un d'une série de bulletins planifiés sur les barrages en matériaux cimentés et préparés par le Comité Technique P de la CIGB. **L'objectif de ces bulletins est d'informer les ingénieurs des barrages sur les technologies applicables à ces types de barrages et de les aider à choisir les paramètres et processus de conception et de construction appropriés.**

Le présent bulletin a pour but de fournir des recommandations adéquates pour la conception et la construction de barrages et de digues en sols cimentés.

Les barrages en sol cimenté devraient se développer à l'avenir.

of appropriate materials for different parts of the dams. A wide range of materials from clayey and silty soils, through to natural and/or manufactured sand, gravels, and rock (in certain cases soft rock) can be used as dam construction materials. It is necessary to select these materials to meet the requirements of stress, seepage interception/prevention, stability, and durability for all parts of the dam. Compared to the processes used to configure conventional gravity dams, CMD shape optimization processes require that structural stability should be assured during both construction and operation and must meet these requirements without excessive strength/demand ratios throughout the life of the structure. The shape of CMD should accordingly be designed for optimal use of materials and to be well suited to the foundation conditions. A symmetrical trapezoidal dam section is in common practice but not always necessary.

2. Dam materials are sourced to make optimal use of local materials.

   - A CSD can be built when soil or fine material is available.

   - Hardfill or CSG dams can be built when alluvial materials of maximum particle size of 80 mm are available, or where rock aggregates (including soft rock) can easily be prepared with minimum processing or where aggregates of similar size can be manufactured.

   - CSGR dams can be built when alluvial materials of maximum particle size of 150 mm are available, or where aggregate of similar size can be manufactured (soft rock can be used for some cases). CSGR cofferdams can be built with aggregate size up to 300mm.

   - An RFC dam is appropriate when rocks larger than 300 mm in size are available.

3. Construction quality control and special equipment have been developed. The materials used in cemented dams can be different from the traditional concrete and roller compacted concrete dams. The fines and water contents of the materials used for cemented soils, hardfill, CSG, CSGR can have a much larger and variable range. Digital and intelligent methods can accordingly improve construction quality control to ensure safety during both construction and operation.

This bulletin is one of a series of planned bulletins on Cemented Material Dams prepared by ICOLD Technical Committee P. **The objective of these bulletins is to inform dam engineers about the technologies applicable to these types of dams and to assist in the selection of appropriate design and construction parameters and processes.**

The scope of the present bulletin is to provide adequate recommendations to design and construct dams and levees with cemented soils.

Cemented soil dams are expected to develop in the future.

1.4. RÉFÉRENCES POUR L'INTRODUCTION AU PRINCIPE DES CMD

Chinese National Committee on Large Dams (CHINCOLD). Global Dam Failure Database, from Dam Safety Management Systems Research and Development (in Chinese), Authors JIA J., ZHAO C., ZHENG C., 2014.

HIROSE Toshio et al. "*Design criteria for trapezoid-shaped CSG dams*". The 69th Annual Meeting of ICOLD, Dresden, 2001.

International Commission on Large Dams (ICOLD). "*Dam Failures - Statistical analysis*". Bulletin N° 188, Paris, 2020.

International Commission on Large Dams (ICOLD). "*The gravity dam: a dam for the future - Review and recommendations*". Bulletin N° 117, Paris, 2000.

JIA, J. and al. "*CSGR dam: material property studies and engineering application*". (in Chinese Journal of Hydraulic Engineering, 37(5): 578–582, 2006.

JIA, J., LINO, M., JIN F., ZHENG, C. *"The Cemented Material Dam: A New, Environmentally Friendly Type of Dam",* Chinese Academy of Engineering & Engineering Sciences Press, Engineering, 2016, Vol. 2 Issue (4): 490–497

JIN, F. and AN, X.H. "*Construction method of Rock-Filled Concrete dams*" (in Chinese). Chinese Patent: 03102674, February 14th, 2003.

LINO, M., DELORME, F. and PUIATTI, D. "*The Soil Treated Dam (STD): a new concept of Cemented dam*". 7th Symposium Rolled Compacted Concrete, Chengdu, 2015.

LONDE, P. and LINO, M. "*The faced symmetrical hardfill dam: a new concept for RCC*". Water Power & Dams Construction, 1992.

XIE, J.B. and SUN, D.Y. "*Statistics of dam failures in China and analysis on failure causations*". (in Chinese) Water Resources and Hydropower Engineering. Vol. 40, Issue 12, 2009.

Projet national BACARA 1988–1995, Le béton compacté au rouleau, Collectif, Presses De L'Ecole Nationale Des Ponts Et Chaussées.

Japan Dam Engineering Center "Engineering Manual for Design, Construction and Quality Control of Trapezoidal CSG Dam", June 2012

JIA, J., ZHENG, C., and al. Studies on Cemented Material Dam and Its Application in China. 6th International Symposium on RCC Dams Proceedings, Zaragoza. Spain. 2012.10

JIA, J., LIU, N., ZHENG, C., and al. "Cemented Material Dam: Progress and Application". (In Chinese) Journal of Hydraulic Engineering. 2016.3: 65–73

ZHANG L., XU Y., JIA J., "International Dam Failure Database". (In Chinese) China Flood & Drought Management, 2007, S1:2–7

JIA, J., SHENG J., ZHENG, C., and al. "Typical cases of dam failure". (enjchinois) China Water Power Press. 2022 (to be published)

1.4. REFERENCES OF INTRODUCTION TO CMD PRINCIPLES

Chinese National Committee on Large Dams (CHINCOLD). Global Dam Failure Database, from Dam Safety Management Systems Research and Development (in Chinese), Authors JIA J., ZHAO C., ZHENG C., 2014.

HIROSE Toshio et al. "*Design criteria for trapezoid shaped CSG dams*". The 69th Annual Meeting of ICOLD, Dresden, 2001.

International Commission on Large Dams (ICOLD). "*Dam Failures - Statistical analysis*". Bulletin N° 188, Paris, 2020.

International Commission on Large Dams (ICOLD). "*The gravity dam: a dam for the future - Review and recommendations*". Bulletin N° 117, Paris, 2000.

JIA, J. and al. "*CSGR dam: material property studies and engineering application*". (in Chinese Journal of Hydraulic Engineering, 37(5): 578–582, 2006.

JIA, J., LINO, M., JIN F., ZHENG, C. *"The Cemented Material Dam: A New, Environmentally Friendly Type of Dam",* Chinese Academy of Engineering & Engineering Sciences Press, Engineering, 2016, Vol. 2 Issue (4): 490–497

JIN, F. and AN, X.H. "*Construction method of Rock-Filled Concrete dams*" (in Chinese). Chinese Patent: 03102674, February 14th, 2003.

LINO, M., DELORME, F. and PUIATTI, D. "*The Soil Treated Dam (STD): a new concept of Cemented dam*". 7th Symposium Rolled Compacted Concrete, Chengdu, 2015.

LONDE, P. and LINO, M. "*The faced symmetrical hardfill dam: a new concept for RCC*". Water Power & Dams Construction, 1992.

XIE, J.B. and SUN, D.Y. "*Statistics of dam failures in China and analysis on failure causations*". (in Chinese) Water Resources and Hydropower Engineering. Vol. 40, Issue 12, 2009.

Projet national BACARA 1988–1995, Le béton compacté au rouleau, Collectif, Presses De L'Ecole Nationale Des Ponts Et Chaussées.

Japan Dam Engineering Center "Engineering Manual for Design, Construction and Quality Control of Trapezoidal CSG Dam", June 2012

JIA, J., ZHENG, C., and al. Studies on Cemented Material Dam and Its Application in China. 6th International Symposium on RCC Dams Proceedings, Zaragoza. Spain. 2012.10

JIA, J., LIU, N., ZHENG, C., and al. "Cemented Material Dam: Progress and Application". (In Chinese) Journal of Hydraulic Engineering. 2016.3: 65–73

ZHANG L., XU Y., JIA J., "International Dam Failure Database". (In Chinese) China Flood & Drought Management, 2007, S1:2–7

JIA, J., SHENG J., ZHENG, C., and al. "Typical cases of dam failure". (In Chinese) China Water Power Press. 2022 (to be published)

2. GÉNÉRALITÉS

2.1. DES INFRASTRUCTURES DE TRANSPORT AUX OUVRAGES HYDRAULIQUES

Dans ce bulletin, le terme “Sol Cimenté” (CS pour Cemented Soil en anglais) fait référence à tout type de sol dont les éléments sont liés à la suite d’un traitement par mélange avec soit de la chaux, du ciment ou bien l’association des deux, ou d’autres combinaisons ayant des propriétés liantes telles que la chaux et/ou le ciment et les cendres volantes par exemple.

Le traitement des sols à la chaux et/ou au ciment est une technique éprouvée et développée depuis près d’un siècle et son utilisation a fortement augmentée au cours des 60 dernières années. Les raisons de ce développement sont évidents compte tenu des multiples bénéfices parmi lesquels :

- L’usage optimisé des matériaux naturels disponibles sur site,
- La réduction d’utilisation de matériau d’apport et de mise en décharge,
- La réduction du trafic routier associé au chantier,
- La réduction des coûts et de la durée du terrassement.

Ainsi, un important savoir-faire s’est développé dans de nombreuses régions du monde surtout dans les zones géographiques riches en sols fins et plus particulièrement aux États-Unis et en Europe, avec des avantages conséquents pour les infrastructures de transport, que ce soit; des axes à forte fréquentation comme les autoroutes, les lignes ferroviaires à grande vitesse, les plateformes aéroportuaires, construits récemment dans le cadre de la modernisation des réseaux de transports, ou dans le cadre d’ouvrages plus petits, comme des routes à faible circulation, des plateformes logistiques et commerciales, etc. La technique s’est considérablement améliorée depuis les années 1980, à la suite du progrès technologique mais aussi grâce à une meilleure utilisation de la chaux calcique aérienne et à l’émergence de nouveaux liants hydrauliques conçus spécialement pour tenir compte des caractéristiques des sols. De plus, des recherches approfondies et des commentaires positifs ont permis une meilleure compréhension et exploitation des performances des sols traités avec comme résultat le perfectionnement des procédés de traitement et l’optimisation de la conception des structures. Désormais le traitement des sols ne s’applique plus seulement aux matériaux granulaires mais aussi aux sols limoneux et argileux. En Europe, jusqu’à 100 Mm^3 de sols sont traités chaque année à l’aide de chaux et/ou de ciment pour la construction et la maintenance d’infrastructures de transport. En France, le volume de sol traité représente 1/3 du volume annuel total de terrassement.

Des exemples d’applications dans le domaine des ouvrages hydrauliques existent aussi. Ce qui a rendu possible la rédaction de contenu comme ce fut le cas pour l’USCOLD avec le Bulletin 54 intitulé : “Soil-Cement for Embankments Dams” (Sol-Ciment pour les barrages en remblai), publié par l’ICOLD en 1986, [1]. Le Bulletin 54 est consacré à l’usage de matériaux granulaires (sable propre et gravier ou à faible argilosité) traités avec du ciment et utilisés comme protection du parement amont de barrages en terre. De nombreux exemples d’applications réussies peuvent être trouvés dans le Bulletin 54. Mais ce dernier ne couvre pas les autres domaines d’utilisation des sols traités au ciment pour les ouvrages hydrauliques, comme par exemple l’amélioration de la stabilité des structures, la rectification du comportement de certains sols, ou, carrément, la conception d’une structure hydraulique complète en sol cimenté. Cependant, depuis 1986, de nouvelles applications ont fait leur apparition. Plus particulièrement, des sols traités au ciment ont été utilisés en 2004 comme carapace de l’évacuateur secondaire de crues du barrage de Loumbila au Burkina Faso, ainsi qu’en 2011–2013 pour la confection d’un batardeau de 17 m de haut lors des travaux de réhabilitation du barrage de Pannecière en France. Ces exemples seront repris en détail plus loin dans ce bulletin.

2. GENERAL

2.1. FROM TRANSPORT INFRASTRUCTURES TO HYDRAULIC WORKS

In this bulletin, the term "Cemented Soil (CS)" refers to any soil whose elements are bound after treatment by mixing whether lime, cement, or lime in combination with cement, or other combinations with binding properties such as lime and/or cement and fly ash for example.

Soil treatment with lime and/or cement is a proven technique that has developed for nearly a century and has experienced, during the past sixty years, a dramatic increase. The reasons for this development are obvious as the benefits are numerous, among which:

- optimization of the use of the natural materials available on site,
- reduction of external borrowing and landfills,
- reduction of heavy trucks traffic,
- reduction of the cost and duration of earthworks.

Thus, know-how has developed in many parts of the world, especially in geographical areas rich in fine soil and particularly in the United States of America and Europe, with significant benefits for transport infrastructure, whether in the field of highly stressed structures such as motorways, high-speed railways, airport platforms, recently built as part of the modernization of transportation networks, or in the field of small structures such as low-trafficked roads, logistics, commercial and housing platforms, etc. Since the 1980s, technique has evolved considerably, thanks to the progress of the technology, but also to a more efficient use of calcium air lime and the emergence of new hydraulic binders specifically designed to take in account the soil characteristics. In addition, extensive research and positive feedback have led to a better understanding and exploitation of the performance of treated soils, resulting in improved treatment processes and optimized design of the structures. Today, soil treatment applies not only to granular materials but also to silty, loamy, and clayey soils. In Europe, up to 100 Mm^3 of soil are treated each year with lime and/or cement for the construction and maintenance of transport infrastructure. In France, the volume of treated soils represents 1/3 of the total annual volume of earthworks.

Examples of applications in the field of hydraulic structures also exist. This made it possible for USCOLD to produce the Bulletin 54: "Soil-Cement for Embankment Dams", published by ICOLD in 1986 [1]. Bulletin 54 is devoted to the use of granular materials (clean sand and gravel, or with a low content of clay) treated with cement for use as upstream slope protection of earth dams. Many successful examples of applications can be found in Bulletin 54. But this bulletin does not cover other uses of cement treated soils in hydraulic works, for example improvement of the stability of a structure, or correction of the behavior of some specific soils, or, radically, for the design of a complete cemented soil hydraulic structure. However, since 1986, other applications have appeared. In particular, cement treated soils were used in 2004 as carapace of the emergency secondary spillway of the Loumbila dam in Burkina Faso, as well as, in 2011–2013, on a 17 m high cofferdam during the rehabilitation work on the Pannecière dam in France. These examples are presented in detail later in this bulletin.

Comme son titre l'indique et comme énoncé précédemment, le Bulletin 54 traite exclusivement de sols traités au ciment. Et pourtant, il existe de nombreux exemples d'ouvrages hydrauliques utilisant des sols traités à la chaux.

Au cours du 19ème siècle, le traitement à la chaux était utilisé pour réduire la teneur en eau des sols et faciliter les opérations de construction, ou pour éviter le retrait des argiles et ainsi assurer l'étanchéité des barrages ou des canaux. Depuis le milieu du 20ème siècle, le traitement à la chaux a connu des développements nouveaux, notamment pour améliorer le comportement de matériaux de qualité médiocre. Par exemple, le traitement des sols à la chaux fut utilisé comme barrière protectrice pour des argiles dispersives, évitant par conséquent le déclenchement des processus d'érosion. La plupart des exemples se trouvent aux États-Unis, mais aussi en Afrique du Sud, au Swaziland, en Australie et en Thaïlande. Dix-huit petits barrages de l'état du Mississippi ont été réparés en utilisant du sol traité à la chaux ainsi que plusieurs centaines de kilomètres de digues de protection contre les inondations le long du fleuve Mississippi. Le traitement à la chaux a été retenu lors de la réalisation de plusieurs barrages de hauteur significative, comme pour le barrage de Los Esteros au Nouveau Mexique qui atteint 67 m de haut et pour lequel la zone de contact entre le noyau et les fondations a été traitée avec 4% de chaux sur une couche de 13 cm, ou encore le barrage de Mac Gee Creek dans l'Oklahoma de 49 m de hauteur et où un mélange sol-chaux a été utilisé pour la protection du noyau mais aussi sur une épaisseur de 0,7 m sur la face aval.

Le canal d'irrigation de Friant-Kern en Californie est un remarquable témoignage de la durabilité des sols traités à la chaux. Depuis sa construction dans la fin des années 1940, plusieurs kilomètres de berges avaient subi des dommages périodiques de fissuration, d'effondrement ou de glissement. En 1972, il a été décidé de restaurer environ 8,5 km de berges endommagées à l'aide d'argiles prélevées sur les rives du canal et traitées à la chaux (3 à 4% de chaux vive). Les opérations de mélange ont été suivies soit par le dépôt de couches de 30 à 40 cm d'épaisseur de sol traité sur les talus du canal et le compactage du sol en place avec un compacteur vibrant à pieds dameurs tracté sur la pente à l'aide d'un treuil (méthode yo-yo), soit par le dépôt et le compactage du sol par couches horizontales (méthode des marches d'escaliers) avant mise au profil à la niveleuse. La Figure 2.1 (Howard, 1976) [2] montre une coupe transversale typique du canal réhabilité.

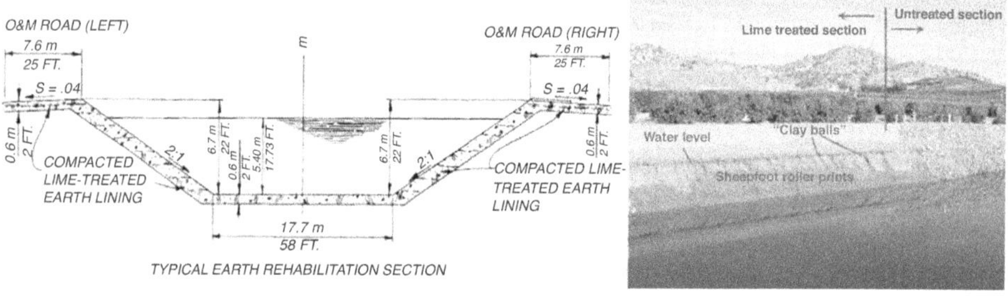

Fig. 2.1
Coupe transversale typique du canal de Friant-Kern avec le revêtement en sol argileux traité à la chaux (gauche), et état actuel de la rive traitée à la chaux (photo de 2012) avec les traces de pieds du compacteur encore visibles montrant la faible érosion du sol (droite).

Aucun nouveau dommage par glissement de terrain n'a été observé depuis les travaux de réhabilitation et la couche en sol traité est la partie du canal nécessitant le moins d'entretien. Depuis lors, les applications du traitement à la chaux se sont étendues aux réparations de digues ayant subi des glissements ou à la reconstruction après destruction suite à une crue : digues le long du fleuve Mississippi dans les états de l'Arkansas, du Tennessee, de l'Illinois, du Mississippi, du Missouri, et de la Louisiane depuis 1975 jusqu'à ce jour. La chaux a aussi été utilisée comme traitement correctif sur des barrages existants pour résoudre des problèmes d'érosion interne et de surface en Oklahoma, au Mississippi et au Tennessee; on rapporte l'utilisation de teneurs en chaux de l'ordre de 2 à 3%.

As its title indicates, and as already said, Bulletin 54 is entirely devoted to cement treated soils. And yet, there are also many examples of hydraulic structures using lime treated soils.

During the 19th century, lime treatment was used to reduce the water content of wet soils and facilitate construction, or to avoid clay shrinkage and thus seal dams or canals. Since the middle of the 20th century, lime treatment has undergone a new development, particularly to improve the behavior of low-quality materials. For example, lime treated soils have been used as a protective barrier for dispersive clays, thus avoiding the initiation of the erosion process. Most of the examples can be found in the United States, but also in South Africa and Swaziland, Australia and Thailand. Eighteen small dams in the state of Mississippi have been repaired using a soil treated with lime, in addition to several hundred km of flood protection levees which have been repaired all along the Mississippi river. Lime treatment was adopted for several dams of significant height, like the Los Esteros dam in New Mexico, a 67 m high dam for which the contact of the core with the foundation has been treated with 4% hydrated lime on a 13 cm layer, and in the 80's, the Mac Gee Creek dam in Oklahoma, a 49 m high dam for which the soil-lime was used not only for the protection of the core, but also for the 0.7 m thick downstream facing.

An outstanding testimonial of the durability of the lime treated soils is the Friant-Kern irrigation canal in California. Since the construction period (late 1940's), several kilometers of banks are suffering periodic damages from cracks, slips and slides. In 1972, it was decided to restore approximately 8.5 km of failed sections using lime treatment (3 to 4% of quicklime) of clays taken from the banks of the canal. The mixing operations were followed by placement on the slopes in layers of 30 to 40 cm thick, and compaction with a vibrating padfoot roller (kneading compaction) winched up and down the slope (yo-yo method), or placement by succession of compacted horizontal lifts (stair-step construction) before grading. A typical cross-section of the rehabilitated canal is shown in figure 2.1 (From Howard, 1976) [2].

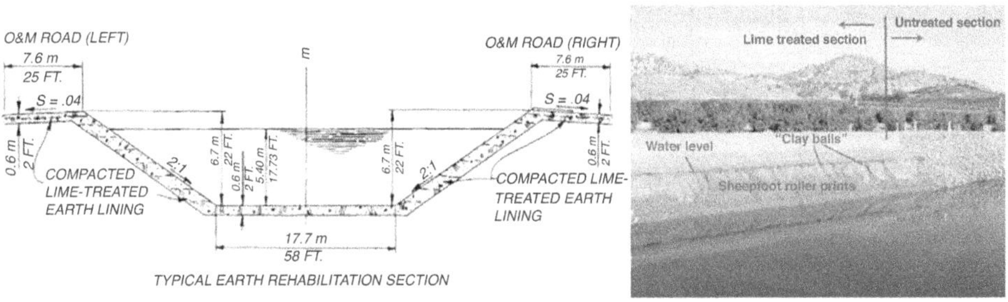

Fig. 2.1

Typical cross-section of the Friant-Kern canal with lime-treated clay lining (left), and current state of the lime-treated bank (picture taken in 2012) with padfoot compactor imprints still evident, having undergone almost no erosion (right).

No new slides have been observed since the rehabilitation works, and the lime-soil lining is the material that needs the least maintenance on the canal. Since that time, applications of lime treatment were extended to levees repair after slidings and reconstruction after flooding: Mississippi River levees in Arkansas, Tennessee, Illinois, Mississippi, Missouri, Louisiana states, from 1975 until today. Lime has also been used for remedial treatment in the case of existing dams for solving problems of surface erosion and piping in Oklahoma, Mississippi, Tennessee; lime contents, from 2 to 3%, are reported.

A la même période, sur les barrages australiens de Flagstaff en 1964, de Wallan et Bungal en 1972, de Kilmore en 1979, l'usage de chaux pour prévenir l'érosion interne d'argiles dispersives a été réalisé avec succès, dans un premier temps pour réparer des barrages homogènes, puis, en tant que principe de conception des ouvrages. A titre d'exemple, sur le barrage de Bungal (H = 48 m) la face aval du noyau a été entièrement protégée par un mélange de sol traité à la chaux dans le but d'isoler les argiles dispersives qui constituent ce noyau d'un contact direct avec les filtres à l'aval. Le même principe de protection a aussi été utilisé lors de la conception du barrage de Mnjoili, de 42 m de hauteur au Swaziland dans le début des années 80, après que la technique du traitement à la chaux eut fait ses preuves lors des travaux de réparation de multiples petits barrages en Afrique du Sud. D'autres exemples existent dans plusieurs pays, comme en Thaïlande dans les années 70 où le Département Royal d'Irrigation a dû gérer la réparation ou la construction de plusieurs petits barrages en utilisant comme matériau l'argile des sols disponibles qui été qualifiée de dispersive (barrages de Lam Chieng Krai et de Huay Sawai). En Europe, des exemples plus récents de restaurations de digues de protection réalisés en utilisant de la chaux ont été rapportés après les crues sévères de 2002 survenues en République Tchèque (Chobot, Hvezda, Hradec Kralové). Dans le nord-ouest de la France, plus particulièrement en Normandie, le traitement à la chaux est couramment utilisé pour la construction de barrages de contrôle des crues (d'environ 5 m de hauteur).

Ce bulletin couvre l'utilisation globale des sols cimentés (CS) obtenus par traitement à la chaux et/ou au ciment pour la construction d'ouvrages hydrauliques. Le terme de "Barrages en Sol Cimenté" (CSD) désigne les barrages construits en utilisant du sol cimenté obtenu après traitement. Il complète et étend la portée du Bulletin 54 à l'usage de la chaux aérienne calcique d'un côté et, d'un autre, à celui des sols limoneux et argileux. Grâce à l'expérience acquise dans le domaine des infrastructures de transport, ce bulletin ouvre largement le champ d'utilisation des sols traités à d'autres applications que la réalisation de de parements amont de barrages, comme par exemple la conception de barrages homogènes de petite ou moyenne hauteur (environ 30 m, et moins de 50 m), de barrages zonés ou de digues.

2.2. PORTÉE DU BULLETIN CSD

La portée du présent bulletin est d'apporter des recommandations adéquates pour la conception, la construction et la réparation de barrages et de digues en sols cimentés. Parmi les nombreuses raisons poussant l'utilisation de sols cimentés, leur usage est particulièrement recommandé dans les circonstances suivantes :

- L'utilisation de matériaux fins, pauvres, de faible ou de médiocre qualité voire même parfois inutilisables (sols humides, argiles hautement plastiques, argiles dispersives, sols susceptibles de s'affaisser, sols érodables, sols expansifs…),

- Le manque de matériau de qualité adéquate à proximité du site,

- Une meilleure exploitation des zones d'emprunt en conformité avec leurs caractéristiques effectives (teneur en eau naturelle, distribution granulométrique des particules et limites d'Atterberg) et possibilité améliorée d'homogénéiser la qualité des matériaux extraits de ces zones d'emprunt, une fois traités,

- L'amélioration des propriétés géomécaniques des matériaux disponibles dans l'optique d'accentuer les pentes soit de la partie supérieure des barrages et des digues dans le cas de la surélévation de la crête, soit sur la hauteur totale dans le cas d'un droit d'emprise réduit, pour éviter d'élargir la partie basse de la structure,

- L'augmentation de la résistance des digues et des barrages contre la surverse et le débordement, et donc, le développement du concept visant à augmenter la capacité des ouvrages afin de se conformer aux règles de sécurité tout en maintenant un franc-bord réduit. Ainsi, en économisant sur le volume de remblai, grâce à l'augmentation des pentes, et en réduisant la capacité de déversement de l'évacuateur, le coût global de surélévation du barrage ou de la digue peut être considérablement réduit par l'utilisation de sol cimenté,

During the same time, in Australia, on the dams of Flagstaff in 1964, Wallan and Bungal in 1972, Kilmore in 1979, the use of lime to protect dispersive clays from piping was successfully adopted, initially for repairs of homogeneous dams, then from the design of the structures. For the 48 m high Bungal dam for example, the core was entirely protected, on its downstream face, by a treated soil-lime mixture in order to isolate the dispersive clays of the core from the direct contact with the downstream filters. The same protective design concept was also adopted for the 42 m high Mnjoli dam in Swaziland in the early 80's, after several satisfactory uses of the lime for the repairs of small dam failures in South Africa. Other examples can be found in several other countries, like Thailand where the Royal Irrigation Department in the 70's had to deal with the repair or construction of small dams with the available clay material which was classified as dispersive (Lam Chieng Krai, Huay Sawai dams). In Europe, recent examples of protection levees restorations using lime are reported after the 2002 severe floods in Czech Republic (Chobot, Hvezda, Hradec Kralové). In northwestern France, mainly in Normandy, lime treatment is commonly used for the construction of flood control dams (about 5 m high).

This bulletin covers the general use of cemented soil (CS) obtained by treatment with lime and/or cement in the realization of hydraulic structures. The term "Cemented Soil Dams (CSD)" designates dams built with such cemented soil. It complements and extends the scope of the Bulletin 54 to the use of calcium air lime on the one hand, and to the use of silty, loamy, and clayey soils on the other hand. Taking advantage of the experience gained in the field of transport infrastructures, it finally opens widely the use of treated soils to other applications than upstream slope protections, such as homogeneous dams of small to medium height (about 30 m and in any case less than 50 m high), zoned dams and levees.

2.2. SCOPE OF THE CSD BULLETIN

The scope of the present bulletin is to provide adequate recommendations to design, construct and repair dams and levees with cemented soils. Among the many reasons for using cemented soils, their use is particularly recommended in the following circumstances:

- Use of fine, poor, low quality and in some conditions unsuitable fill materials (wet soils, highly plastic clays, dispersive clays, collapsible soils, erodible soils, expansive soils...),
- Lack of adequate adapted quality material close to the site,
- Better exploitation of borrow areas in compliance with their actual characteristics (natural water content, particule size distribution and Atterberg's limits) and enhanced possibility to homogenize the quality of the materials extracted from these borrow areas, once treated,
- Improvement of geo-mechanical properties of available materials with the view of steepening the slopes either of the upper part of the dams and levees in case of raising of the crest, or for the whole height in case of reduced right of way, without enlarging the lower part of the structure,
- Increase of the resistance against dam or levees overtopping and overflowing, and then, development of the concept to increase the capability of the structure to cope with the safety while keeping a reduced freeboard. Thus, by saving the volume of backfill in steepening the slopes and reducing the capacity of the spillway, the overall cost of the raising of the dam or of the levee can be dramatically reduced by the use of the cemented soil,

- L'amélioration des fondations de barrages et de digues en présence de sols de portance inadéquate ou de qualité médiocre,

- L'amélioration du comportement de l'ouvrage lors de situations de sécheresses importantes ou aussi pour les ouvrages restant continuellement hors de l'eau ou encore pour la partie supérieure des barrages et des digues qui est sujette à la dessiccation, la fissuration est alors réduite de manière significative,

- L'amélioration des caractéristiques mécaniques des sols et de la rigidité à proximité immédiate de structures en béton traversant la digue ou le barrage comme les ouvrages de vidange, les prises d'eau ou encore murs bajoyers des évacuateurs,

- La réparation de petits barrages et digues suite à des endommagements ou des ruptures.

En ce qui concerne les applications du sol cimenté dans les ouvrages en contact avec l'eau de mer, il existe quelques exemples connus. Par exemple, le Bulletin 54 mentionne le cas de digues en sol-ciment destinées à entourer le réservoir d'eau de refroidissement de la centrale électrique Barney M. Davis au Texas. Aucune détérioration du sol-ciment n'a été mise en évidence pour un test de 268 360 m3. Le projet a donc pu être réalisé. Sa construction a été achevée en 1973. Le Bulletin 54 fait également état d'un essai de durabilité qui a été réalisé par le Corps of Engineers pour la conception du barrage de Truscott Brine au Texas avec des concentrations très élevées de chlorures (55 000 p/m) et de sulfates (7 000 p/m). Les résultats ont indiqué que le sol-ciment avec 12% de ciment en poids pouvait résister à la solution de saumure. Les essais ont également déterminé que les échantillons fabriqués avec du ciment de type II étaient plus durables que ceux fabriqués avec du ciment de type V (selon la classification ASTM). Dans le sud de la France, une expérience grandeur nature est en cours dans l'estuaire du Rhône, à proximité de la mer Méditerranée. L'objectif est de tester le comportement des sols traités à la chaux au contact de l'eau salée par rapport au même sol non traité. Un suivi à long terme permettra de tirer des observations sur les effets de la houle marine, des cycles hydriques (plateforme non immergée en période sèche) et du sel. Le site dépend du Symadrem, un organisme chargé de la réalisation et de l'entretien d'un réseau de digues de protection contre les inondations dans le delta du Rhône.

Les premiers retours sont donc prometteurs, mais comme ce domaine d'application est encore en phase d'investigation, il a été jugé préférable d'attendre les conclusions avant de l'aborder dans un tel bulletin.

- Improvement of dams and levees foundation when in the presence of inadequate stiffness of poor soils,

- improvement of the behavior of the structure in case of severe drought or also for structures remaining permanently above water or for the upper part of the dams or levees which are subject to desiccation, the cracking being significantly reduced,

- Improvement of mechanical soil characteristics and stiffness in vicinity of concrete structures crossing the levee or the dam like bottom outlets or retaining walls of spillways.

- Repair of damages and failures of small dams and levees

Regarding cemented soil applications in structures in contact with seawater, there are some known examples. For instance, Bulletin 54 mentions the case of soil-cement levees to enclose the cooling water reservoir at the Barney M. Davis Power Station in Texas. No deterioration of the soil-cement has been evidenced for a 268 360 m^3 test. The project could thus be realized. Its construction was completed in 1973. Bulletin 54 also reports on a durability test that was conducted by the Corps of Engineers for the design of Truscott Brine Dam in Texas with very high concentrations of chlorides (55 000 p/m) and sulfates (7 000 p/m). The results indicated that the soil-cement with 12% cement by weight could withstand the brine solution. The testing further determined that specimens made with Type II cement were more durable than those made with Type V (according to ASTM classification). In the South of France, a full-scale experiment is underway in the Rhone River estuary close to the Mediterranean Sea. The aim is to test the behavior of lime-treated soils in contact with salt water compared to the same untreated soil. A long-term follow-up will allow to draw observations on the effects of sea swell, hydric cycles (platform not immersed in dry period) and salt. The site depends on Symadrem, an organization in charge of the realization and the maintenance of a network of protection levees against the floods in the Rhone Delta.

The first feed backs are therefore promising, but since this field of application is still in an investigation phase, it was deemed preferable to wait for the conclusions before addressing it in such a bulletin.

3. PRODUITS ET MATÉRIAUX

3.1. LIANTS

3.1.1. Généralités

La première spécificité de ce bulletin, comparé au Bulletin 54, réside dans son ouverture à d'autres liants que le ciment uniquement, et en particulier à la chaux calcique aérienne.

Le diagramme ternaire de la Figure 3.1 présenté ci-dessous montre de manière schématique la composition des produits minéraux obtenus par traitement thermique. Ils possèdent des propriétés de liaison potentielles et sont utilisés dans la construction. Ils sont positionnés dans le diagramme selon les trois principaux composants typiques des liants hydrauliques qui sont la silice (S), l'alumine (A) et l'oxyde de calcium (C).

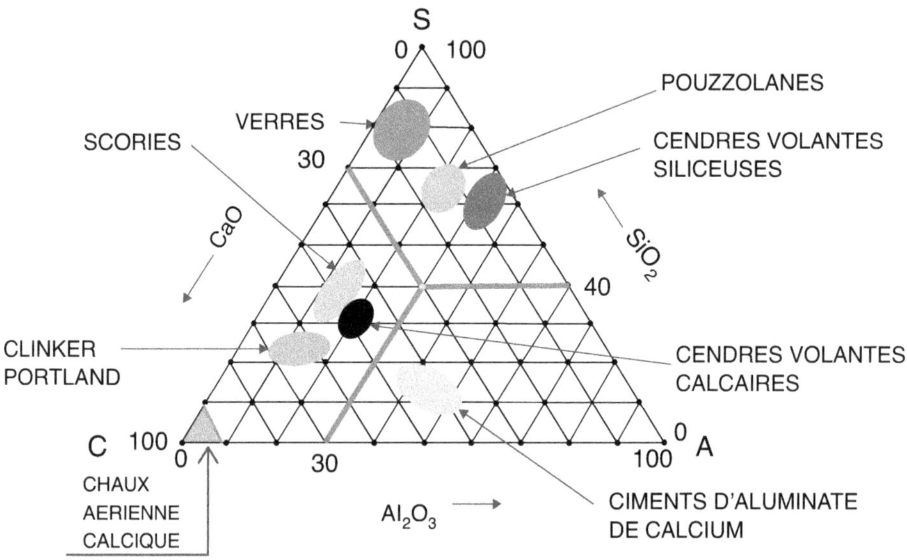

Fig. 3.1
Composition des principaux produits liants en fonction du contenu de silice (S), d'alumine (A) et d'oxyde de calcium (C)

Cette représentation permet de différencier trois groupes de produits : les liants hydrauliques, les liants pouzzolaniques et la chaux aérienne calcique.

1. Les liants hydrauliques : la silice, l'alumine et le calcium sont dans des proportions telles qu'ils sont capables de se combiner et de prendre et durcir lorsqu'ils sont mélangés avec de l'eau sans aucune addition, notamment de calcium.

2. Les liants pouzzolaniques : la teneur en calcium n'est pas assez élevée pour permettre la prise et le durcissement lorsqu'ils sont mélangés à l'eau. Un ajout de calcium est nécessaire.

3. PRODUCTS AND MATERIALS

3.1. BINDERS

3.1.1. General

The first feature of this bulletin compared to Bulletin 54 is its openness to other binders than cement only, and particularly to calcium air lime.

The ternary diagram of Figure 3.1 below shows schematically the composition of mineral products obtained by thermal treatment. They have potential binding properties and are used in construction. They are positioned in the diagram according to the typical three main components of hydraulic binders which are silica (S), alumina (A) and calcium oxide (C).

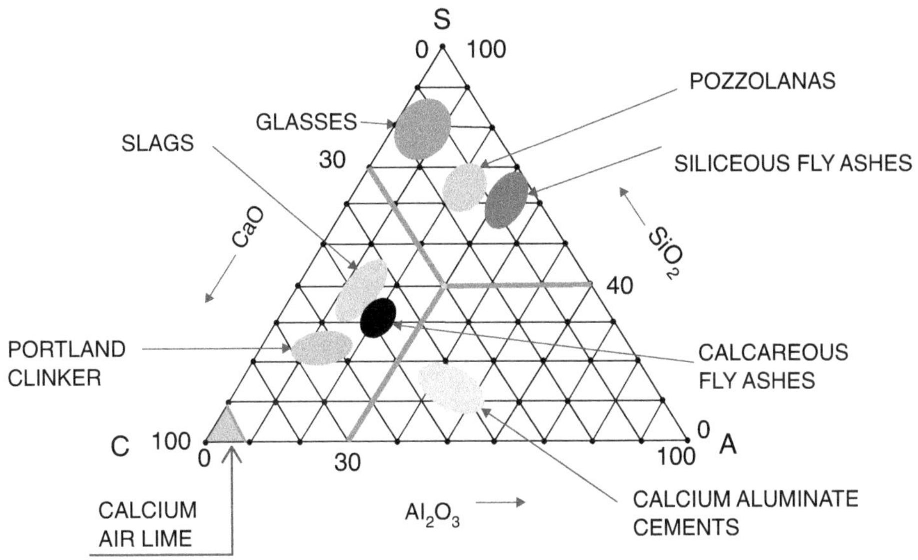

Fig. 3.1
Composition of the main binding products based on the content of silica (S), alumina (A) and calcium oxide (C)

This representation makes it possible to differentiate three groups of products: hydraulic binders, pozzolanic binders and calcium air lime.

1. Hydraulic binders: silica, alumina and calcium are in such proportions that they are able to combine and to set and harden when mixed with water without any addition, particularly of calcium.

2. Pozzolanic binders: the content of calcium is not high enough to enable setting and hardening when mixed with water. An addition of calcium is necessary.

3. La chaux aérienne calcique : parfois appelée "chaux calcique grasse", la chaux aérienne calcique est obtenue en calcinant du calcaire à forte teneur en carbonate de calcium. Des impuretés peuvent être présente dans le gisement de calcaire naturel (argile, sable) entraînant la formation d'alumine et de silice après la combustion. Cependant, les faibles proportions en jeu et le procédé thermique ne permettent pas d'obtenir des résistances mécaniques mesurables issues de la combinaison avec la partie calcique du produit en présence d'eau.

3.1.2. Liants hydrauliques

Comme indiqué précédemment, la composition de ces liants est telle que, une fois mélangés à l'eau, ils sont capables de prendre et de durcir aussi bien dans l'air et dans l'eau. D'où le nom de liants hydrauliques. Dans le diagramme (Figure 3.1), cette catégorie de liants est représentée par les ciments Portland. Certains laitiers de haut-fourneau broyés et activés avec un faible pourcentage de chaux sont également considérés comme des liants hydrauliques, de même pour les cendres volantes calcaires provenant de la combustion de lignite calcaire dans les centrales électriques. Les ciments d'aluminate de calcium sont des liants hydrauliques à durcissement rapide et dont les applications ne sont pas couvertes par ce bulletin.

Les ciments sont normalisés. Le type et la classe de résistance à choisir dépendent notamment des conditions climatiques sur le lieu d'utilisation, du type de matériau à traiter et du niveau de performance visé pour la structure. En règle générale, il n'est pas recommandé, dans le traitement des sols, d'utiliser un ciment à prise et durcissement rapides en raison de la durée nécessaire d'exécution des tâches sur le site.

Certains pays, en particulier en Europe, ont développé, depuis les années 1980, des liants appelés "liants hydrauliques routiers" (désignation européenne : HRB pour hydraulic road binders), produits en usine et spécialement conçus pour le traitement des sols. Ils se distinguent du ciment par le fait que leur cinétique de prise et de durcissement est plus lente que celle du ciment. Ces liants sont des mélanges de différents composants broyés (clinker, chaux, laitier, cendres volantes), issus de divers procédés thermiques. Ces composants contiennent les principaux constituants nécessaires à la réaction hydraulique : de la silice, de l'alumine et du calcium. Le processus de production permet d'adapter la composition et la distribution granulométrique au type de sol à traiter et aux conditions climatiques du lieu d'utilisation.

En Europe, les HBR sont normalisés au même titre que les ciments standards. Il existe deux familles :

- EN 13282-1 : Liants hydrauliques routiers à durcissement rapide, [3]
- EN 13282-2 : Liants hydrauliques routiers à durcissement normal. [4]

Le type (rapide ou normal) et la classe de résistance à choisir dépendent notamment des conditions climatiques sur le lieu d'utilisation et du niveau de performance visé pour la structure. En règle générale, il est recommandé d'utiliser des liants routiers à durcissement normal par soucis de compatibilité avec la durée d'exécution des tâches sur le site.

3.1.3. Liants pouzzolaniques

Comme montré dans la Figure 3.1, ces liants ont une déficience en oxyde de calcium. Ils ne peuvent pas prendre et durcir seuls en présence d'eau. Ils nécessitent l'ajout d'une source de calcium, comme la chaux ou le ciment Portland. Ils sont nommés d'après le terme pouzzolane qui désigne des dépôts de cendre volcanique proches de la ville de Pozzuoli à l'est de Naples en Italie. Ils étaient utilisés par les Romains qui les mélangeaient avec la chaux pour produire des liants pour la construction. On distingue la pouzzolane naturelle, qui provient des volcans, de la pouzzolane artificielle qui provient de procédés industriels thermiques, tels que les cendres volantes siliceuses produites par la combustion du charbon noir dans les centrales électriques.

3. Calcium air lime: sometimes called "high calcium lime", calcium air lime is obtained by calcining limestone with a very high content of calcium carbonate. Impurities may be present in the natural limestone deposit (clay, sand) leading to the formation of alumina and silica after burning. However, the small proportions and the thermal process do not make it possible to obtain measurable mechanical strengths by combination with the calcium content of the product in the presence of water.

3.1.2. Hydraulic binders

As said before, the composition of these binders is such that, once mixed with water, they are capable of setting and hardening in the air and in the water. Hence the name hydraulic binders. In the diagram (Figure 3.1), this category of binders is represented by Portland cements. Some blast furnace slag crushed and activated with a small percentage of lime are also considered as hydraulic binders, as well as calcareous fly ash from burning calcareous brown coal in power plants. The calcium aluminate cements are rapid hardening hydraulic binders whose applications are not covered by this bulletin.

Cements are standardized. Type and strength class to be chosen depend in particular on the climatic conditions at the place of use, the type of material to be treated, and on the level of performance targeted for the structure. As a rule, it is not recommended in soil treatment to use rapid setting and hardening cement due to the time required to complete the tasks on site.

Some countries, particularly in Europe, have developed, since the 1980s, binders called "hydraulic road binders" (European designation: HRB), produced in plant and specially designed for soil treatment. They differ from cement by the fact that their setting and hardening kinetics is slower than the cement ones. These binders are blends of different milled components (clinker, lime, slag, fly ash), derived from various thermal processes. These components contain the main constituents necessary for the hydraulic reaction: silica, alumina and calcium. The production process allows adjusting the composition and the particle size distribution to the type of soil to be treated and to the climatic conditions at the place of use.

In Europe HRB are standardized similarly to the cement standards. Two families exist:

- EN 13282-1: Rapid hardening hydraulic road binders [3],
- EN 13282-2: Normal hardening hydraulic road binders [4].

Type (rapid or normal) and strength class to be chosen depend in particular on the climatic conditions at the place of use and on the level of performance targeted for the structure. As a rule, it is recommended to use normal hardening road binders to be consistent with the time required to complete the tasks on site.

3.1.3. Pozzolanic binders

As shown in Figure 3.1, these binders are deficient in calcium oxide. They cannot set and harden alone in the presence of water. They need addition of a source of calcium, like lime or Portland cement. They get their name from the term pozzolana which designates volcanic ash deposits near the city of Pozzuoli, West of Naples in Italy. They were used by the Romans who mixed them with lime to produce a binder for construction. One differentiates natural pozzolana, coming from volcanoes, from artificial pozzolana coming from an industrial thermal process, such as siliceous fly ash coming from burning black coal in power plants.

En général, ils sont normalisés.

Ces produits sont utilisés comme composants des liants hydrauliques (dans certains ciments et liants hydrauliques routiers) ou en complément de ceux-ci.

Il existe également des exemples de mélanges de produits normalisés (par exemple, du laitier de haut fourneau granulaire broyé et de la chaux, des cendres volantes et de la chaux, des cendres volantes et du ciment), fabriqués sur site dans des usines semi-mobiles en suivant des compositions contrôlées pour les besoins de sites spécifiques. Bien entendu, la rentabilité d'un tel procédé dépend de la taille du site et de la disponibilité des composants à proximité du site.

3.1.4. Chaux aérienne calcique

La chaux aérienne calcique est obtenue par calcination du calcaire, avec un fort taux de carbonate de calcium (CaCO3), à environ 900°C. Le produit ainsi obtenu est composé majoritairement d'oxyde de calcium (CaO).

$CaCO_3$ + chaleur → $CaO + CO_2$

La chaux obtenue est communément appelée "chaux vive" puisque, en présence d'eau, elle s'hydrate très rapidement suivant une réaction fortement exothermique qui donne lieu à la formation d'hydroxyde de calcium [Ca(OH)2], aussi appelé "chaux éteinte".

$CaO + H_2O \rightarrow Ca(OH)_2$ + chaleur (1155 kJ/kg de CaO)

Dans une atmosphère humide, la chaux hydratée à la possibilité de fixer le CO_2 présent dans l'air pour produire du carbonate de calcium (calcaire) selon la réaction suivante :

$Ca(OH)_2 + CO_2 \rightarrow CaCO_3 + H_2O$

Cette propriété est exploitée depuis des siècles dans les mortiers et les enduits pour la construction où la chaux joue un rôle de liant durcissant au contact de l'air. Ceci explique la dénomination de "chaux aérienne calcique" pour évoquer la chaux (vive ou éteinte) obtenue à partir de calcaire pur. La Figure 3.2 représente le cycle de la chaux aérienne calcique, "du calcaire au calcaire".

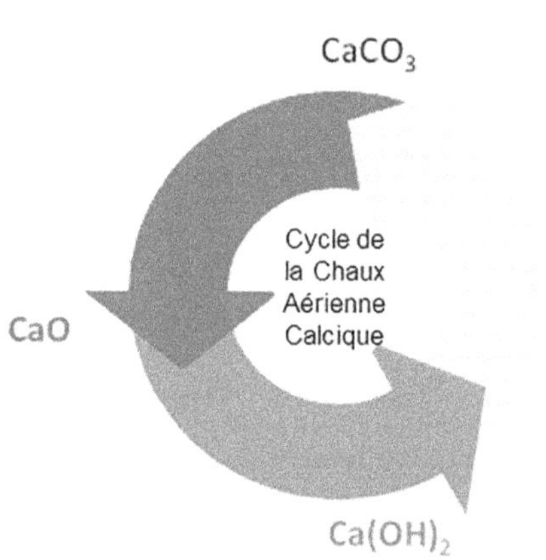

Fig. 3.2
Le cycle de la chaux aérienne calcique

In general, they are standardized.

These products are used as components of hydraulic binders (in some cements and hydraulic road binders) or in addition to them.

Examples also exist of blends of standardized products (for instance ground granular blast furnace slag and lime, fly ash and lime, fly ash and cement), manufactured on site in a semi mobile plant according to controled compositions for the need of specific sites. Of course, the profitability of such a process depends on the size of the site and the availability of components close to the site.

3.1.4. Calcium air lime

Calcium air lime is obtained by calcining limestone, with a high content of calcium carbonate ($CaCO_3$), at about 900°C. The product thus obtained is composed mainly of calcium oxide (CaO)

$$CaCO_3 + \text{heat} \rightarrow CaO + CO_2$$

Such a lime is commonly designated as quicklime as, in the presence of water, it hydrates very rapidly, according to a strongly exothermic reaction that leads to the formation of calcium hydroxide [$Ca(OH)_2$], also called hydrated lime or slaked lime.

$$CaO + H_2O \rightarrow Ca(OH)_2 + \text{heat (1155 kJ/kg of CaO)}$$

Placed in a humid atmosphere, hydrated lime has the ability to fix CO_2 from the air to produce calcium carbonate (limestone) according to the following reaction:

$$Ca(OH)_2 + CO_2 \rightarrow CaCO_3 + H_2O$$

This property has been exploited for centuries in mortars, plasters, and renders for building construction where lime acts as a binder hardening on contact with air. Hence the name "calcium air lime" to designate lime (either quicklime or hydrated lime) obtained from pure limestone. Figure 3.2 represents the calcium air lime cycle, "from limestone to limestone. "

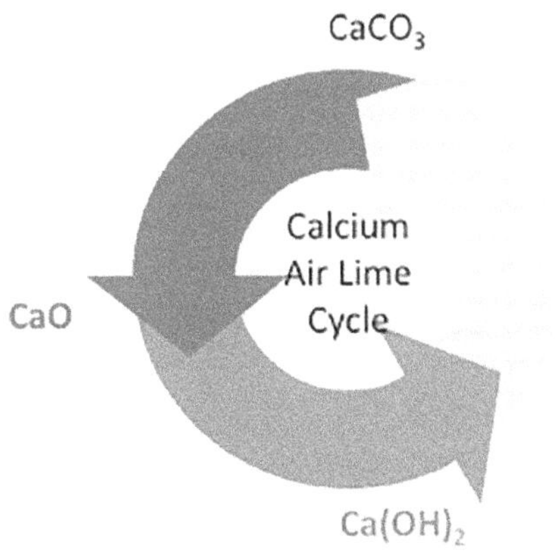

Fig. 3.2
The calcium air lime cycle

Comme expliqué précédemment, la chaux aérienne calcique n'est pas un liant hydraulique dans le sens strict du terme puisque cette dernière ne durcit pas en présence d'eau. Il s'agit plutôt d'un liant aérien. C'est aussi une base forte et un réactif capable de se combiner à des matériaux possédants des propriétés pouzzolaniques pour former un liant hydraulique.

La chaux aérienne calcique ne doit pas être confondue avec la chaux aérienne dolomitique. Les deux sont des chaux aériennes mais la seconde est produite à partir de calcaire contenant des carbonates de calcium ($CaCO_3$) et de magnésium ($MgCO_3$). Après calcination, elle donne un produit du type suivant : x.CaO(100-x).MgO. Comme l'efficacité de la chaux aérienne pour le traitement des sols dépend fortement de la teneur en oxyde de calcium (CaO), il est recommandé en d'utiliser de la chaux aérienne calcique pure pour le traitement des sols en général et la pour construction d'ouvrages hydrauliques en particulier.

La chaux aérienne ne doit pas non plus être confondue avec la chaux hydraulique. Cette dernière est obtenue par calcination à 1100°C de calcaire contenant de la silice et/ou de l'alumine en large proportion, suivit d'une hydratation de l'oxyde de calcium en usine. Elle possède des propriétés à la fois hydrauliques et aériennes, ce qui la rend intéressante pour la production de mortiers et d'enduits pour la construction de bâtiments. Mais elle est très rarement utilisée pour le traitement des sols car son efficacité pour cette application est faible. De plus, elle n'est pas disponible en grandes quantités. Ainsi, on recommandera une nouvelle fois l'usage de la chaux aérienne calcique pure.

Aux fins du présent bulletin, la chaux aérienne calcique est plus simplement désignée par le terme générique "chaux" dans la suite du texte et est classifiée dans la catégorie des liants. Quand nécessaire, il est précisé s'il s'agit de chaux vive ou de chaux hydratée (éteinte).

Tout comme le ciment, la chaux est produite sur des sites industriels et est un produit standardisé.

En fonction des différents champs d'application de la chaux (traitement des sols, agriculture, construction, environnement, sidérurgie, etc.), il est nécessaire de se référer aux normes et spécifications adéquates. En ce qui concerne le traitement des sols, les principaux critères de classification sont communément les suivants :

Pour la chaux vive et la chaux hydratée :

- Au regard de l'efficacité, plus le taux de chaux disponible est élevé, meilleur c'est. Le taux de chaux disponible reflète la proportion de chaux active dans le produit (sans impuretés et incuits de calcaire).

- Au regard de l'efficacité, plus la distribution granulométrique est décalée vers les fines, meilleur c'est.

Pour la chaux vive uniquement :

- En complément des critères précédents, la chaux vive est caractérisée par sa réactivité qui représente la cinétique et le caractère exothermique de la réaction avec l'eau (Figure 3.3). La réactivité est un paramètre global qui intègre des indications sur le procédé de calcination réalisé en usine, du taux de chaux disponible et de la finesse du produit. Plus la réactivité est élevée, meilleures sont les performances.

As already explained, calcium air lime is not a hydraulic binder in the strict meaning of the term because it does not harden in the presence of water. It is rather an air binder. It is also a strong base and a reactant capable of combining with materials with pozzolanic properties to form a hydraulic binder.

Calcium air lime must not be confused with magnesium air lime. Both are air lines, but the latter is produced from limestone containing calcium carbonate ($CaCO_3$) and magnesium carbonate ($MgCO_3$). After calcination, it gives a quicklime of the type: x.CaO,(100-x).MgO. As the effectiveness of such a lime in soil treatment depends on the calcium oxide content (CaO), it is preferable to use pure calcium air lime for soil treatment in general and hydraulic works in particular.

Air lime must not be confused either with hydraulic lime. The latter is obtained by calcination at around 1100°C of limestone containing silica and/or alumina in large proportion, followed by a hydration of the calcium oxide at the plant. It has both aerial and hydraulic properties, interesting for the production of mortars, plasters and renders in the building construction field. But it is rarely used in soil treatment because its effectiveness in such an application is poor. Moreover, it is not available in large quantities. Thus, it is recommended to use pure calcium air lime.

For the purposes of this bulletin, calcium air lime is most simply designated by the generic term "lime" in the following and is classified in the binders' category. When relevant, it is specified whether it is quicklime or hydrated lime.

Like cement, lime is produced in industrial plants and standardized.

Due to the different fields of applications of lime (soil treatment, building, agriculture, environment, steel industry, etc.), it is necessary to refer to the relevant standard and specifications. Regarding soil treatment, the main classification criteria are generally the following ones.

For quicklime and hydrated lime:

- The available lime content which reflects the proportion of active lime (without unburnt limestone and impurities) in the product: from the efficiency point of view, the higher the better.

- The particle size distribution: from the efficiency point of view, the finer the better.

For quicklime only:

- In addition to the former criteria, quicklime is characterized by its reactivity which reflects the kinetics and the exothermicity of the reaction when in contact with water (Figure 3.3). It is a global parameter that integrates indications on the burning process at the lime plant, the available lime content, and the fineness of the product. From the efficiency point of view, the faster the better.

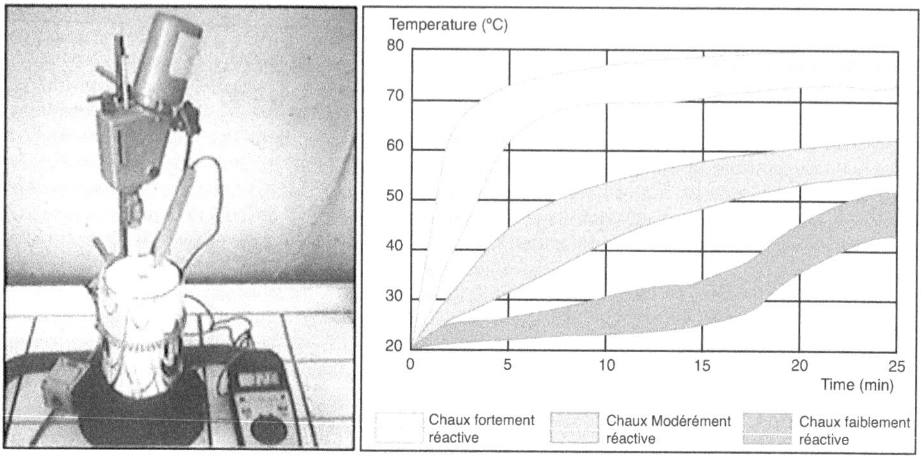

Fig. 3.3
Dispositif de test de réactivité (gauche), et représentation graphique des différentes familles de courbes de réactivités (droite).

À titre d'exemple, pour la réalisation d'ouvrages hydrauliques en France et en Belgique, il est courant de définir la chaux vive selon les caractéristiques suivantes :

- Notation : EN 459-1 CL90-Q (d'après la norme Européenne harmonisée EN 459 : Chaux de construction)
- Chaux disponible : supérieur à 88%
- Réactivité : température de l'eau supérieure à 60°C en moins de 10 min (t_{60} < 10 minutes)
- Distribution granulométrique : 95% < 2 mm; 50% < 0,09 mm
- Le lait de chaux est une suspension de chaux hydratée dans l'eau, il est caractérisé par la concentration d'hydrate sec en suspension (masse d'hydrate par rapport à la masse totale de la suspension, en %). D'après l'expérience américaine, pour des raisons pratiques d'utilisation (manipulation et épandage), la concentration d'hydrate ne devrait pas excéder les 35% environ.

3.2. SOLS

3.2.1. Généralités

Le Bulletin 54 cible clairement les matériaux granulaires sableux et graveleux. Ce document a été établi à partir du retour d'expérience sur des matériaux dont les principales caractéristiques sont les suivantes :

- Taux de fines : de 4 à 38%, typiquement jusqu'à 10 à 20%
- Taille maximum des particules : 40 mm
- Indice de plasticité bas : IP < 8

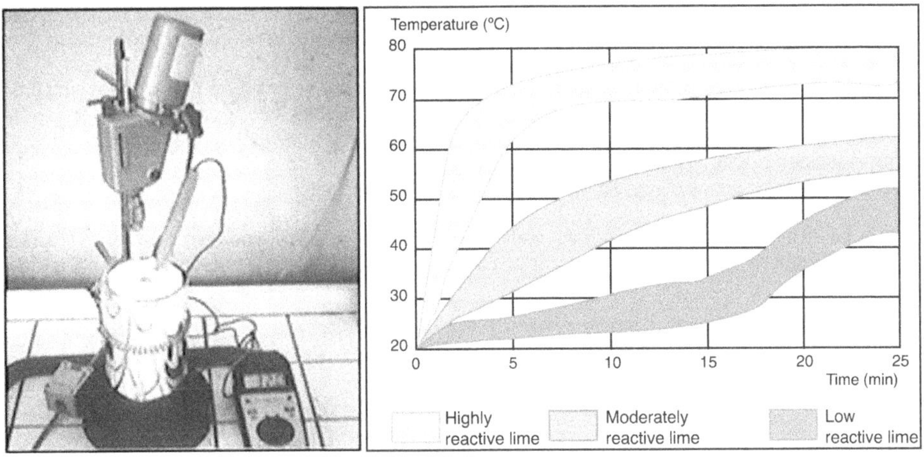

Fig. 3.3
Reactivity test equipment (left) and graphical representation of the different families of reactivity curves (right)

As an example, for hydraulic works in France and Belgium, it is usual to specify quicklime according to the following characteristics:

- Designation: EN 459-1 CL90-Q (according to the European standard EN 459: Building lime)
- Available lime: above 88%
- Reactivity: temperature of the water must be above 60°C within 10 min (t_{60} < 10 minutes)
- Particle size distribution: 95% < 2 mm; 50% < 0.09 mm
- Milk of lime is a suspension of hydrated lime in water. It is characterized by the concentration of dry hydrate into the suspension (weight of hydrate divided by total weight of suspension in %). According to the experience in the USA, for reasons of ease of use (handling and spreading), it should not exceed around 35%.

3.2. SOILS

3.2.1. General

Bulletin 54 is clearly aimed at sandy and gravelly granular materials. This document was established from feedback on materials whose main characteristics are as follows:

- fines content: 4 to 38%, typically up to 10 to 20%
- maximum particle size: 40 mm
- low plasticity index: PI < 8

Les raisons qui définissent ces limites sont basées, en grande partie, sur la faisabilité des mélanges par rapport à la technologie disponible pendant la période de référence (1962–1982).

Ce bulletin CSD diffère du Bulletin 54 par le fait qu'il est ouvert à un plus large éventail de matériaux. Les critères de sélection sont toujours basés sur la compatibilité sol-liant et la faisabilité des mélanges, comme dans le Bulletin 54, mais les améliorations technologiques apparues depuis 1986 associées à une utilisation plus rationnelle de la chaux ont contribué à repousser les limites imposées par la présence d'argile plastique ou d'éléments grossiers.

La Figure 3.4 fournit une représentation schématique du positionnement des sols utilisables selon les critères du Bulletin 54 (B54) par rapport aux sols utilisables selon le présent Bulletin CSD (CS).

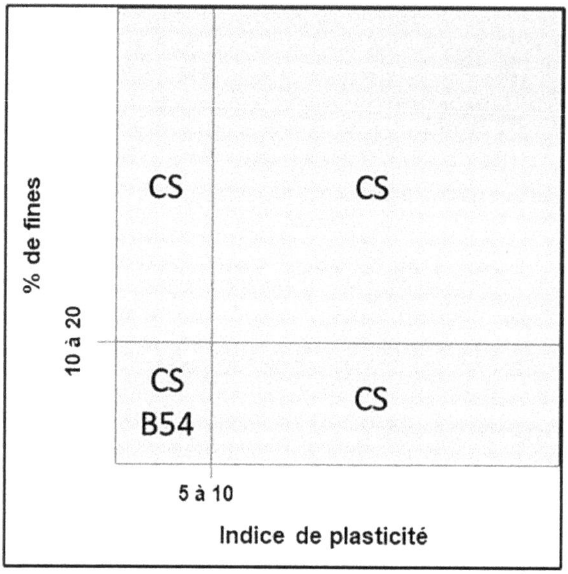

Fig. 3.4
Principales caractéristiques et positionnement des sols utilisables selon le Bulletin 54 (B54) par rapport aux sols utilisables selon le Bulletin CSD (CS).

3.2.2. Critère limitant

Le premier critère limitant est lié aux capacités de la technologie actuelle :

Teneur en fines :

Aujourd'hui, il est possible de traiter des sables argileux, des graviers argileux, des limons, des argiles, des roches fragiles (schiste, marne, craie) et leurs produits d'altération sans aucune limite quant à la teneur en fines.

L'indice de plasticité :

On trouve des exemples, dans les travaux d'infrastructures hydrauliques et de transport, de traitement de sols avec un IP allant jusqu'à 45 (Europe) et même jusqu'à 60 à 80 (USA). Lorsque la plasticité et la teneur en eau sont élevées, le traitement à la chaux est recommandé. Il peut être réalisé en deux temps (premier traitement avec une partie du dosage de chaux suivi, après une période de vieillissement en état légèrement compacté, d'un second traitement avec le reste du dosage de chaux) pour faciliter les opérations et obtenir de meilleurs résultats.

The reasons that are given to these limits are based, in large part, on the feasibility of the mixtures as compared to the technology available during the reference period (1962–1982).

This CSD Bulletin differs from Bulletin 54 in that it is open to a broader range of materials. The selection criteria are still based on the soil-binder compatibility and the feasibility of mixtures, as in Bulletin 54, but advances in technology since its publication in 1986 and a more rational use of lime have contributed to pushing some limits imposed by the presence of plastic clay or coarse elements.

Figure 3.4 provides a schematic representation of the positioning of soils suitable for use according to criteria of Bulletin 54 (B54) compared to soils suitable for use according to the present Bulletin CSD (CS).

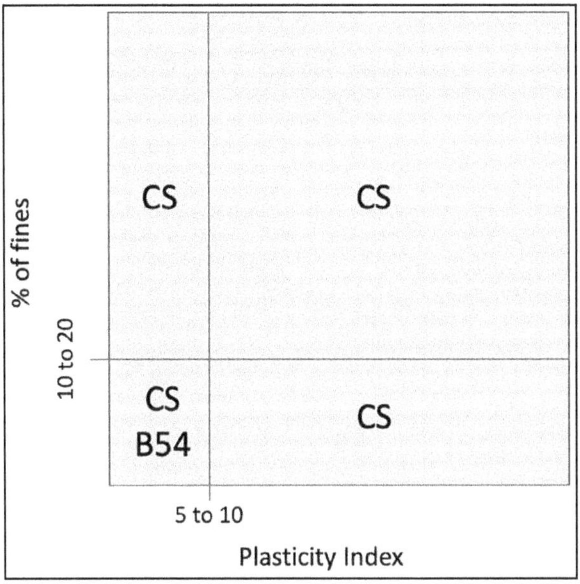

Fig. 3.4
Main characteristics and positioning of soils suitable for use according to Bulletin 54 (B54) compared to soils suitable for use in bulletin CSD (CS).

3.2.2. Limiting criteria

The first limiting criteria are related to the capacity of the current technology.

Fines content

Today it is possible to treat clayey sands, clayey gravels, silts, clays, weak rocks (shale, marl, chalk) and their alteration products without any limit regarding the content of fines: thus, their proportion may be up to 100% of the material.

Plasticity index:

There are examples, in hydraulic and transport infrastructure works, of treatment of soils with PI up to 45 (Europe) and even up to 60 to 80 (USA). Where plasticity and moisture content are high, lime treatment is recommended. It can be done in two steps (first treatment with a part of the lime dosage followed, after a maturation period in a slightly compacted state, by a second treatment with the rest of the lime dosage) to facilitate the operations and obtain better results.

- En Californie (USA), des sections du canal de Friant Kern, construit dans les années 1940, ont dû être traitées dans les années 1970 à cause de l'effondrement des berges dû à la présence d'argiles gonflantes. Les sols naturels sont des argiles de Porterville riches en montmorillonite. L'indice de plasticité varie entre 23 et 50. Environ 330.000 m^3 de ces matériaux ont été traités sur place avec 3 à 4% de chaux vive en masse de sol sec. Ce traitement a rendu possible la réduction de l'indice de plasticité à une valeur inférieure à 13 et l'augmentation de la limite de retrait du sol (Tableau 3.1). Dans le but de gérer la haute plasticité du sol, le mélange a été effectué en deux temps : premier temps juste après l'épandage de 2% de chaux, puis second temps 12 à 24 heures plus tard après épandage de 2% de chaux supplémentaire.

Table 3.1
Modification d'argile de Porterville après traitement à la chaux (4%).

	Sol Naturel	**Sol traité à la chaux (4%)**
Indice de plasticité (IP en %)	23 à 50	9 à 13
Limite de retrait (w_S en %)	7 à 14	28 à 30

- A Héricourt (France), un bassin de rétention d'eau de pluie adjacent à une autoroute a été construit en 2011 à partir d'argiles très humides et très plastiques (IP atteignant 45). Les digues ont une hauteur de 5 m. Le traitement a été réalisé sur place, sur une plateforme spécialement assignée à cette opération. Une partie a été traitée à la chaux uniquement (4%), une autre partie a été traitée en deux temps : avec de la chaux premièrement (2%), puis avec du ciment (3 et 5%). Seulement trois passes de mélangeur ont été nécessaires pour obtenir une mouture inférieure à 31,5 mm (Figure 3.5).

Fig. 3.5
Traitement à la chaux, sur une plateforme dédiée à l'opération, d'une argile lourde humide (IP : 45) à Héricourt (France). Sur la droite de l'image : après scarification et épandage de chaux. Sur l'extrême gauche de l'image : exemple de mouture après le premier mélange (Photo Ifsttar)

La taille maximum de particule du matériau (D_{max}) :

La limite supérieure, inférieure à 100–150 mm, est un compromis entre les capacités des mélangeurs modernes et la recherche de finesse de mouture pour une bonne distribution du liant dans le sol une fois traité.

- In California (USA), sections of the Friant Kern canal, built in the 1940s, had to be treated in the 1970s because of the collapse of banks due to the presence of swelling clays. The natural soils are Porterville clay rich in montmorillonite. Plasticity index varies between 23 and 50. About 330,000 m^3 of these materials were treated in place with 3 to 4% of quicklime by dry weight of the soil. This treatment made it possible to reduce the plasticity index to less than 13 and to increase the shrinkage limit (Table 3.1). In order to manage the high plasticity of the soil, the mixing was carried out in two stages: first just after spreading 2% of lime, then a second time 12 to 24 hours later, after spreading the last 2% of lime.

Table 3.1
Modification of Poterville clay after lime treatment (4%)

	Natural soil	**Lime treated soil (4%)**
Plasticity index (PI in %)	23 to 50	9 to 13
Shrinkage limit (w_S in %)	7 to 14	28 to 30

- In Héricourt (France), a rainwater retention basin along a motorway was built in 2011 with very wet and plastic clay (PI up to 45). The levees are 5 m high. The treatment was done in place on a platform specifically assigned to the operation. One part was treated with lime alone (4% by dry weight of the soil), another part was first treated with lime (2%) and then with cement (3% and 5%). Only 3 passes of mixer were needed to obtain a grind smaller than 31.5 mm (Figure 3.5).

Fig. 3.5
Lime treatment, on a platform assigned to the operation, of wet heavy clay (PI: 45) in Héricourt (France). On the right of the picture: after scarifying and lime spreading. On the very left of the picture: example of grind after first mixing (Photo Ifsttar)

Maximum particle size of the raw material (or D_{max}):

The upper limit, less than 100 to 150 mm, is a compromise between the technological capabilities of modern mixers and the search for fineness of grinding and for a good distribution of the binder in the soil once treated.

Le second critère limitant concerne les éléments dont la présence en excès a des effets néfastes sur la prise et le durcissement du mélange, tels que :

Les matières organiques :

En excès, elle réduit les performances mécaniques.

Le SO_3 sous toutes ses formes (sulfate, pyrite, gypse, etc.)

En présence de calcium provenant du liant, de l'alumine contenue dans le sol et d'un excès d'eau, il donne lieu à des sels particulièrement gonflants (thaumasite ou ettringite en fonction des conditions) qui peuvent causer des déformations et parfois même des destructions de structures ou de superstructures réalisées en sol traité.

Le nitrate, le phosphate, naturel ou de terres agricoles :

Leurs effets ne sont pas bien connus mais des réductions de performances mécaniques des sols traités sont souvent observes.

Les chlorures :

En petites quantités (environ moins de 2% en masse de sol sec), ils sont des accélérateurs de prise, ce qui peut raccourcir la période de maniabilité pendant la phase de construction.

Les micas :

Leur structure multicouche non-cohésive affaiblit le lien créé avec le liant et peut considérablement réduire les performances mécaniques post-traitement, surtout en présence d'eau.

Le Bulletin 54 fixe un seuil de la teneur en matière organique (< 2% en masse de sol sec). Des seuils additionnels pourraient être définis pour les autres éléments. Mais ces seuils ne sont pas faciles à établir. De plus, ils peuvent varier d'un pays à l'autre, en fonction de la géologie et des pratiques locales.

Aux États-Unis, l'association nationale pour la chaux (NLA pour National Lime Association) a publié une méthode d'étude (Mixture design and testing procedures for lime stabilized soil – 2006 – téléchargement libre) pour la conception de sols stabilisés à la chaux utilisés pour les chaussées. La méthode implique d'effectuer une cure de 7 jours à l'air à 40°C pour accélérer la réaction avant de mesurer la résistance en compression uniaxiale (UCS en anglais). Des seuils sont indiqués, en % par rapport à la masse de sol sec, pour le taux de matière organique (moins de 1 à 2%) et pour le taux de sulfate soluble (moins de 0,3%) en dessous desquels il n'y pas lieu de prendre des précautions particulières. Entre 0,3 et 0,8% de sulfate, des études spécifiques doivent être réalisées et l'opération peut être réalisée correctement mais elle nécessite des précautions particulières. Au-dessus de 0,8%, le risque de gonflement est élevé.

En Espagne, le taux maximum de matière organique autorisé doit être inférieur à 1%, ou inférieur à 2%, en fonction de la qualité requise pour le sol traité. Le taux de sulfate soluble (en termes de SO_3) doit être inférieur à 0,7%. Quand le taux de sulfate est supérieur à 0,5%, il est possible d'utiliser un ciment résistant aux sulfates. Mais, dans ce cas, le matériau traité ne doit pas être à proximité de parties bétonnées.

Il est à noter que, en fonction des pays, les limites sont basées soit sur le taux de sulfate soluble, le taux de SO_3, ou le taux de SO_4. Cette situation peut donner lieu à des incompréhensions et il est important d'indiquer clairement quel paramètre est mentionné. Il faut également considérer le fait que les analyses sont faites sur des faibles quantités de sol. Les résultats sont alors dépendants de la représentativité de l'échantillon considéré.

The second limiting criteria concern elements whose presence in excess has deleterious effects on the setting and hardening of the mixture, such as:

Organic matters:

In excess, they decrease the mechanical performance.

SO_3 in all its forms (sulfate, pyrite, gypsum, etc.):

In the presence of calcium from the binder, alumina from the soil and excess of water, it gives rise to particularly swelling salts (thaumasite or ettringite depending on conditions) which can cause deformation and even destruction of treated soil structures as well as superstructures.

Nitrate, phosphate, natural or from agricultural lands:

Their effects are not well known but reductions in mechanical performance of treated soil are often found.

Chlorides:

In small quantities (about less than 2% by dry weight of the soil), they are setting accelerators, which may shorten the workability period during the construction phase.

Micas:

Their uncohesive layered structure weakens the bounds obtained with the binder and can significantly reduce the mechanical performance after treatment, particularly in presence of water.

The Bulletin 54 gives an organic matter content threshold (< 2% by dry weight of the soil). Other thresholds may be specified for the other disruptive elements. But these thresholds are not easy to establish. Moreover, they may differ from one country to another, depending on the geology and local practices.

In the United States, the National Lime Association (NLA) has published a laboratory study methodology (Mixture design and testing procedures for lime stabilized soil – 2006 – Free download) for the design of lime stabilized soils used in pavement. The method involves applying a 7 day cure in air at 40°C to accelerate the reactions before measuring the Unconfined Compressive Strength (UCS). Thresholds are given, in % by dry weight of the soil, for the organic matter content (less than 1 to 2%) and the soluble sulfate content (less than 0.3%) below which there is no need of particular precaution. Between 0.3 and 0.8% of sulfate, specific studies must be performed and the operation can successfully be realized but may require specific precautions. Above 0.8%, the risk of swelling is high.

In Spain, the maximum organic matter content must be less than 1%, or less than 2%, depending on the quality sought for the treated soil. The content of soluble sulfate (in terms of SO_3) should be less than 0.7%. When the soluble sulfate is above 0.5%, it is possible to use a sulfate resistant cement. But, in this case, the treated material should not be laid close to concrete parts.

It should be noted that, depending on the country, the limits are based either on the content of soluble sulfate, or on SO_3 content, or on SO_4 content. This situation can lead to misunderstandings, and it is necessary to clearly indicate what parameter it is referred to. It should also be kept in mind that the analyzes are made on small amounts of soil. The results are therefore dependent on the representativity of the sample considered.

C'est pourquoi, dans d'autres pays Européens, une autre approche a été sélectionnée. En effet, on considère qu'il est préférable de réaliser des tests de performance en laboratoire avec le liant adéquat, pour mieux évaluer la faisabilité du traitement. Par exemple, en présence d'un excès de matière organique, ou d'un matériau acide, ou d'une argile, d'un sable ou de graviers pollués, ce type de tests pourraient démontrer qu'un pré-traitement à la chaux, en modifiant (ou neutralisant) le matériau, rend le traitement au ciment possible. De plus, les effets des éléments dégradants peuvent survenir lorsque des proportions spécifiques de sol et de certains composants du liant sont atteintes. Par exemple, comme énoncé plus haut, en présence d'un excès d'eau et en fonction de la composition et du dosage du liant ainsi que de la composition du sol, les sulfates solubles peuvent se combiner avec l'alumine des minéraux argileux et le calcium du liant (chaux ou ciment) pour former des sels gonflants. Dans ce cas, le seuil sur le taux de sulfate du sol n'est pas considéré comme assez fiable pour réduire ou éliminer tout risque de gonflement. Par conséquent, une méthodologie a été développée combinant des tests de performance (mesure de la résistance du sol traité après durcissement à l'air) avec un test de comportement d'échantillons durcis mesurant la résistance et le gonflement. Le durcissement est obtenu avec une procédure de vieillissement accéléré qui consiste à placer les échantillons de sol traité en immersion dans une eau à 40°C (Norme Européenne – EN 13286-49 : essai de gonflement accéléré pour sol traité à la chaux et/ou avec un liant hydraulique). Cette méthode est rapide (15 à 17 jours) et est réalisée sur des petits échantillons cylindriques (H = 5 cm; D = 5 cm), ce qui permet d'effectuer plusieurs tests pour mieux caractériser les gisements. Comme test de comportement, il permet d'apprécier l'impact cumulé de la présence de plusieurs éléments dégradants (Figure 3.6). Associé avec la comparaison de tests de performance (résistance en compression uniaxiale, UCS ou essais de traction indirect, R_{it}), il peut également indiquer un défaut de prise.

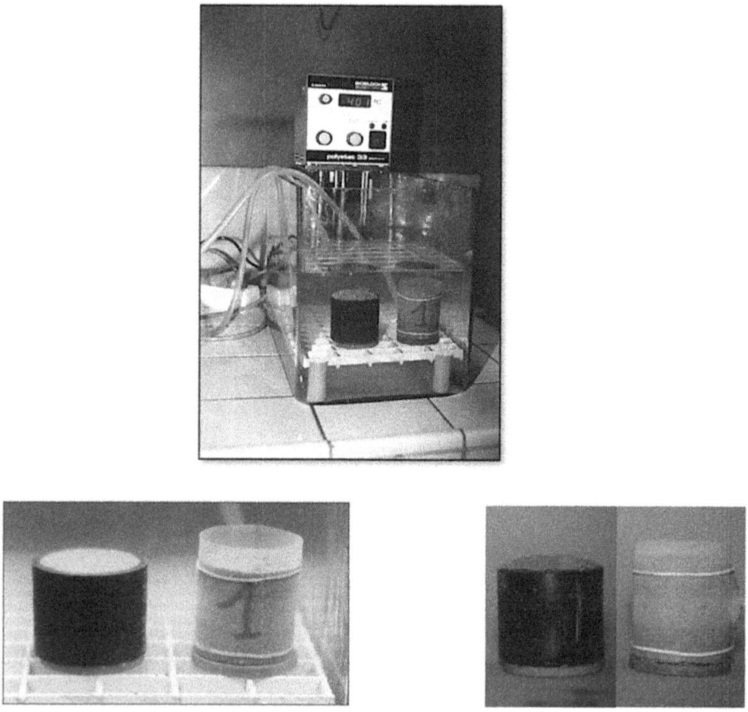

Fig. 3.6

Dessus : dispositif permettant de détecter la présence d'éléments dégradants dans les sols traités.
Dessous : échantillons de sols traités au ciment avant gonflement (gauche) et après gonflement (droite) après immersion dans une eau à 40°C à cause de la présence de sulfates.

This is why, in some other European countries, another approach has been chosen. It is considered that it is preferable, indeed, to perform laboratory behavior or performance tests with the relevant binder, or association of binders, to better assess the feasibility of the treatment. For instance, in the presence of an excess of organic matter, or of acidic material, or of clay polluted sand or gravel, such tests may show that a pre-treatment with lime, by modifying (or neutralizing) the material, makes cement treatment possible. Furthermore, the effects of the deleterious elements may also occur when specific proportions of the soil and of some components of the binder are present. For example, as stated above, in the presence of an excess of water and depending on the composition and dosage of the binder and the composition of the soil, soluble sulfates may combine with the alumina from clay minerals and calcium from the binder (lime or cement) to form swelling salts. In this case, a threshold on the sulfate content of the soil is considered as not reliable enough to reduce or eliminate any risk of swelling. Therefore, it was developed a methodology combining performance tests (measuring the strength of the treated soil after curing in the air) with a behavior test measuring the resistance and swelling on cured specimens. The curing is an accelerated aging procedure consisting in placing specimens of treated soil in immersion into water at 40°C (European standard - EN 13286-49: Accelerated swelling test for soil treated by lime and/or hydraulic binder). This method is fast (15 to 17 days) and is performed on small cylindrical specimens (H = 5 cm; D = 5 cm), which allows to perform several tests to better characterize the deposits. As a behavioral test, it can detect the cumulative impact in case of the presence of several deleterious elements (Figure 3.6). In association with the comparison of performance tests (unconfined compressive strength, UCS, or indirect tensile strength, R_{it}), it may also indicate a lack of setting.

Fig. 3.6

Above: apparatus for detecting the presence of deleterious elements in treated soils. Below: specimens of cement treated soil before swelling (left) and after swelling (right), after immersion into water at 40°C because of the presence of sulfate.

Une variante de cette méthode, utilisée en Grande-Bretagne, consiste à mesurer le gonflement linéaire d'échantillons CBR placés en immersion dans l'eau. Mais les résultats ne sont pas comparables avec le test décrit précédemment. On peut effectivement affirmer que l'immersion d'un échantillon dans l'eau, hors de son moule, donne des informations sur le comportement du mélange en contact direct avec l'eau, tandis que l'immersion d'un échantillon CBR dans son moule avec la surcharge donne plus d'informations sur le comportement dans la structure. Par conséquent, dans les deux cas, il est nécessaire d'avoir préétabli des échelles du niveau de gonflement, corrélées avec des observations grandeur nature et des expériences locales, pour définir des niveaux d'alerte et des seuils à ne pas dépasser.

3.3. EAU

Comme évoqué dans le Bulletin 54, l'eau sert deux objectifs dans la production de sols cimentés :

- Obtenir la meilleure compacité,
- Hydrater le liant et développer la prise et le durcissement du mélange.

L'eau, qu'elle soit naturelle ou traitée, est appropriée pour une utilisation dans les sols cimentés à condition qu'elle soit exempte d'alcalins, de sulfates, d'acides ou de matière organique qui peuvent empêcher le durcissement du sol cimenté. Le Bulletin 54 mentionne même l'utilisation réussie d'eau de mer comme eau de mélange pour la construction des digues encerclant le réservoir d'eau de refroidissement de la centrale électrique de Barney M. Davis au Texas. Quoi qu'il en soit, il est recommandé de faire évaluer, via des analyses en laboratoire, la bonne compatibilité entre l'eau d'alimentation et le sol cimenté.

A variant of this method, practiced in the UK, consists in measuring the linear swelling of CBR specimens placed in immersion in water. But the results are not comparable with the test described above. One could say that the immersion of a specimen into water, out of its mould, provides information on the behavior of the mixture in direct contact with free water, while the immersion of a CBR specimen in its mould and surcharge gives more information on the behavior within the structure. Thus, in both cases, it is necessary to have pre-established swelling value scales, correlated with full-scale observations and local experience, to define alert levels and thresholds not to be exceeded.

3.3. WATER

As said in bulletin 54, water serves two purposes in producing cemented soils:

- Obtaining maximum compactness,
- Hydration of binder for the development of bonds and the hardening of the mixture.

Water, whether natural or treated, is suitable for use in cemented soils provided it is free of alkalis, sulphates, acids or organic matter that may prevent the cemented soil from hardening. Bulletin 54 even mentions seawater successfully utilized as mixing water for levees enclosing the cooling water reservoir at the Barney M. Davis Power Station – Texas. In any case, it is advisable to evaluate, by laboratory tests, the good compatibility between the input water and the cemented soil.

4. ACTION DES LIANTS SUR LES SOLS

4.1. CIMENT

Ce chapitre se rapporte aux ciments et aux liants similaires, tels que les liants hydrauliques routiers développés en Europe et les mélanges avec des propriétés hydrauliques tels que les produits pouzzolaniques associés à la chaux. Une fois mélangés au sol et hydratés, ces liants fonctionnent de manière identique : ils forment des liens entre les particules de sol ce qui permet d'augmenter rapidement les propriétés mécaniques de ce dernier. Comme indiqué dans le Bulletin 54, la présence d'argile fin en excès nuit aux performances, limitant le champ d'application aux matériaux silteux, sableux ou graveleux à faible ou sans plasticité (IP < 8 d'après le Bulletin 54).

Des applications dans la construction routière ont montré, notamment en Europe, qu'il est possible d'accepter un indice de plasticité plus élevé à condition qu'un un pré-traitement à la chaux soit effectué avant le traitement au ciment.

Depuis les années 1980, de nouvelles compositions de liants hydrauliques prêts à l'emploi ont vu le jour pour mieux répondre aux besoins du traitement des sols, en tenant compte de la diversité des sols, des conditions climatiques et du temps de réalisation. Comme mentionné précédemment, en Europe, ces liants sont normalisés (EN 13282) et désignés sous le nom de liants hydrauliques routiers (HRB). Ils sont souvent produits à partir de composants disponibles localement (principalement du clinker, de la chaux, des scories et des cendres volantes) pour couvrir les besoins régionaux. Leur distribution au-delà de la zone géographique habituelle d'utilisation peut être problématique en termes de distances de transport ou de quantités disponibles. D'autre part, dans le cadre de grands projets, il est possible de fabriquer ces produits sur place dans des usines de mélange en utilisant des composants produits localement ou importés. Dans ce cas, pour mieux garantir la qualité finale du produit, il est préférable de réaliser des mélanges de produits standardisés (par exemple, du laitier de haut fourneau et de la chaux granulés broyés, des cendres volantes et de la chaux, des cendres volantes et du ciment) et de contrôler la composition du produit final. A titre d'exemple cette pratique a été appliquée avec succès en Suède, notamment pour la stabilisation d'une plate-forme dans un port près de Stockholm (Figure 4.1).

Fig. 4.1

Installation semi-mobile pour le mélange de laitier de haut fourneau broyé et de chaux vive sur site en Suède

4. ACTION OF BINDERS ON SOILS

4.1. CEMENT

This section relates to cements and similar binders, like hydraulic road binders developed in Europe and blends with hydraulic properties such as pozzolanic products plus lime. Once mixed with the soil and hydrated, these binders work identically: they develop bonds between the particles of the soil which allows to quickly increase the mechanical performance of the latter. As indicated in the Bulletin 54, the presence of fine clay in excess impairs the performance, limiting the field of application to the silty, sandy or gravelly materials low to non-plastic (PI < 8 according to Bulletin 54).

Applications in road construction have shown, particularly in Europe, that it is possible to accept a higher plasticity index provided that a pre-treatment with lime is carried out before the cement treatment.

Since the 1980s, new compositions of ready-to-use hydraulic binders have emerged to better meet the needs of soil treatment, taking in account the soils diversity, climatic conditions and time for completion. As mentioned earlier, in Europe, these binders are standardized (EN 13282) and referred to as hydraulic road binders (HRB). They are often produced from local availability of components (mainly clinker, lime, slag and fly ash) to cover regional needs. Their distribution beyond the usual geographical area of use can be problematic in terms of transport distances or available quantities. On the other hand, on major projects, it is possible to manufacture these products on site in mixing plants using locally produced or imported components. In that case, to better guarantee the final quality of the product, it is preferable to make blends of standardized products (for instance ground granular blast furnace slag and lime, fly ash and lime, fly ash and cement) and to control the composition of the final product. As an example, this practice has been successfully applied in Sweden, particularly for the stabilization of a platform in a harbor near Stockholm (Figure 4.1).

Fig. 4.1
Semi mobile plant for the blending of milled blast furnace slag and quicklime on site in Sweden

4.2. CHAUX

Comme énoncé précédemment, la chaux est une base forte et un réactif chimique. Ses interactions avec d'autres produits chimiques, organiques ou minéraux peuvent être complexes. C'est pourquoi ce chapitre a besoin d'être développé davantage que le précédent.

L'action de la chaux sur les sols argileux est caractérisée par deux processus dépendant du temps : un à court terme et un autre à moyen à long terme.

4.2.1. Actions à court-terme

La chaux la plus couramment utilisée étant la chaux vive, son action sera traitée en premier lieu.

L'effet immédiat est la réduction de la teneur en eau des sols humides. Les raisons sont triples :

- Apport de produit sec (chaux vive),
- Consommation d'eau par hydratation de la chaux vive :

$CaO + H_2O \rightarrow Ca(OH)_2$ + dégagement de chaleur (1555 kJ/kg of CaO),

- Évaporation d'eau due à la chaleur dégagée par la réaction chimique.

En théorie, 1% de chaux vive (exprimé en masse de chaux par rapport à la masse totale de sol sec) permet de diminuer la teneur en eau d'approximativement 1%. En réalité, le mélange lors du chantier cause l'aération ce qui augmente l'évaporation et conduit à des réductions de la teneur en eau de l'ordre de 3 à 5% avec des conditions météorologiques favorables (temps ensoleillé, venteux).

Dans le même temps que l'hydratation de la chaux vive, un phénomène de floculation des minéraux argileux intervient : le matériau adopte instantanément une apparence moins plastique et plus sableuse. C'est le résultat de la substitution des cations adsorbés à la surface de l'argile par les cations Ca^{++} de la chaux. Un nouvel arrangement des particules argileuse est ainsi créé. (Figure 4.2).

Sol limoneux (IP = 12) Sol argileux (IP = 45)

Fig. 4.2
Exemples de moutures avant (côté droit de chaque photographie) et après traitement à la chaux (côté gauche de chaque photographie)

En termes de propriétés géotechniques, cela se traduit par :

- Une augmentation de la limite de retrait et donc une moindre sensibilité aux phénomènes de retrait et de gonflement en fonction des variations de la teneur en eau (Figure 4.3),

4.2. LIME

As already said, lime is a strong base and a chemical reactant. Its interactions with other chemical, organic, or mineral products may be complex. This is why this chapter needs more development than the former one.

The action of lime on clayey soils is characterized according two time-dependant processes: short-term and medium to long-term.

4.2.1. Short-term actions

The most commonly used lime being quicklime, its action will be discussed first.

The immediate action is the reduction of the water content of the moist soils. The reasons are threefold:

- supply of dry product (quicklime),
- water consumption by hydration of quicklime:

$CaO + H_2O \rightarrow Ca(OH)_2$ + production of heat, (1555 kJ/kg of CaO)

- evaporation of water due to the heat released by the chemical reaction.

In theory, 1% quicklime (expressed in weight of lime by weight of total dry soil) decreases the water content by approximately 1%. In reality, mixing on site causes aeration which can increase evaporation and lead to a reduction of 3 to 5% by favorable weather conditions (sunny, windy).

Simultaneously with the hydration of quicklime, a flocculation phenomenon of the clay minerals occurs: the material instantly adopts a less plastic and more sandy appearance. This is the result of the substitution of the adsorbed cations at the surface of the clay by Ca^{++} cations of lime. A new arrangement of clay particles is created. (Figure 4.2).

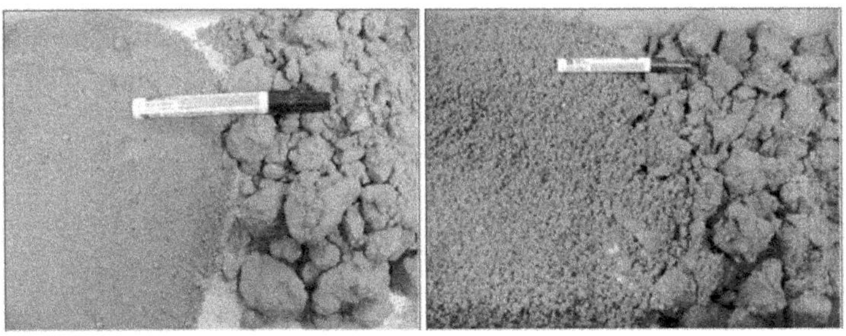

Silty soil (PI = 12) Clayey soil (PI = 45)

Fig. 4.2
Examples of grinds before (right side of each picture) and after lime treatment (left side of each picture)

In terms of geotechnical properties, this results in:

- an increase in the shrinkage limit and therefore a lesser sensitivity to the shrinkage-swelling phenomenon according to water content variations (Figure 4.3),

- Une modification des limites d'Atterberg (Figure 4.3),
- Une modification des courbes de Proctor et de CBR immédiat (Figure 4.4).

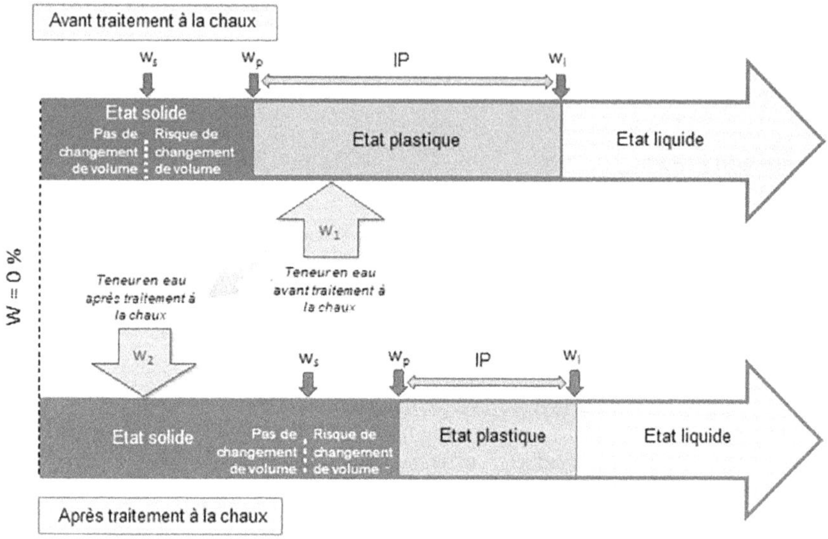

Fig. 4.3

Modification de la teneur en eau, de la limite de retrait et des limites d'Atterberg après traitement du sol à la chaux aérienne calcique

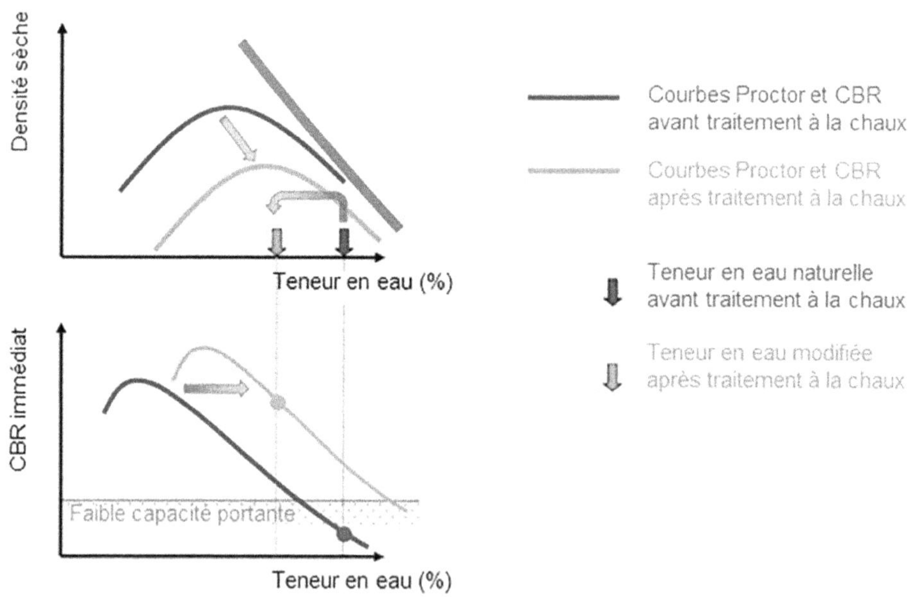

Fig. 4.4

Modification de la teneur en eau et courbes Proctor et CBR après traitement à la chaux aérienne calcique

- a modification of Atterberg's limits (Figure 4.3),
- a modification of the Proctor and immediate CBR curves (Figure 4.4).

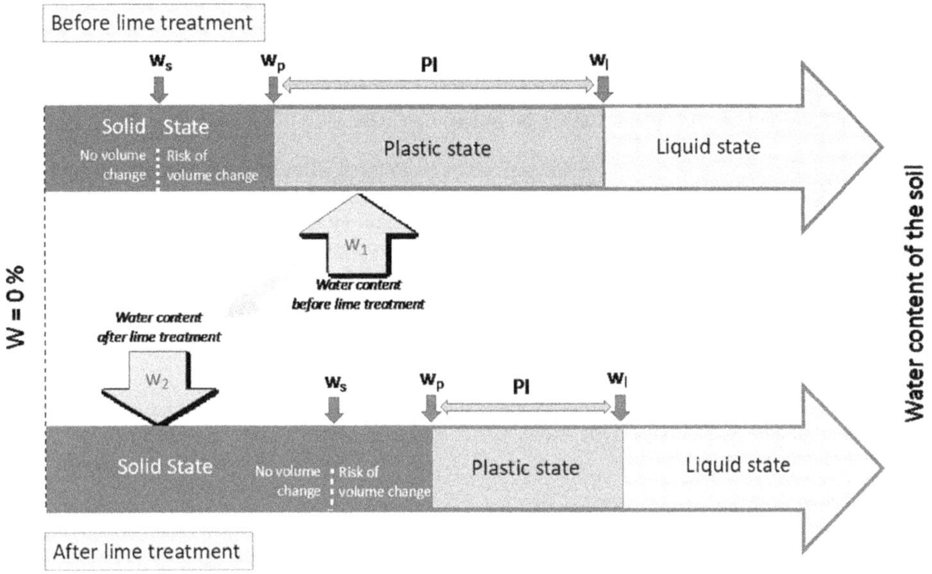

Fig. 4.3
Modification of the water content, the shrinkage limit and the Atterberg's limits after treatment of a soil with calcium air lime

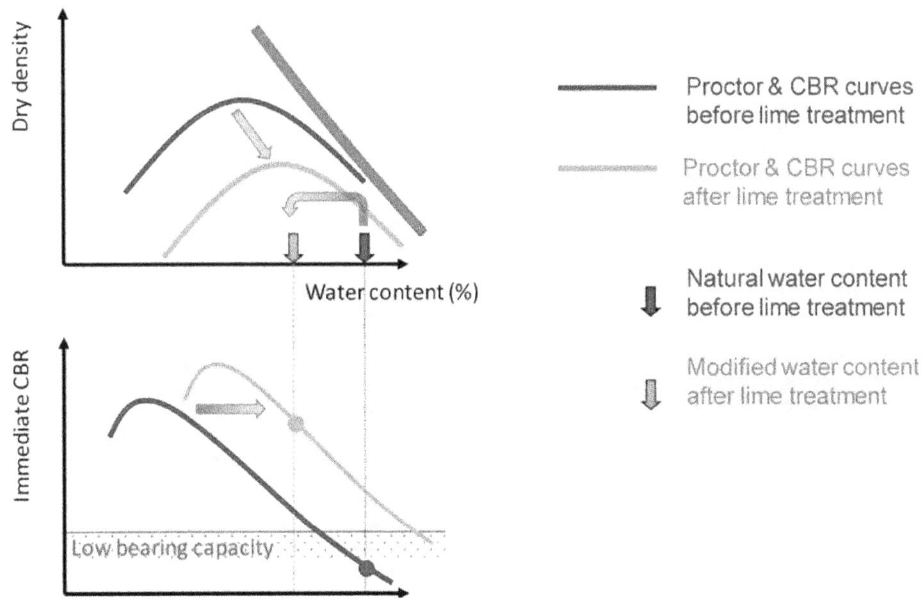

Fig. 4.4
Modification of the water content and Proctor and CBR curvesafter treatment with calcium air lime.

Il est important de noter qu'en matière de traitement des sols, il est courant de se référer au test Proctor Normal. Pour les besoins de ce bulletin, le terme "Proctor" seul fait référence au "Proctor Normal".

Grâce à son action à court terme, le traitement à la chaux d'un matériau argileux facilite immédiatement la manipulation, réduit la sensibilité à l'eau et augmente la portance après compactage, en particulier des sols humides.

En général, un faible dosage en chaux est suffisant pour déclencher ces changements immédiats. En fonction de la nature de l'argile, de sa proportion dans le sol et du taux d'humidité, le dosage est souvent compris entre 1 et 3% en masse de sol sec.

La diminution de la teneur en eau est moins importante avec la chaux hydratée à cause de l'absence de la réaction exothermique d'hydratation de la chaux vive. A l'inverse, le lait de chaux, en tant que suspension de chaux dans l'eau, augmente la teneur en eau des sols secs. Cependant, les autres effets à court terme (floculation, modification des propriétés géotechniques) et à long terme sont identiques aux effets de la chaux vive.

4.2.2. Actions à moyen et long terme

Les effets à moyen et long terme sont le résultat des réactions pouzzolaniques, la combinaison du calcium apporté par la chaux avec les minéraux argileux contenus dans le sol formant un ciment à prise et durcissement lent.

Les minéraux produits par la réaction sont comparables à ceux provenant de l'hydratation du ciment : les silicates de calcium hydratés (CSH) et les aluminates de calcium hydratés (CAH), et parfois une combinaison des deux (CASH). Cependant le procédé de formation est différent. A l'inverse des sols traités au ciment, dans lesquels le ciment agit comme une colle qui enrobe les agglomérats de particules argileuses mais ne se diffuse pas à l'intérieur, les cations du calcium provenant de la chaux migrent progressivement dans les agglomérats pour se combiner avec l'argile et former des composés cimentés. Cela a été montré par Harris et Scullion (Figure 4.5) : les sols traités à la chaux présentent clairement des concentrations élevées de calcium dans tout l'agglomérat argileux (partie brune), par opposition au ciment qui forme un revêtement autour de l'agglomérat argileux [5].

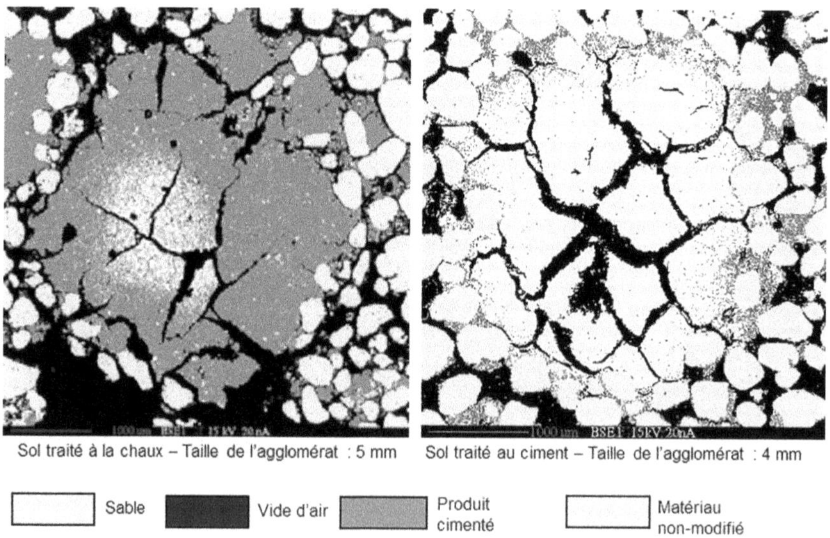

Fig. 4.5
Action comparée de la chaux et du ciment sur des sols argileux après 365 jours de cure (d'après Harris et Scullion). Dans cette Figure, "Matériau non-modifié » désigne l'argile non modifiée.

It is important to note that in soil treatment, it is common practice to refer to the standard Proctor test. For the purposes of this bulletin, the term "Proctor" alone refers to the "Standard Proctor".

As a result of the short-term action, the lime treatment of a clayey material immediately facilitates the handling, reduces the sensitivity to water and increases the bearing capacity after compaction, particularly of wet soils.

In general, a small dosage of lime is sufficient to trigger these immediate changes. Depending on the nature of the clay, its proportion in the soil and the water content, it is generally between 1 and 3% by dry weight.

The lowering of the water content is less important with hydrated lime because of the absence of hydration of quicklime and thus of exothermic reaction. On the other hand, the milk of lime (or lime slurry), as a suspension of lime into water, increases the water content of dry soils. However, the other short-term phenomena (flocculation, change of geotechnical properties), as well as long-term ones are identical to the effects of quicklime.

4.2.2. Middle to long term actions

Middle to long terms actions are the result of pozzolanic reactions, the combination of calcium from the lime with the clay minerals of the soil to form a slow setting and hardening binder.

The minerals produced by the reaction are comparable to those resulting from the hydration of the cement: calcium silicate hydrates (CSH) and calcium aluminate hydrates (CAH), and sometimes a combination of both (CASH). But the process is different. On the opposite of cement treated soils, in which the cement, acting as a glue, stays around the clayey soil agglomerates and actually does not diffuse inside, calcium cations of lime progressively migrate into the agglomerates to combine with the clay and form cementitious components. This was shown by Harris and Scullion (Figure 4.5): lime treated soils clearly show high concentrations of calcium throughout the clay agglomerate (brown part), as opposed to cement which forms a coating around the clay agglomerate [5].

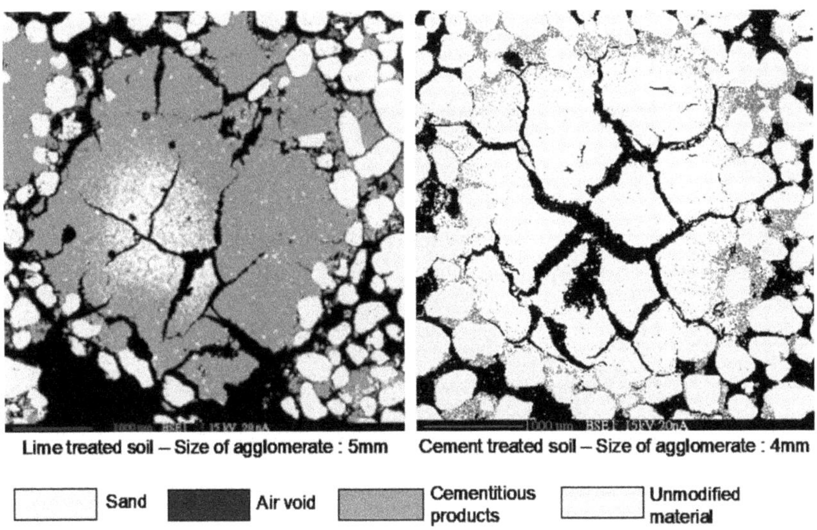

Fig. 4.5

Compared actions of lime and cement on clay soils after 365 days of curing (after Harris and Scullion). In these figures, "unmodified material" designates unmodified clay.

La combinaison est possible grâce à la solubilisation de la silice et de l'alumine dans le sol à pH élevé (12,4) obtenue par ajout de chaux (Figure 4.6).

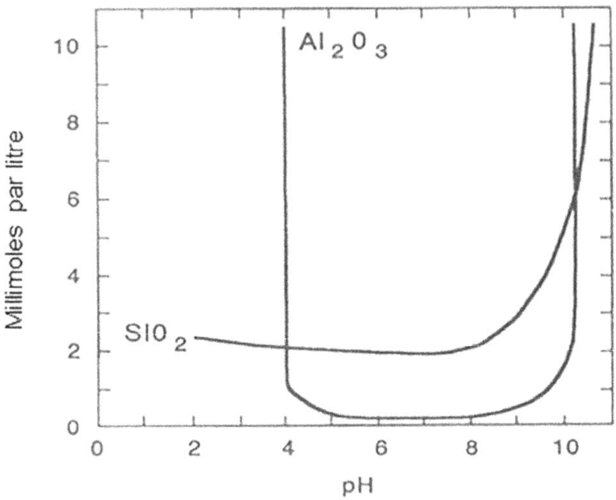

Fig. 4.6
Solubilité de la silice et de l'alumine en fonction du pH

Cela conduit à une amélioration des performances :

- Meilleure résistance à l'imbibition (Figue 4.7) et à l'immersion dans l'eau (CBR après immersion),
- Amélioration graduelle des performances mécaniques (résistance, cohésion, module),
- Amélioration de la résistance à l'érosion (érosion interne et de surface).

Fig. 4.7
Comparaison du comportement d'échantillons de limon trempé dans l'eau : non-traité à gauche, traité à 2% de chaux à droite

The combination is possible thanks to the solubilization of silica and alumina of the soil at high pH (12.4) due to the lime addition (Figure 4.6).

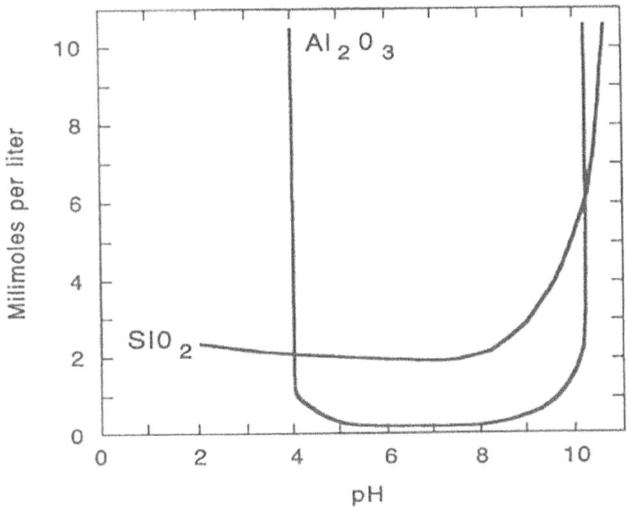

Fig. 4.6
Solubility of silica and alumina according to the pH

It results in an increase of performance:

- better resistance to soaking (Figure 4.7) and immersion into water (CBR after immersion),
- gradual increase of the mechanical performance (strength, cohesion, module),
- increase of the erosion resistance (internal erosion and surface erosion).

Fig. 4.7
Comparison of the behavior of specimens of silt placed in soaking into water untreated (left), treated with 2% of lime (right)

La cinétique des réactions à long terme est lente et peut durer de plusieurs semaines à plusieurs mois, voire parfois même plusieurs années dans certains cas, en fonction de l'activité des argiles du sol et de la température effective durant les opérations de traitement et pendant la cure. Donc, la période de maniabilité pendant laquelle le matériau peut être mis en place et compacté pendant la phase de construction est plus longue que celles des matériaux traités au ciment. En Europe, il est même d'usage courant que les sols traités à la chaux soient stockés plusieurs semaines avant usage, et cela sans modification notable des performances mécaniques.

Le dosage de chaux nécessaire pour obtenir les performances à long terme dépend de la nature des minéraux argileux du sol et de leur proportion. La valeur à atteindre est généralement plus élevée que celle requise pour l'obtention des effets à court-terme seul. Cela peut varier entre 2 et 3% pour les limons peu plastiques et peut atteindre 6% ou plus pour des sols plus plastiques.

4.2.3. Quelle chaux utiliser

Dans le nord de l'Europe et des États-Unis, la chaux vive est massivement utilisée pour sa double action d'asséchement des sols humides et d'augmentation des performances mécaniques.

La chaux hydratée et le lait de chaux sont utilisés de manière préférentielle dans les zones sèches. Certains pays comme l'Espagne utilisent de la chaux hydratée. Dans le sud des Etats-Unis, le lait de chaux est grandement utilisé pour la stabilisation de sols plastiques, généralement secs mais aussi humides parfois, pour les sous-couches et les fondations de chaussées (Figure 4.8).

Fig. 4.8
Traitement au lait de chaux de la couche de fondation d'une nouvelle piste d'aéroport (Phoenix - Arizona)

4.3. LIANTS ET GÉOSYNTHÉTIQUES

Des exemples d'usage de géotextiles et de produits apparentés lors de travaux avec des sols cimentés existent. Ce type de conception composite est envisageable si la bonne compatibilité entre le géosynthétique et le sol traité est assurée. En particulier, il est connu que certains produits basés sur des fibres de polyester ou de polyamide par exemple, se détériorent en milieu alcalin (ISO/TS 13434 Géosynthétiques - Lignes directrices pour l'évaluation de la durabilité [6]).

The kinetics of the long-term reactions is slow and may last several weeks to several months and even several years in some cases, depending on the activity of the clay minerals of the soil and the temperature during the treatment operations and curing. Thus, the workability period during which the material can be placed and compacted during the construction phase is longer than that of cement treated materials. In Europe, it is even common to treat the soil with lime, store the mixture and use it several weeks later, without significant alteration of the final mechanical performance.

The lime dosage required to achieve the long-term mechanical performance depends on the nature of the clay minerals in the soil and their proportion. But the value is generally higher than the value needed for a single short-term action. It can vary from 2 to 3% for the low plasticity silts and can reach 6% or more for higher plasticity soils.

4.2.3. *What lime to use*

In the North of Europe and of the USA, there is a massive use of quicklime for both the drying up of wet soils and the increase of the mechanical performance.

Hydrated lime and milk of lime are preferably used in dry areas. Some countries, like Spain, are using hydrated lime. In the south of the USA, milk of lime is massively used for the stabilization of plastic soils, generally dry but also sometimes wet, for subgrades and pavement foundations (Figure 4.8).

Fig. 4.8

Treatment with milk of lime of the subgrade of a new airport runway (Phoenix - Arizona)

4.3. BINDERS AND GEOSYNTHETICS

Examples of the use of geotextiles and related products in works with cemented soils exist. This type of composite design is quite possible provided the good compatibility of geosynthetics with the treated soil is checked. In particular, it is known that some products based for example on some polyester or polyamide fibers, deteriorate in alkaline medium (ISO/TS 13434 Geosynthetics — Guidelines for the assessment of durability [6]).

Par conséquent, les géosynthétiques utilisés en contact avec des sols traités doivent être résistants à l'hydrolyse en milieu alcalin. Ceci est vérifiable en utilisant par exemple la méthode B de la norme européenne EN 14030 (Géotextiles et produits apparentés aux géotextiles - Méthode d'essai sélective pour la détermination de la résistance aux liquides acides et alcalins).

Par ailleurs, si le géosynthétique joue un rôle de renforcement, le facteur de réduction correspondant pour un pH de 12,5 devra être documenté et pris en compte lors de l'évaluation de la résistance à long terme du produit utilisé dans le projet comme décrit dans ISO/TR 20432 (Lignes directrices pour la détermination de la résistance à long terme des géosynthétiques pour le renforcement du sol [7]).

Des produits résistant aux alcalins sont disponibles chez la plupart des fournisseurs de géosynthétiques.

As a consequence, geosynthetics to be used in contact with treated soils must be resistant to hydrolysis in alkaline medium. This can be assessed using for example method B of European standard EN 14030 (Geotextiles and geotextile-related products — Screening test method for determining the resistance to acid and alkaline liquids).

In addition, if the geosynthetic provides a strengthening role, the corresponding reduction factor for a pH of 12.5 will have to be documented and taken into account in the assessment of the long-term strength of the product to be used in the project as described in ISO/TR 20432 (Guidelines to the determination of long-term strength of geosynthetics for soil reinforcement [7]).

Alkaline-resistant products are available from most geosynthetics suppliers.

5. PROPRIÉTÉS DES SOLS CIMENTÉS

5.1. GÉNÉRALITÉS

La performance d'un sol traité doit être ciblée en fonction de l'utilisation prévue. D'une manière générale, les performances dépendent de plusieurs paramètres parmi lesquels le liant lui-même (type et dosage), le sol (distribution granulométrique, teneur en fines, activité et proportion d'argile, minéralogie de l'argile, teneur en eau, etc.), la densité après compactage et la durée de vieillissement. De plus, pour un sol donné, la cinétique de l'évolution des performances mécaniques dans le temps est aussi une fonction de la température.

De ce fait, il n'est pas possible de prédire les performances de chaque sol traité sans réaliser une étude détaillée du sol, du liant et du mélange. Ces études doivent être réalisées en laboratoire, selon des normes et procédures établies, comme recommandé dans la section 7.3. Il est évident que le contexte économique doit aussi être pris en compte.

Les données suivantes, recueillies à partir d'une vaste documentation publiée sur le sujet de la performance des sols traités, doivent donc être considérées comme un guide pour mieux comprendre le comportement des mélanges. Ces données sont présentées dans le présent chapitre, en commençant par les propriétés mécaniques, puis les propriétés hydro-physiques, la résistance à l'érosion, la résistance à la dispersion et enfin le comportement à long terme du sol traité.

5.2. PERFORMANCE MÉCANIQUE

Comme expliqué précédemment dans la section 4, l'action d'un liant sur un sol dépend bien sûr du type de liant et du dosage, ainsi que de la nature du sol et plus particulièrement du type et de la proportion d'argile. Ceci donne lieu à des différences de gain de performance, d'un mélange à un autre, avec aussi des différences dans la cinétique d'évolution de ces performances. Néanmoins, il est de la plus haute importance de comprendre que le comportement des mélanges résultant du traitement est similaire, du strict point de vue des caractéristiques mécaniques. La plupart des auteurs ayant étudié ce sujet en profondeur sont arrivés à la conclusion que les sols présentent un comportement similaire aux sols sur-consolidés, et plus précisément aux sols cimentés naturels. Par exemples, Bell suggère que dans la plupart des cas, les argiles stabilisées à la chaux ne développent pas autant de rigidité que lorsqu'elles sont stabilisés avec du ciment. Cependant, comme pour le ciment, le mode de rupture du sol est modifié de plastique à fragile après le traitement à la chaux et le compactage à la teneur en eau optimale. Mais, comme la rigidité d'un sol traité à la chaux se développe plus lentement que celle d'un sol traité au ciment, un sol traité à la chaux, une fois mis en place et compacté, conserve une partie de son comportement plastique pendant une période plus longue qu'un sol traité au ciment.

5.2.1. Compression uniaxiale non confinée (unconfined compressive strength UCS)

Ce test est l'un des plus répandus et des plus généralisés pour décrire la modification et l'augmentation de la résistance du mélange, ainsi que son évolution dans le temps. La résistance en compression Rc plus couramment désignée UCS d'après le terme anglais est la référence principale pour les ingénieurs de barrages dès lors qu'ils s'intéressent aux performances des matériaux cimentés utilisés pour les remblais durs ou les barrages BCR.

Les exemples de ce gain de résistance sont nombreux dans la littérature. Un exemple significatif est donné ci-dessous (Figure 5.1) montrant les différences entre des sols traités à la chaux (IP = 11 et IP = 21) et un sol traité (IP = 11) à la chaux dans un premier temps puis au ciment (double traitement). Le traitement à la chaux + ciment donne des résistances élevées plus tôt que le traitement à la chaux seule (d'après Nguyen) [8].

5. PROPERTIES OF CEMENTED SOILS

5.1. GENERAL

The performance of a treated soil has to be targeted regarding the intended use. Generally speaking, the performance is depending on several parameters among which the binder itself (type and dosage), the soil (particle size distribution, fine content, clay activity and proportion, clay mineralogy, water content, etc.), the density after compaction and the curing time. In addition, for a given soil, the kinetics of the evolution of the mechanical performance over time is also a function of the temperature.

As a consequence, it is not possible to predict the performance of each treated soil without detailed studies of the soil, the binder and the mix. These studies have to be carried out in a laboratory, according to established procedures, as recommended in § 7.3. It is obvious that the economic context has also to be considered.

The following data, collected from a large documentation published about the performance of treated soils, is therefore to be considered as a guide to better understand the behavior of the mixes. These data are presented in the present chapter, starting with the mechanical properties, then with the hydro-physical properties, the erosion resistance, the dispersion resistance and finally with the long-term behavior of the treated soil.

5.2. MECHANICAL PERFORMANCE

As explained above in § 4, the action of a binder on a soil depends of course on the type of binder, the dosage, and on the nature of the soil and more particularly on the type and proportion of the clay. This results in differences in performance gains, from one type of mix to another, with also differences in the kinetics of evolution of these performances. Nevertheless, it is of the utmost importance to understand that the behavior of the mixes resulting from the treatment is similar, from the strict point of view of mechanical characteristics. Most of the authors having deeply investigated this matter have reached the conclusion that treated soils exhibit similar behavior than over-consolidated soils, and more precisely natural cemented soils. For example, Bell suggests that in most cases, clays stabilized with lime do not develop as much stiffness as when stabilized with cement. However, as with cement, the mode of failure of the soil is changed from plastic to brittle after lime treatment and compaction at optimum moisture content. But, as the stiffness of a lime treated soil develops slower than the stiffness of a cement treated one, a lime treated soil, once put in place, and compacted, keeps part of its plastic behavior during a longer time than a cement treated soil.

5.2.1. Unconfined compressive strength (UCS or Rc)

This test is one of the most common and the most generalized to describe the modification and the gain in strength of the mix, as well as its evolution with time. The UCS (also designated as R_c) is the general reference for dam engineers as soon as they are looking for the performance of cemented materials used for hardfill or RCC dams.

There are various examples of this gain in strength in the literature. One significant example is given below (Figure 5.1) to show the differences between lime treated soils (PI = 11 and PI = 21) and a soil (PI = 11) treated with lime first and then treated with cement (double treatment). The lime + cement treatment provides high strengths earlier than the lime treatment alone (From Nguyen) [8].

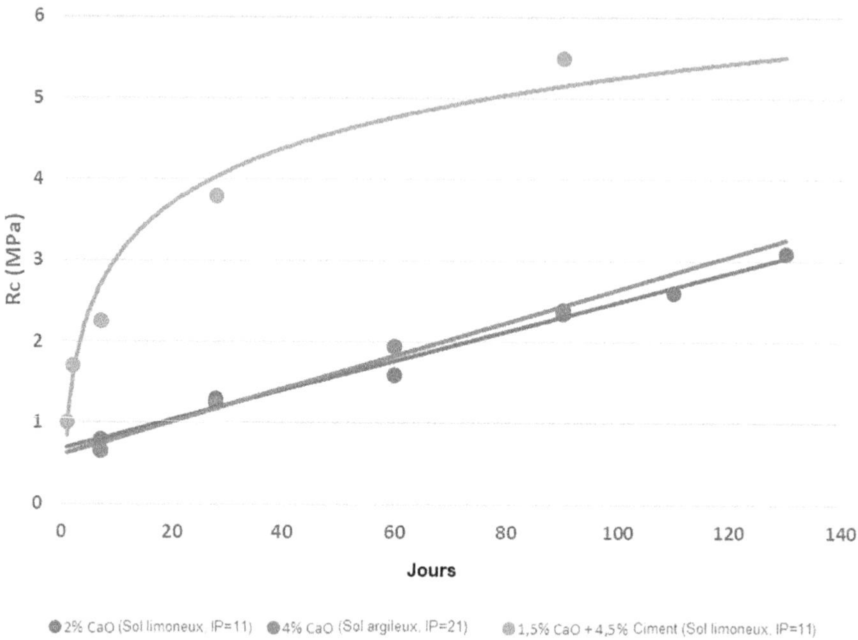

Fig. 5.1
Comparaison de l'évolution de la résistance en compression (Rc) dans le temps entre un sol traité à la chaux et un sol traité à la chaux + ciment

Une autre étude, menée dans le cadre du programme de recherche français TerDOUEST montre les bénéfices d'un pré-traitement à la chaux avant le traitement au ciment sur les performances mécaniques d'une argile limoneuse (IP = 18) (Figure 5.2) [9].

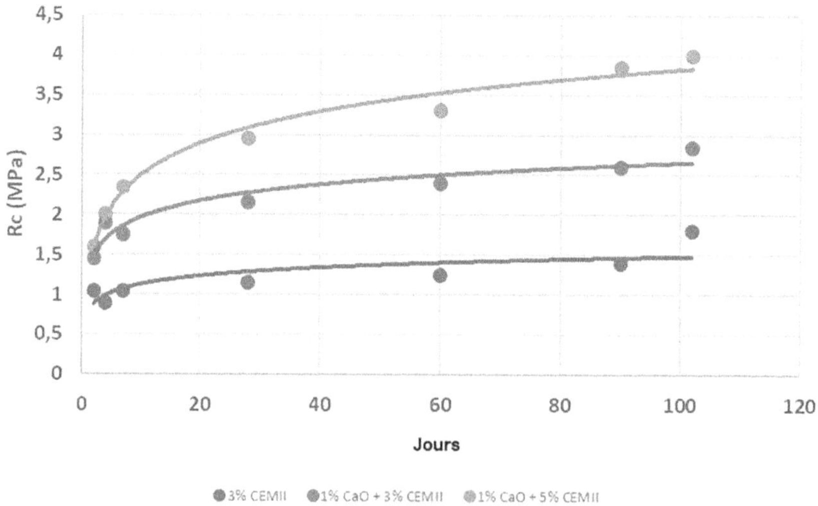

Fig. 5.2
Comparaison de l'UCS (Rc) d'un sol traité au ciment et à la chaux + ciment en fonction du temps en jours (CEM II : selon la norme européenne EN 197-1, le ciment contient plus de 65% de clinker, le reste peut être du laitier, des cendres volantes et d'autres composants autorisés)

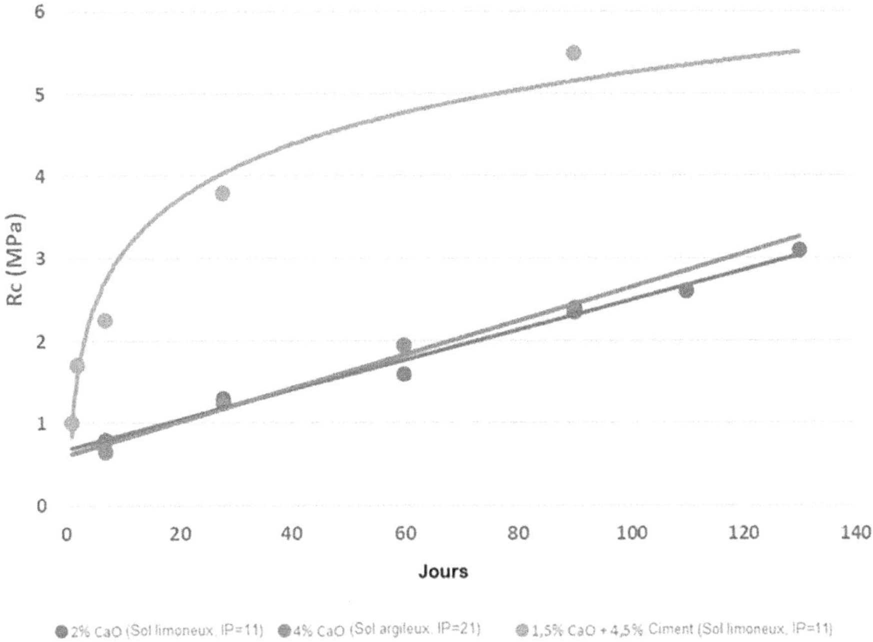

Fig. 5.1

Comparison of the developments of the unconfined compressive strengths (Rc) with time between a lime treated soil and a lime + cement treated soil

Another study, carried out in the French Terdouest research program shows the benefit of a lime pre-treatment before cement treatment on the mechanical performance of a silty clay (PI = 18) (Figure 5.2) [9].

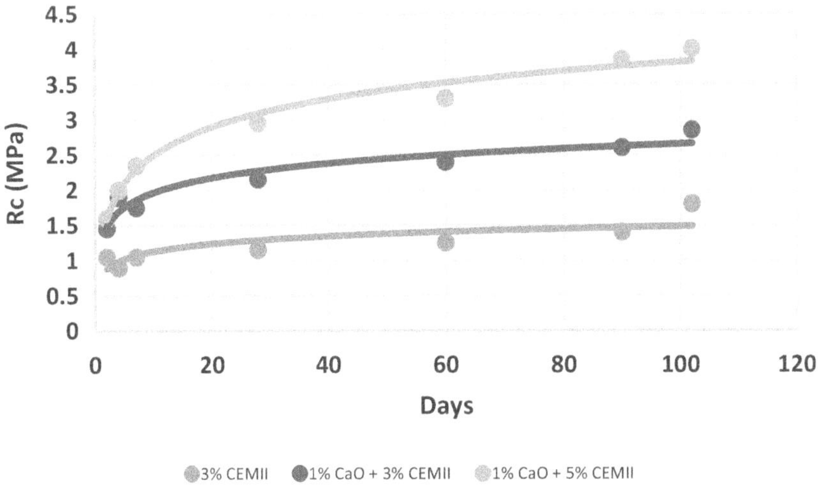

Fig. 5.2

Comparison of the UCS (R_c) of a cement and a lime + cement treated soil with time in days (CEM II: according to the European standard EN 197-1, cement containing more than 65% clinker, the rest can be slag, fly ash, and other authorized components)

Des études de traitement ont récemment été effectuées en Chine [10] sur un sol à faible plasticité (IP = 11) pour observer ses performances mécaniques, sa résistance à l'érosion de surface et son comportement en fonction des conditions climatiques. Le liant utilisé était composé de ciment, de chaux et de cendres volantes, introduits et mélangés au sol en une seule étape. Plusieurs mélanges et conditions de traitement ont été testés. La Figure 5.3 ci-dessous montre l'évolution de la résistance à la compression en fonction du temps pour un dosage de 6% des différents mélanges. Les résultats complets de l'étude sont mentionnés dans l'étude de cas N° 9.

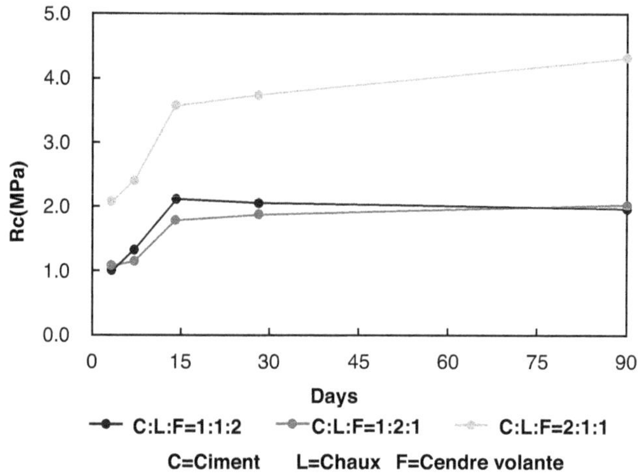

Fig. 5.3
Exemple de l'évolution de l'UCS dans le temps en fonction de la composition du liant (proportions en masse)

La minéralogie du sol est d'une importance primordiale pour la compréhension des phénomènes impliqués dans le traitement des sols puisque l'argile est une source de silice et d'alumine permettant le déclenchement des réactions pouzzolaniques en présence de chaux. En fonction de la nature de l'argile, ces réactions peuvent s'étaler sur plusieurs années.

Haas et Ritter ont conduit des études sur un remblai d'autoroute allemande traité à la chaux en 1979 [11]. Le sol était limoneux à légèrement argileux (11 < IP < 18) avec, pendant la phase de construction, un taux d'humidité élevé (20% < Wn < 29%) en comparaison à la teneur optimale (14% < OMC < 18,9%). Le remblai (10 m de hauteur) était traité à la chaux vive dans sa totalité. Le dosage moyen utilisé était de 2,5% en masse mais certaines parties ont été traitées avec jusqu'à 6% de chaux en raison de très fortes teneur en eau. Les échantillons furent récupérés en 1990 et en 2013 sur la hauteur complète du remblai. Les mesures de résistance en compression sur les échantillons prélevés dans le cœur, à des profondeurs similaires, montrent une nette augmentation : 3,8 MPa et 6,1 MPa en 2013 comparé à 2,8 MPa et 3,4 MPa en 1990. De plus, les auteurs ont étudié la distribution de la consommation de chaux en fonction du type de réaction considérée :

- Réaction pouzzolanique : 47%,
- Carbonatation (production de carbonate de calcium à partir de CO_2) : 37%,
- Chaux disponible restante : 16%.

Ainsi, si les réactions pouzzolanique et de re-carbonatation ont contribué à l'augmentation des performances mécaniques, 16% de la chaux vive est toujours disponible pour continuer à se combiner avec des minéraux argileux 34 ans après traitement.

Treatment studies were recently carried out in China [10] on a low plasticity soil (PI = 11) to study its mechanical performance, its resistance to surface erosion and its behavior according to climatic conditions. The binder was a blend made of cement, lime and fly ash, introduced, and mixed in one time into the soil. Several blends and several dosages were tested. Figure 5.3 below shows the evolution of the compressive strength as a function of time for a dosage of 6% of different blends. The results of the complete study are mentioned on case study N° 9.

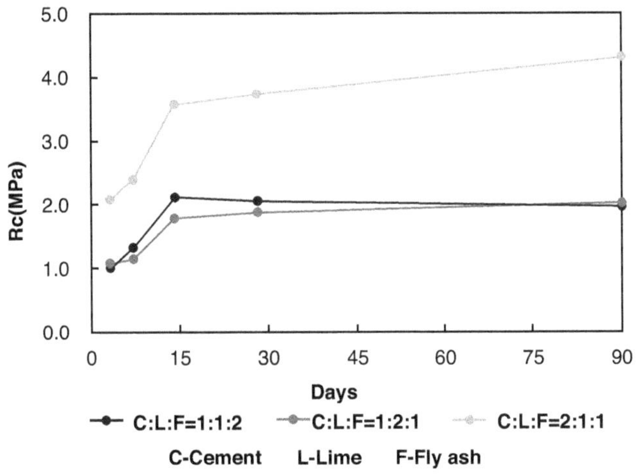

Fig. 5.3
Example of the development of UCS with time according to the composition of the binder (proportions by mass)

Soil mineralogy is of paramount importance in understanding the phenomena involved in soil treatment because clay is a source of silica and alumina that allows pozzolanic reactions to occur in the presence of lime. Depending on the nature of the clay, these reactions can take place over several years.

Haas and Ritter conducted investigations on a German Motorway embankment treated with lime in 1979 [11]. The soil was a silty to lightly clayey soil (11 < PI < 18) with, during the construction phase, a high-water content (20% < Wn < 29%) compared to the optimum (14% < OMC < 18.9%). The entire embankment (10 m high) was treated with quicklime. The average dosage was 2.5% by weight but some parts were treated with up to 6% of lime because of very high-water contents. Samples were taken in 1990 and 2013 over the entire height of the backfill. The compressive strengths measured on samples taken in the core, at similar depths, show a clear increase: 3.8 MPa and 6.1 MPa in 2013 compared to 2.8 MPa and 3.4 MPa in 1990. In addition, the authors analyzed the distribution of lime consumption according to the type of reaction considered:

- Pozzolanic reaction: 47%,
- Carbonation (production of calcium carbonate with CO_2): 37%,
- Still available lime: 16%.

Thus, if the pozzolanic reaction and the carbonation contributed to increase the mechanical performance, 16% of the quicklime is still available in such a case to continue to combine with the clay minerals 34 years after treatment.

Des essais effectués en 2019 en France sur un remblai construit en 2011 avec un sol limoneux (IP = 8) traité à 2,5% de chaux montrent que les résultats sont différents à l'approche des bords de la structure si cette dernière n'est pas protégée (avec une terre végétale ou un autre type de protection). Alors que le pH du sol traité est supérieur à 11 dans le cœur de l'ouvrage, indiquant la présence de chaux résiduelle, il est seulement compris entre 8 et 9 dans la couche supérieure (sur une épaisseur de 10 à 15 cm), ce qui correspond au pH du sol non-traité. D'après les auteurs, ceci s'explique comme la conséquence de l'exposition à long-terme de la surface traitée à l'air sans aucune protection contre les contraintes atmosphériques (Geetanjaly Das et al.) [12].

5.2.2. Module d'élasticité (E)

Lorsque la résistance mesurée au test de compression uniaxiale augmente avec le temps de cure, le module d'élasticité augmente également, presque dans les mêmes proportions. Dans l'exemple montré Figure 5.4, tiré d'une base de données sur les chaussées françaises établie après une cure d'au moins 90 jours à l'air, le module d'élasticité est défini comme le rapport du chargement et de la déformation à 30% du pic de chargement de l'échantillon testé. Dans cette Figure, les valeurs de R_C pour les sols traités au ciment ou à la chaux + ciment sont déduites des résultats des essais de traction directe selon la corrélation : $R_C = 10 \times R_t$ Concernant ces valeurs, le rapport habituel de 10^3 pour le module d'élasticité/R_C est généralement choisi pour tous les mélanges testés. Pour information, le seuil à : $R_C = 4{,}5$ MPa correspond au minimum des performances typiquement requises dans les barrages en remblai dur.

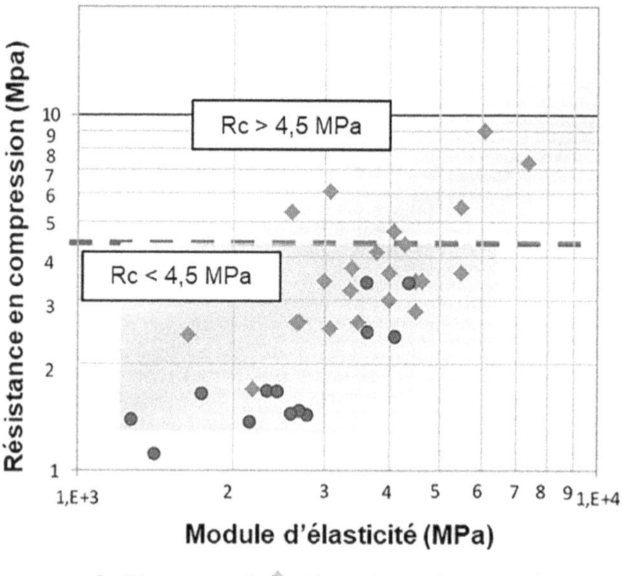

Fig. 5.4

Comparaison des performances mécaniques entre des sols traités à la chaux et au ciment ou des sols traités à la chaux + ciment

En réalité, des essais spécifiques devront être effectués pour chaque mélange, afin d'obtenir la valeur exacte du module d'élasticité.

Tests carried out in 2019 in France on an embankment built in 2011 with silty soil (PI = 8) treated with 2.5% lime show that the results are different when approaching the surface of the structure if it is not protected (with topsoil or other protection). While the pH of the treated soil is higher than 11 in the core, indicating the presence of residual lime, it is only between 8 and 9 in the upper layer (over a thickness of 10 to 15 cm), which corresponds to the pH of the untreated soil. According to the authors, this is explained by the long-term consequence of exposure of the treated surface to air without any protection against atmospheric stress (Geetanjaly Das et al.) [12].

5.2.2. Elastic Modulus (E)

While the strength measured with the Unconfined Compression test increases with the curing time, the elastic modulus is also increasing, almost in the same proportions. In the example shown in Figure 5.4, extracted from a French Pavement data base established after a cure of at least 90 days in the air, the elastic modulus is defined as the ratio load versus deformation at 30% of the peak load on the tested specimen. In this figure, R_C values for cement or lime + cement treated soils are deduced from direct tensile test results according to the correlation: $R_C = 10R_t$. Regarding those values, the usual ratio of 10^3 for elastic modulus/R_C is generally kept for all the mixes tested. For information, the threshold at R_C = 4.5 MPa corresponds to the minimum performance typically requested in hardfill dams.

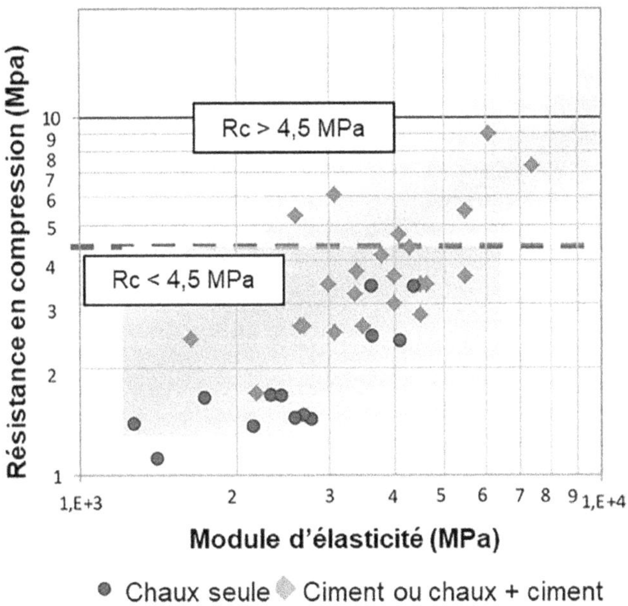

Fig. 5.4
Comparison of mechanical performance between lime treated soils and cement or lime + cement treated soils

Indeed, specific testing will have to be performed for each mix, in order to obtain the exact value of the elastic modulus.

Thompson M.R. [13], a réalisé un essai complet sur quatre sols typiques de l'Illinois présentant une large gamme de propriétés, comme la teneur en argile (18 à 52% < 2 mm), la minéralogie ou la plasticité (IP de 8 à 29, et LL de 24 à 53). Ces sols réagissent de manière satisfaisante à la chaux.

La corrélation suivante entre l'UCS et le module d'élasticité a été obtenue :

$$E[ksi] = 10 + 0.124 \times (UCS\ en\ psi)$$

La corrélation ci-dessus est exprimée en ksi et en psi (1 ksi = 6,895 MPa et 1 psi = 6,895 kPa).

Cette corrélation a été établie à partir des courbes de contrainte-déformation obtenues lors d'un essai triaxial avec une contrainte de confinement de 15 psi (105 kPa). Les courbes donnent le module élastique tangent E, pour chacune des éprouvettes traitées, mesuré après différents temps de durcissement.

Le tableau 5.1 donne quelques valeurs pour le module mesuré à l'essai pressiométrique in-situ, qui est couramment utilisé dans certains pays et qui donne une assez bonne valeur pour ce paramètre difficile à introduire dans la plupart des calculs utilisant les modèles à éléments finis (Charles, I. et al.) [14].

Table 5.1
Essais pressiométriques sur un remblai traité à la chaux

	Non-traité (IP = 8)	**Traité à la chaux (2,5%)**		
		28 JOURS	**180 JOURS**	**1 an**
Pression limite	0,25 MPa	3,8 MPa	4,2 MPa	6,0 MPa
Module pressiométrique	1,6 MPa	38,6 MPa	52,7 MPa	81,6 MPa

Un grand soin doit être pris lorsque l'on utilise le module d'un sol pour décrire son comportement. De fait, la valeur du module est largement dépendante de la déformation (importante différence entre petites et grandes déformations), ainsi que du test utilisé pour déterminer sa valeur. L'effet de ces paramètres a été étudié sur un sol limono-argileux (ML/CL dans la classification USCS), et la Figure 5.5 ci-dessous présente les résultats de ces études (Makki-Szymkiewicz et al.) [15].

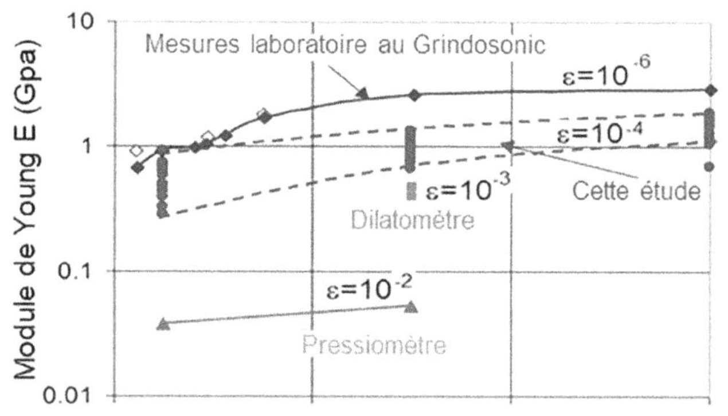

Fig. 5.5
Module de Young en fonction du temps pour un sol traité à la chaux à 2% avec la déformation (e) et le type de tests. Dans ce graphique, « Cette étude » représente le module mesuré selon des tests triaxiaux aux petites déformation (d'après Makki-Szymkiewicz et al.)

Thompson M.R. [13]., carried out comprehensive testing on four typical Illinois soils displaying a wide range of properties, as clay content (18 to 52% < 2μm), mineralogy or plasticity (PI from 8 to 29, and LL from 24 to 53). These soils react satisfactorily with lime.

The following correlation between UCS and elastic modulus was obtained:

$$E[ksi] = 10 + 0.124 \times (UCS\ in\ psi)$$

The above correlation is expressed in ksi and psi (1 ksi = 6.895 MPa and 1 psi = 6.895 kPa)

This correlation has been established from the stress-deformation curves obtained on a triaxial tests with a 15 psi (105 kPa) confining stress. The curves give the tangent elastic modulus E, for each of the specimen treated measured after various curing times.

Table 5.1 also gives some values for the pressure meter modulus measured in situ, which is commonly used in some countries, and which gives a rather good value for this difficult parameter to be introduced in most of calculations using the finite element models (Charles, I. et al.) [14].

Table 5.1
Pressure meter tests on a lime-treated embankment

	Untreated (PI = 8)	**Lime treated (2.5%)**		
		28 days	**180 days**	**1 year**
Limit pressure	0.25 MPa	3.8 MPa	4.2 MPa	6.0 MPa
Modulus	1.6 MPa	38.6 MPa	52.7 MPa	81.6 MPa

Great care has to be taken when using the modulus of a soil to describe its behavior. In fact, the value of this modulus is widely dependant of the strain (large differences between small and large strains), and also on the test to obtain this value. The effect of these parameters has been studied on a silty clay soil (ML/CL in USCS classification), and Figure 5.5 below shows the results of these investigations (Makki-Szymkiewicz et al.) [15].

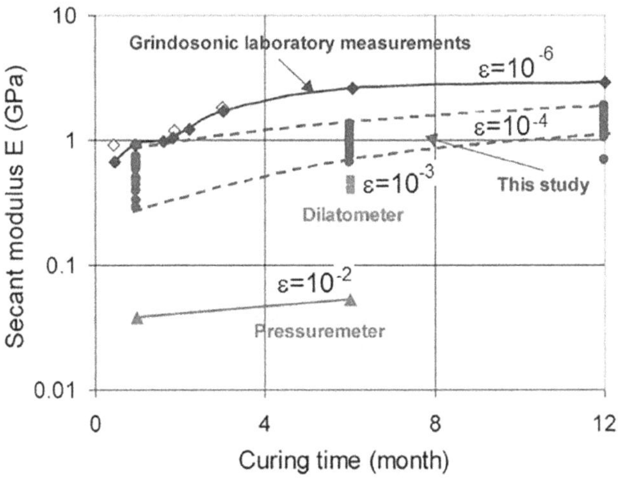

Fig. 5.5
Young Modulus as a function of time for a 2% lime treated soil with the strain (ε) and the type of tests. In this graph, "This study" means modulus measured according to small strain triaxial tests (From Makki-Szymkiewicz et al.)

5.2.3. Résistance à la traction (DTS ou R_t)

En général, la traction n'est pas considérée pour les sols et habituellement leur valeur de résistance en traction est basse en comparaison aux résistances mesurées en compression ou même en cisaillement. Pour cette raison, et aussi à cause des difficultés pour établir la résistance en traction d'un sol, peu d'études ont été menées dans ce domaine, excepté dans l'ingénierie routière où les couches de sous-fondation et de fondation traitées sont sujettes à la traction.

En plus de l'essai de traction direct (DTS ou R_t), il existe deux essais couramment utilisés pour mesurer la résistance à la traction des sols traités : l'essai de traction indirect R_{it} (ou essai brésilien) et l'essai de flexion (qui fournit une mesure de la résistance à la flexion). Cependant, il est également possible d'estimer la résistance à la traction par corrélation avec la résistance à la compression non confinée (UCS).

Une étude approfondie a été entreprise en France en 2019 par 33 laboratoires sur un même sol limoneux classé A2 (12 < IP < 25) d'après la classification française (équivalent au CL), traité avec 1% de chaux vive dans un premier temps puis 6% d'un liant hydraulique routier (double traitement), afin d'évaluer la dispersion des résultats sur les caractéristiques mécaniques des éprouvettes traitées entre ces laboratoires [16].Les résultats ont permis de donner une moyenne fiable pour les caractéristiques mécaniques rapportées de ces éprouvettes. Ils sont présentés dans le tableau 5.2 ci-dessous. Pour cette étude et pour ce sol, le rapport R_{it}/Rc, où R_{it} est résistance à la traction indirecte, est égal à 0,10 et 0,11.

Table 5.2
Résistance à la compression (R_c) et à la traction indirecte (R_{it}) avec module d'élasticité (E_{it}) sur sol limoneux traité A2 (12 < IP < 25)

		28 jours	**60 jours**	**90 jours**
Échantillons cylindriques (h=50 ; d=100mm)	R_c (Mpa)	2,7	3,77	-
Échantillons cylindriques (h=50 ; d=50mm)	R_{it} (Mpa)	0,305	0,405	0,468
	R_{it}/R_c	0,11	0,11	
	E_{it} (Mpa)	3041	3995	4657
	E_{it}/R_c	1 126	1 060	
Échantillons cylindriques (h=100 ; d=100mm)	R_{it} (Mpa)	0,27	0,384	0,461
	R_{it}/R_c	0,10	0,10	
	E_{it} (Mpa)	3548	4577	4857
	E_{it}/R_c	1 314	1 214	

Les recherches menées par Brandl ont étudié le rapport entre l'UCS et la résistance à la traction directe d'un sol après 270 jours de durcissement à 20°C, avec différentes quantités de chaux hydratée [$Ca(OH)_2$]. La Figure 5.6 montre la variation du rapport entre l'UCS et la résistance à la traction directe en fonction de la quantité de chaux. On peut remarquer que pour une petite quantité de chaux, ce rapport varie de 5 à 15 alors que, pour des quantités plus importantes (supérieures à 2,5%), il se stabilise autour de 10. La valeur de 10 est généralement comparable ou légèrement inférieure à la valeur typique du béton où le rapport UCS/résistance à la traction directe = 10 à 15 [17].

5.2.3. *Tensile Strength (DTS or R_t)*

In general, tension is not considered for the soils and generally their tensile strength values are low when compared to their resistance to compression or even shear strength. For that reason, and also due to the difficulties to establish the tensile strength of a soil, few studies have been conducted through this field, except in road engineering where the sub-base and the base treated layers are subject to traction.

In addition to the direct tensile test (DTS or R_t), there are two most commonly referred tests used to measure the tensile strength of treated soils: the indirect tensile test R_{it} (or Brazilian test) and the flexural beam test (which provides a measure of the flexural strength). However, it is also possible to estimate the tensile strength by correlation to the Unconfined Compressive Strength (UCS).

A comprehensive study has been undertaken in France in 2019 by 33 laboratories on the same silty soil classified A2 (12 < PI < 25) according to the French classification (equivalent to CL), treated with 1% of quicklime first followed by 6% of a hydraulic road binder (double treatment), in order to assess the dispersion of the results on the mechanical characteristics of the treated specimens between these laboratories [16].The results have allowed to give a sound average for the reported mechanical characteristics of these specimens. They are shown below in the following Table 5.2. In this study and for this soil, the ratio R_{it}/R_c, where R_{it} is the indirect tensile strength, is equal to 0.10 and 0.11.

Table 5.2
Compressive strength (R_c) and indirect tensile strength (R_{it}) with Elastic Modulus (E_{it}) on treated silty soil A2 (12 < IP < 25)

		28 days	60 days	90 days
Cylindrical specimens (h=50 ; d=100mm)	R_c (Mpa)	2.7	3.77	-
Cylindrical specimens (h=50 ; d=50mm)	R_{it} (Mpa)	0.305	0.405	0.468
	R_{it}/R_c	0.11	0.11	
	E_{it} (Mpa)	3041	3995	4657
	E_{it}/R_c	1 126	1 060	
Cylindrical specimens (h=100 ; d=100mm)	R_{it} (Mpa)	0.27	0.384	0.461
	R_{it}/R_c	0.10	0.10	
	E_{it} (Mpa)	3548	4577	4857
	E_{it}/R_c	1 314	1 214	

The research conducted by Brandl studied the ratio between the UCS and the direct tensile strength of a soil after up to 270 days of cure at 20°C, with different amounts of hydrated lime [$Ca(OH)_2$]. Figure 5.6 shows the variation of the ratio UCS/direct tensile strength for the amount of lime. It can be noticed that for a small amount of lime this ratio varies from 5 to 15 while, for bigger amounts (above 2,5%), it stabilizes around 10. The value of 10 is generally comparable to or slightly lower than the typical value in concrete where UCS/Rt = 10 to 15 [17].

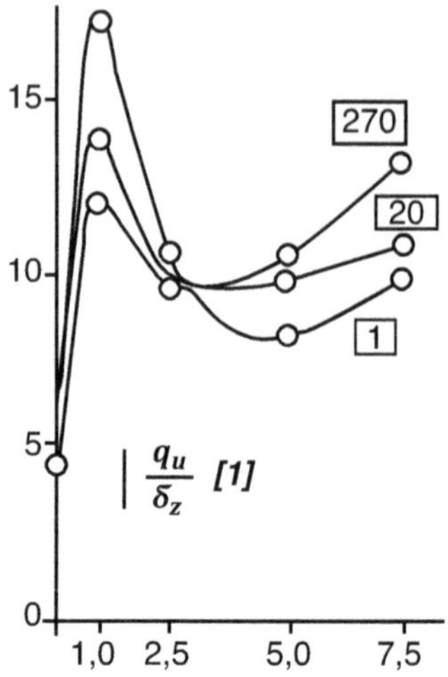

Fig. 5.6
Rapport UCS/résistance à la traction directe en fonction du pourcentage de chaux hydratée $Ca(OH)_2$ (d'après Brandl)

En Europe, sur la base de l'expérience acquise dans le domaine des chaussées, il est courant d'utiliser un rapport de 0,8 entre la résistance en traction directe (R_t) et la résistance en traction mesurée de manière indirecte à l'aide de l'essai brésilien (R_{it}) : $R_t = 0,8 \times R_{it}$.

Little et al. ont fait remarquer que la valeur de résistance en traction directe des sols traités (d'après des essais de résistance en flexion) correspond à approximativement 25% de la résistance en compression simple non confinée (UCS). La résistance en traction indirecte mesurée à l'aide de l'essai brésilien (Rit) correspond à 13% de l'UCS ce qui équivaut à un rapport UCS/R_{it} d'environ 8, donnant lieu à un rapport UCS/R_t de 10 [18].

De plus, Little mentionne que la "résistance de cohésion" (c) peut être estimée à 30% de la résistance à la compression. Cette valeur doit être liée à la théorie développée ci-dessous au chapitre 6.1, qui donne une certaine interprétation du critère de Mohr-Coulomb pour la plage de contraintes normales faibles. Cependant, le critère de Griffith qui est largement considéré comme la meilleure représentation des matériaux cimentés dans ce domaine de contraintes normales, conduit à une valeur de force de cohésion de $2 \times R_t$ proche des valeurs ci-dessus mentionnées par Little (20 à 30% de l'UCS).

Une autre étude détaillée qui, parmi les autres caractéristiques mécaniques, comprend une analyse approfondie de la résistance à la traction des sols traités, a été réalisée en Iran par Arabani et Karami [19], avec des sables argileux du Guilan dans le nord-est de l'Iran. Ces sols à faible plasticité ont leur partie argileuse principalement composée de minéraux kaolinite et illite. Ils ont été traités avec différentes teneurs en chaux de 3 à 9%, dans différents échantillons de sols ayant de 5 à 36% de fines (<80m). Leurs propriétés mécaniques (UCS, résistance à la traction ainsi que les propriétés de contrainte-déformation) sur des échantillons compactés à 90 à 95% de la densité relative ont ensuite été analysées.

Les conclusions de l'étude pour ce type de sol (après un durcissement de 24h à l'air à 23°C, suivi d'un durcissement de 48h dans une étuve à 45°C) montrent les points suivants :

- si l'on considère l'UCS, il existe un optimum de teneur en fines de 30%,
- la valeur maximale correspondante de l'UCS (1,1 MPa) est atteinte avec 6% de chaux en masse sèche. Elle n'augmente pas avec un dosage de 9%.

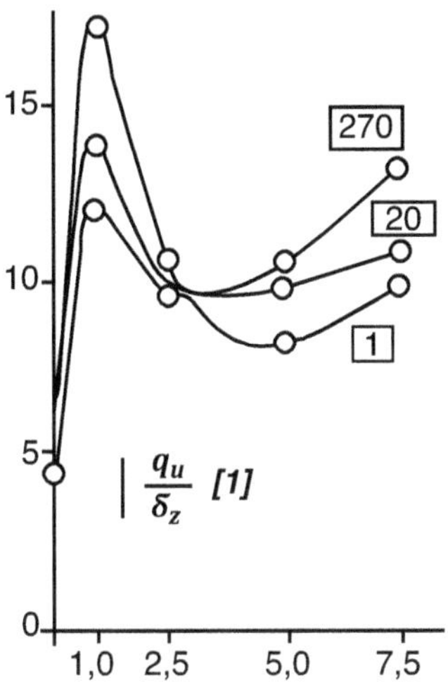

Fig. 5.6
Ratio UCS/Direct tensile strength to percentage of hydrated lime $Ca(OH)_2$ (From Brandl).

In Europe, on the basis of experience in the pavement sector a ratio of 0.8 between the direct tensile strength (R_t) and the indirect tensile strength from the Brazilian test (R_{it}): $R_t = 0.8\ R_{it}$ is accepted.

Little indicates that a realistic estimate of the tensile strength of treated soils (according to flexural strength test) is approximately 25% of the Unconfined Compressive Strength (UCS). The indirect tensile strength measured from the splitting (Brazilian) test (R_{it}) is 13% of the UCS, which corresponds to a ratio UCS/R_{it} of approximately 8, leading in turn to a ratio UCS/R_t of 10 [18].

In addition, little mentions that the "cohesive strength" (c) can be estimated at 30% of the compressive strength. This value has to be related to the theory developed below in chapter 6.1, giving some interpretation of the Mohr-Coulomb criterion for the low normal stress range. However, the Griffith criterion which is widely considered the best representation of cemented materials in this area of normal stresses, leads to a value of cohesive strength of 2 x R_t close to the values above mentioned by Little (20 to 30% of UCS).

Another comprehensive study which, amongst the other mechanical characteristics, includes a thorough investigation on the tensile strength of the treated soils, has been carried out in Iran by Arabani and Karami [19], with clayey sands of Guilan in North-Eastern part of Iran. These low-plasticity soils have their clayey part mainly composed of kaolinite and illite minerals. They have been treated with various lime contents from 3 to 9%, in different samples of soils having from 5 to 36% of fines (<80μm). Their mechanical properties (UCS, tensile strength as well as stress-strain properties) on samples compacted at 90 to 95% of the relative density have then been analyzed.

The conclusions of the study for this type of soil (after a 24h curing in air at 23°C, followed by a 48h curing in an oven at 45°C) show the following:

- if we consider the UCS, there is a fine content optimum of 30%,
- the corresponding maximum value of UCS (1.1 MPa) is reached with 6% by dry weight of lime. It does not increase with a dosage of 9%.

Une tendance similaire semble également exister avec la résistance à la traction. Les résultats sont représentés sur la Figure 5.7, où l'on remarque que ce qui est indiqué comme "teneur en argile" est en fait le pourcentage de matériau fin (< 80m). Comme les réactions pouzzolaniques du complexe argilo-calcaire se développent selon un processus assez long, il serait intéressant de vérifier si cette règle s'applique également avec des périodes de maturation plus longues.

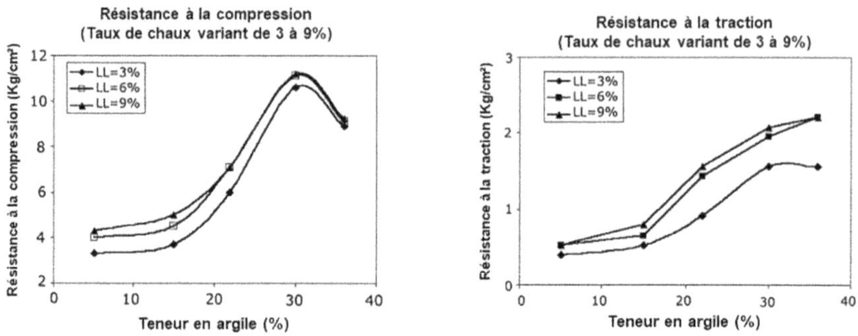

(a) (b)

Fig. 5.7

Variations de la résistance en fonction de la teneur en argilea) Résistance à la compression en fonction de la teneur en argile pour les échantillons stabilisés à la chauxb) Résistance à la traction en fonction de la teneur en argile pour les échantillons stabilisés à la chaux.

5.2.4. Sollicitation de cisaillement et résistance au cisaillement

Des tests ont été effectués à l'Université Libre de Bruxelles (ULB) sur deux sols limoneux fins de Belgique (IP = 16 et IP = 11 respectivement), tous deux traités avec 3% de chaux vive. Des essais triaxiaux consolidés non drainés ont été réalisés sur des échantillons de 3,6 cm de diamètre et 7,2 cm de hauteur, préalablement saturés. Les caractéristiques du premier sol non traité (IP = 16) sont c' = 5.8 kPa et j' = 37.4°. L'angle de frottement reste stable après le traitement à la chaux, tandis que la cohésion (en fait la résistance au cisaillement c' à une contrainte normale nulle - voir la section 6.1) augmente sensiblement : après 2 ans, la valeur de c' est multipliée par 25. Des résultats similaires ont été obtenus avec le second sol (PI = 11), qui présente une valeur c' de 110 kPa à 390 jours après le traitement à la chaux, alors que le matériau non traité présente une valeur c' très faible de 20 kPa et un angle de frottement relativement stable allant de 36° pour le sol non traité à 39° après le traitement, indépendamment du temps de durcissement. [20]. Les résultats des essais à long terme des triaxiaux consolidés non drainés sont montrés ci-dessous sur la Figure 5.8.

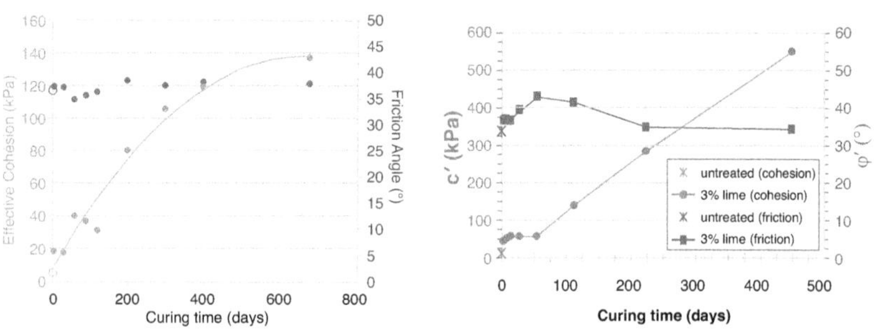

(a) (b)

Fig. 5.8

Résultats des triaxiaux consolidés non drainés pour des échantillons stabilisés à la chaux (3% de chaux vive): a) Sol IP=16 (sol de Soumagne) b) Sol IP=11 (sol de Marche-les-Dames)

A similar trend seems also to exist with the tensile strength. The results are plotted in the Figure 5.7, where it will be noted that what is indicated as "clay content" is in fact the percentage of fine material (< 80μm). Since the pozzolanic reactions of the clay-lime complex develop according to a rather long process, it would be interesting to verify if this rule also applies with longer curing periods.

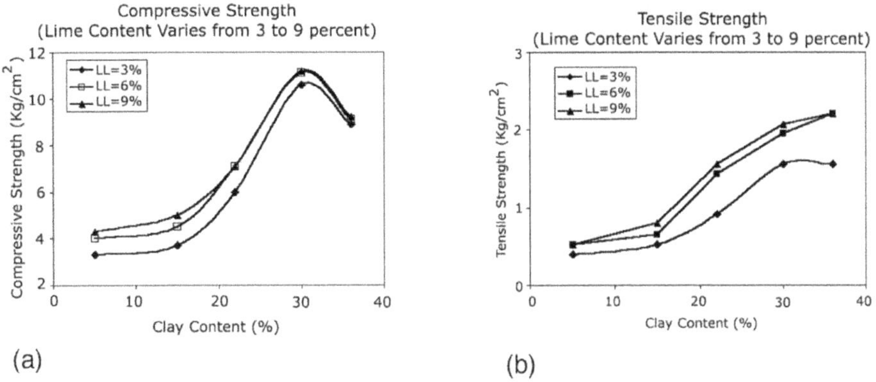

Fig. 5.7

Strength variations with clay content a) Compressive strength vs. clay content for lime-stabilized samples, b) Tensile strength vs. clay content for lime-stabilized samples

5.2.4. Shear Strength and shear resistance

Tests have been made at the Université Libre de Bruxelles (ULB) on two fine silty soils from Belgium (PI = 16 and PI = 11 respectively), both treated with 3% of quicklime. Consolidated undrained triaxial tests were performed on samples of 3.6 cm diameter and 7.2 cm height, beforehand saturated. The characteristics of the first untreated soil (PI = 16) are c' = 5.8 kPa and φ' = 37.4°. The friction angle stays stable after lime treatment, whereas the cohesion (in fact the shear strength c' at nil normal stress – see chapter 6.1) rises significantly: after 2 years, the c' value is multiplied by 25. Similar results were obtained with the second soil (PI = 11), which shows a c' value of 110 kPa at 390 days after lime treatment, whereas the non-treated material has a c' value as low as 20 kPa and a friction angle relatively stable ranging from 36 for the untreated soil to 39°after treatment independent of the curing time [20]. Results of these long-term consolidated undrained triaxial tests are shown in Figure 5.8.

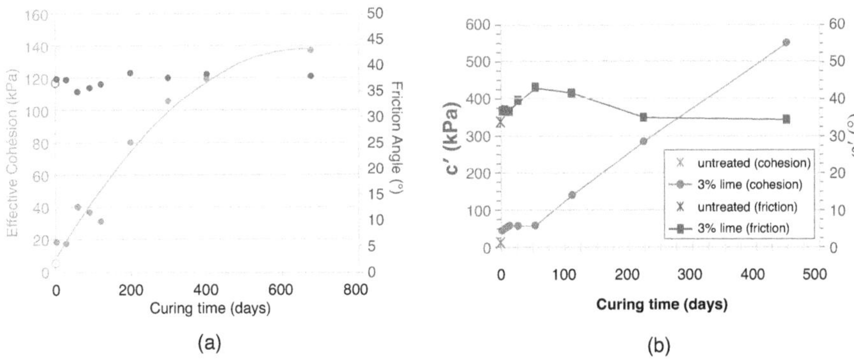

Fig. 5.8

Long term consolidated undrained triaxial tests for lime-stabilized samples (with 3% quick lime): a) Soil PI=16 (soil from Soumagne) b) Soil PI=11 (soil from Marche-les-Dames)

Le tableau 5.3 montre les résultats obtenus avec des échantillons prélevés lors d'un essai sur le terrain dans un sol limoneux traité à la chaux (IP = 8, CaO : 2,5%) [21].

Table 5.3
Résultats des essais triaxiaux (IP = 8, CaO: 2.5%)

Structure	**Période de mesure**	**c' (kPa)**	ϕ' (°)
Sol non-traité	28 jours	≅ 0 (<10)	34,6
Sol traité	75 jours	41	39,2
	195 jours	61	39,2
	12 mois	75	39

En Iran, des tests de laboratoire ont été effectués par le Pr. A. Noorzad sur des sols argileux de la région de Téhéran. Les propriétés du sol ont été déterminées selon les normes ASTM appropriées et sont résumées dans le tableau 5.4 [22].

Table 5.4
Propriétés du sol de la région de Téhéran (d'après A. Noorzad – 2018)

Propriété	**Valeur**
Limite de liquidité (%)	41
Limite de plasticité (%)	15
Indice de plasticité (%)	26
Cohésion (kPa)	27.5
Angle de frottement interne (°)	25
Classification du sol	CL
	A-6

La chaux était une chaux calcique hydratée très pure avec 72,8% de CaO disponible en poids de chaux hydratée, ce qui correspond à 96,2% de CaO disponible en poids de chaux vive.

Les paramètres de résistance au cisaillement de l'argile stabilisée avec différentes teneurs en chaux à 7, 14 et 28 jours de durcissement sont présentés dans le tableau 5.5.

Table 5.5
Paramètres de résistance au cisaillement de l'argile de la région de Téhéran stabilisée avec différents pourcentages de chaux hydratée en fonction du temps de cure
(d'après A. Noorzad – 2018)

Jours			**7**		**14**		**28**	
Teneur en chaux (%)	ϕ (°)	**c (kPa)**	ϕ (°)	**c (kPa)**	ϕ (°)	**c (kPa)**	ϕ (°)	**c (kPa)**
0	24,8	27,5	-	-	-	-	-	-
2	-	-	41,6	144,5	42,8	209,5	43,2	283,5
4	-	-	47,1	169	47,6	260	48,6	326
6	-	-	43,9	157	44,5	243	45,1	311
8	-	-	42,9	148	43,3	232	43,6	293,5

Table 5.3 shows the results obtained with samples taken on a field test with a lime treated silty soil (PI = 8, CaO: 2.5%) [21].

Table 5.3
Triaxial test results (PI = 8, CaO: 2.5%)

Structure	Measurement period	c' (kPa)	ϕ' (°)
Untreated soil	28 days	≅ 0 (<10)	34.6
Lime-treated soil	75 days	41	39.2
	195 days	61	39.2
	12 months	75	39

In Iran, laboratory tests have been performed by Pr. A. Noorzad on clayey soils from the Tehran area. Properties of the soil were determined according to the appropriate ASTM standards and are summarized in Table 5.4 [22].

Table 5.4
Properties of soils from Tehran area (from A. Noorzad – 2018)

Property	Value
Liquid limit (%)	41
Plastic limit (%)	15
Plastic index (%)	26
Cohesion (kPa)	27.5
Internal friction angle (°)	5
Soil Classification	CL
	A-6

Lime was a very pure hydrated calcium lime with 72.8% of available CaO by weight of hydrated lime, which corresponds to 96.2% of available CaO by weight of quicklime.

The shear strength parameters of stabilized clay with different lime contents at 7-, 14- and 28-days curing are presented in Table 5.5.

Table 5.5
Shear strength parameters of clay from Tehran area stabilized with different % of hydrated calcium lime according to the curing period (from A. Noorzad – 2018)

Days			**7**		**14**		**28**	
Lime content (%)	ϕ (°)	c (kPa)	ϕ (°)	c (kPa)	ϕ (°)	c (kPa)	ϕ (°)	c (kPa)
0	24.8	27.5	-	-	-	-	-	-
2	-	-	41.6	144.5	42.8	209.5	43.2	283.5
4	-	-	47.1	169	47.6	260	48.6	326
6	-	-	43.9	157	44.5	243	45.1	311
8	-	-	42.9	148	43.3	232	43.6	293.5

On constate que dans ce tableau, le dosage en chaux de 4% est une valeur optimale conduisant à la valeur c maximale, quelle que soit la durée de la cure. Ce phénomène se produit parfois, en fonction de la nature et de la minéralogie du sol, lorsque l'excès de chaux, qui ne peut être combiné avec les éléments argileux disponibles, reste sous forme de fines.

Les premiers travaux de Wissa en 1965 réalisés sur des échantillons de limon argileux du Massachusetts (Wl = 20; IP = 6), saturés, traités à 5% de chaux hydratée et testés avec des essais triaxiaux effectués dans des conditions consolidées non drainées (avec mesure de la pression des pores) conduisaient déjà aux mêmes conclusions à l'égard de c et φ [23].

5.2.5. Déformations plastiques, compressibilité, tassement, variations de volume

Trois paramètres sont les plus utilisés pour identifier et caractériser la compressibilité d'un sol (Figure 5.9) :

- Cs ("indice de déchargement" - indice de gonflement);
- Cc (indice de compressibilité);
- La pression de pré-consolidation.

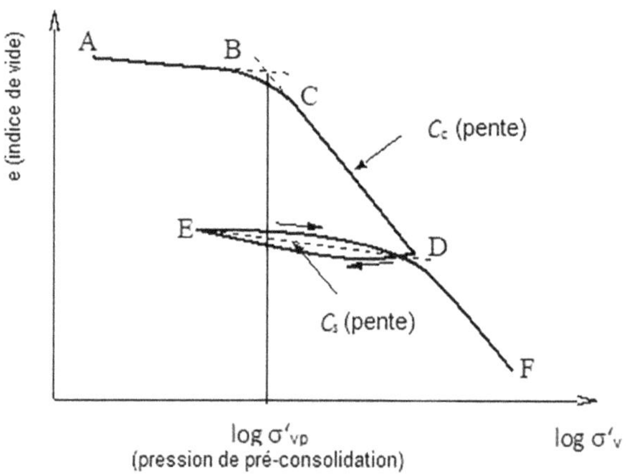

Fig. 5.9
Courbe de compressibilité typique

La compressibilité est fortement influencée par de multiples autres paramètres tels que l'indice des vides, les caractéristiques de compactage et la cohésion. Pour les sols traités aux liants, il est connu que malgré un indice des vides plus important qu'à l'état naturel, en particulier avec le traitement à la chaux, leur compressibilité est plus faible. Cet effet est lié à l'augmentation de la cohésion et à la cimentation (qui augmente le verrouillage).

It can be seen that in this table, the lime dosage of 4% is an optimal value leading to the maximum c-value, whatever the duration of the cure. This phenomenon sometimes occurs, depending on the nature and mineralogy of the soil, when the excess lime, which cannot be combined with the available clay elements, remains in the form of fines.

The early work from Wissa in 1965, carried out on saturated specimens of Massachusetts clayey silt (Wl = 20; PI = 6) treated with 5% hydrated lime and tested on triaxial tests performed under consolidated undrained conditions (with measurement of the pore pressure) was already leading to the same conclusions on c and φ [23].

5.2.5. Plastic deformations, compressibility, settlement, volume changes

Three parameters are most used to identify and characterize the compressibility of a soil (Figure 5.9):

- Cs ("unloading index" – swell index);
- Cc (compressibility index);
- Pre-consolidation pressure or yield strength.

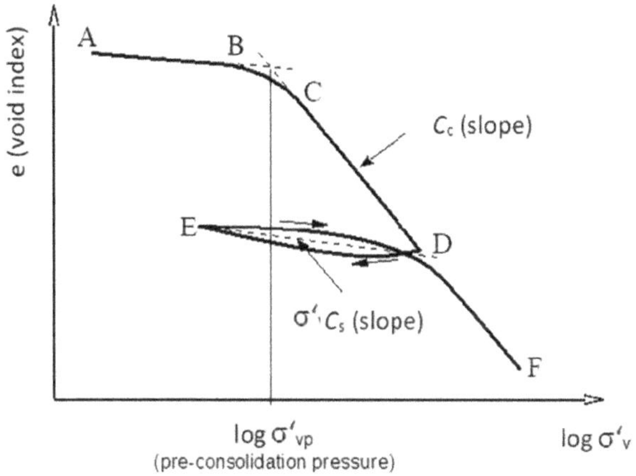

Fig. 5.9
Typical compressibility curve

The compressibility is extremely influenced by different other parameters, such as void ratio, compaction characteristics and cohesion. For soils treated with binders, it is known that, even though the void ratio is higher when compared to their natural state, especially when treated with lime, their compressibility is smaller. This effect is connected to the increase in cohesion and the cementation (which increases the interlocking).

Par exemple, le traitement à la chaux provoque une diminution de la compressibilité et une augmentation de la pression de pré-consolidation apparente en fonction du temps et du taux de chaux (Fossberg 1965, Nalbantoglu & Tuncer 2001) [24, 25]. Le comportement du sol est alors équivalent à celui d'un sol cimenté comme définit par Leroueil & Vaughan (1990) [26]. Ce type de comportement est présenté de manière schématique dans la Figure 5.10 a. Dans ce cas, on peut voir que la mesure de l'indice de compression vierge Cc telle qu'elle est réalisée avec un essai œdométrique n'est pas applicable aux sols traités. Il s'agit seulement d'un indice apparent qui est dépendant du niveau de contrainte. De plus, la pression de pré-consolidation n'est pas le fruit de « l'histoire mécanique » du matériau mais le résultat de procédés physico-chimiques qui induisent une cimentation du matériau. Au-delà de cette contrainte critique, qui est donc fonction du temps de durcissement, la compressibilité apparente du sol augmente fortement, la courbe de compressibilité du sol traité rejoignant celle du sol non traité.

Les résultats de Tremblay et al. (2001) [27] font partie d'un cadre conceptuel différent qui est schématisé dans la Figure 5.10 b. Ces auteurs montrent que le sol traité est fondamentalement différent du sol non traité et devrait être considéré comme un nouveau matériau avec des propriétés qui ne peuvent pas simplement être déduites à partir du matériau non traité. La durée de cure amène une augmentation de la pression apparente de pré-consolidation et une chute de l'indice des vides dû à la formation de composés induits par les réactions pouzzolaniques. La courbe vierge du matériau traité est différente de la courbe vierge du matériau initial; il n'est a priori pas possible de prédire la pente et la position de la nouvelle courbe vierge. Dans ce contexte, les propriétés du sol traité ne peuvent pas être estimées à partir des données obtenues sur le sol non traité.

Ces considérations montrent que la compressibilité d'un sol traité est toujours très difficile à appréhender. Alors qu'on pourrait conclure que le temps de cure tend à augmenter la pression apparente de pré-consolidation, la compressibilité et la modélisation des sols traités restent difficiles à appréhender à partir des données bibliographiques.

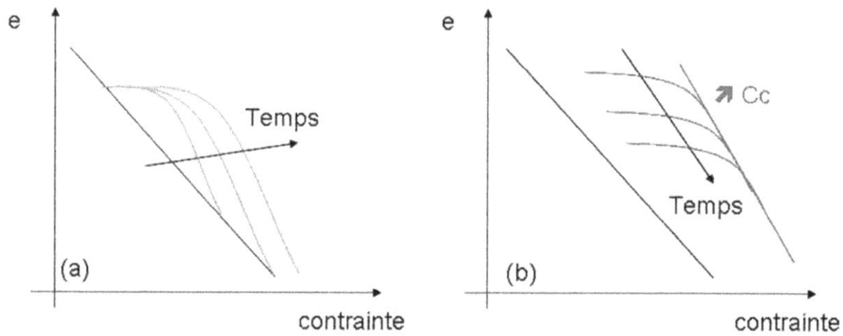

Fig. 5.10
Interprétation possible de l'influence du traitement à la chaux sur la compressibilité du sol (avec "e" le taux de vide et la droite noire représentant le comportement du matériau non traité).

Les recherches menées entre 2015 et 2017, dans le contexte du programme de recherche français DigueELITE, ont étudié l'argile limoneuse provenant des berges de la rivière Vidourle (IP = 5) traitée avec 2% de chaux vive. Les échantillons ont été préparés et testés en compression œdométrique en état de saturation. La Figure 5.10 ci-dessous compare les valeurs moyennes des indices de compression et de contrainte de pré-consolidation. Le traitement à la chaux à des effets marqués sur la contrainte de pré-consolidation, qui croît d'une valeur proche de 100 kPa pour le sol naturel à plus de 500 kPa [28].

For example, lime treatment induces a decrease in compressibility and an increase in apparent preconsolidation pressure with time and the amount of lime (Fossberg 1965, Nalbantoglu & Tuncer 2001) [24, 25]. Soil behavior is then equivalent to that of "cemented" soils as defined by Leroueil & Vaughan (1990) [26]. This type of behavior is shown schematically in Figure 5.10 a. In this case, it can be seen that the measurement of the virgin compression index Cc, as it is done in an oedometric test, is not applicable to the treated soils. It is only an apparent index that is a function of the level of stress. In addition, the preconsolidation pressure is not the result of a "mechanical history" of the material but the result of physicochemical processes that induce cementing of the material. Beyond this yield stress, which is therefore a function of the curing time, the apparent compressibility of the soil increases strongly, the compressibility curve of the treated soil joining that of the untreated soil.

The results of Tremblay et al. (2001) [27] are part of a different conceptual framework that is schematized in Figure 5.10 b. These authors show that a treated soil is fundamentally different from an untreated soil and should be considered as a new material with properties that cannot be deduced simply from untreated material. The curing time causes an increase in the apparent preconsolidation pressure and a drop in the void index due to the formation of compounds from the pozzolanic reactions. The virgin curve of the treated material is different from the virgin curve of the initial material; it is not possible to predict the slope and the position of this new virgin curve a priori. In this context, the properties of the treated soil cannot be estimated from data obtained on untreated soil.

These considerations show that the compressibility of a treated soil is still very difficult to apprehend. While it can be concluded that the curing time tends to increase the apparent preconsolidation stress, the compressibility and modeling of the treated soils remains difficult to grasp from the bibliographic data.

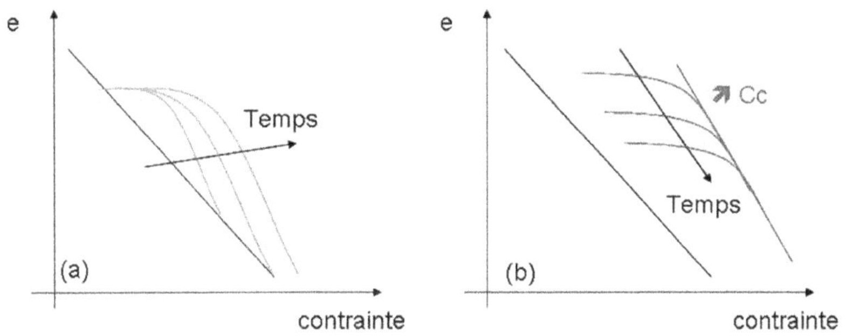

Fig. 5.10
Possible interpretation of the influence of lime treatment on the compressibility of the soil (with "e" for void ratio, "temps" for time, "contrainte" for stress and black line for the behavior of untreated material).

The research conducted between 2015 and 2017, in the context of the French DigueELITE research program, studied the loamy clay from the Vidourle river bank (PI = 5), treated with 2% quicklime. The specimens were prepared and tested for œdometric compression in saturated condition. The Figure 5.11 below compares the average values for compressibility indexes and preconsolidation stresses. Lime treatment has a drastic effect on the preconsolidation stress, which grows from a value close to 100 kPa in the natural soil, to more than 500 kPa [28].

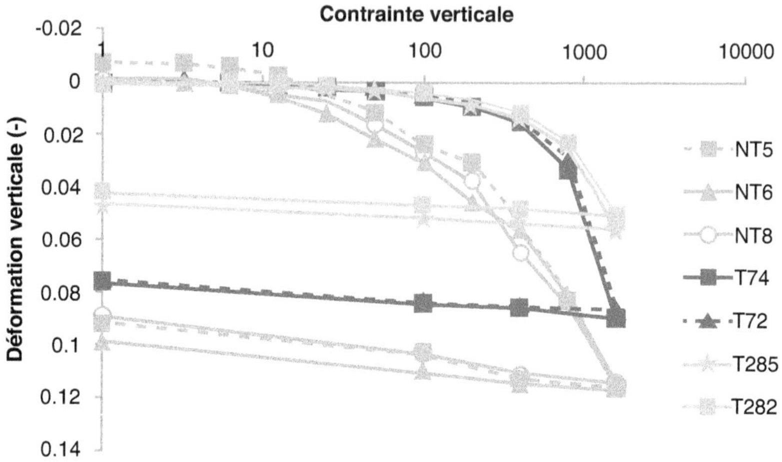

Fig. 5.11
Courbes œdométriques obtenues pour les sols non traité et traité à 7 et 28 jours
(sol de la berge de la Vidourle, 2015). [NT signifie "sol non traité", T signifie "sol traité à la chaux", le nombre suivant représente le nombre de jours de cure]
(La déformation verticale est exprimée en % et la contrainte verticale en kPa)

Le tableau 5.6 récapitule les valeurs observées pour la contrainte de pré-consolidation (σ'_{VP}), l'indice de gonflement (C_s) et l'indice de compression (C_s). D'après les Figures et les courbes obtenues, et comme d'autres études ont pu le démontrer, on observe que la consolidation n'est pas explicitement affectée par le traitement et que l'indice de compression du sol traité devrait tendre vers celui du sol non traité, mais la cinétique de cette tendance dépend aussi de la résistance et de l'endurcissement du matériau en concordance avec le temps de cure.

Table 5.6
Contrainte de pré-consolidation (σ'_{VP}), indice de gonflement (Cs) et indice de compressibilité (Cc) valeurs moyennes pour le sol des berges de la rivière Vidourle en France.

	σ'_{VP} (kPa)	**Cs**	**Cc**
Non-traité	109	0,0030	0,0415
7 jours de cure	565	0,0016	0,0527
28 jours de cure	503	0,0012	0,292

Pour conclure, le traitement induit une augmentation significative de la rigidité élastique isotrope et de la limite d'élasticité. Ce seuil devient beaucoup plus important que les contraintes généralement rencontrées sur les petits ouvrages hydrauliques, qui sont au maximum d'environ 200 à 300 kPa.

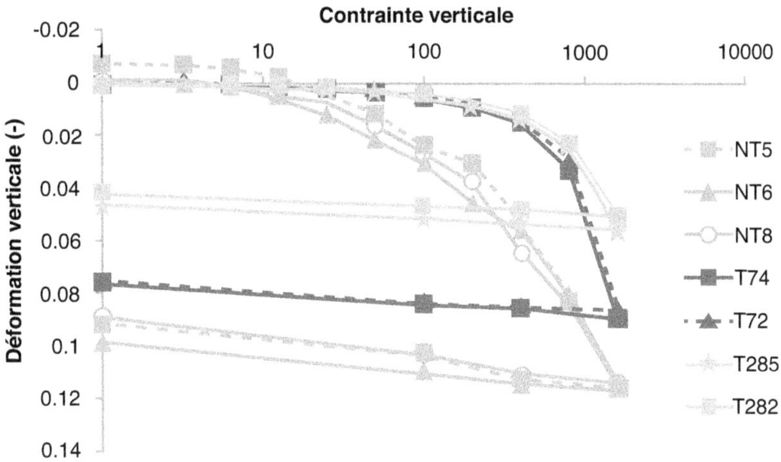

Fig. 5.11
Oedometric curves obtained for the untreated soils and treated at 7 and 28 days
(soil from Vidourle river bank, 2015) – [NT means "non treated soil", T means "lime treated soil", digits of the following number: curing time in days]
(In Y axis: Vertical strain in %; X axis: Stress in kPa)

The following Table 5.6 summarizes the values found for preconsolidation stress (σ'_{VP}), swell index (C_s) and compressibility index (C_c). It can be seen from these figures and from the curves, as other studies have shown, that the consolidation is not explicitly affected by the treatment and that the compressive index of the treated soil is going to tend to the one of the untreated soils, but the kinetics of this tendency depends also on the strength and stiffening of the material in line with the curing time.

Table 5.6
Preconsolidation stress (σ'_{VP}), swell index (Cs) and compressibility index (Cc) average values for Vidourle river bank soil

	σ'_{VP} (kPa)	**Cs**	**Cc**
Untreated	109	0.0030	0.0415
7 day cure	565	0.0016	0.0527
28 day cure	503	0.0012	0.292

As a conclusion, the treatment causes a significant increase in isotropic elastic stiffness and yield strength. This threshold becomes much greater than stress generally encountered on small hydraulic structures, which are at a maximum of approximately 200 to 300 kPa.

Les travaux de Basma et Tuncer ayant testé deux sols jordaniens en utilisant de la chaux hydratée comme agent de traitement peuvent également être mentionnés ici. Les deux sols A et B sont classifiés comme MH-CH d'après la classification USCS. Les sols ont été compactés au poids unitaire sec maximal selon le compactage Proctor Normal. Dans cette étude, comme pour les exemples précédents, l'indice de compression diminue de manière significative lors de l'utilisation de chaux pour le traitement des sols. Cette publication introduit la notion de taux de compression du traitement à la chaux (LTCR en anglais pour Lime Treatment Compression Ratio), qui est le rapport entre les pressions de pré-consolidation des échantillons traités et non traités. La Figure 5.12 ci-dessous montre la variation du LTCR pour les deux sols. La conclusion est que le LTCR augmente avec le pourcentage de chaux et le temps de cure, ce qui induit une diminution de la compressibilité. Cependant, comme souligné par les auteurs, cette observation peut ne pas être vérifiable pour tous les sols [29].

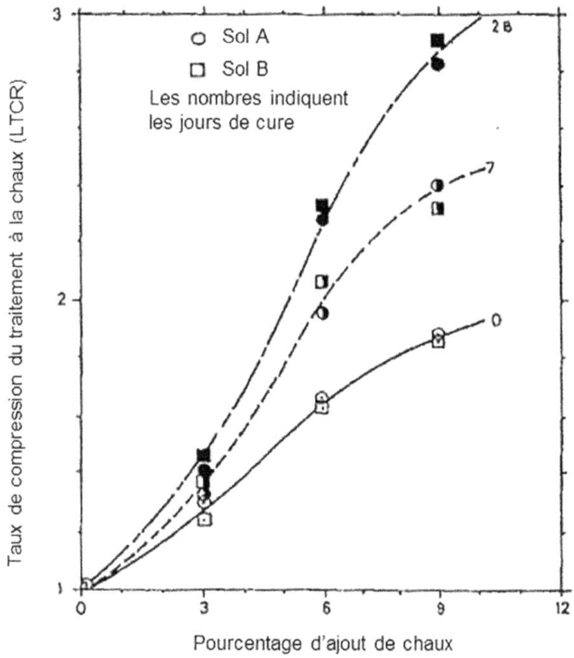

Fig. 5.12
Variation du LTCR avec le taux de chaux et le temps de cure

En ce qui concerne les changements de volume, les argiles hautement plastiques montrent souvent des changements de volume importants : on les décrit souvent comme des sols gonflants ou bien sols expansifs. Ils ont également l'inconvénient de se rétracter lorsqu'ils sont exposés à des conditions sèches. En général, la teneur élevée en montmorillonite est la principale raison de ces grandes variations de volume qui sont les conséquences de la sensibilité de ces argiles à la teneur en eau. Ce type de sols est largement répandu dans le monde entier.

De nombreuses publications émises ont relaté les effets bénéfiques du traitement à la chaux compte tenu de la réduction importante des variations de volume pour les sols qui présentent une grande quantité d'argiles plastiques caractérisées par un indice de plasticité élevé (IP).

The work of Basma and Tuncer tested two Jordan soils using hydrated lime as treatment agent can also be mentioned in this matter. Both soils A and B are classified as MH-CH according to the USCS classification. The soils were compacted at maximum dry unit weight in a standard Proctor compaction. In this study, as for the above examples, the compressibility index decreases significantly when using lime to treat the soils. This publication introduces the notion of lime treatment compression ratio (LTCR), which is the ratio between the preconsolidation pressures of the treated and untreated specimens. Figure 5.12 below shows the variation of LTCR for the two soils. It concludes that LTCR increases with percentage of lime and curing time, which results in decrease of compressibility. However, as emphasized by the authors, this observation may not be verified for every soil [29].

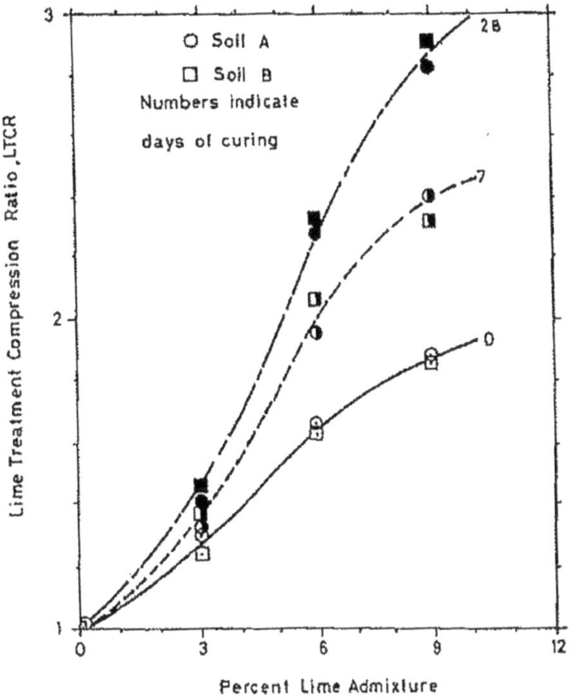

Fig. 5.12
Variation of LTCR with lime content and curing time

Concerning volume changes, highly plastic clays often exhibit large volume changes: they are known as swelling soils or expansive soils. They have also the adverse characteristics to shrink when they are exposed to dry conditions. Generally, the high content of montmorillonite is the main reason of these large volume changes which are the consequences of the susceptibility of these clays to the water content. This type of soils is widely distributed around the world.

Number of publications have been issued relating the beneficial effect of the lime treatment in view of the sharp reduction of the volume changes for these soils which exhibits a large amount of plastic clays characterized with a high plastic index (PI).

Parmi ces nombreux exemples illustrant la réduction de ce haut potentiel de gonflement (et de la réduction correspondante du retrait), Basma et Tuncer, dans la publication déjà citée ci-dessus, ont étudié en profondeur l'effet du traitement à la chaux sur les argiles gonflantes de la ville d'Irbid : ces argiles ont une limite de liquidité comprise entre 70 et 80 et un indice de plasticité variant de 35 à 44, avec 55 à 70% d'argiles (fraction inférieure à 2μm). Ces argiles ont un potentiel de gonflement de 90 à 120% et l'ajout de 3% de chaux réduit ce potentiel à 1 à 3% après 7 jours et le rend nul après 28 jours ou après 7 jours avec un ajout de 6% de chaux.

Les mêmes résultats ont été obtenus par différentes procédures de test, avec la diminution significative de la pression de gonflement, comme le montrent Bozbey & Garaisayev avec un sol turc plastique (LL=115, PL=37) ayant un potentiel de gonflement libre proche de 20% éliminé après 7 jours avec un traitement à la chaux de 3% [30].

5.3. PERMÉABILITÉ

La perméabilité d'un sol cimenté dépend de la façon dont le matériau est compacté. Lorsqu'il est traité du côté humide du taux d'humidité optimal (OMC pour Optimum Moisture Content en anglais), généralement de 1,05 à 1,15 OMC, en adéquation avec :

- Le taux de saturation recommandé Sr = $w_o/w_{sat} \leq 95\%$ (où w_o est le taux d'humidité de l'échantillon et w_{sat} l'humidité de l'échantillon saturé),
- Une portance acceptable.

Et lorsqu'il est compacté selon un procédé de pétrissage avec un rouleau vibrant à pieds dameurs, la perméabilité d'un sol traité à la chaux est similaire à la perméabilité du même sol non traité (tableau 5.7).

Table 5.7
Perméabilité d'un limon traité à la chaux (IP = 8, CaO: 2,5%)

	Limon non-traité	**Limon traité à la chaux (2,5% CaO)**		
Période de mesure	**28 jours (en m/s)**	**28 jours (en m/s)**	**6 mois (en m/s)**	**12 mois (en m/s)**
Tests in situ : **Tête variable** **Tête constante**	- 3,2 10–9	0,8 10–9 1,2 10–9	4,5 10–9 -	8,5 10–9 -
Tests sur les échantillons carottés : **Triaxiaux (CD)**	1,0 10–9	1,4 10–9	1,0 10–9	1,0 10–9

L'explication est donnée par la modification de la répartition de la taille des pores grâce à l'humidité et au pétrissage résultant du rouleau vibrant à pieds dameurs, en plus du traitement à la chaux. La Figure 5.13 suivante illustre cette distribution de taille de pore pour un sol limoneux d'IP = 13, en fonction de la teneur en eau et de la procédure de compactage (Cuisinier et al.) [31].

Amongst these large amounts of examples illustrating the reduction of the high potential swelling (and corresponding reduction of shrinkage), Basma and Tuncer, in the publication already cited above, have deeply investigated the effect of lime treatment on the expansive clays of city of Irbid: these clays have a Liquid Limit of 70 to 80 and a Plasticity Index of 35 to 44, with 55 to 70% of clays (less than 2μm). They have a free swelling potential of 90 to 120% and the addition of 3% lime reduces this potential to 1 to 3% after 7 days while it is nil after 28 days or nil at 7 days with 6% addition of lime.

The same results have been obtained through different testing procedures, with the significant decrease of the swelling pressure, as shown by Bozbey & Garaisayev with a plastic Turkish soil (LL=115, PL=37) having a free swell potential close to 20% eliminated after 7 days with a 3% lime treatment [30].

5.3. PERMEABILITY

The permeability of a cemented soil depends on the way the material is compacted. When processed with a water content on the wet side of the Optimum Moisture Content, generally 1.05 to 1.15 OMC, in agreement with:

- the recommended saturation ratio $Sr = w_o/w_{sat} \leq 95\%$ (when w_o is the moisture content of the sample and w_{sat} the moisture content of this sample when saturated),
- the acceptable bearing capacity,

And when compacted according to a kneading process with a padfoot vibrating roller, the permeability of a lime treated soil is similar to the permeability of the non-treated same soil (Table 5.7).

Table 5.7
Permeability of a lime treated silt (PI = 8, CaO: 2.5%)

	Untreated silt	**Lime-treated silt (2.5% CaO)**		
Measurement period	**28 days (in m/s)**	**28 days (in m/s)**	**6 months (in m/s)**	**12 months (in m/s)**
In situ tests: **Variable head**	-	0,8 10–9	4.5 10–9	8.5 10–9
Constant head	3.2 10–9	1.2 10–9	-	-
Tests on cored specimens: **Triaxial test (CD)**	1.0 10–9	1.4 10–9	1.0 10–9	1.0 10–9

The explanation is given by the modification of the pore size distribution thanks to the humidity and the kneading resulting from the padfoot vibrating roller, in addition to the lime treatment. The following Figure 5.13 illustrates this pore size distribution for a silty soil of PI = 13, as a function of water content and compaction procedure (Cuisinier et al.) [31].

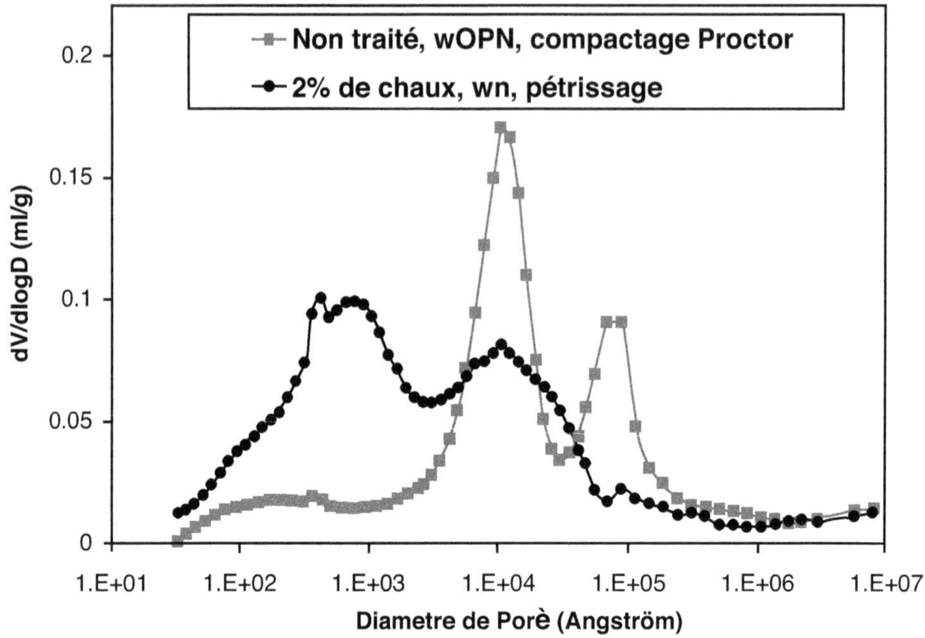

Fig. 5.13

Porosimétrie par intrusion au mercure d'échantillons (1 Angström = 10^{-4} micromètres) non traités (courbe rouge) et traités (courbe bleue) de même densité. Sur ce graphique, w_{OPN} représente le taux d'humidité optimal lors d'un compactage au marteau Proctor, w_h représente un taux d'humidité supérieur à w_{OPN} selon un compactage avec une procédure de pétrissage.

Les résultats ci-dessus ont également été obtenus par plusieurs auteurs qui ont étudié les changements de structure induits par l'ajout de chaux. Dans l'une de ces études, il a été démontré que la conductivité hydraulique dépend principalement du volume des plus gros pores, l'effet des petits et moyens pores étant limité. L'ajout de chaux induit une diminution de la densité sèche Proctor du sol traité à la chaux par rapport au sol non traité, ce qui peut être attribué en grande partie à la formation d'une classe de petits pores, comme le montre la Figure 5.13 ci-dessus.

5.4. DÉVELOPPEMENT DE LA PRESSION INTERSTITIELLE DES PORES DURANT LA CONSTRUCTION

La stabilité d'un remblai construit avec des matériaux fins dépend fortement de la pression interstitielle des pores éventuellement induite lors de la construction. De même, la pression interstitielle excessive pourrait également être une source de préoccupation pour les CSD durant la phase de construction. La génération de pression interstitielle dans le corps du barrage dépend du degré de saturation initial et de la compressibilité du sol compacté d'une part, et du coefficient de consolidation et du rythme d'avancement de la construction d'autre part.

L'un des avantages du traitement des sols est d'éviter la génération de pression interstitielle grâce à :

- La diminution du taux d'humidité engendré par le dégagement de chaleur et/ou par les réactions chimiques;
- L'augmentation de la teneur en eau optimale (OMC) en lien avec la diminution de la plasticité;

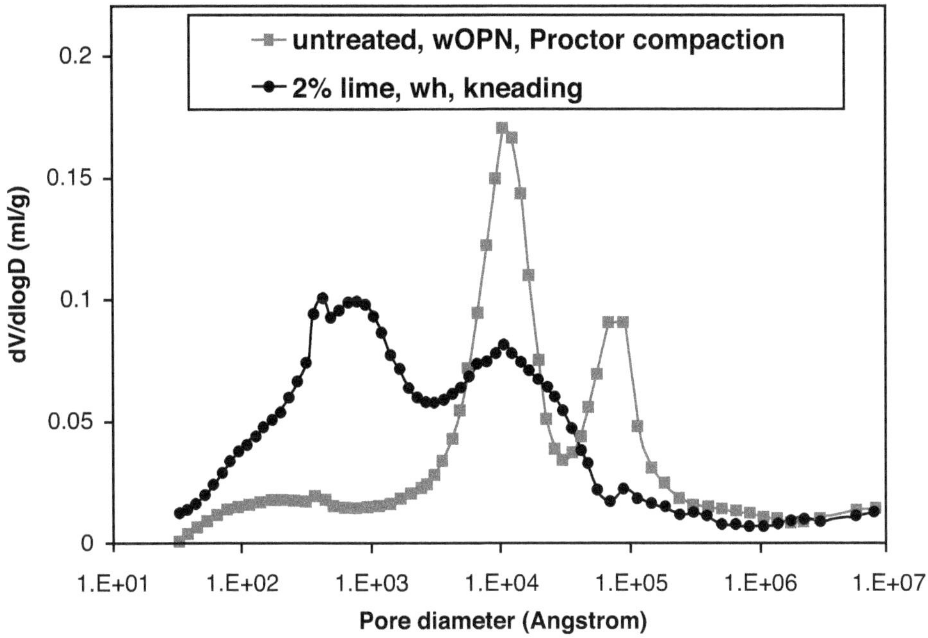

Fig. 5.13

Mercury intrusion porosimetry of untreated (red curve) and lime-treated (blue curve) samples (1 Angström = 10^{-4} micrometre) at the same density. In this graph, wOPN means the optimum moisture content during compaction with a Proctor hammer, wh means w higher than wOPN and compaction according to a kneading process.

The above results have also been obtained by several authors who have been studying the fabric changes induced by lime addition. In one of these studies, it was shown that the hydraulic conductivity depends principally on the large pores volume, the effect of small and medium pores being limited. The addition of lime induces a decrease of the Proctor dry density of the lime treated soil compared to untreated soil, which can be attributed in a large part to the formation of a small pore class, as shown in above Figure 5.13.

5.4. PORE PRESSURE DEVELOPMENT DURING CONSTRUCTION

The stability of an embankment built with fine materials depends greatly on excess pore pressure possibly induced during construction. Similarly, excess pore pressure could also be a concern for CSD during construction. Pore pressure generation in the dam body depends on the degree of saturation and compressibility of the compacted soil in one hand, and coefficient of consolidation and construction rate on the other hand.

One advantage to treat the soil is to impede the pore pressure generation thanks to:

- The decrease of water content consequently to heat generation and/or chemical reactions;
- The increase of optimum moisture content (OMC) in connection with the decrease of plasticity;

- L'augmentation de la rigidité du remblai dans le temps;
- L'augmentation du coefficient de consolidation (c_v);
- L'augmentation de la contrainte de pré-consolidation œdométrique;

Des tests œdométriques ont été réalisés sur des sols cimentés (Robin & al. 2015), comme montré à la Figure 5.14 [32]. La tendance générale observée est la suivante :

- L'indice de gonflement c_s du sol argileux naturel est divisé par un facteur allant de 2 à 10 après traitement;
- La contrainte de pré-consolidation σ'_p du sol argileux naturel est aussi augmentée par un facteur allant de 5 à 10 après traitement à la chaux (de 50 kPa à 400–500 kPa avec 2% d'ajout de chaux dans l'exemple cité);
- L'indice de compressibilité C_c du sol argileux naturel n'est pas explicitement affecté par le traitement.

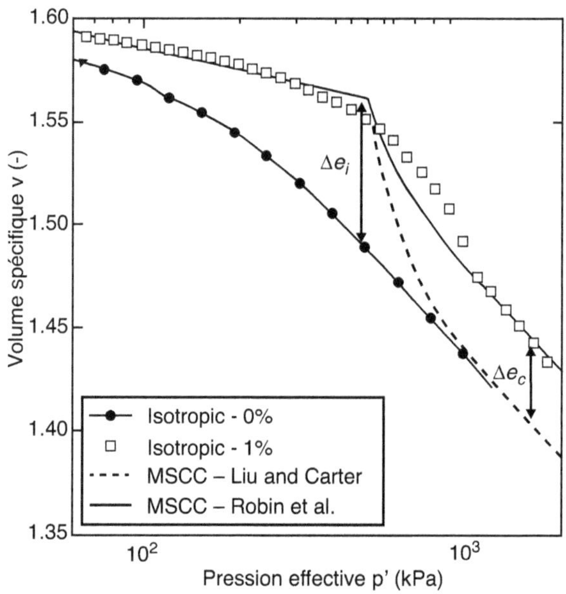

Fig. 5.14
Compressibilité du sol cimenté (tests œdométriques de Robin & al. 2014)

Par conséquent, la compressibilité d'un sol cimenté est faible pour une hauteur de remblai allant jusqu'à près de 30 m et similaire à la compressibilité du sol naturel en dessous de 2,5 m. Cette faible déformabilité participe à réduire les pressions interstitielles positives pour des barrages de cette gamme. Pour les barrages plus conséquents, des études supplémentaires sont nécessaires pour confirmer qu'il n'apparaît pas de pression interstitielle positive mettant en péril la bonne stabilité du barrage lors de sa construction.

- The increase of modulus versus time;
- The increase of consolidation coefficient (c_v);
- The increase of the oedometric yield stress.

Œdometric tests have been performed on cemented soil (Robin & al. 2015), as shown in Figure 5.14 [32]. The general trend is as follows:

- The swelling index c_s of the natural clay soil is divided by a factor of 2 to 10 after treatment;
- The yield stress σ'_p of the natural clay soil is increased by a factor of approximately 5 to 10 after lime addition (from 50 kPa to 400–500 kPa with 2% lime addition, in the example cited);
- Compressibility index Cc of the natural clay soil is not explicitly affected by the treatment.

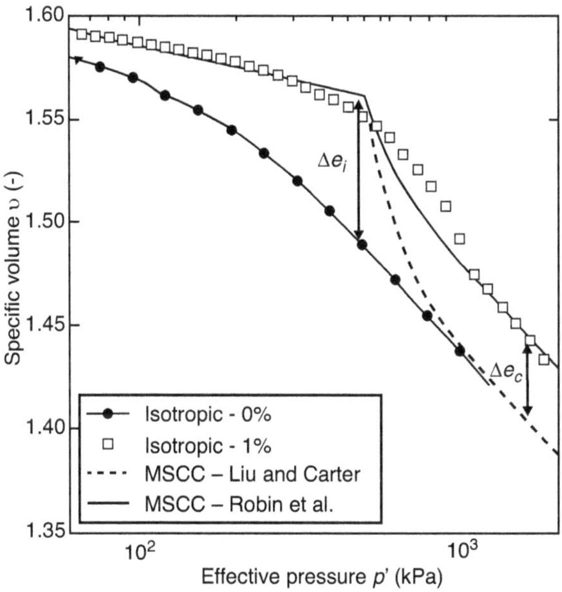

Fig. 5.14
Compressibility of Cemented Soil (oedometric tests from Robin & al. 2014)

Therefore, the cemented soil compressibility is low for an embankment height up to circa 30 m, similar to the natural soil compressibility under 2.5 m. This low deformability tends to limit positive pore pressures for dam heights of this range. For higher dams, additional investigations are necessary to confirm that positive pore pressure will not occur and impair the dam stability during construction.

Cependant, aucune référence n'a pu être trouvée jusqu'à présent dans la bibliographie, sur des essais spécifiques effectués sur la consolidation des sols traités non saturés. De tels essais auraient permis de donner des recommandations adéquates sur le développement de la pression interstitielle sur le sol traité compacté, suite à sa consolidation progressive pendant la construction, par rapport à sa rigidification progressive. Pour pallier ce manque, une étude de recherche approfondie a été réalisée dans le cadre de la justification de la stabilité d'un barrage en matériau cimenté de 30 m (voir § 6.7.1 ci-dessous).

Dans le cadre de cette étude, les travaux suivants ont été réalisés par Cuisinier. Cinq tests œdométriques non drainés ont été réalisés sur une argile limoneuse (IP = 7 à 8) dans une cellule de type Rowe et Barden. Le premier essai œdométrique a testé un échantillon de sol non traité, compacté à l'OMC = 14,5% avec ρ_d/ρ_w = 1,73, correspondant à 95% ρ_{dOPN}. Les quatre autres échantillons, traités avec 2,5% de chaux ont été compactés à l'OMC + 1,7% = 19,5% avec ρ_d/ρ_w = 1,64 correspondant à 95% ρ_{dOPN}, et testés à 1, 7, 14 et 28 jours après le traitement à la chaux et le compactage. Les variations de l'indice des vides et l'apparition de pression interstitielle ont été enregistrés et rapportés Figure 5.15. Le degré de saturation initial est de 80%. Le coefficient de pression interstitielle ru = u/σ_v est de 1% après 28 jours pour σ_v = 1MPa. Ce résultat est cohérent avec un degré de saturation final de 86%, bien en dessous de 95% [33].

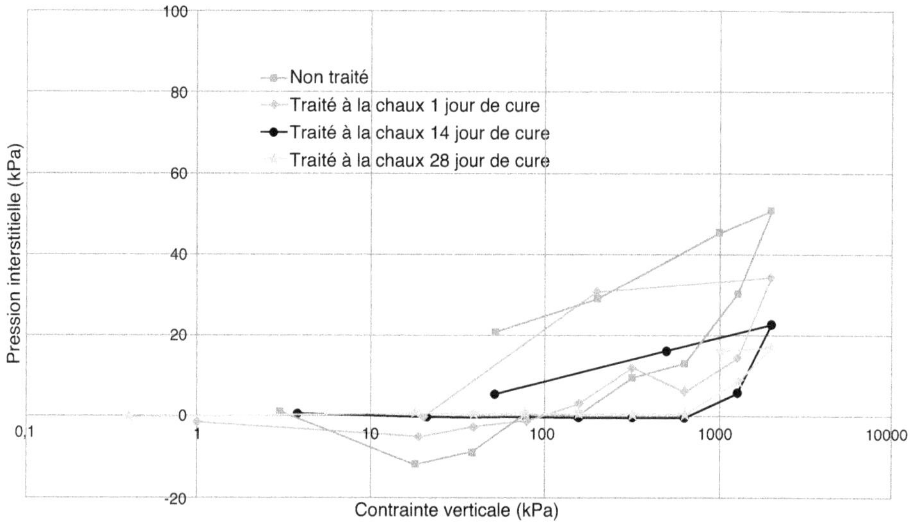

Fig. 5.15

Pression interstitielle enregistrée lors du test œdométrique non drainé de l'argile limoneux (IP = 7 à 8) traité avec 2,5% de chaux vive et non traité (Cuisinier 2017)

(Légende des couleurs : rouge = non traité; bleu = 1 jour; gris = 14 jours; jaune = 28 jours)

Le domaine des pressions interstitielles non significatives correspond à un degré de saturation après compactage inférieur à 90% et à une hauteur inférieure à 50 m (contrainte verticale inférieure à 1 MPa). Pour information, et comme présenté dans le tableau 5.8 ci-dessous, sur plusieurs mesures réalisées en France sur deux digues traitées et compactées, le taux de saturation total observé variait entre 79 et 95%. Pour un degré de saturation supérieur à 90% après compactage ou une hauteur de barrage proche de 50 m, des analyses en laboratoire et des tests in-situ supplémentaires, ainsi que des modèles appropriés doivent être développés.

However, no reference could be found so far in the bibliography, on specific testing carried out on consolidation of unsaturated treated soils. Such testing would have allowed to give adequate recommendations on the development of pore pressure on the compacted treated soil, as a result of its progressive consolidation during construction, versus its progressive stiffening. To overcome this lack, a complete investigation study has been performed within the scope of the stability justification of a 30 m cemented material dam (see § 6.7.1 below).

Within this study, the following work has been carried out by Cuisinier. Five undrained oedometers tests were carried out on a silty clay (PI = 7 to 8) in the Rowe & Barden cell. The first oedometer tested an untreated sample, compacted at OMC = 14.5% and γ_d/γ_w = 1.73, corresponding to 95% γ_{dOPN}. The four other samples, treated with 2.5% of quicklime, were compacted at OMC of the treated soil + 1.7% = 19.5% and γ_d/γ_w = 1.64 corresponding to 95% γ_{dOPN} of the treated soil, and tested at 1, 7, 14 and 28 days after lime treatment and compaction. Void ratio changes and pore pressure generation were recorded and reported on Figure 5.15. Initial degree of saturation is 80%. The pore pressure coefficient $r_u = u/\sigma_v$ is 1% after 28 days for σ_v=1MPa. It is consistent with the final degree of saturation 86% far below 95% [33].

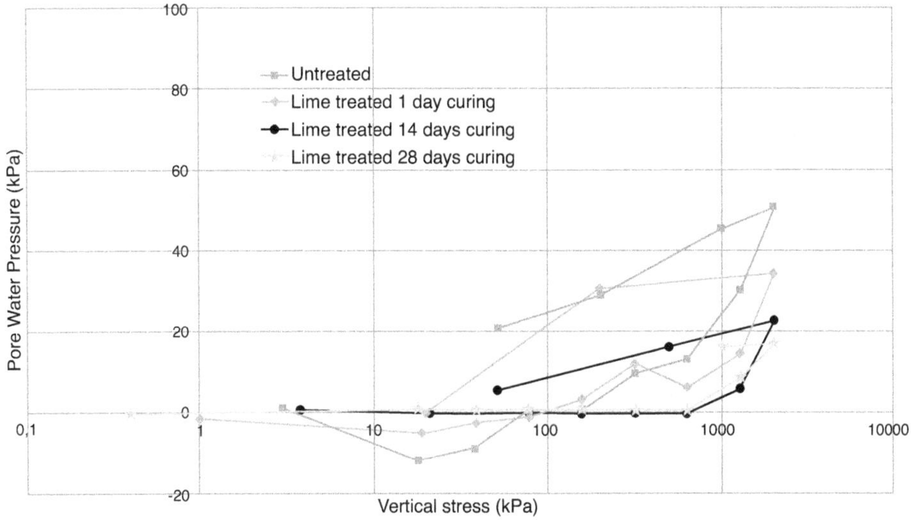

Fig. 5.15

Pore pressure recorded in undrained oedometer of silty clay (PI = 7 to 8) treated with 2.5% of quicklime and untreated (Cuisinier 2017)

(Legend of colours: blue = untreated; red = 1 day; green = 7 days; yellow = 14 days; pink = 28 days)

The field of insignificant pore pressures corresponds to a degree of saturation after compaction lower than 90% and a height lower than 50m (vertical stress lower than 1MPa). For information, and as recorded in Table 5.8 below, on several measurements carried out in France on two different treated and compacted levees, the total range of saturation rate was between 79 and 95%. For degree of saturation higher than 90% after compaction or height of the dam close to 50m, further laboratory and in situ tests, and appropriate models have to be developed.

Table 5.8
Mesures réalisées sur deux sites français différents (digues en sol traité à la chaux et compacté).

Digue de Rouen – Septembre 2011				
Traitement: chaux vive 2,5 %		*Masse volumique = 2.66 g/cm³ (mesurée)*		
Essai Proctor Normal		*Plage de teneurs en eaux visées (%)*	*Masse volumique sèche visée (>95% Max. de la masse volumique sèche (g/cm³)*	**Taux de saturation (%)**
Masse volumique sèche maximale 1,73 g/cm³	Teneur en eau optimale (OPN) 17,8%	18.5	1.64	**79.1**
		20.5	1.64	**87.7**
		Teneurs en eau mesurées sur site (moyenne par couche)	Masse volumique sèche mesurée sur site (moyenne par couche) (g/cm³)	
		18.3	1,66	**80.9**
		20.0	1.69	**92.7**
Digue de Vidourle – projet DigueELITE – Juillet 2015				
Traitement: chaux vive 2,0 %		*Masse volumique = 2,64 g/cm³ (mesurée)*		
Essai Proctor Normal		*Plage de teneurs en eaux visées (%)*	*Masse volumique sèche visée (>95% Max. de la masse volumique sèche (g/cm³)*	**Taux de saturation (%)**
Masse volumique sèche maximale 1,73 g/cm³	Teneur en eau optimale (OPN) 17,8%	19.4	1.64	**84.0**
		21.3	1.64	**92.2**
		Teneurs en eau mesurées sur site (moyenne par couche)	Masse volumique sèche mesurée sur site (moyenne par couche) (g/cm³)	
		19.7	1.68	**91.0**
		19.9	1.66	**89.0**
		A différentes profondeur sur une couche		
		19.9 à 20.0	1.63 à 1.70	**81.2 à 95.0**
			MIN.	**79.1**
			MAX.	**95.0**

Enfin, à partir de ces investigations et pour les barrages inférieurs à 30 m, les conclusions suivantes peuvent être tirées :

- Pour réduire le risque de pression interstitielle positive pendant la construction, il est recommandé de compacter le sol cimenté à un degré de saturation égal à 90%, au-dessus de la teneur en eau optimale de l'essai Proctor Normal, entre 1,05 OMC et 1,15 OMC. Dans cette fourchette, la quantité d'air libre dans le sol est suffisante pour permettre la réduction du volume vide sans compression significative de l'eau.

- Une règle de base pour contrôler l'absence de pression d'eau positive consiste à vérifier que le degré de saturation final du sol cimenté (ou respectivement le pourcentage d'air dans le sol) sous le chargement vertical et durant la phase de construction du barrage ($\sigma_V = \gamma.h$), est maintenu en moyenne en dessous de 90% sans valeur isolée $\geqq$ 95% (ou respectivement que le pourcentage d'air soit supérieur à 3%). En considérant que le taux de saturation et l'indice des vides initiaux sont S_{r0} et e_0, e étant l'indice des vides final mesuré à l'œdomètre à $\sigma_v = \gamma.h$, cette condition nécessite :

$S_{r0} \leqq 0.90 \times e/e_0$

- Pour des barrages supérieurs à 30 m, les calculs de stabilité doivent être effectués comme défini au paragraphe 6.7.2.

Table 5.8
Measurements carried out on two different French sites (lime treated and compacted levees).

Rouen levee - September 2011				
Treatment 2.5% quicklime		*Specific weight=2,66 g/cm³ (as measured)*		
Standard Proctor Test		Range of objective moisture contents (%)	Objective dry unit weight (>95% Max. dry unit weight) (g/cm³)	**Saturation rates (%)**
Maximun dry unit weight 1.73 g/cm³	Optimun moisture content (OMC) 17.8%	18.5	1.64	**79.1**
		20.5	1.64	**87.7**
		Moisture contents measured at site (average per layer)	Dry unit weight measured at site (average per layer) (g/cm³)	
		18.3	1,66	**80.9**
		20.0	1.69	**92.7**
Vidourle levee - DigueELITE project - July 2015				
Treatment 2.0 % quicklime		*Specific weight=2,64 g/cm³ (as measured)*		
Standard Proctor Test		Range of objective moisture contents (%)	Objective dry unit weight (>95% Max. dry unit weight) (g/cm³)	**Saturation rates (%)**
Maximun dry unit weight 1.73 g/cm³	Optimun moisture content (OMC %) 18.5%	19.4	1.64	**84.0**
		21.3	1.64	**92.2**
		Moisture contents measured at site (average per layer)	Dry unit weight measured at site (average per layer) (g/cm³)	
		19.7	1.68	**91.0**
		19.9	1.66	**89.0**
		At different depth of one layer		
		19.9 to 20.0	1.63 to 1.70	**81.2 to 95.0**
			MIN.	**79.1**
			MAX.	**95.0**

Finally, from these investigations and for dams lower than 30 m, the following conclusions can be drawn:

- To reduce the risk of positive pore pressure during construction, it is recommended to compact the cemented soil at a degree of saturation equal to 90%, above the Optimum Water Content of the Standard Proctor Test, between 1.05 OMC and 1.15 OMC. In this range, the quantity of free air in the soil is enough to permit the reduction of void volume without significant compression of water.

- A rule of thumb to control the lack of positive water pressure consists in checking that the final degree of saturation of cemented soil (or respectively the air content) under the vertical load and during the whole construction progress of the dam ($\sigma_v = \gamma.h$), is kept in average below 90% with no single value $\geqq$ 95% (or respectively that the air content is higher than 3%). Assuming that the initial degree of saturation and void ratio are S_{r0} and e_0, e being the final void ratio measured in the oedometer at $\sigma_v = \gamma.h$, this condition requires:

$$S_{r0} \leqq 0.90 \times e/e_0$$

- For dams higher than 30 m, stability calculation has to be performed according to § 6.7.2

5.5. RÉSISTANCE À L'ÉROSION

5.5.1. Résistance à l'érosion interne

Le problème d'érosion interne est évoqué dans le Bulletin 164 de la CIGB [34]. Une synthèse des recherches actuelles sur l'érosion interne et le phénomène de renard hydraulique dans le domaine de la mécanique des sols et de l'industrie des barrages en remblai a été réalisée par Fell et Fry (2007) [35] ainsi que par Bonelli (2013) [36]. Quatre types de mécanismes ont été identifiés dans ce contexte : (1) érosion par fuite concentrée, (2) érosion régressive, (3) suffusion, et (4) érosion par contact. D'après le Bulletin 164, comme l'érosion régressive et la suffusion ne provoquent pas l'érosion des sols cohésifs, un sol traité n'est a priori concerné que par l'érosion par fuite concentrée et l'érosion de contact. Cependant, l'analyse des ordres de grandeur des flux provoquant une érosion de contact (qui sont de l'ordre du cm/s dans un sol grossier) et la résistance à l'érosion des sols traités (qui est de l'ordre d'au moins 100 kPa, ce qui correspond à des vitesses d'écoulement de 1 à 10 m/s) indiquent que ce type d'érosion est peu probable. Ainsi un sol traité est uniquement concerné par le premier mécanisme : l'érosion par fuite concentrée, qui est étudiée en laboratoire à l'aide de l'essai d'érosion de trou HET (pour Hole Erosion Test en anglais). La Figure 5.16 obtenue à l'aide d'essais HET montre que la contrainte critique (le seuil d'érosion) est multipliée par un facteur allant de 6 à 10 pour un sol traité à la chaux comparé à ce même sol non traité, et cette augmentation de la résistance à l'érosion s'observe en moins de 30 jours de vieillissement.

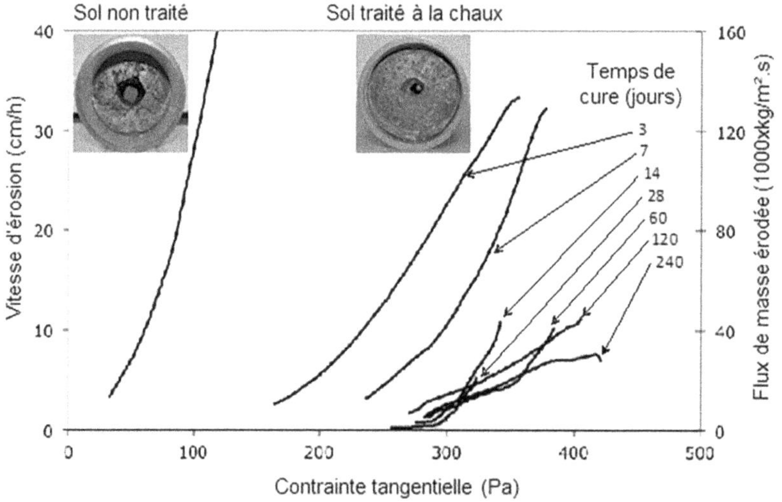

Fig. 5.16

Essai d'érosion de trou HET : Vitesse d'érosion vs contrainte tangentielle pour un sol limono-argileux d'une digue Camarguaise (Rhône) non traité et traité à 2% de chaux (IP = 11) (Bonelli, 2013)

L'indice d'érosion (qui caractérise la vitesse d'érosion) augmente lui aussi, après environ trois mois de vieillissement, comme montré Figure 5.17 (Herrier et al.) [37].

5.5. EROSION RESISTANCE

5.5.1. Internal erosion resistance

The issue of internal erosion is addressed in ICOLD Bulletin 164 [34]. Overviews of current research on piping or internal erosion in the field of soil mechanics and earthdam industry are given in Fell and Fry (2007) [35] and Bonelli (2013) [36]. Four types of processes have been identified in this context: (1) concentrated leak erosion, (2) backward erosion, (3) suffusion, and (4) contact erosion. According to Bulletin 164, as the backward erosion and suffusion do not cause erosion of cohesive soils, a treated soil is a priori concerned only by concentrated leak erosion and contact erosion. However, analysis of the orders of magnitude of flows causing contact erosion (which are of the order of cm/s in the coarse soil) and the erosion resistance of treated soils (which are of the order of 100 kPa, which corresponds to flow velocities of 1 to 10 m/s) indicate that this type of erosion is unlikely. Therefore, a treated soil is only concerned by the first mechanism: the concentrated leak erosion, which is studied in the laboratory with the Hole Erosion Test (HET). Figure 5.16 from laboratory HET tests shows that the critical stress (the erosion threshold) is multiplied by 6 to 10 for lime soil compared to the same untreated soil, and that this increase in erosion resistance occurs in less than 30 days of ageing time.

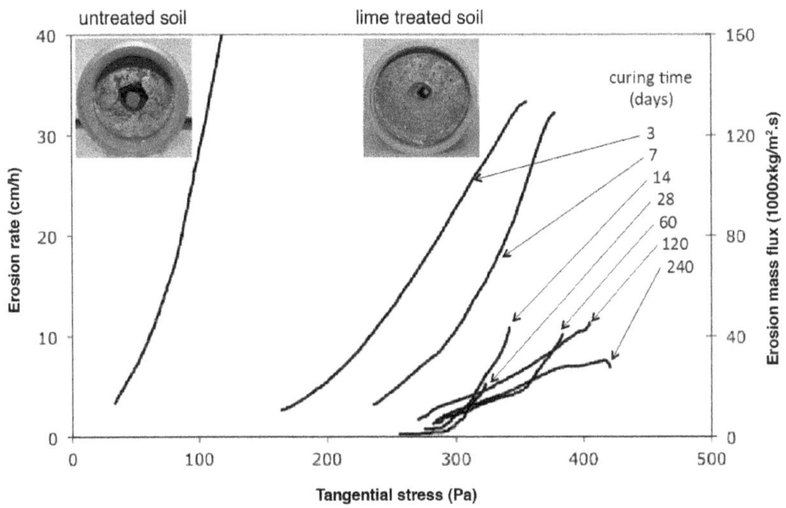

Fig. 5.16

Hole Erosion Test: erosion rate vs tangential stress for untreated and 2% lime-treated clayey silt from a Camargue levee (Rhône River) (PI=11) (Bonelli, 2013)

The erosion index (which characterizes the rate of erosion) also increases, after about three months of ageing time, as shown in Figure 5.17 (Herrier et al.) [37].

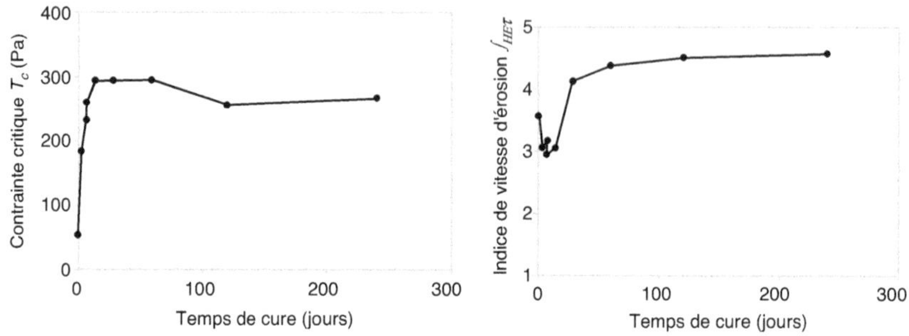

Fig. 5.17

Essai d'érosion de trou HET : Évolution de la contrainte critique d'érosion et de la vitesse d'érosion en fonction du temps de vieillissement pour un sol limono-argileux d'une digue Camarguaise (Rhône) non traité et traité à 2% de chaux (IP = 11). La valeur à t = 0 représente le sol naturel d'origine (non traité) (Bonelli, 2013)

5.5.2. Résistance à l'érosion externe

5.5.2.1. Essais de surverse effectué sur le terrain dans le sud de la France

Pour quantifier la résistance du sol à l'érosion de surface, comme c'est la pratique en géotechnique, des tests sur le sol traité sont nécessaires. Transporter le sol de la digue en laboratoire ne permet pas d'avoir une représentation correcte du matériau en place, en termes de taille des particules et d'hétérogénéité induite par le compactage par couches.

En France, un dispositif de terrain a été développé pour simuler un débordement in situ, et quantifier la résistance à l'érosion, dans le cadre du projet DigueELITE (Bonelli et al., 2018) [38]. Les tests de débordement ont été effectués avec des débits spécifiques allant jusqu'à 0,50 m^3/s par mètre, et ont conduit à une hauteur d'eau de 40 à 50 cm en crête avec une vitesse d'eau de 5 à 6 m/s au pied de la pente. L'interprétation suivant la norme ASTM D6460 [39] est présentée à la Figure 5.18 (Nerincx et al., 2018) [40]. On peut apprécier l'amélioration de la résistance à l'érosion due au traitement à la chaux. L'évaluation du sol traité à la chaux, en le plaçant parmi d'autres techniques reconnues comme les matelas de gabions ou les géotextiles, se fait par défaut en raison des limites technologiques de l'installation expérimentale. La vitesse limite réelle est donc supérieure à 5 m/s.

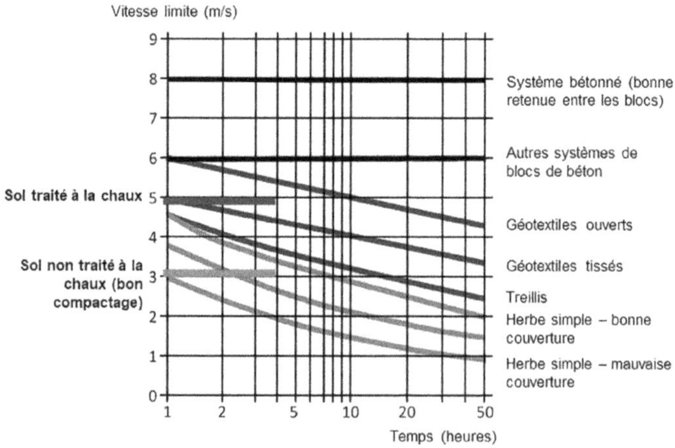

Fig. 5.18

Positionnement des sols traités et non traités dans la classification CIRIA, d'après l'érosion acceptable (en fonction du débit d'eau et de la durée). (Nerincx et al., 2018)

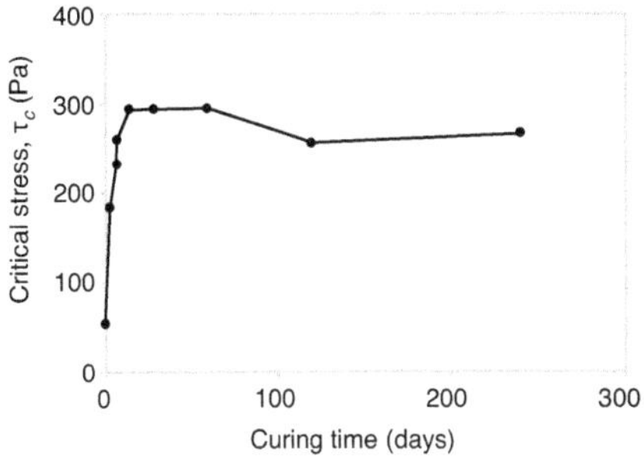

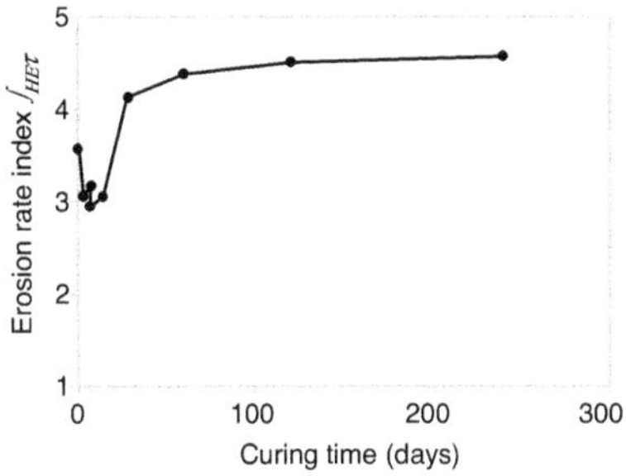

Fig. 5.17
Hole Erosion Test: Evolution with ageing time of the critical stress and the erosion index for untreated and 2% lime-treated clayey silt from a Camargue levee (Rhône River) (PI= 11). Value at t = 0 represents native (untreated) soil (Bonelli, 2013)

5.5.2. External erosion resistance

5.5.2.1. Overflow field tests carried in the South of France

To quantify the resistance of the soil to surface erosion, as is the practice in geotechnics, a test on the treated soil is necessary. Bringing the levee soil into the laboratory does not allow to have a correct representation of the material in place, in terms of particle size and heterogeneity induced by the compaction by layers.

In France, a field device has been developed to simulate an in-situ overflow, and to quantify the erosion resistance, in the context of the DigueELITE project (Bonelli et al., 2018) [38]. The overflow tests were carried out with discharge up to 0.50 m³/s per meter and led to a 40 to 50 cm water head on crest and 5 to 6 m/s water velocity at the slope toe. Interpretation as described in ASTM D6460 Standard [39] is reported in Figure 5.18 (Nerincx et al., 2018) [40]. One can appreciate the improvement of the erosion resistance due to lime treatment. The assessment of the lime-treated soil, placing it among other recognized techniques like filled mats or fabrics, is done by default because of the technological limitations of the experimental facility. The actual limiting velocity is therefore greater than 5 m/s.

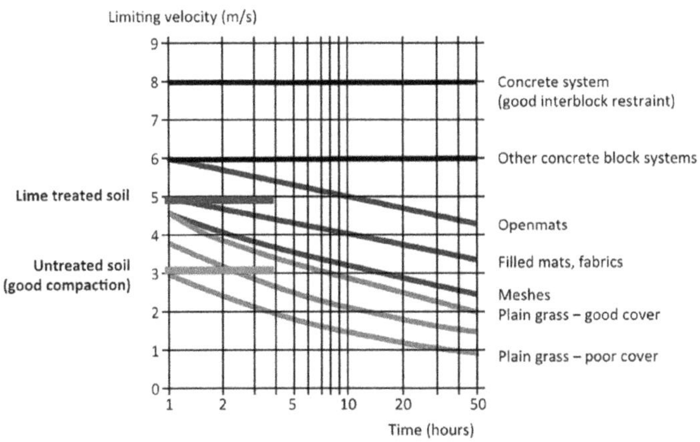

Fig. 5.18
Positioning of untreated and lime-treated soil in CIRIA classification, according to acceptable erosion (according to water flow rate and duration). (Nerincx et al., 2018)

Un autre essai d'érosion superficielle a été réalisé sur un sol similaire du delta du Rhône, dans le sud de la France, au sein d'un projet géré par SYMADREM, un exploitant public français en charge du système de digues de protection. La Figure 5.19 présente les résultats comparatifs de sols limoneux non traités et traités à la chaux avec la durée du débordement et la hauteur d'eau [41].

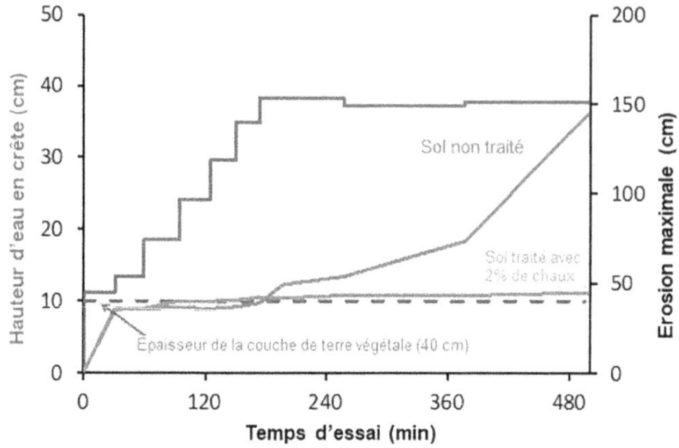

Fig. 5.19

Résultats comparatifs de l'érosion externe sur un sol limoneux non traité et traité à la chaux en fonction de la durée du débordement et de la hauteur d'eau, exprimés en profondeur d'érosion (cm)

5.5.2.2. Essais de surverse effectués en Chine

Une expérience de surverse a été conçue et réalisée en Chine pour tester la fiabilité d'un sol cimenté sur un barrage témoin de 1,6 m de haut avec une crête de 0,5 m de large. Le barrage témoin a été construit avec un sol cimenté homogène dans une chambre longue de 10 m, large de 3 m, et haute de 2.2 m, comme montré dans la Figure 5.20. Dans l'essai, le sol cimenté a été préparé en mélangeant 5% de ciment, 2,5% de chaux et 2,5% de cendres volantes en une fois.

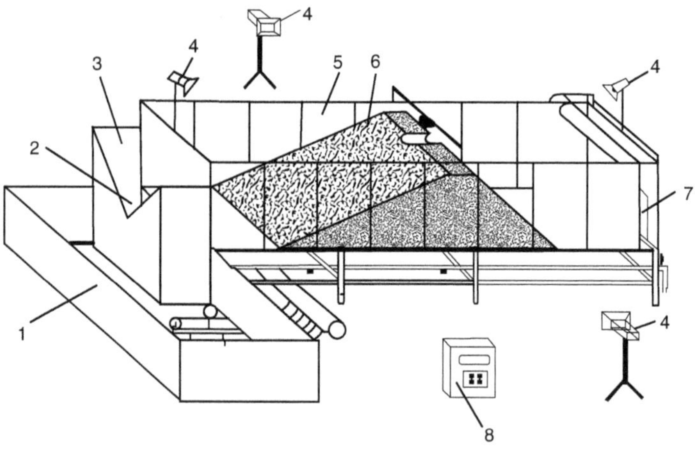

1-Citerne de ballast, 2-Déversoir à échancrure triangulaire, 3-Chambre à sable, 4- Caméra, 5-Chambre, 6-Modèle de barrage, 7-Tuyau d'alimentation en eau, 8- Convertisseur de fréquence

Fig. 5.20

Modèle d'essai de l'expérience chinoise de débordement

Another external erosion test has been performed on a similar soil in the Rhône delta, South of France, within a project managed by SYMADREM, a French public owner in charge of the levee system. Figure 5.19 shows comparative results of untreated, and lime treated silty soils with duration of overflow and head of water [41].

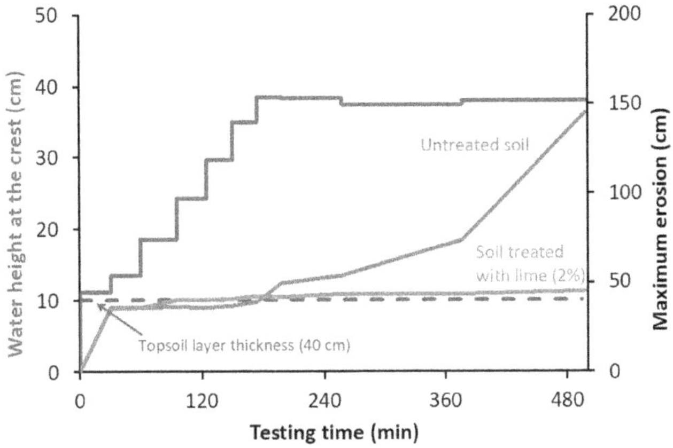

Fig. 5.19
Comparative results of external erosion on untreated and lime treated silty soil vs duration of overflow and head of water, expressed in depth of erosion (cm)

5.5.2.2. Overtopping tests performed in China,

An overtopping experiment has been designed and carried out in China to test the reliability of cemented soil material of a dam model 1.6 m high with a 0.5 m wide crest. The dam model was built with homogeneous cemented soil in a chamber with a length of 10 m, a width of 3 m, and a height of 2.2 m, as shown in Figure 5.20. In the test, cemented soil was prepared by mixing with 5% cement, 2.5% lime and 2.5% fly ash at one time.

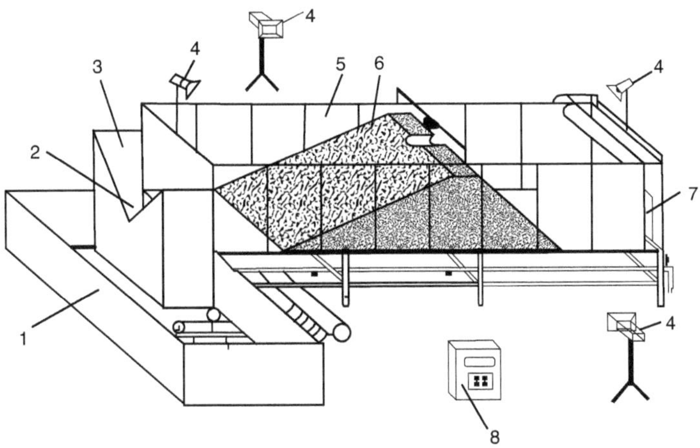

1-Ballast tank, 2-Triangular notch weir, 3-Grit chamber, 4-Camera, 5-Chamber, 6-Dam model, 7-Pipe for water supply, 8-Frequency converter

Fig. 5.20
Test model of the Chinese overtopping experiment

Une surverse a été testée avec un débit augmentant de 0,05 m³/s à 0,26 m³/s pendant 16 h et a été maintenu à ce niveau pendant 28 h. La largeur de l'ouverture de la surverse a été réduite à 60 cm et 30 cm respectivement lorsque le test a duré 28 h et 36 h. La hauteur de chute maximale était de 55 cm comme indiqué dans le Tableau 5.9 (J. Jia) [10, 42].

Table 5.9
Données du test

Débit de l'écoulement (m³/s)	**Hauteur de chute (cm)**	**Durée d'écoulement (h)**	**Largeur d'ouverture en crête (cm)**
0,05	5	8	0
0,13	10	8	0
0,26	16	12	0
0,26	30	8	60
0,26	55	8	30

La Figure 5.21 montre la quantité de sol cimenté érodé en fonction du temps au cours de l'expérience après 44 heures de surverse [10]. Une description complète de l'expérience est donnée dans la fiche technique N° 9.

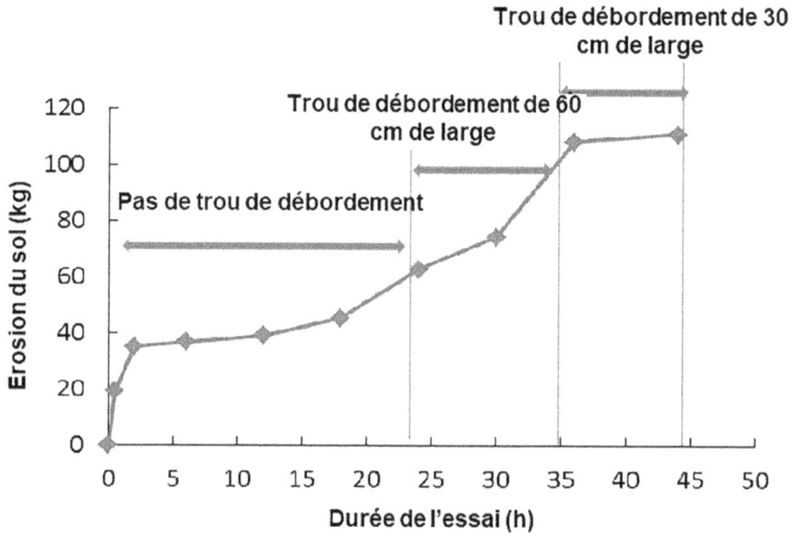

Fig. 5.21
Quantité de sol cimenté érodé dans le temps pendant l'expérience de surverse.

An overflow was tested with a discharge which increased from 0.05 m^3/s to 0.26 m^3/s during 16 h and was kept at that level for 28 h. The width of overflow opening was narrowed to 60 cm and 30 cm respectively when the test lasted for 28 h and 36 h. The maximum head was 55 cm as shown in Table 5.9 (J. Jia) [10, 42].

Table 5.9
Data of the test

Discharge of the flow (m^3/s)	**Head (cm)**	**Overflow duration (h)**	**Opening width on the crest (cm)**
0.05	5	8	0
0.13	10	8	0
0.26	16	12	0
0.26	30	8	60
0.26	55	8	30

Figure 5.21 shows the quantity of cemented soil eroded with time during the experiment after 44 h of overflow [10]. A complete description of the experiment is given in data sheet 9.

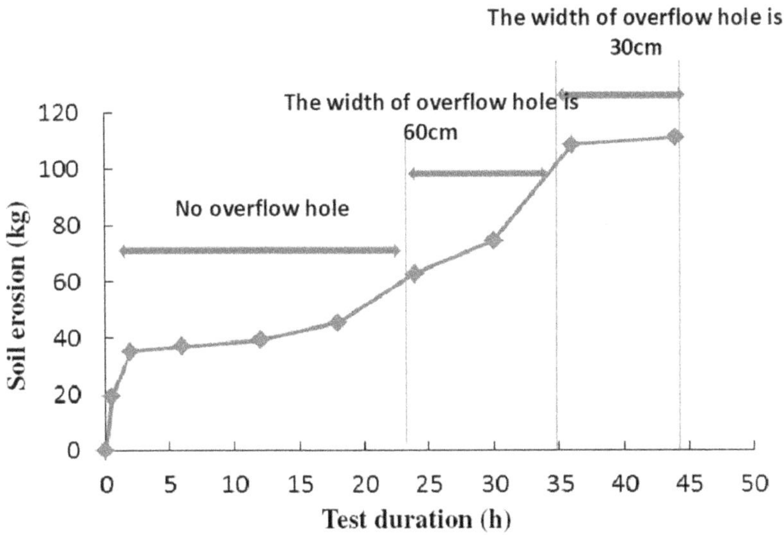

Fig. 5.21
Quantity of cemented soil eroded with time during the overflow experiment.

5.5.2.3. Le batardeau de Pannecière

Entre 2011 et 2013, le barrage de Pannecière (France) a connu d'importants travaux de réhabilitation. En guise de protection, durant les travaux, un batardeau présentant une section à zones constituant une carapace, de 17 m de hauteur, capable de stocker plus de 4 Mm^3 d'eau, a été construit. La faible distance entre la face amont du barrage et la prise d'eau de la galerie de dérivation a imposé une pente maximale de 1,5:1.

L'utilisation de sol cimenté dans la carapace a permis :

- D'accentuer les pentes, par rapport au sol naturel,
- D'éviter la mise en place de protections sur les talus.

Le matériau était un sable d'arènes granitiques (14% < 80 μ; k = 6.2 x 10^{-5} m/s). Le liant était un liant hydraulique routier spécifiquement adapté à ce sol, principalement composé de clinker. Les principales caractéristiques du matériau traité sont données dans le Tableau 5.10.

Table 5.10
Caractéristiques du matériau traité utilisé pour le batardeau de Pannecière.

Taux de liant	**Cure : 7 jours dans l'eau à 40°C**		**Cure : à l'air**	
	Résistance en traction indirecte (MPa)	**Module (MPa)**	**Résistance à la compression simple (MPa)**	**Perméabilité k (m/s)**
5%	0,23	3149		7,6 x 10^{-7}
4%	0,19	2814	0,80 à 2 jours 1,09 à 7 jours	1,4 x 10^{-6}
3%	0,14	2478		5,3 x 10-6

Bien qu'une teneur en liant de 3% en masse ait été jugée acceptable, une valeur de 4% a été adoptée pour tenir compte de l'incertitude sur la teneur effective pendant les opérations de traitement. Ce traitement a été effectué sur place, à la carrière, par un atelier composé d'un épandeur et d'un mélangeur (Figure 5.22).

Fig. 5.22
Traitement du matériau au liant hydraulique routier en carrière.
De gauche à droite : arrosage par injection, épandage du liant et mélange

5.5.2.3. Pannecière cofferdam

Between 2011 and 2013, the Pannecière Dam (France) experienced important rehabilitation works. As a protection during the works, a 17 m high zoned cofferdam, able to store more than 4 Mm^3 of water, has been built. The small distance between the upstream face of the dam and the intake of the derivation tunnel imposed a maximum 1.5:1 slope.

The use of cemented soil in the carapace has allowed:

- to steepen the slopes, compared to natural soil,
- to avoid the implementation of slope protections.

The material was a granite arena (14% < 80 μ; k = 6.2 x 10^{-5} m/s). The binder was a specific hydraulic road binder adapted to this soil, mostly composed of clinker. The main characteristics of the treated material are given in Table 5.10.

Table 5.10
Characteristics of the treated material used in the Pannecière cofferdam.

Binder content	**Curing: 7 days in water at 40°c**		**Curing: in the air**	
	Indirect tensile strength (MPa)	**Modulus (MPa)**	**Unconfined compressive strength (MPa)**	**Permeability k (m/s)**
5%	0.23	3149		7.6 x 10^{-7}
4%	0.19	2814	0.80 at 2 days 1.09 at 7 days	1.4 x 10^{-6}
3%	0.14	2478		5.3 x 10-6

Although a binder content of 3% by weight was considered acceptable, a value of 4 % was adopted to take in account the uncertainty on the effective content during the treatment operations. This treatment was made in place, at the quarry, by a workshop composed of a spreader and a mixer (Figure 5.22).

Fig. 5.22
Treatment of the material with a hydraulic road binder at the quarry.
From left to right: watering by injection, binder spreading and mixing

Après 8 mois de remplissage et de multiples variations du niveau de l'eau, la face amont du batardeau ne présentait aucune trace d'érosion. Après la réhabilitation du barrage, la zone entre le barrage et le batardeau a été remplie par le débordement du batardeau, pendant environ 8 heures (Figure 5.23). On a estimé que le débit spécifique sur la crête du batardeau était d'environ 40 l/s (pour 1m de longueur de crête), et que la vitesse maximale de l'eau sur la pente descendante du batardeau était de l'ordre de 5 à 6 m/s.

Fig. 5.23
Le batardeau en construction (gauche) et pendant les 8 heures de débordement (droite)

Une inspection sous-marine a révélé que la face aval du batardeau n'avait pas du tout souffert de ce débordement. Le batardeau est actuellement sous l'eau, et vraisemblablement intact et capable de fonctionner pour la prochaine inspection du barrage, sans qu'il soit nécessaire de vider totalement le réservoir (V. Mouy et al.) [43].

5.5.2.4. Barrage de Loumbila (Burkina Faso)

Le cas du barrage de Loumbila a été présenté par Adama Nombre lors de l'atelier "Cemented Material Dams" organisé par la CIGB à Prague en 2017 [44]. Il illustre comment les matériaux cimentés peuvent constituer une opportunité pour la réalisation de petits barrages. Ce barrage a pour but d'alimenter en eau la capitale Ouagadougou. Il s'agit d'un barrage de sept mètres de hauteur, conçu pour stocker 42 Mm^3 d'eau. Un déversoir secondaire d'urgence, conçu pour déverser une crue de 100 ans de période de retour et au-delà, a été protégé par une carapace de sol traité au ciment. Le sol est une latérite avec un IP compris entre 10 et 15. Ce déversoir a une longueur de 300 m et est conçu pour une surverse d'une hauteur de chute maximale de 20 cm. Le pourcentage de ciment est de 4,5 % en poids de latérite sèche. Les performances du mélange sont indiquées dans le Tableau 5.11.

Table 5.11
Résultats UCS de la latérite traitée avec 4,5% de ciment

Dénomination	UCS (MPa)
Après 7 jours de cure à l'air	3,29
	2,72
	1,36
Moyenne	**2,46**
Après 3 jours de cure à l'air & 4 jours de cure en immersion dans l'eau	2,14
	2,11
	0,79
Moyenne	**1,68**

After 8 months of filling and multiple variations of the water level, the front face of the cofferdam showed no trace of erosion. After rehabilitation of the dam, the area between the dam and the cofferdam has been filled by overflowing the cofferdam, during about 8 hours (Figure 5.23). It was estimated that the specific discharge over the crest of the cofferdam was around 40 l/s (for 1m of crest length), and the maximum velocity of water on the down slope of the cofferdam was of the order of 5 to 6 m/s.

Fig. 5.23
The cofferdam in construction (left) and during the 8-hour overflow (right)

An underwater inspection revealed that the downstream face of the cofferdam had not suffered at all from this overspilling. The cofferdam is currently under water, and presumably intact and able to operate for the next inspection of the dam, without any need for the reservoir to be totally emptied (V. Mouy et al.) [43].

5.5.2.4. Loumbila Dam (Burkina Faso)

The case of the Loumbila dam was presented by Adama Nombre during the Cemented Material Dams workshop organized by ICOLD in Prague in 2017 [44]. It illustrates how cemented materials can be an opportunity for small dam technology. The purpose of the dam is to supply water to the capital city of Ouagadougou. It is a seven-meter-high dam designed to store 42 Mm^3 of water. An emergency secondary spillway designed to spill up to 100 years return period was protected with a carapace of cement treated soil. The soil is a laterite with a PI between 10 and 15. This spillway is 300 m long and is designed for an overflow of 20 cm maximum head. The percentage of cement is 4.5% by weight of dry laterite. The performance of the mixture is shown in Table 5.11.

Table 5.11
UCS results of laterite treated with 4.5% cement

Designation	**UCS (MPa)**
After 7 days curing in the air	3.29
	2.72
	1.36
Mean	**2.46**
After 3 days curing in the air & 4 days curing in the water	2.14
	2.11
	0.79
Mean	**1.68**

La Figure 5.24 montre les travaux en cours sur la crête du déversoir (épandage de ciment à l'aide de sacs) et la section transversale du déversoir, la Figure 5.25 montre le déversoir une fois terminé. Les travaux ont été conduits en 2004.

Mise en place du ciment pour le sol du barrage de Loumbila

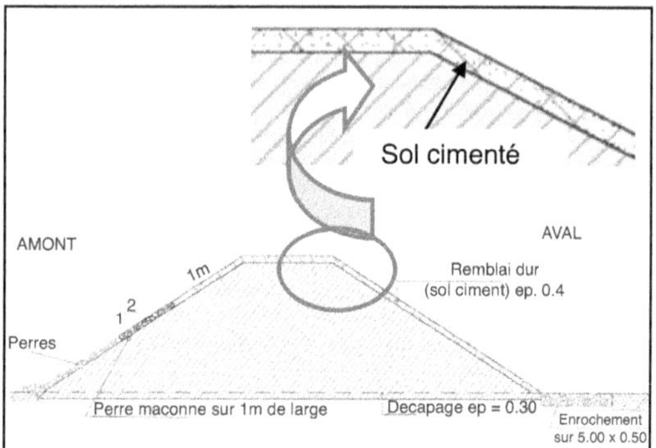

Coupe transversale du déversoir du barrage

Fig. 5.24
Mise en place de sacs de ciments avant épandage (à gauche) et la coupe transversale du déversoir du barrage de Loumbila (Burkina Faso) (à droite).

Fig. 5.25
Le déversoir secondaire d'urgence du barrage de Loumbila (Burkina Faso) une fois terminé (carapace de ciment traitée à la latérite – 4,5% en poids)

Figure 5.24 shows the work in progress on the top of spillway (cement spreading using bags) and the cross section of the spillway, Figure 5.25 shows the spillway once finished. The works were carried out in 2004.

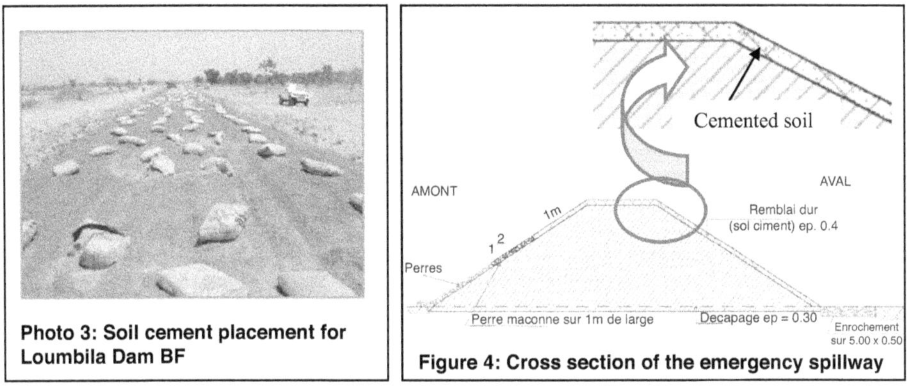

Photo 3: Soil cement placement for Loumbila Dam BF

Figure 4: Cross section of the emergency spillway

Fig. 5.24
Placing of cement bags before spreading (left) and the cross section of the spillway of the Loumbila dam (Burkina Faso) (right).

Fig. 5.25
The emergency secondary spillway of Loumbila dam (Burkina Faso) once finished (carapace of cement treated laterite – 4.5% by weight)

5.6. AMÉLIORATION DU COMPORTEMENT DES ARGILES DISPERSIVES

Parmi les références relatives à l'utilisation de sols cimentés dans les structures hydrauliques, il existe de nombreuses applications où le traitement à la chaux a été appliqué à des sols argileux ayant un comportement instable une fois en contact avec l'eau, soit à cause du gonflement, soit à cause de la dispersion des particules du sol dans l'eau.

En Australie, pour les barrages de Flagstaff en 1964, Wallan et Bungal en 1972, Kilmorein en 1979, l'utilisation de la chaux pour protéger les argiles dispersives du phénomène de renard résultant de l'érosion interne, a été adoptée avec succès, d'abord pour la réparation des barrages homogènes, puis, comme concept initial de conception (Phillips J. T.) [45]. Pour le barrage de Bungal de 48 m de hauteur par exemple, le noyau a été entièrement protégé, sur sa face aval, avec un sol traité à la chaux afin d'isoler les argiles dispersives du noyau du contact direct avec les filtres en aval. Le même concept de protection a également été adopté pour le barrage de Mnjoli, haut de 42 m, au Swaziland, au début des années 80, après plusieurs utilisations satisfaisantes de la chaux pour la réparation de petites défaillances de barrages en Afrique du Sud (Bell, F. G. et al.) [46]. Dans ce cas, comme le montre la Figure 5.26, la protection du noyau (M1) en sol dispersif a été réalisée par une couche du même sol dispersif traité à la chaux hydratée (M1A) (Forbes P. J. et al.) [47].

Fig. 5. Zoning arrangement for protection against dispersive erosion where M1 is impervious core material; M1A, core materials treated with 2 per cent lime; F1A, fine sand filter; F1, coarse sand filter; U2, D2, fine rockfill shell zone; U3, D3, coarse rockfill shell zone; and U4, riprap.

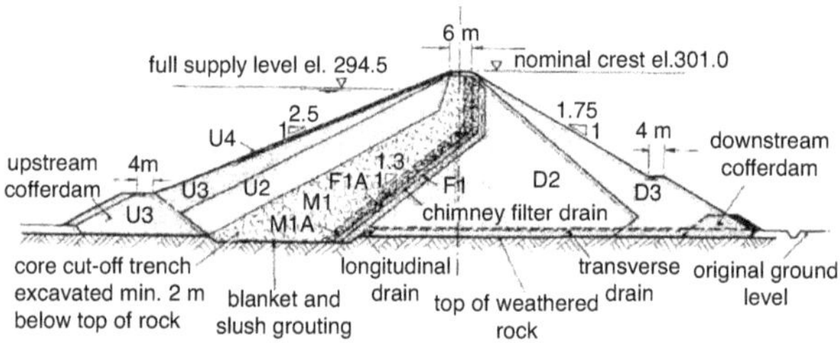

Fig. 5.26

Coupe transversale du barrage de Mnjoli au Swaziland, haut de 42 m et montrant la zone de protection M1A traitée à la chaux dans la zone du noyau.

D'autres exemples peuvent être trouvés dans de nombreux autres pays, comme la Thaïlande où le Département Royal d'Irrigation dans les années 70 a dû s'occuper de la réparation ou de la construction de petits barrages avec le matériau argileux disponible qui était classé comme dispersif (Lam Chieng Krai, barrages de Huay Sawai) (Cole B. A.) [48].

C. Chevalier a mené différents essais pour caractériser le comportement des sols traités à la chaux lors du contact avec l'eau. Parmi ces essais, une série de tests de fragmentation (Crumb Test en anglais) ont été réalisés de manière comparative sur des sols non traités et traités avec 2% de chaux vive. Selon la norme ASTM D6572 [49], le test de fragmentation fournit une méthode simple et rapide pour l'identification des argiles dispersives que ce soit sur le terrain ou en laboratoire. Pour les besoins de l'étude, la procédure de test a été légèrement modifiée; La Figure 5.27 illustre les résultats obtenus sur un sol faiblement plastique. Ce sol n'est pas vraiment représentatif des argiles dispersives mais son comportement une fois immergé dans l'eau s'en rapproche. Manifestement, le comportement est nettement amélioré [50].

5.6. BEHAVIOUR IMPROVEMENT OF DISPERSIVE CLAYS

Among the references relating to the use of cemented soils in hydraulic structures, there are many applications where lime treatment has been applied to clayey soils with unstable behaviour once in contact with water, either because of swelling or because of dispersion of soil particles in the water.

In Australia, for the dams of Flagstaff in 1964, Wallan and Bungal in 1972, 1972, Kilmorein 1979, the use of lime to protect dispersive clays from piping was successfully adopted, for repairs of homogeneous dams first, and finally, as an initial design concept (Phillips J. T.) [45]. For the 48m high Bungal dam for example, the core was entirely protected, on its downstream face, by a lime treated soil in order to isolate the dispersive clays of the core from the direct contact with the downstream filters. The same protective design concept was also adopted for the 42 m high Mnjoli dam in Swaziland in the early 80's after several satisfactory uses of the lime for the repair of small dam failures in South Africa (Bell, F. G. et al.) [46]. In this case, as shown in Figure 5.26, the protection of the core (M1) in dispersive soil was achieved by a layer of the same dispersive soil treated with hydrated lime (M1A) (Forbes P. J. et al.) [47].

Fig. 5. Zoning arrangement for protection against dispersive erosion where M1 is impervious core material; M1A, core materials treated with 2 per cent lime; F1A, fine sand filter; F1, coarse sand filter; U2, D2, fine rockfill shell zone; U3, D3, coarse rockfill shell zone; and U4, riprap.

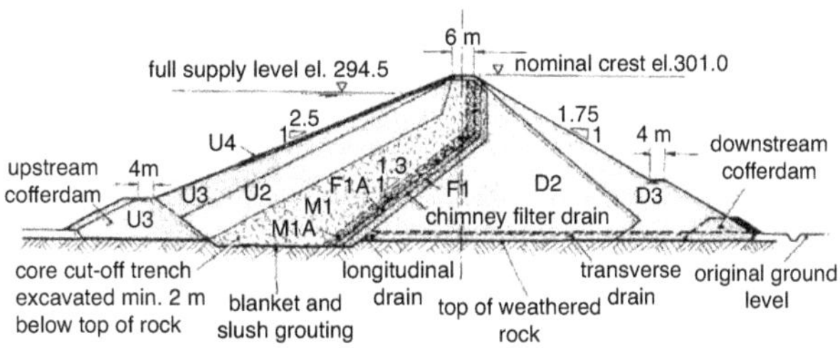

Fig. 5.26

Cross-section of the 42m high Mnjoli dam in Swaziland showing the M1A protective lime treated zone of the core.

Some other examples can be found in numerous other countries, like Thailand where the Royal Irrigation Department in the 70's had to deal with the repair or construction of small dams with the available clay material which was classified as dispersive (Lam Chieng Krai, Huay Sawai dams) (Cole B. A.) [48].

C. Chevalier performed several tests to characterize the behavior of lime treated soils when in contact with water. Among them, a series of crumb tests were carried out in a comparative way on soils treated with 2% quicklime and untreated. According to ASTM D6572 [49], the crumb test provides a simple, quick method for field or laboratory identification of a dispersive clayey soil. For the purposes of the study, the operating procedure was slightly modified. Figure 5.27 illustrates the results obtained on a low plastic soil. This soil is not really representative of dispersive clays, but its behavior once immersed into water approaches it. Obviously, the behavior is considerably improved [50].

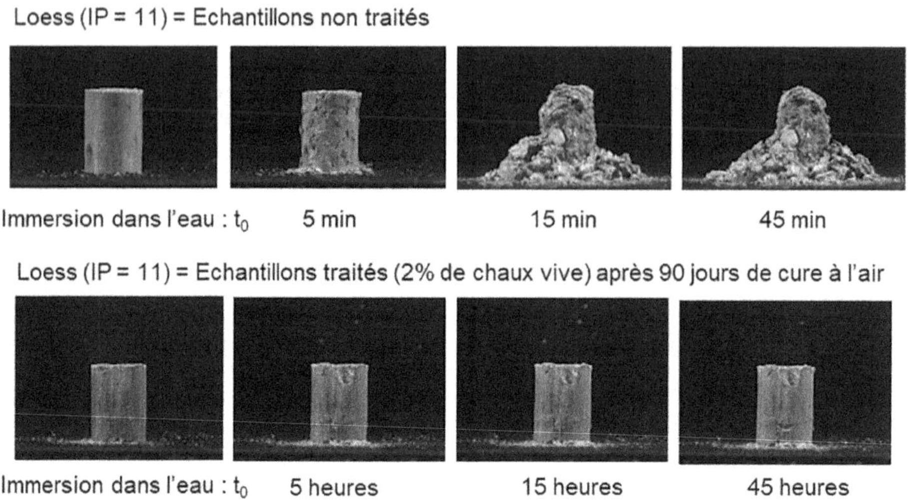

Fig. 5.27
Comparaison des comportements à l'immersion d'un limon non traité (IP = 11) et traité avec 2% de chaux vive.

5.7. COMPORTEMENT À LONG TERME ET RÉSISTANCE AUX INTEMPÉRIES

Pour le comportement à long terme des sols cimentés, il est utile de se référer aux nombreux retours d'expérience des travaux ayant été réalisés avec les sols traités soit pour les ouvrages hydrauliques, soit pour les remblais et les sous-couches des routes et des chemins de fer.

Des exemples de bons comportements, après des temps d'exposition relativement longs aux intempéries, pour des travaux réalisés avec un sol traité au ciment peuvent être trouvés dans le Bulletin 54 de la CIGB. Après un programme d'inspection et de notation de la durabilité à long terme du sol-ciment en 1980 réalisé sur 27 projets en service depuis 10 ans ou plus, tous les projets étaient notés comme bons, voire mieux, avec 19 d'entre eux notés comme très bons voire mieux, quel que soit le procédé de traitement, en centrale ou en place par malaxage sur des plateformes adjacentes aux projets. La plupart des défauts attribués l'ont été à cause défauts de mise en œuvre (manque de ciment, adhésion faible entre des couches successives, etc.). Des dommages dus aux actions de gel-dégel sont signalés pour un projet, sur une profondeur de 15 cm à partir de la surface d'une pente de 3H:1V. Certains dégâts sont aussi rapportés à la surface de quelques projets, après de violents orages. Un compte rendu complet et détaillé est donné dans le Bulletin numéro 54 au chapitre 5 et aux annexes.

Les travaux de réhabilitation du canal de Friant-Kern sont, encore aujourd'hui, le meilleur exemple de référence d'une structure hydraulique stabilisée à la chaux [2]. Pour ce projet, le sol initial utilisé pour la construction après la Seconde Guerre Mondiale était une argile hautement plastique (CH d'après la classification USCS, IP > 40). Ce même sol a été traité avec 4% de chaux vive pour les opérations de réhabilitation des rives et du fond du canal pendant les années 70. L'augmentation de la résistance dans le temps est présentée au Tableau 5.12. Après plus de 40 ans, le comportement du revêtement du canal des sections réparées est toujours excellent.

Table 5.12
Canal de Friant-Kern : Valeur de résistance du sol traité (4% de chaux) mesurées sur des échantillons carottés après différents temps de cure.

	Sol non-traité (IP>40)	**Sol traité à la chaux (après 1 mois)**	**Sol traité à la chaux (après 1 an)**
UCS (MPa)	0,02-0,16	2,2	3,4

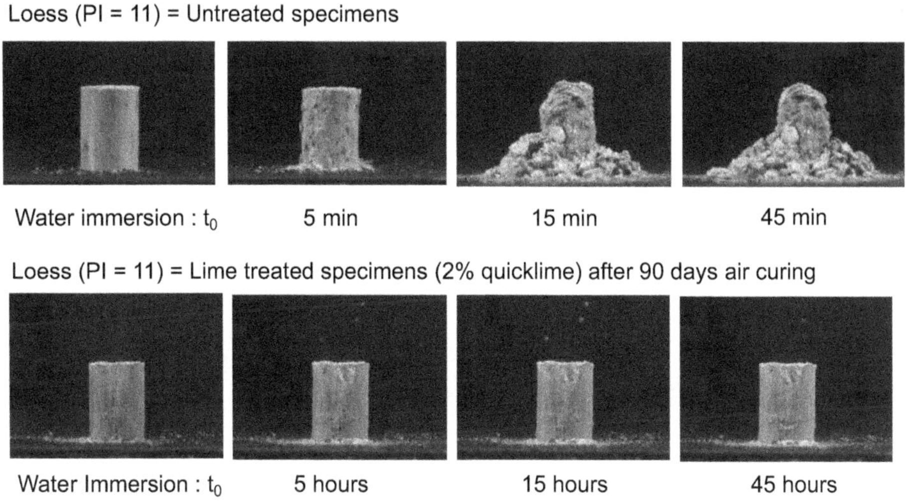

Fig. 5.27
Compared behavior of a non-treated silt (PI = 11) and the same silt treated with 2% quicklime

5.7. LONG TERM BEHAVIOR AND RESISTANCE TO WEATHER

For the long-term behavior of the cemented soils, it is useful to refer to the numerous returns of experience gathered from the works having been achieved with the soils treated either for hydraulic works or for the roads and railways fills and subgrades.

Examples of good behavior, after a rather long exposure to the weather agents, of works carried out with a cement treated soil can be found in ICOLD Bulletin 54. Following a program of inspecting and rating projects to determine the long-term durability of soil-cement in 1980 on 27 projects in service for 10 years or more, all the projects were rated good or better, with 19 of them as very good or better, whatever the treatment process was, in plant or in place by mixing on areas adjacent to projects. Most of the defects were attributable to defects in implementation (lack of cement, weak bonds between successive layers, etc.). Damages due to freeze-thaw actions are reported for one project, on a depth of 15 cm from the surface of a H3:V1 slope. Some damages are also reported at the surface of a few projects after violent storms. A detailed feedback is given in Bulletin 54, chapter 5 and appendices.

The rehabilitation work of the Friant-Kern Canal is, until today, the best-referenced example of a lime stabilized hydraulic structure [2]. On this project, a high plasticity clay (CH according to USCS, PI > 40) constituted the initial soil used for the construction after the Second World War. This same soil was treated with 4% of quicklime for repair operations of the bottom and banks of the canal during the 70's. Strength increase with time is shown in Table 5.12. After more than 40 years, the behavior of the canal lining of the repaired sections is still excellent.

Table 5.12
Frient-Kern canal: strength values of lime the treated soil (4% of lime) measured on cored specimens after different curing periods.

	Untreated soil (PI>40)	**Lime treated (after 1 month)**	**Lime treated (after 1 year)**
UCS (MPa)	0.02-0.16	2.2	3.4

L'amélioration de la résistance en compression montre que le matériau a continué à évoluer positivement dans le temps. Les témoignages récents d'ingénieurs vont aussi dans ce sens : aucune trace d'érosion n'a été remarquée le long des berges du canal, les opérations de maintenance sont limitées à des dragages de sédiments périodiques, et donc moins coûteux par rapport aux sections non traitées qui ont subi des dommages (Figure 5.28). De plus, la stabilité générale des matériaux traités à la chaux sur les berges a permis d'éviter l'utilisation de dalles de béton de protection, et donc d'économiser le coût d'un revêtement en béton. En effet, les récentes observations visuelles (2019) peuvent confirmer cette durabilité au regard de l'érosion de surface, du gonflement des argiles traitées ou de l'altération par les rigueurs du climat. À titre de comparaison, la Figure 5.29 montre le récent effondrement d'une partie non traitée malgré la dalle de protection en béton.

Fig. 5.28
Dragage des sédiments du canal de Friant-Kern pendant les opérations de maintenance en 2010 montrant la résistance à l'érosion de la section traitée à la chaux.

Fig. 5.29
Effondrement d'une partie de la berge du canal de Friant-Kern (2010), au-delà de la section traitée à la chaux, due à l'instabilité du sol plastique gonflant, malgré un dallage de protection en béton.

The compressive strength increases shows that the material has continued to evolve positively. The recent testimonials of engineers are along the same lines: no noticed erosion along the canal slopes, maintenance operations limited to periodic sediments dredging and therefore less expensive in comparison with untreated sections that have suffered from damages (Figure 5.28). Moreover, the overall stability of lime-treated materials on the slopes avoided the need of concrete slab protection and as a consequence the cost of the concrete lining could have been saved. Indeed, the recent visual observations (2019) can confirm this durability as regards external erosion, swelling of treated clay material and weathering. By way of comparison, Figure 5.29 shows the recent collapse of one part of a non-treated section in spite of the concrete slab protection.

Fig. 5.28
Sediments dredging of the Friant Kern canal during maintenance operations in 2010 showing the erosion resistance of the lime treated section.

Fig. 5.29
Collapse of a part of the bank of the Friant-Kern canal (in 2010), out of the lime treated section, due to the instability of the expansive plastic soil, in spite of a concrete slab protection.

Les températures observées près du canal depuis 1975 sont récapitulées dans le tableau 5.13. Le site connait des différences de température importantes (approximativement entre -7°C et +41°C), avec des périodes de gel cumulé allant de 0 à 45 jours par an. Ces conditions sont particulièrement sévères à cause de la succession de cycles de gel-dégel. La précipitation annuelle Moyenne de 1975 est de 273 mm, avec un minimum de 76 mm et un maximum de 457 mm.

Table 5.13
Conditions météorologiques au canal de Friant-Kern entre 1975 et 2018

	Au plus froid		**Au plus chaud**	
	Temp. min. (°C)	**Jours < 0°C**	**Temp. max. (°C)**	**Jours > 32°C**
Temp. moyenne	-2,3	14	+42,7	110
Plus basse	-6,7	45	+40,6	73
Plus haute	+0,6	0	+43,9	124

Il y a plusieurs exemples aux Etats-Unis où l'utilisation de sols traités à la chaux a été faite dans les années 70 pour réparer les dommages de plusieurs barrages ainsi que comme couche de protection de noyaux de barrage, et cette utilisation fut considérée comme un succès, sans présenter de désordre dans le temps (Gutschik K. A.) [51], (Forsythe P.) [52].

En Chine, un essai d'érosion par ruissellement de la pluie a été réalisé sur un sol cimenté traité avec un mélange composé de 1% de chaux + 1% de ciment + 4% de cendres volantes. 25 cycles sec-humide (pour chaque cycle : pluie de 3,5 mm/min pendant 20 minutes suivie d'une période de séchage) ont été appliqués sur un module d'essai comme le montre la Figure 5.30. Après le test, la perte de masse cumulée du sol argileux était 64% supérieure à la perte de masse du sol cimenté (Figure 5.31) (J. Jia) [10, 42].

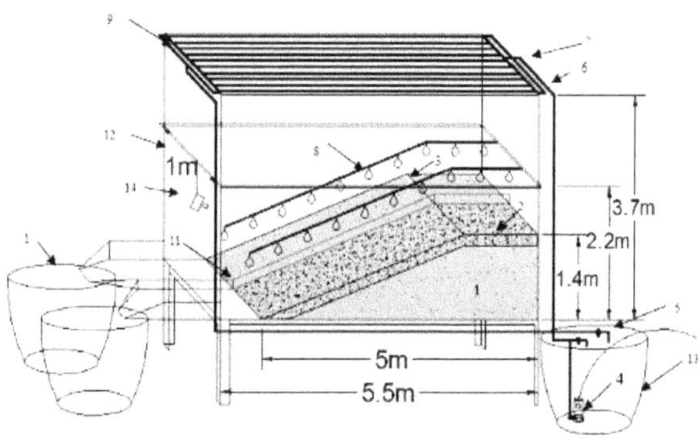

1-Sol dispersif du corps du barrage, 2-Sol dispersif de la surface du barrage à droite, 3-Sol dispersif de la surface du barrage à gauche, 4-Pompe à eau, 5-Valve, 6-Tuyau d'eau, 7-Tuyau de pluie, 8-Chauffage, 9-Tuyau de retour, 10-Réservoir, 11-Répartiteur, 12-Paroi vitrée, 13-Seau, 14-Caméra

Fig. 5.30
Conception du modèle de précipitation chinois

The temperatures observed near the canal since 1975 are summarized in the Table 5.13. The site experiences significant temperature differences (roughly, between -7°C and +41°C), with cumulative freezing periods ranging from 0 to 45 days per year. These conditions are particularly severe because of the repetition of freeze-thaw cycles. The average annual precipitation since 1975 is 273 mm, with a minimum of 76 mm and a maximum of 457 mm.

Table 5.13
Meteorological conditions on the Friant Kern canal between 1975 and 2018

	Coldest		**Warmest**	
	Min. temp. (°C)	**Days < 0°C**	**Max. temp. (°C)**	**Days > 32°C**
Average temp.	-2,3	14	+42,7	110
Lowest	-6,7	45	+40,6	73
Highest	+0,6	0	+43,9	124

There are several examples in the United States where the use of treated soil with lime and/ or cement was done during the seventies, for the repair of some dam failures as well as for protective layers of the dam core, and this use has been considered as a success without any disorder with the time (Gutschik K. A.) [51], (Forsythe P.) [52].

In China, a rainfall erosion test has been carried out on a cemented soil treated with a blend made of 1% lime + 1% cement + 4% fly ash. 25 dry-wet cycles (for each cycle: rainfall 3.5 mm/min during 20 minutes followed by a drying period) were applied on a test model as shown in Figure 5.30. After testing, the cumulative mass loss of the clayey soil was 64% greater than the mass loss of the cemented soil (Figure 5.31) (J. Jia) [10, 42].

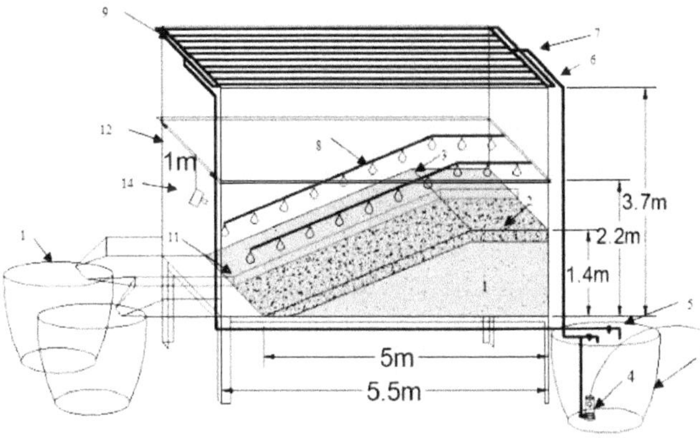

1-Dispersive soil of dam body, 2-Dispersive soil of dam surface on the right, 3-Dispersive soil of dam surface on the left, 4-Water pump, 5-Valve, 6-Water pipe, 7-Rainfall pipe, 8-Heater, 9-Return pipe, 10-Barrel bulk, 11-Division board, 12-Organic glass, 13-Bucket, 14-Camera

Fig. 5.30
Design of the Chinese rainfall model

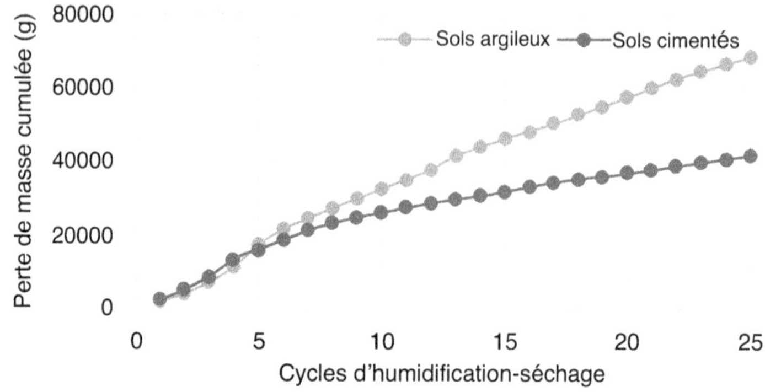

Fig. 5.31
La perte de masse cumulée du sol argileux était 64% plus importante que la perte de masse du sol cimenté après l'essai de pluie

En République Tchèque on peut citer l'exemple de la reconstruction de la digue de protection de Hvezda, haute de 15 m qui a été réalisée à l'aide de sédiments traités à la chaux suite à une rupture de la digue en sol non traité après une surverse lors de crues en 2002 (Figure 5.32).

Fig. 5.32
Reconstruction de la digue de protection de 15m de Hvezda (République tchèque) à l'aide du traitement à la chaux de sédiments.

Toujours en République Tchèque, plus récemment en 2009, pour la construction de deux réservoirs d'eau servant à la production de neige artificielle en Europe dans les montagnes des Carpates (Javor et Kohutka 900m au-dessus du niveau de la mer), on a rapporté l'utilisation de sol traité à la chaux pour les berges du réservoir, renforcées avec des géogrilles (Figure 5.33), soumises à des fortes conditions météorologiques (gel, neige, fonte des neiges et fortes pluies) [53].

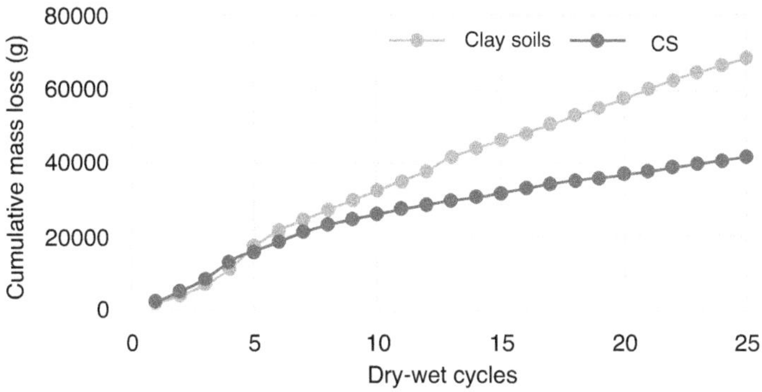

Fig. 5.31
The cumulative mass loss of the clayey soil was 64% greater than the mass loss of the cemented soil after rainfall testing

Another example can be found in the Czech Republic where the reconstruction of the 15 m high protection levee of Hvezda was done in 2003 thanks to the use of lime treated sediments after failure of the non-treated levee due to overtopping during a flood in 2002 (Figure 5.32).

Fig. 5.32
Reconstruction of the 15 m high protection levee of Hvezda (Czech Republic) thanks to the lime treatment of the sediments.

In the same Czech Republic, a recent example (2009) of the construction of two water reservoirs built for the water storage for artificial snow production in Europe, in the Carpathian Mountains (Javor and Kohutka – 900m above sea), reported the use of lime-treated soil for the banks reinforced with geogrids (Figure 5.33), submitted to severe stresses due to weather conditions (frost, snow, snow melting and heavy rains) [53].

Fig. 5.33
Le réservoir de Javor : Traitement à la chaux de sols locaux pour usage dans des remblais renforcés de géogrilles (gauche), et réservoir une fois terminé (droite). Hauteur du barrage sur la droite 7 m.

Plus récemment, en Malaisie, un barrage surélevé à Pahang (achevé en 2018) a intégré un complexe de protection amont en sol-ciment de 800 mm d'épaisseur. Le sol traité a été mélangé à 200 kg de ciment par m^3 de sol (environ 11% en masse sèche) (Fiche technique N°19). Les recommandations du bulletin 91 de la CIGB ont été prises en compte, se référant elles-mêmes au bulletin 54. Il a été constaté que la résistance à la compression obtenue à 28 jours était comprise entre 2,6 et 3,5 MPa. Le coefficient de perméabilité n'était pas supérieur à $1x10^{-8}$ m/sec. Certains échantillons carottés sélectionnés ont été laissés exposés aux intempéries (conditions humidification-séchage) pendant la phase de construction. Ces échantillons présentaient une perte de poids inférieure à 3% à la fin de la construction (plus de 180 jours plus tard). Il n'y avait pas de signes de fuites ou de déformations significatives pouvant susciter des inquiétudes.

En ce qui concerne plus particulièrement la résistance au gel, le comportement des sols cimentés doit être analysé en tenant compte des conditions climatiques locales. Par conséquent, les pratiques ainsi que les conclusions des observations peuvent différer d'une région à l'autre.

Toutefois, comme indiqué précédemment, le Bulletin 54 ne signale qu'une seule structure présentant des dommages superficiels dus au gel, et il n'existe aucun signalement de dommages aux structures traitées à la chaux en Europe ou aux États-Unis, sur le canal Friant Kern.

En ce qui concerne les procédures d'essai en laboratoire, aux Etats-Unis, les sols traités au ciment mentionnés dans le Bulletin 54 ont été testés selon les procédures ASTM, en vérifiant la résistance aux cycles de gel-dégel (ASTM D 560) [54] ou aux cycles de séchage-humidification (ASTM D 559) [55]. Bien que le type et l'étendue des contraintes soient différents de ceux des ouvrages hydrauliques, les applications des sols cimentés en construction routière peuvent également servir de base de réflexion. En France, tant pour les routes que pour les voies ferrées, il existe 3 classes de sensibilité au gel : forte, faible et nulle. L'essai de référence est un essai de gonflement au gel, comme pour les autres pays européens (Autriche, Allemagne, Royaume-Uni, Norvège, Finlande...), mais la France a également adopté une approche sécuritaire, établie pour les sols fins (IP $<$ 40), considérant qu'un sol traité au ciment est non gélif lorsque $R_t \geqq 0,25$ MPa, et qu'un sol traité à la chaux est non gélif lorsque $R_c \geqq 2,5$ MPa.

Sur le terrain, il est important de terminer le traitement des surfaces exposées au gel suffisamment tôt pour que cette insensibilité au gel soit atteinte avant la date prévisible du premier gel dans la zone de travail. En cas de menaces de gel sur des surfaces fraîchement traitées, il est possible de les protéger en les recouvrant d'une couche de matériau non traité maintenue en place pendant toute la période de gel.

Fig. 5.33
The Javor reservoir: Lime treatment of local soils for use in geogrid reinforced fills (left), and reservoir once finished (right). Height of the dam on the right 7m.

More recently, in Malaysia, a raised dam in Pahang (completed in 2018) has incorporated an 800 mm thick soil-cement upstream protection complex. The treated soil was mixed with 200 kg of cement per m^3 of soil (approximatively 11% by dry weight) (Data sheet N°19). Reference was made to recommendations in Icold Bulletin 91, itself referring to Bulletin 54. It was found that the compressive strength achieved at 28 days was between 2.6 and 3.5 MPa. The coefficient of permeability was not greater than $1x10^{-8}$ m/sec. Some selected cored samples were left exposed to weather (wet-dry condition) during the construction stage. These samples were found to have less than 3% weight loss at end of construction (more than 180 days later). There were no signs of any significant leakages or deformations that give cause for concern.

With regard more particularly to frost resistance, the behavior of cementitious soils should be analyzed taking into account the local weather conditions. Therefore, practices as well as conclusions of the observations may differ from a region to another.

However, as said before, Bulletin 54 reports only one structure with surface frost damage, and there are no reports of damages to lime treated structures in Europe or in the USA, on the Friant Kern Canal.

Regarding the laboratory testing procedures, in the USA, cement treated soils mentioned by Bulletin 54 were tested according to ASTM procedures, checking the resistance to freeze-thaw cycles (ASTM D 560) [54] or drying-wetting cycles (ASTM D 559) [55]. Although the type and extent of stresses are different from those of hydraulic structures, the applications of cemented soils in road engineering can also be used as a basis for consideration. In France, for both roadways and railways, there are 3 classes of frost susceptibility: high frost susceptibility, low frost susceptibility and no frost susceptibility. The reference test is a frost-heave test, as for other European countries (Austria, Germany, UK, Norway, Finland...), but France also has adopted a secure-oriented approach, established for fine soils (PI < 40), considering that a cement treated soil is non frost susceptible when $R_t \geqq 0.25$ MPa, and a lime treated soil is non frost susceptible when $R_c \geqq 2.5$ MPa.

In the field, it is important to complete the treatment of frost exposed surfaces early enough for this frost insensitivity to be reached before the foreseeable date of the first freeze in the work area. In case of frost threats on freshly treated surfaces, it is possible to protect them by covering them with a layer of untreated material kept in place during the entire freezing period.

5.8. COMPORTEMENT D'UN SOL TRAITÉ CONCERNANT LA FISSURATION ET L'AUTO-CICATRISATION

5.8.1. Considérations générales relatives au développement de fissures

Comme présenté précédemment, le gain de résistance du matériau traité implique aussi simultanément une baisse de sa ductilité. Une conséquence de cette perte progressive de la capacité du matériau à supporter des déformations est la formation potentielle de fissures dans le corps ou sur la surface du remblai.

Il est connu que des tassements différentiels peuvent survenir si le remblai est installé sur une fondation trop compressible, ou si le sol de la fondation n'est pas homogène sur toute l'emprise de la structure. Les tassements différentiels peuvent aussi apparaître sur des remblais insuffisamment ou inadéquatement compactés.

Pour tout type de structure construite sur une fondation compressible, l'état limite de tassement, en particulier dans le cas d'un risque de tassement différentiel, doit être soigneusement examiné au même titre que la cinétique de durcissement du matériau cimenté. Au jeune âge, le sol traité a la capacité de s'adapter à des tassements puisque son module d'élasticité reste comparable à celui du sol non-traité. A ce niveau, une distinction doit être faite entre les sols traités à la chaux et les sols traités au ciment. La cinétique de prise et de durcissement étant plus rapide avec le ciment qu'avec la chaux, un sol cimenté durcit beaucoup plus vite qu'un sol traité à la chaux et se rigidifie donc plus rapidement. Cependant, à maturité, un sol traité étant plus rigide qu'un sol non traité, il a également développé une résistance à la traction plus élevée qu'un sol non traité.

La fissuration du sol traité peut également être due à la dessiccation, liée à un assèchement prononcé du sol mis en place à une teneur en eau supérieure à la teneur optimale. C'est particulièrement le cas avec des conditions de séchage rapide (météo ensoleillée, chaude et venteuse), où une perte rapide d'eau et un retrait de la masse du remblai peuvent survenir. Celui-ci, contraint par sa géométrie, peut alors se fissurer.

Un autre type de fissuration peut être déclenché par la production de chaleur des réactions chimiques d'hydratation du liant suivie par les réactions de prise et de durcissement qui ont lieu dans un délai court pour le ciment, et plus long pour la chaux. Par analogie avec la fissuration thermique du béton, après une augmentation de la température, le matériau traité, lorsqu'il refroidit pour retrouver la température ambiante, peut développer des fissures dans le corps du remblai où les déformations sont bloquées si sa résistance à la traction n'est pas suffisante pour surmonter la tension causée par le retrait. Ce phénomène ne devrait pas affecter les sols traités à la chaux puisque la réaction exothermique d'hydratation de la chaux se produit pendant quelques heures après le mélange, tandis que la résistance à la traction du matériau se développe après quelques semaines.

Dans le cas de la chaux vive, il faut tenir compte de l'important dégagement de chaleur lors de son hydratation, ce qui conduit à recommander, comme cela a été fait dans de nombreux cas, de différer le compactage de la couche quelque temps après le traitement. Cette remarque concerne plus particulièrement le traitement en centrale car les délais de fabrication et de mise en œuvre du matériau traité sont beaucoup plus courts que lorsque le traitement est réalisé en place.

Toutes ces conditions doivent être prises en compte lorsque la fissuration peut engendrer des problèmes de sécurité pour la structure. Cependant, il a été rapporté que les sols traités à la chaux montrent une capacité à récupérer de la résistance, lorsqu'ils sont fissurés. Ce phénomène est appelé auto-cicatrisation. Il est détaillé dans la section suivante.

5.8. BEHAVIOR OF A SOIL TREATED AS REGARD TO CRACKING AND SELF-HEALING

5.8.1. General considerations relating to cracking development

As it is shown hereinabove, the gain in resistance of the treated material means also simultaneously a loss of its ductility. One consequence of this progressive loss of its capacity to withstand deformations is the potential formation of cracks within the body or on the top of the embankment.

It is well known that differential settlements may appear if the backfill is installed on a too compressible foundation, or if the foundation soil is not homogeneous on the whole footprint of the structure. Differential settlements can also appear on insufficiently or inadequately compacted embankments.

For any structure built on a compressible foundation, the limit state of settlement, especially in the event of a risk of differential settlement, must be carefully considered together with the kinetics of the hardening of the cemented material. At a young age, a treated soil has the capacity to adapt to settlements because its modulus of elasticity remains comparable to that of untreated soil. A distinction must be made between a soil treated with lime and a soil treated with cement. The kinetics of setting and hardening being faster with cement than with lime, a cement soil hardens much faster than a lime treated soil and thus stiffens more quickly. However, at maturity, a treated soil being more rigid than untreated soil has also developed a higher tensile strength than untreated soil.

Cracking of the treated soil can also be due to desiccation, linked to a pronounced drying out of the soil set up at higher water content than OMC. Especially in fast drying conditions (sunny, hot, and windy weather), rapid water withdrawal and shrinkage from the mass of the backfill may occur. This one, constrained by its geometry, can then crack.

Another type of cracking can be triggered by the heat production of the chemical reactions of hydration of the binder followed by the setting and hardening reactions which take place within a short period for the cement, and a longer one for lime. By analogy with concrete thermal cracks, after an increase or the temperature, the treated material, when cooling to recover the ambient temperature, may develop cracks within the restrained embankment body if its tensile strength is not sufficient to overcome the tension caused by shrinkage. This phenomenon should not affect lime treated soil since the lime hydration exothermic reaction sets up during a couple of hours after the mixing, while tension strength of the material develops after couple of weeks.

Concerning the case of quicklime, it is necessary to consider the important heat release during its hydration, leading to recommend, as this has been done in a lot of cases, to defer the compaction of the layer sometime after treatment. This remark concerns more particularly the treatment in plant because the times for manufacture and implementation of the treated material are much shorter than when the treatment is done in place.

All these conditions must be considered when cracking may lead to safety issues for the structure. However, it was reported that lime treated soils display an ability to regain strength, when flawed. This phenomenon is called autogenous healing. It is detailed in the following section.

5.8.2. Développement de l'auto-cicatrisation

Plusieurs études ont évalué les caractéristiques de fermeture des fissures des sols réactifs à la chaux soumis à des cycles initiaux d'endommagement et de gel-dégel. L'application de périodes de cure intermittentes a permis de démontrer l'importance et l'amplitude de l' auto-cicatrisation de ces matériaux traités à la chaux.

Par exemple, Thompson [56] a rapporté que des échantillons sollicités en compression jusqu'à la rupture, présentaient une augmentation de leur résistance après une cure à 25°C, avec une cinétique et une amplitude similaire à l'augmentation de résistance d'échantillons sans défauts ou dommages. Lorsque les cycles de gel-dégel sont la contrainte appliquée, on en conclut que les dommages ne sont pas cumulatifs et que cette cicatrisation tend à restaurer la qualité des mélanges (Figure 5.34). En conclusion, les performances perdues en raison de divers facteurs durant les périodes critiques de la vie utile des matériaux peuvent être restaurées par ce processus d'auto-cicatrisation.

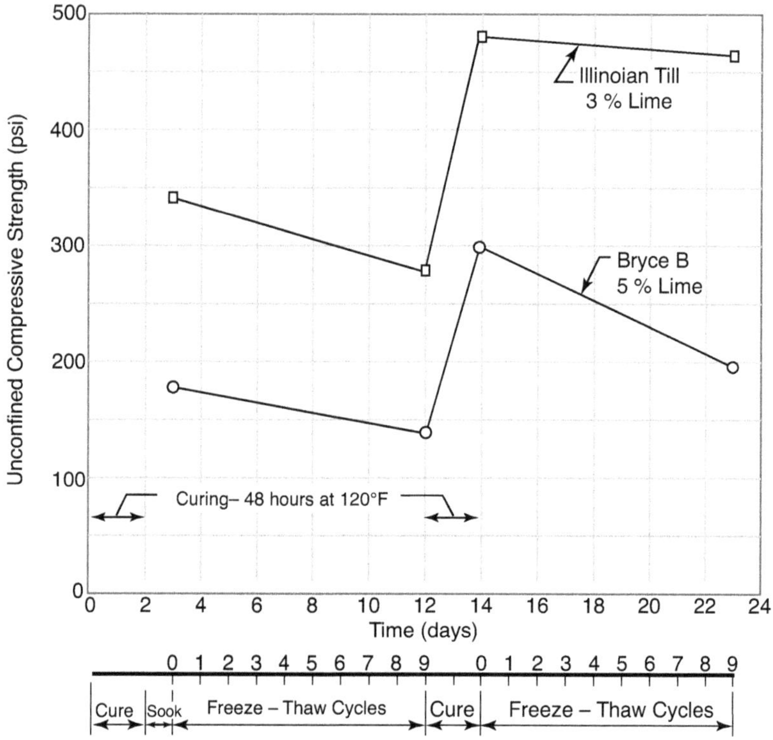

Fig. 5.34

Influence du cycle de gel-dégel avec cure intermédiaire sur la résistance en compression simple de deux sols traités à la chaux (IP = 11 et 9).

5.8.2. Development of autogenous self-healing

Several studies evaluated healing characteristics of lime reactive soils submitted to initial "stress flawing" and freeze-thaw cycles. The application of intermittent curing periods allowed to demonstrate the significance and magnitude of autogenous healing of those lime treated materials.

For example, Thompson [56] reported that specimens loaded in compression to failure, increased in strength again after curing at 25°C, at a rate and magnitude similar to the increase in strength of "unflawed" (undamaged) specimens. When freeze-thaw cycles are the applied stress path, it is concluded that the damage is not cumulative and that the autogenous healing tends to restore the quality of the mixtures (Figure 5.34). As a conclusion, the performance lost due to various factors during critical periods of the materials during its service life can be restored by the autogenous healing process.

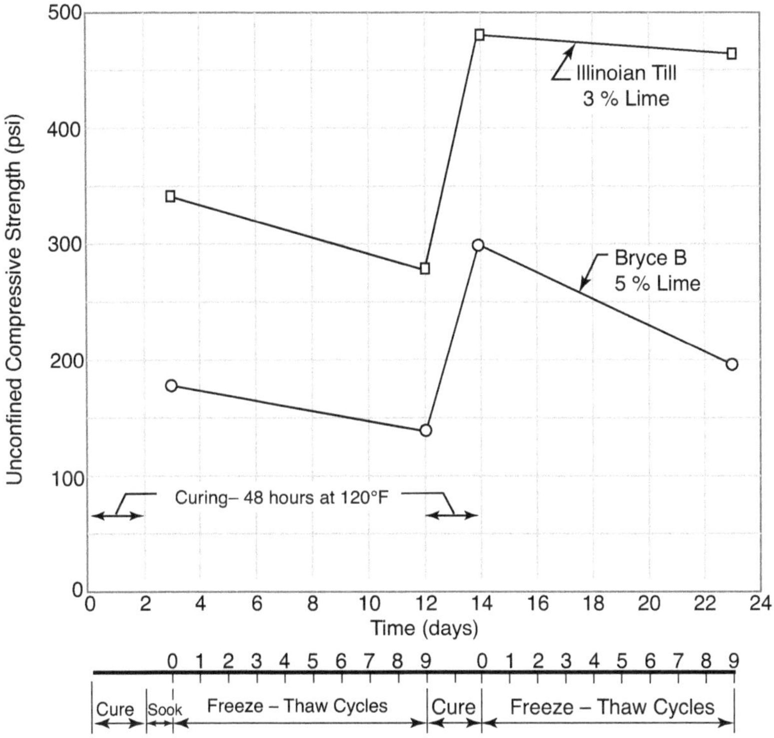

Fig. 5.34
Influence of cyclic freeze-thaw and intermediate curing on unconfined compressive strength of 2 soils treated with lime (PI = 11 and 9).

Hammond [57] a fait état des principaux facteurs qui influencent ce processus : l'amplitude de la contrainte induite sur le matériau cimenté (plage de contraintes testée : 40 % à 100% de la contrainte de rupture) et par conséquent, l'étendue et la largeur des fissures. L'âge du matériau avant la contrainte induite, le temps de repos après la contrainte induite et le type d'agent stabilisant (chaux, ciment) sont les principaux paramètres influençant la cicatrisation. Hammond conclut que le jeune âge du matériau cimenté ainsi que la faible contrainte induite sont des facteurs qui favorisent cette restauration des caractéristiques du matériau traité. D'autres conditions propices à la cicatrisation sont un environnement humide et une période de durcissement prolongée après la contrainte induite. En ce qui concerne les liants, plus le dosage est élevé, plus cette capacité de cicatrisation est importante. Et si le développement de la résistance après une contrainte induite est plus rapide pour les matériaux traités au ciment que pour les matériaux traités à la chaux, le degré de restauration des caractéristiques du matériau traité, et donc la valeur de la résistance, devient plus élevé avec le temps pour les matériaux traités à la chaux, grâce à la réaction pouzzolanique, que pour les matériaux traités au ciment.

Hammond [57] reported the main factors influencing this process: magnitude of the stress induced on the cemented materials (stress range tested: 40% to 100% of the failure) and therefore the extent and width of the cracks. The age of the material before the induced stresses, the curing period after those stresses, the type of stabilizing agent (lime, cement) are the major parameters influencing the self-healing process. He concluded that the early age of the cemented material as well as low induced stress are factors which favorably promote autogenous healing. Other conditions which are conducive to autogenous healing are humid environment and prolonged curing period after the induced stress. Regarding the binders, the higher the dosage the higher the degree of healing. And if the strength development after induced stress is faster for cement treated materials than for lime treated materials, the degree of healing, and thus the strength value, becomes higher with time for lime-treated materials, thanks to the pozzolanic reaction, than for cement treated materials.

6. CONCEPTION STRUCTURELLE DES BARRAGES ET DES DIGUES

6.1. LES FONCTIONS D'UN SOL CIMENTÉ

6.1.1. Principaux usages des structures hydrauliques

Comme évoqué au Chapitre 2 : Généralités, ce document ne concerne que les ouvrages hydrauliques dont la hauteur ne dépasse pas 30 m ; ce qui constitue une première étape dans le développement de ce concept.

Chaque structure hydraulique possède une fonction primaire, qui peut aller de la rétention d'eau à la protection contre les crues, en passant par le transport de l'eau. Il faut distinguer les barrages, les canaux et les digues, en se référant, pour chaque type d'ouvrage, nouveau ou ancien, aux documents de référence de la profession.

Le Tableau 6.1 ci-dessous dresse une liste non exhaustive des types de structures couverts par ce document.

Table 6.1
Principaux types de structures couvertes par ce Bulletin

Fonction principale de l'ouvrage	**Linéaire limité (Quelques centaines de mètres)**	**Linéaire important (jusqu'à plusieurs kilomètres)**
Retenir de l'eau de manière permanente	Barrages et réservoirs	Canaux hydrauliques
Protection contre les crues	Barrages écrêteurs de crues Digues pour les zones d'expansion de crues	Digues fluviales

6.1.2. Fonctions d'un élément de sol cimenté

La complexité des structures hydrauliques mène les analyser par une décomposition en éléments (remblai, filtres, drains, déversoir, vannes, etc.). Seuls seront considérés les éléments réalisés en sol traité. Il peut s'agir du corps de l'ouvrage en lui-même, d'une carapace, d'une recharge, d'une couche de protection, etc.

En fonction du rôle que doivent jouer les sols traités dans la structure hydraulique, cet élément peut remplir différentes fonctions. Six fonctions sont décrites dans ce Bulletin :

- **Maniabilité / ouvrabilité (M) :** Cette fonction correspond au cas le plus simple de recherche de la facilité de mise en œuvre en présence de matériaux humides et/ou argileux. Le liant le plus adapté dans ce cas est la chaux aérienne calcique sous la forme de chaux vive (le plus souvent) ou de chaux hydratée. Quand le sol est trop sec, il est aussi possible d'utiliser une suspension de chaux dans l'eau (lait de chaux).

- **Stabilité (S) :** Cette fonction correspond à la stabilité mécanique du composant sous son propre poids, et éventuellement sous des charges et sollicitations extérieures (sollicitations sismiques par exemple).

6. STRUCTURAL DESIGN OF DAMS AN LEVEES

6.1. FUNCTIONS OF A CEMENTED SOIL

6.1.1. Main uses of hydraulic structures

As announced in Chapter 2: General, this document only relates to hydraulic structures whose height does not exceed 30 m as a first step in the development of this concept.

Each hydraulic structure has a primary function, which can be either hold water or protect against a flood, or even to carry water. It should be distinguished dams, canals and levees, with reference, for each type of work, new or old, to reference documents of the profession.

Table 6.1 below provides a non-exhaustive list of types of hydraulic structures covered by this document.

Table 6.1
Main types of hydraulic structures covered by the Bulletin

Main function of the work	**Limited length (a few hundred meters)**	**Important length (up to several tens of km)**
Contain water permanently	Dams and reservoirs	Hydraulic canals
Protect against floods	Flood control dams Levees for flood expansion areas	River levees

6.1.2. Functions of a cemented soil component

The complexity of a hydraulic structure leads to analyze them through a decomposition into components (fill, filters, drains, spillway, gates, etc.). We consider only the components made of treated soil. This may be the body of the work itself, a shell, a recharge, a protection layer, etc.

Depending on the role one wants the treated soil to play in the hydraulic structure, this component can fulfill different functions. Six functions are described in this bulletin:

- **Workability / Maniability (M):** This function corresponds to the simplest case where technically the ease of implementation is looked for when in the presence of wet and/or clayey materials. The binder most suitable in this case is calcium air lime in the form of quicklime (most typically) or hydrated lime. When the soil is too dry, it is possible to use a suspension of lime into water (milk of lime or lime slurry).

- **Stability (S):** This function corresponds to the mechanical stability of the component within the structure subjected to its own weight, and possibly under loads and external forces (seismic loading for example).

- **Étanchéité (P) :** Cette fonction correspond au cas où l'élément doit stocker ou retenir de l'eau, de manière permanente ou temporaire. Lors de la conception, le stockage permanent (réservoir de barrage par exemple) et le stockage temporaire (protection de digues fluviales, par exemple) ne doivent pas être traités de la même manière.

- **Résistance à l'érosion interne (E_i) :** Cette fonction correspond au cas où la résistance à l'écoulement interne est primordiale. Lorsque des dispositifs de protection sont nécessaires, la résistance à l'érosion interne doit être quantifiée comme pour tout autre type de solution (filtres, géotextile...).

- **Résistance à l'érosion de surface (E_s) :** Cette fonction correspond au cas où la structure est susceptible d'être soumise à une crue (barrage écrêteur, digue de protection fluviale, petit barrage en terre) ou à l'action érosive des vagues et du ruissellement. L'évaluation quantitative de la résistance à l'érosion de surface du sol traité doit être faite en comparaison avec les performances d'autres équipements de protection de surface (carapace, couverture herbeuse, parement amont ou aval de l'ouvrage...).

- **Évacuation (E_v) :** Cette fonction correspond au cas où l'élément fait partie du système d'acheminement des eaux de crue (déversoir ou chute sur un barrage ou une digue de rivière). La vitesse et la hauteur de chute de l'eau sont plus importantes dans les déversoirs que sur les pentes subissant un débordement.

Les fonctions M et S, peuvent être satisfaites via les méthodes de traitement traditionnelles. Cependant, pour les autres fonctions, la mise en place d'un élément en sol traité nécessite l'application d'une technique d'exécution plus rigoureuse. Elle exige notamment un contrôle de l'homogénéité du matériau compacté, quelle que soit la taille du projet ou la nature des risques. En effet, assurer l'homogénéité est essentiel pour réduire le risque d'écoulements localisés, d'écoulements internes dans la masse (déclenchant une érosion interne) ou en surface (déclenchant une érosion de surface).

Le Tableau 6.2 résume les particularités de chacune des fonctions proposées. En fonction du rôle du sol cimenté, ce dernier doit vérifier les conditions correspondantes à une fonction simple ou à la combinaison de plusieurs fonctions.

- **Watertightness / Permeability (P):** This function corresponds to the case where the component allows the structure to store or retain water, permanently or temporarily. When designing, permanent storage (reservoir dam for example) and temporary storage (river levee protection, for example) should not be treated similarly.

- **Resistance to internal erosion (Ei):** This function corresponds to the case where the internal flow resistance is paramount. When protective barriers are required, the resistance to internal erosion has to be quantified as for any other solution (filter, geotextile...)

- **Resistance to surface erosion (Es):** This function corresponds to the case where the structure is likely to suffer an overflow (flood control dam, protection river levee, small earth dam) or the erosive action of waves and runoff. The quantitative evaluation of the resistance of the treated soil to surface erosion is to be assessed compared to other equipment for surface protection (carapace, grass cover, upstream facing or downstream slope...).

- **Spilling / Evacuation (Ev):** This function corresponds to the case where the component is part of the flood routing system (spillway weir or chute on river dam or levee). Water velocity and head are greater at spillways than on slopes experiencing overflow.

M and S functions can be satisfied with traditional treatment methods. By cons, for other functions, the implementation of a treated soil component requires the application of a more stringent enforcement technique. In particular, it requires a control of the homogeneity of the compacted material regardless of project size or the nature of hazards. Indeed, ensure homogeneity is essential to reduce the risk of localized flows, internal flows in the mass (triggering internal erosion) or in surface (triggering surface erosion).

Table 6.2 summarizes the particularities of each of the proposed functions. Depending on the role of the cemented soil, this one must meet the requirements corresponding to a single function or a combination of several functions.

Table 6.2
Les différentes fonctions proposées pour les éléments en sol cimenté.

FONCTION REQUISE	**M** **Maniabilité**	**S** **Stabilité**	**P** **Étanchéité**	**E_i[(3)]** **Résistance à l'érosion interne**	**E_s** **Résistance à l'érosion de surface**	**E_v[(4)]** **Évacuation**
Rôle du sol cimenté	Facilité de mise en œuvre des sols humides et / ou argileux	Stabilité sous son propre poids et éventuellement sous sollicitations sismiques	Étanchéité	Résistance à l'érosion interne	Résistance à l'érosion externe	Résistance aux écoulements à forte vitesse
Méthode de traitement préconisée[(1)]	Sur place ou En centrale	Sur place ou En centrale	Sur place avec homogénéisation[(2)] ou En centrale	Sur place avec homogénéisation[(2)] ou En centrale	Sur place avec homogénéisation[(2)] ou En centrale	En centrale
Paramètres spécifiques étudiés	Portance Compacité du matériau traité	Résistance au cisaillement (cohésion) Résistance à la traction et / ou à la compression	Homogénéité Perméabilité	Homogénéité Résistance à l'érosion de conduit[(3)]	Homogénéité Résistance à l'érosion de surface (action des vagues, écoulement) et dans le cas d'un écoulement de surverse	Homogénéité Résistance à l'érosion de surface pour un évacuateur[(4)]

(1) Le procédé de traitement recommandé fait référence à la technologie disponible lors de la rédaction du Bulletin. La technologie étant susceptible d'évoluer, les recommandations peuvent changer. L'objectif est d'obtenir une qualité de mélange (mouture, homogénéité) compatible avec l'obtention des performances recherchées. Par exemple, une mouture de 0/20 mm a été obtenue avec un sol (IP = 7) traité en centrale de mélange, et une mouture de 0/31,5 a été obtenue avec un sol (IP = 45) traité en place.

(2) Lorsque cela est nécessaire, notamment en présence d'un gisement hétérogène, l'opération d'homogénéisation consiste à extraire le matériau, à le stocker en couches horizontales, puis à l'extraire du stock en couches verticales (à l'aide d'une chargeuse ou d'une excavatrice) avant de le mettre en place.

(3) L'érosion par fuite concentrée est la dernière étape des mécanismes d'érosion interne et est étudiée en laboratoire à l'aide du test de trou d'érosion (HET en anglais pour Hole Erosion Test). La contrainte critique du HET est actuellement le paramètre le plus adapté pour quantifier la résistance d'un matériau à l'érosion interne.

(4) La vitesse et la hauteur de chute de l'eau sont plus importantes dans les déversoirs que sur les pentes subissant un débordement.

Table 6.2
The different functions proposed for the cemented soil component

REQUIRED FUNCTION	M Workability	S Stability	P Watertightness	Ei [3] Resistance to internal erosion	Es Resistance to surface erosion	Ev [4] Overspill water
Role of the cemented soil	Ease of placement of wet and / or clayey soils	Stability under own weight and possibly under seismic loading	Water tightness	Resistance to internal erosion	Resistance to external erosion	Resistance to high velocity flows
Treatment process recommended[1]	In place Or In plant	In place Or In plant	In place with homogenization[2] Or In plant	In place with homogenization[2] Or In plant	In place with homogenization[2] Or In plant	In plant
Specific parameters **to study**	Bearing capacity Compaction ability of the treated material	Shear strength (cohesion) Tensile strength or compressive strength	Homogeneity Hydraulic conductivity	Homogeneity Resistance to hole erosion test[3]	Homogeneity Resistance to surface erosion (waves action, runoff) and in the case of overflow	Homogeneity Resistance to surface erosion for a spillway[4]

(1) The recommended treatment process refers to the technology available at the time of writing. As technology is likely to progress, recommendations can evolve. The objective is to obtain a mix quality (grind, homogeneity) compatible with obtaining the required performance. For example, a 0/20 mm grind was obtained with a soil (PI = 7) treated in a central mixing plant, and a grinding 0/31.5 mm was obtained with a soil (PI = 45) treated in place.

(2) When necessary, especially in the presence of a heterogeneous deposit, the homogenization operation consists in extracting the material, storing it in horizontal layers, then extracting it from the stockpile in vertical layers (using a loader or an excavator) before placing it.

(3) The concentrated leak erosion is the ultimate stage of internal erosion mechanisms and is studied in the laboratory using the “Hole Erosion Test” (or HET). The critical stress of the HET is currently the most operational parameter to quantify the resistance of a material to internal erosion.

(4) Water velocity and head are considered greater in spillways than on slopes undergoing an overflow.

Le Tableau 6.2 propose une série de paramètres spécifiques à étudier pour chacune des fonctions. Ce sont les paramètres nécessaires pour évaluer la capacité du sol cimenté à satisfaire la fonction considérée. Ils s'ajoutent aux paramètres nécessaires à la détermination de la composition du sol cimenté et à la caractérisation de ses propriétés générales.

6.2. CONCEPTION DES BARRAGES ET DES DIGUES

6.2.1. Conception d'un remblai simple :

La conception la plus simple à envisager pour les remblais de petite et moyenne taille est de type « terre homogène ». Lorsqu'ils sont constitués de sol cimenté, ils doivent remplir les quatre fonctions de stabilité, d'étanchéité, de résistance à l'érosion interne et de résistance à l'érosion de surface pour la protection de leur talus amont et aval.

Cette conception est applicable pour les petits barrages, typiquement de hauteur inférieure à 15 à 20 m, lorsqu'il n'y a pas de risque majeur en cas de rupture, et pour les digues qui ne sont pas en contact permanent avec l'eau.

Certains barrages et un grand nombre de digues de ce type ont eu un comportement satisfaisant dans différents pays du Monde (USA, Australie, Afrique du Sud, Afrique, France...). De plus pour les barrages de ce type de hauteur modérée, ou s'il n'y a pas de risque majeur de rupture du barrage (typiquement, pour un batardeau en amont d'un barrage existant, ou s'il y a un grand réservoir immédiatement en aval du barrage), le concept simple présenté à la Figure 6.1 peut être considéré.

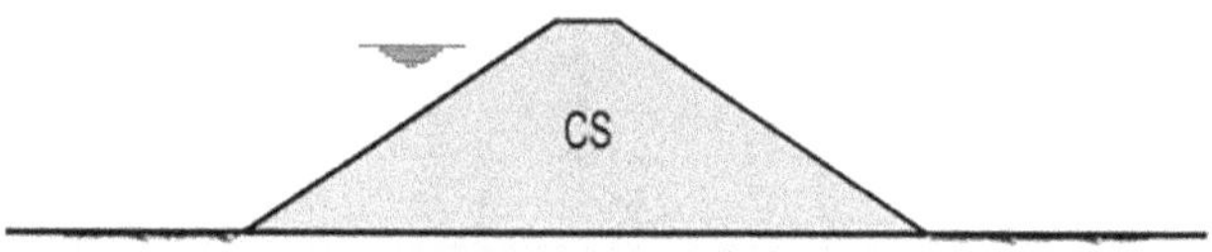

Fig. 6.1
Coupe transversale basique pour un remblai homogène.

L'augmentation des performances mécaniques du sol cimenté autorise le raidissement des talus, tout en maintenant la stabilité globale du remblai. Cependant, en cas d'accentuation des pentes, cette conception simple présente certaines limites :

- Si la fuite d'eau est considérée comme inacceptable, cette solution simple présente les inconvénients suivants : la perméabilité d'un sol cimenté peut être légèrement augmentée par le traitement, alors que l'épaisseur est réduite, il peut y avoir un risque potentiel d'augmentation des infiltrations. En outre, en cas de développement de fissures transversales, des infiltrations peuvent également se produire.

Table 6.2 proposes a series of specific parameters to study for each of the functions. These are the parameters required to assess the capacity of the cemented soil to satisfy the considered function. They are in addition to the parameters required to determine the composition of the cemented soil and to characterize its general properties.

6.2. DAM AND LEVEE DESIGN

6.2.1. Design of a simple embankment:

The simplest design to be considered for small and medium size embankments is of homogeneous type. When made of cemented soil, they should have the four functions of stability, watertightness, resistance to internal erosion, and resistance to surface erosion for the protection of their upstream and downstream slope.

This design is applicable for small dams, typically below 15 to 20m high, when there is no major risk in case of dam failure, and for Levees permanently or not in contact with water.

Some dams and a lot of levees of this type have had a satisfactory behavior, in different countries all over the world (USA, Australia, South Africa, India, France...). Therefore, for dams with this kind of moderate height, or also if there is no major risk in case of dam failure (typically, for a cofferdam upstream an existing dam, or if there is a large reservoir immediately downstream the dam), the simple design shown below in Figure 6.1 can be considered.

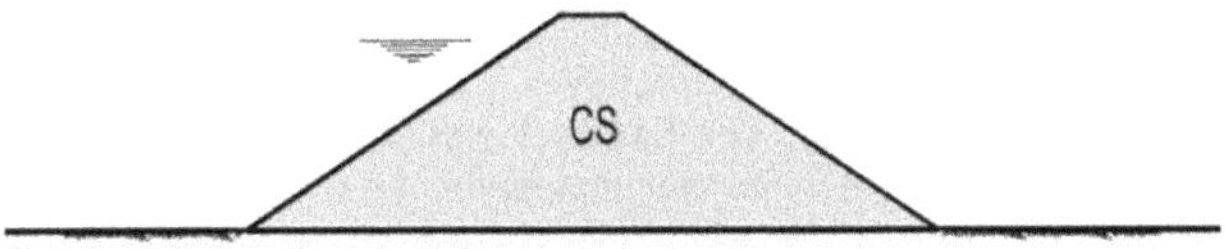

Fig. 6.1
Basic cross section for homogeneous embankment

The increase of the mechanical performance of the cemented soil authorizes the steepening of the slopes, while maintaining the overall stability of the embankment. However, in case of slope steepening, this simple design presents some limitations:

- If leakage of water is considered unacceptable, this basic solution has the following drawbacks: the permeability of a cemented soil may slightly be increased by the treatment, while the thickness is reduced, there might be a potential risk of increased seepage. In addition, in case of development of transversal cracks, seepage can also occur.

- Bien que la résistance à l'érosion interne du corps de la digue soit considérablement augmentée en comparaison avec celle des barrages en terre classiques, l'érosion interne du barrage et des fondations doit encore être considérée. De plus, la longueur hydraulique est réduite sous le barrage, et donc, les gradients hydrauliques sont augmentés. S'il y a un risque d'érosion interne de la fondation, il faut ajouter une couche de drainage (avec une granulométrie conçue comme pour un filtre) sous le talus aval, et, éventuellement, une bêche ou un mur parafouille. Une telle couche de drainage et une bêche parafouille ont été représentées sur la Figure 6.2.

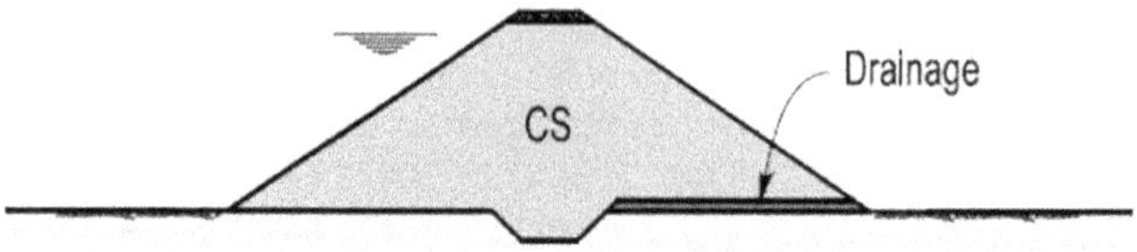

Fig. 6.2
Coupe transversale basique incluant le contrôle des infiltrations dans les fondations.

6.2.2. Problématiques de conception pour des plus grands barrages :

Lorsque les barrages atteignent des hauteurs significatives, généralement supérieures à 15 ou 20 m, ou lorsqu'il s'agit de structures critiques, certaines considérations particulières doivent être examinées avec soin. Certaines de ces problématiques ne sont pas spécifiques à l'usage de sols cimentés, mais doivent être considérées avec attention car l'augmentation progressive des performances mécaniques des sols cimentés peut être préjudiciable en ce qui concerne la capacité de déformation résultant du comportement ductile de l'argile limoneuse ou du sol argileux naturel.

En raison du développement lent de la résistance mécanique, la fin de construction est le moment le plus critique pour la stabilité d'un CSD. Il en résulte la forme symétrique du CSD, lorsqu'il est fait de matériau homogène.

D'autre part, lorsque la hauteur de la digue est supérieure à 15 à 20 m, il apparaît rapidement qu'une solution impliquant le traitement complet du matériau de la digue peut conduire à des dépenses inutiles. Des solutions alternatives peuvent alors être mises en œuvre afin de ne traiter qu'une partie de la section : il peut s'agir de l'amont, de l'aval, ou des deux versants, comme dans le cas du batardeau de Pannecière (voir Figure 6.6 au paragraphe 6.2.8 ci-dessous ainsi que la description complète des travaux dans la fiche technique N°13), ou dans certains cas seulement une couche de protection si le but principal du traitement était de fournir une barrière d'érosion interne aux argiles dispersives d'un noyau (voir Figure 6.7 l'exemple du barrage de Mnjoly au Swaziland au paragraphe 6.2.8 et la description complète des travaux dans la fiche technique N°11).

Dans la mesure où une protection contre l'érosion externe est nécessaire en cas de surverse, une protection du talus aval en sol cimenté peut être conçue (se référer à la fiche technique n° 9 d'une carapace aval de digue contre le ruissellement et les cycles gel-dégel).

- Although internal erosion resistance of the dam body is considerably increased in comparison with usual earthfill dams, the internal erosion of the dam and foundation has still to be considered. Moreover, the hydraulic length is reduced under the dam, and therefore, the hydraulic gradients are increased. If there is a risk of internal erosion of the foundation, a drainage layer must be added (with grain size designed as for a filter) under the downstream slope, and, potentially, a cut-off trench or a cut-off wall. Such a drainage layer and cutoff trench has been drawn on the Figure 6.2.

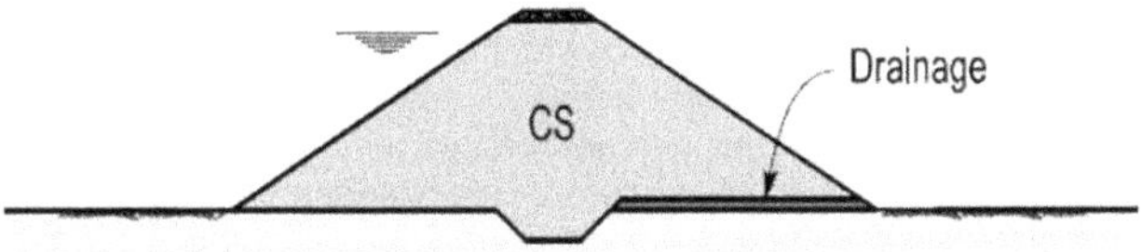

Fig. 6.2
Basic cross section including seepage control in the foundation

6.2.2. Design issues for higher dams

When dams reach a significant height, typically above 15 to 20m, or when they are critical structures, some special additional concerns have to be carefully examined. Some of these issues are not specific to cemented soils but have to be considered with attention as the progressive increase of the mechanical properties of the cemented soil can be detrimental as compared to the capacity of deformation resulting from the ductile behavior of the natural silty clay or clayey soil.

Due to the slow development of mechanical strength, the end of construction is the most critical situation for the stability of a CSD. The consequence is the symmetrical shape of the CSD, when it is made of homogeneous material.

In another hand, when the height of the embankment is above 15 to 20m, it appears rapidly that a solution involving the full treatment of the material of the embankment may lead to useless expenses. Then, alternative solutions can be implemented in order to treat only a part of the section: this can be upstream, downstream, or both slopes, like in Pannecière cofferdam (see Figure 6.6 in § 6.2.8 below and the full description of the works in data sheet N°13), or in certain cases only a protective layer if the main purpose of the treatment was for the internal erosion barrier to be provided to dispersive clays of a core (see in Figure 6.7 the example of the Mnjoly dam in Swaziland in § 6.2.8 and the full description of the works in the data sheet N°11).

As far as protection against external erosion is needed in case of overtopping, a downstream slope protection in cemented soil can be designed (refer to data sheet N°9 of a downstream carapace of a levee against runoff and freeze-thaw cycles).

6.2.3. *Stabilité des talus*

Comme énoncé précédemment, des pentes plus marquées que pour les barrages en terre peuvent être utilisées, ce qui réduit la quantité de matériaux nécessaires à la construction. Avec une forme symétrique, les pentes des talus du CSD peuvent être de l'ordre de 1,25 en horizontal pour 1 en vertical (1,25H:1V), jusqu'à 2H:1V.

La géométrie du barrage est basée sur les propriétés physiques du sol cimenté, ou inversement, le sol cimenté doit être conçu pour répondre aux propriétés physiques exigées pour la structure. Par conséquent, la forme et les propriétés techniques (résistance au cisaillement, résistance à la compression et module d'élasticité) sont adaptées pour répondre à la fonction et à l'exigence du barrage. On peut également souligner que des pentes de 1H : 1V, même si elles peuvent être envisagées du point de vue de la stabilité, ne seront pas retenues car trop difficiles à réaliser. Ainsi, d'autres solutions, comme le choix d'une carapace, pour réduire la quantité de matériau traité seront préférées à une forte accentuation des pentes.

Un bon exemple d'une telle adaptation est donné par le batardeau de Pannecière déjà mentionné ci-dessus : les pentes des talus ont été raidies jusqu'à 1,5H:1V grâce au traitement au ciment de la carapace uniquement, permettant en outre le déversement au-dessus de la crête du batardeau grâce à la résistance à l'érosion externe du matériau traité.

6.2.4. *Contrôle de la fissuration*

Le développement des fissures dans un sol cimenté a été décrit dans le paragraphe 5.8.1.

Bien que le contrôle des fissures thermiques soit courant avec les barrages en béton, dans la plupart des cas, le CSD, ayant généralement une teneur limitée en ciment ou en chaux, ne nécessitera pas la conception de joints de contraction dans le remblai. Le retour d'expérience des barrages en remblai dur suggère que les joints de contraction ne sont pas nécessaires pour les CSD.

Les facteurs qui peuvent avoir une influence sur le contrôle des fissures thermiques sont :

- Le type de liant (chaux ou ciment) et le taux de liant,
- La température durant la construction comparée à la température moyenne,
- Le taux d'humidité pendant la mise en œuvre.

Les fissurations thermiques sont susceptibles d'avoir des conséquences néfastes sur certains aspects principaux de la conception, comme des infiltrations d'eau au travers du corps de la digue, et doivent être prises en compte dans la conception des mesures de contrôle des fuites. Par conséquent, un revêtement amont, tel qu'illustré ci-dessous sur la Figure 6.6 au paragraphe 6.2.8, atténue les conséquences des effets néfastes de la fissuration du corps du barrage.

6.2.5. *Contrôle des fuites*

Le traitement aux liants induit des changements dans la distribution de la taille des pores à l'échelle de la microstructure du matériau. Ainsi, la perméabilité peut être affectée. Cependant, comme démontré dans plusieurs études lorsque le matériau traité est convenablement compacté entre 1,05 et 1,15 la teneur optimale en eau, il n'y a pas d'augmentation de la perméabilité. Comme c'est le cas pour le compactage de sol très fins et sensibles, les conditions de compactage et en particulier le pétrissage du sol cimenté sont très importants et doivent être soigneusement analysées pendant les phases d'étude, et prescrites de manière adéquate.

6.2.3. *Slope stability*

As stated above, steeper slopes can be used, in comparison with earthfill dams, thus reducing the quantity of material required for construction. With a symmetrical shape, slopes of the CSD can be on the order of 1.25 horizontal to 1 vertical (1.25H:1V), ranging to as flat as 2H:1V.

The geometry of the dam is based on the physical properties of the cemented soil, or conversely, the cemented soil needs to be designed to meet the required physical properties of the structure. Therefore, the shape and engineering properties (shear strength, compressive strength and modulus of elasticity) are adapted to meet the function and requirement of the dam. It can be stressed also that slopes of 1H to 1V, even if they could be considered in terms of stability, will not be retained for the difficulty of their construction. Then, other solutions, as the choice of a carapace, to reduce the quantity of the treated material will be preferred to a sharp steepening of the slopes.

A good example of such adaptation is given by the Pannecière cofferdam (see full description in data-sheet N°13 and below in Figure 6.6 in § 6.2.8): the slopes have been steepened up to 1.5H:1V thanks to the cement treatment of the carapace only, allowing in addition the overspill of the cofferdam owing to the achieved external erosion resistance of the treated material.

6.2.4. *Cracking control*

The development of cracks in a cemented soil has been described in paragraph 5.8.1.

Although the control of thermal cracks is common with concrete dams, in most of the cases, the CSD, having generally a limited cement or lime content, will not require the design of contraction joints in the embankment. Feedback from hardfill dams suggests that contraction joints are not necessary for CSD.

The factors that may have an influence on the control of thermal cracks are:

- Type of binder (lime or cement) and binder ratio,
- Temperature during construction versus average temperature,
- Water content during placement.

Thermal cracks are likely to have detrimental consequences on some main aspects of the design, like water seepage through the embankment body, and must be considered in the design of leakage control measures. Therefore, an upstream facing, as shown below in Figure 6.6 in § 6.2.8, alleviates these consequences of the detrimental effects of the cracking of the dam body.

6.2.5. *Leakage control*

The treatment with binders involves changes in the pore size distribution at micro-structure of the material. Then, the permeability may be modified. However, as this has been shown in several studies when the treated material is properly compacted between 1.05 OMC and 1.15 OMC, there is no increase of the permeability. As well as it is the case for the compaction of very fine and sensitive soil materials, the compacting conditions and in particular the kneading of the cemented soil are of the utmost importance and need to be carefully analyzed during the study stages, and adequately prescribed.

Cependant, l'application du concept de CSD à des structures importantes conduira à recommander un revêtement d'étanchéité (avec dispositif de drainage) sur la face amont du barrage, dans une optique de sureté (voir Figure 6.5 au paragraphe 6.2.8).

De cette manière, le corps du CSD n'est pas en contact avec l'eau et ne remplit pas de fonction d'étanchéité. La fissuration du corps du barrage pendant la construction ou le premier remplissage, dans ces conditions, ne pose pas de problème pour la stabilité de l'ouvrage, à condition que la fissuration du barrage puisse être absorbée par le parement amont.

Le parement amont peut être une dalle de béton, comme dans les barrages en remblai dur, mais la stabilité au glissement de la dalle pourrait être remise en question si la fondation est trop déformable. Une géomembrane ancrée dans le corps du barrage peut également être envisagée, comme cela a été conçu pour les barrages en remblai dur de Filiatrinos (Grèce) et d'Ambarau (RDC).

En cas de fondation perméable, la conception peut se faire de manière similaire, mais une étanchéité en amont est nécessaire, par exemple, un rideau d'injections ou une paroi moulée ou au coulis pour éviter la saturation du remblai, ce qui pourrait entraîner des infiltrations et/ou une instabilité inacceptable.

6.2.6. Érosion interne du barrage ou de la fondation

Le traitement aux liants augmente de manière significative la résistance du matériau à l'érosion interne. Cependant, l'érosion interne du CSD et de la fondation reste une préoccupation importante et doit être traitée lors de la conception.

Ce risque peut potentiellement être augmenté par le retrait du matériau qui est susceptible de créer des fissures amont-aval, avec un risque accru de circulation d'eau. Cependant, on peut également noter que le traitement du sol fin améliore son comportement en ce qui concerne le gonflement-retrait sur le cycle naturel d'humidification-séchage, réduisant ainsi le risque de retrait.

Les gradients hydrauliques du CSD et des fondations sont plus élevés que dans un barrage en terre habituel en raison des pentes plus raides.

Les options suivantes sont disponibles pour faire face à l'érosion interne :

- Une gradation adéquate du matériau du remblai, et/ou l'adaptation du taux de liant du sol traité : selon la conception habituelle d'un remblai en terre, la perméabilité doit être croissante de l'amont vers l'aval, même si le talus aval doit être traité pour d'autres raisons, comme la résistance au déversement ou aux conditions climatiques sévères;

- Des filtres et des drains au point de contact entre le barrage et la fondation;

- Un parement amont étanche;

- Un parafouille dans la fondation de l'ouvrage.

En général, un drain cheminée dans le corps du barrage, qui est une solution courante pour les remblais homogènes afin de réduire le risque d'érosion interne généralisée, n'est pas recommandé pour les CSD car il peut avoir un impact négatif sur la stabilité de l'ouvrage. Cependant pour des CSD avec des talus aux pentes relativement douces, cette solution peut être considérée, à condition de démontrer par des analyses de stabilité adéquates que le drain cheminée coupant la structure en deux parties mécaniquement indépendantes ne compromet pas la stabilité à court et à long terme de la structure.

However, the development of the CSD concept for significant structures will lead to recommend a watertight upstream facing with drainage underneath on the upstream face of the dam as a safe option (see Figure 6.5 in § 6.2.8).

In this manner, the CSD body is basically out of water and has no function of watertightness. Cracking of the dam body during construction or first filling, in these conditions, is not a problem for the stability of the structure, provided that the cracking of the dam can be accommodated by the upstream facing.

The upstream facing can be a concrete slab, as in hardfill dam, but the sliding stability of the slab could be questionable if the foundation is soft. Geomembrane anchored in the dam body can also be considered, as it is designed for the Filiatrinos (Greece) and Ambarau (DRC) hardfill dams.

If the foundation is pervious, the design will be as usual, and an upstream seal will be necessary, e.g. grout curtain or concrete cut-off to avoid saturation of the fill and control of the pore pressure in the foundation, potentially resulting in unacceptable seepage and/or instability.

6.2.6. Internal erosion of the dam or of the foundation

The treatment with binders significantly increases the resistance of the material regarding internal erosion. However, internal erosion of the CSD and of the foundation remains a concern and must be addressed in the design.

This risk can potentially be increased in case of shrinkage of the material, likely to create upstream/downstream cracks, with increased risk of water circulation. However, it can be noted also that the treatment of the fine soil improves its behavior as regards to the swelling-shrinkage on the natural cycle of wetting-drying, thus reducing the risk of shrinkage.

Hydraulic gradients in the CSD and foundation are higher than in a usual earthfill dam because of steeper slopes.

The following options are available to cope with internal erosion:

- Adequate gradation of the earthfill material, and/or adaptation of the binder content of the treated soil: as per the usual design of an earthfill embankment, the permeability shall be increasing from upstream to downstream, even if the downstream slope has to be treated for other reasons, like resistance to overspilling, or to severe weather conditions;

- Filters and drains at contact of dam and foundation;

- Watertight upstream facing;

- Cut-off of the foundation.

Generally speaking, chimney drain in the dam body, which is a common solution for homogeneous embankments to reduce the risk of generalized internal erosion, are not recommended for CSD because it may have a negative impact on the dam stability. However, for CSDs with gentle slope, it may be considered provided that it is demonstrated through stability analysis that the presence of the chimney drain, which cuts the structure into two mechanically independent parts, does not jeopardize the short and long terms stability of the structure.

Il convient de noter dans ce chapitre que les noyaux de grands barrages construits avec de l'argile dispersive ont été efficacement protégés par des couches d'argile traitée à la chaux, soit dans la partie aval du noyau, soit entre le noyau et sa fondation, afin de constituer une barrière contre l'érosion interne du matériau du noyau. Les barrages américains de Los Esteros au Nouveau-Mexique et de Mc Gee Creek en Oklahoma possèdent des noyaux en argile dispersive protégés par des couches de matériaux traités à la chaux qui jouent le rôle de barrière anti-érosion entre la fondation et le noyau (voir les fiches techniques N°6 et N°7).

Le barrage de Mnjoli au Swaziland, haut de 42 m, a été conçu avec une hauteur complète d'argile traité à la chaux en aval du noyau composé d'argiles dispersives, isolant ces argiles dispersives des drains filtrants, assurant ainsi une protection efficace contre l'érosion interne (voir la description complète du concept dans la fiche technique N°11 et la Figure 6.7 au paragraphe 6.2.8).

Ainsi, les exemples ci-dessus (carapace, protection du noyau, fondation, etc.) montrent qu'il est possible de concevoir des sections traitées dans des barrages zonés, de manière à réduire le volume traité tout en améliorant les caractéristiques des ouvrages.

Pour les structures plus petites, le mécanisme d'érosion interne n'est pratiquement jamais pris en compte dans la conception courante des digues, les digues sont généralement construites comme des remblais homogènes avec peu ou pas de système filtrant ou drainant. Le gradient hydraulique est généralement faible, mais les défauts initiaux ou les facteurs aggravants du risque d'érosion interne sont très probablement présents, tels que la végétation ou les racines des arbres, les terriers, les fissures...

En ce qui concerne les digues ou les petits barrages, l'augmentation de la résistance interne à l'érosion (voir § 5.5.1) fournie par le traitement est suffisamment importante pour résister aux flux internes pour des gradients hydrauliques standard. Cela signifie que, à condition que la résistance interne à l'érosion du sol cimenté du site spécifique soit démontrée par des tests de laboratoire, aucun système complexe de filtration/drainage n'est nécessaire dans le corps de la digue.

Cependant, comme pour les barrages, l'érosion interne dans la fondation et au contact de la digue et de la fondation doit être soigneusement prise en compte.

6.2.7. Érosion externe des pentes

L'érosion externe (ou érosion de surface) est une problématique typique pour les concepteurs de barrages en remblai et de digues, mais revêt aussi une grande importance dans le comportement des berges de canaux. Une résistance à ce type d'érosion est nécessaire pour :

- Le talus amont du barrage ou d'une digue qui doit résister à l'action des vagues;
- Le talus aval qui peut être sujet à un déversement (en cas de débit amont supérieur à la crue de référence), mais aussi à une submersion si le déferlement de la vague coïncide avec l'occurrence de la crue de référence du débit entrant et dépasse le niveau de la crête;
- Toute partie du remblai exposée aux conditions climatiques (gel-dégel et/ou conditions humides-sèches) et aux fortes pluies/ruissellement;
- Les berges des canaux de navigation qui doivent résister au batillage (vagues générées par les navires).

Le traitement augmente significativement la résistance à l'érosion externe du sol cimenté par rapport au matériau non traité (voir § 5.5.2).

Le Bulletin 54 de la CIGB (Sol-ciment pour les barrages en remblai), publié en 1986, fournit près de 60 exemples de protections de parements de digues et de barrages ayant fonctionné de manière satisfaisante pendant plusieurs années.

It should be noted in this chapter that high dam cores built with dispersive clay have been effectively protected by layers of lime-treated clay, either in the downstream part of the core, or between the core and its foundation, in order to provide a barrier against internal erosion of the core material. The US dams of Los Esteros in New Mexico and Mc Gee Creek in Oklaoma have their dispersive clay core protected with layers of lime-treated material providing this anti-erosion barrier between the foundation and the core (see data-sheets N°6 and N°7).

The 42m high Mnjoli dam in Swaziland has been designed with a full-height layer of lime-treated clay downstream of the dispersive clay core, isolating these dispersive clays from the filter drains, and then providing an effective protection against internal erosion (see full description of the design in the data-sheet N°11 and Figure 6.7 in § 6.2.8).

Thus, the above examples (carapace, core protection, foundation, etc.) show that it is possible to design treated sections in zoned dams, in such a way to reduce the treated volume while improving the characteristics of the works.

Concerning smaller structures, internal erosion mechanism is hardly ever addressed in common levee design, with levees usually built as a homogeneous fill with no or very limited filter and drainage system. Hydraulic gradient is generally low, but initial defects or internal erosion risk aggravating factors are very likely present, such as vegetation or tree roots, burrows, cracks...

As far as levees or small dams are concerned, an increase of internal erosion resistance (see § 5.5.1) provided by treatment is large enough to withstand internal flows for standard hydraulic gradients. This means that, provided internal erosion resistance of the specific site cemented soil is demonstrated by laboratory tests, no complex filter/drainage system is required in the levee body.

However, as for dams, internal erosion in the foundation and at contact of levee and foundation should be carefully addressed.

6.2.7. External erosion of the slopes

External erosion (or surface erosion) is typically a concern for designers of earthfill dams and levees, but also it has a great importance on the behavior of the banks of canals. The common situations needing resistance to this kind of erosion are:

- the upstream slope of the dam or of a levee which has to resist to the wave action;
- the downstream slope which can be subject to overspilling (in case of upstream inflow larger than the design flood), but also to overflooding if the wave uprush coincides with the occurrence of the inflow design flood and exceeds the crest level;
- any part of the embankment exposed to weather conditions (freeze-thaw and/or wet-dry conditions) and to heavy rainfall/runoff;
- banks of navigation canals which have to resist to ship generated waves.

Treatment significantly increases the external erosion resistance of the cemented soil compared to non-treated material (see § 5.5.2).

ICOLD Bulletin 54 (Soil-cement for embankment dams), published in 1986, provides almost 60 examples of slope protections for dams and levees having been satisfactorily operating for several years.

Comme signalé dans le paragraphe 5.5.2.1, l'effet du traitement à la chaux d'une argile limoneuse sur l'érosion de surface a été expérimenté sur site, sur une digue de 3,5 m de haut en France à l'aide d'un dispositif d'essai de surverse de terrain (voir la fiche technique N°15).

En Chine, un essai en grandeur réelle a été réalisé sur une digue cimentée expérimentale de 1,9 m pour évaluer la protection de la pente aval de la digue de Heilongjiang Pangtoupao, comme indiqué au paragraphe 5.5.2.2 ci-dessus (voir la Figure 6.3 et la fiche technique N°9).

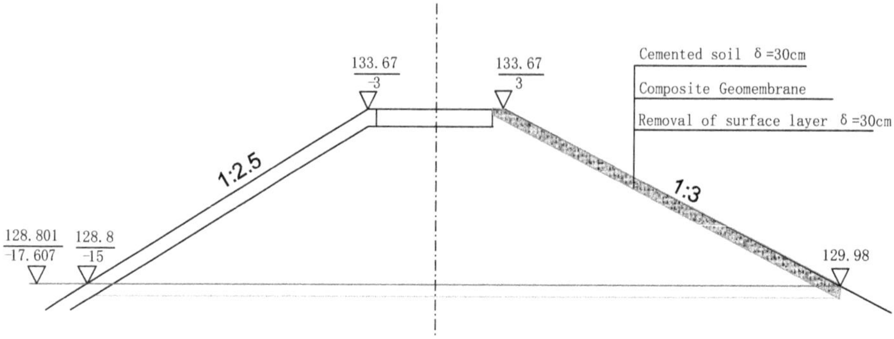

Fig. 6.3
Coupe transversale de la digue de Heilong Pangtoupao indiquant la protection du talus aval en bleu (Hauteur de digue : 5 m, largeur de crête : 6 m, Rapport de pente amont 1:2,5, Pente du talus aval 1:3)

Un autre exemple d'essai in situ en grandeur réelle a été effectué en Belgique pour la carapace de protection de la digue de Vlassenbroek conçue pour résister à l'érosion de surface causée par l'action des vagues (voir la Figure 6.4 et la fiche technique N°18).

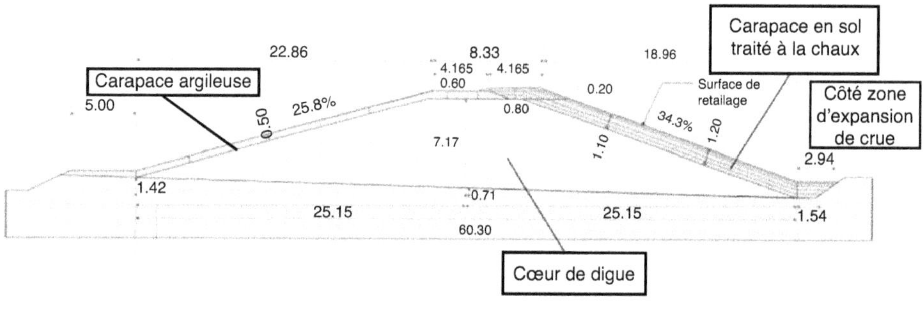

Fig. 6.4
Coupe transversale de la digue de Vlassenbroek montrant la carapace de protection de pente en brun

Cette conception de la protection des remblais par traitement a également été adoptée avec succès pour un batardeau (exemple de Pannecière rapporté au paragraphe 5.5.2.3 et dans la fiche technique N°13) ou pour un petit barrage sujet à des débordements (exemple du barrage de Loumbilla au Burkina Faso, également rapporté au paragraphe 5.5.2.4 et dans la fiche technique N°14).

Même si dans ces exemples, le gain de la résistance à l'érosion superficielle est très important, les résultats doivent être évalués pour chaque projet, en fonction du matériau à traiter, des conditions de construction, de l'action érosive, etc. Si, comme le montrent les premiers résultats, la résistance à l'érosion est suffisante, la conception et la sécurité de la digue peuvent être considérablement

As reported in chapter 5.5.2.1, the effect of the treatment of a silty clay soil by lime on surface erosion has been tested on site, on a 3.5 m high experimental levee in France with help of an overflow field test device, (Refer to data-sheet N°15)

In China a full-scale test has been carried out on a 1.9m high cemented test levee for evaluation of the downstream slope protection of the Heilongjiang Pangtoupao Levee, as also reported in the above chapter 5.5.2.2 (Refer to Figure 6.3 and data-sheet N°9).

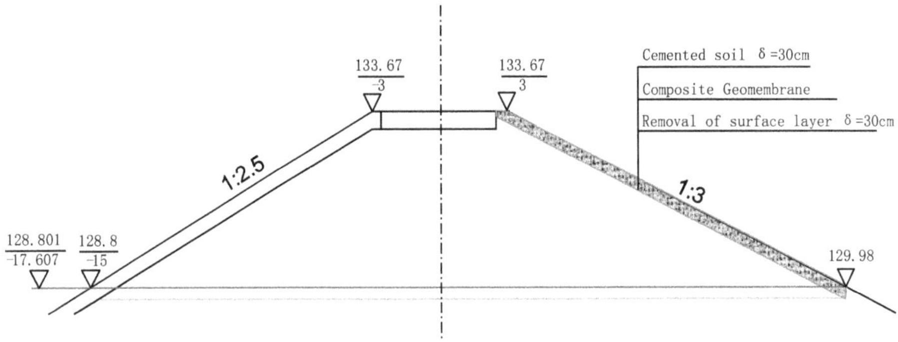

Fig. 6.3

Cross section of the Heilong Pangtoupao Levee showing the slope protection in blue
(Levee height: 5m, crest width: 6m, Upstream slope ratio 1:2.5, Downstream slope ratio 1:3)

Another example of a recent full-scale in-situ testing has been recorded in Belgium for the Vlassenbroek levee covering shell designed to resist to surface erosion caused by waves action (Refer to Figure 6.4 and data-sheet N°18).

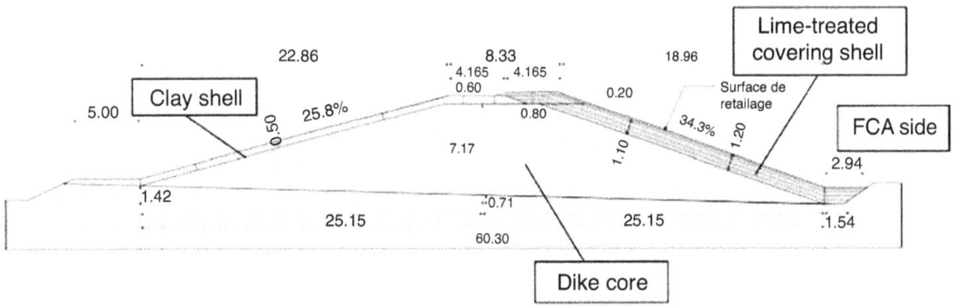

Fig. 6.4

Cross section of the Vlassenbroek levee showing the slope protection in brown

This design of slope protection by treatment has also been successfully adopted for a cofferdam (example of Pannecière reported in § 5.5.2.3 and in data-sheet N°13) or for a small dam subject to overtopping (example of Loumbilla dam in Burkina Faso, also reported in § 5.5.2.4 and in the data-sheet N°14).

Even if in these examples, the gain of surface erosion resistance is very significant, the results have to be assessed for each project, depending on the material to be treated, construction conditions, erosive action, etc. If, as shown by the first results, erosion resistance is sufficient, design and safety of the levee may be significantly increased. Designing cemented soil overflow

améliorées. La conception de barrages et de digues résistants aux déversements grâce au sol cimenté est donc possible, sans avoir recours à des matériaux coûteux tels que l'enrochement, les matelas de galets, ou le béton. Pour les digues, il peut s'agir de longs tronçons de plusieurs kilomètres.

Une digue résistante au déversement correctement conçue pourrait être beaucoup plus sûre, car le risque de défaillance en cas de crue supérieure à l'événement de conception est considérablement réduit, comme cela a été démontré par des tests adéquats (comme décrit dans le paragraphe 5.5.2 ci-dessus). D'autre part, on peut envisager de réduire le franc-bord, ce qui permet de réduire les coûts en utilisant moins de matériaux, tout en gardant à l'esprit, cependant, que certaines situations extrêmes doivent être considérées avec une attention particulière, telles que de très mauvaises conditions de fondation (fondation très peu portante ou très hétérogène) ou des sollicitations sismiques importantes.

6.2.8. Exemples de coupes transversales :

Une coupe type pourrait être tirée des réflexions précédentes : un revêtement étanche placé sur la face amont du barrage (Figure 6.5), avec un drainage en dessous pour assurer la stabilité du revêtement en cas de décrue rapide, met le corps du barrage hors d'eau. Le corps du barrage n'a alors aucune fonction d'étanchéité.

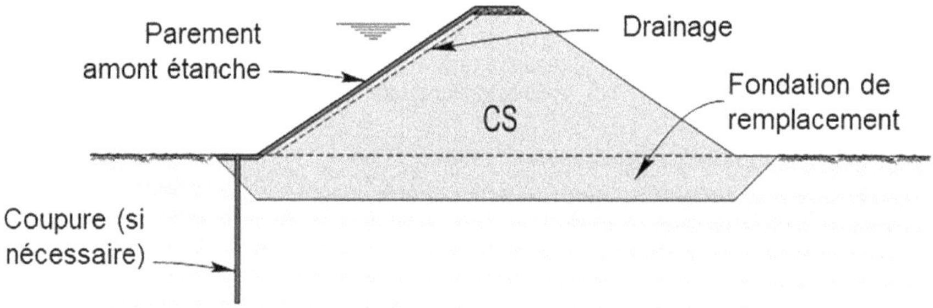

Fig. 6.5
Coupe transversale d'un grand barrage en sol cimenté

Un avantage important de ce type de conception est que la construction du corps du barrage est très simple, ce qui est particulièrement important pour ce type d'ouvrage.

L'ajout d'un revêtement imperméable en amont permet de réduire le niveau d'exigence pour les remblais en sol cimenté à faible perméabilité ou le contrôle qualité des opérations de traitement, du traitement des joints entre couches et de l'uniformité de la densité sur toute la section étanche du CSD.

Le drainage sous un parement amont étanche, qu'il s'agisse d'une dalle en béton ou d'une géomembrane, est impératif. Le drainage est communément réalisé par un géodrain situé sous la membrane étanche.

Des tuyaux encastrés subhorizontaux ou des drains granulaires (ou une combinaison des deux) au contact entre le barrage et la fondation évacuent l'eau drainée vers l'aval. Le sol traité en contact avec les tuyaux doit être très soigneusement placé et compacté afin de minimiser le risque de fuite le long du contact, même si le risque d'érosion de contact est limité en raison de la bonne résistance à l'érosion du sol traité. Un dosage plus élevé en liant du sol cimenté peut être envisagé à proximité des drains et une conception soignée des drains est obligatoire. La protection des drains par des filtres peut être envisagée en fonction du type de drain et de la nature du matériau environnant (sol cimenté et fondation).

resistant dams and levees is therefore possible, without the use of expensive materials such as rip rap, stone mattresses, concrete. For levees, long stretches of several kilometers may be concerned.

An overflow resistant levee properly designed might be much safer, as risk of failure in case of flood higher than the design event is significantly reduced, as this has been shown with the adequate tests (as described in above paragraph 5.5.2). On the other hand, reduced freeboard may be considered, leading to lower costs with less material being needed, still bearing in mind, however, that some extreme situations should be considered with extra care, such as very poor foundation conditions (very soft or very heterogeneous foundation) or severe seismic loads.

6.2.8. Examples of cross sections:

A typical section could be drawn from the above reflections: a watertight facing placed on the upstream face of the dam (Figure 6.5), with drainage underneath to ensure the stability of the facing in the event of rapid drawdown, puts the body of the dam out of the water. The body of the dam then has no sealing function.

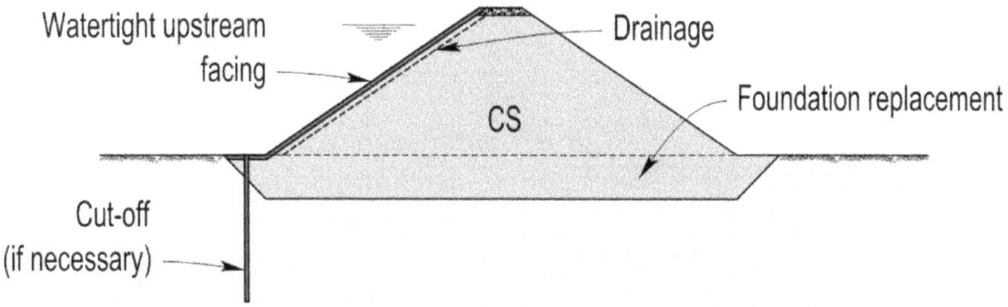

Fig. 6.5
Cemented Soil high dam section

A significant advantage of this design is that the construction of the dam body is very simple, which is especially important for this type of dams.

Adding an upstream impermeable face allows to reduce the level of requirements for low permeability cemented soil fill as well as those for control of variation during treatment operations, lift joint treatment and uniform density throughout the lift of the CSD.

Drainage under waterproof upstream facing, whether a concrete slab or a geomembrane, is compulsory. The drainage is commonly realized by a geodrain lying under the impervious membrane.

Sub horizontal embedded pipes or granular drains (or a combination of both) at the contact between the dam and the foundation evacuate the drained water to downstream. The treated soil in contact with the pipes should be very carefully placed and compacted in order to minimize the risk of leakage along the contact, even if the risk of contact erosion is limited due to the good erosion resistance of the treated soil. A higher binder dosage of the cemented soil can be envisaged in the vicinity of the drains and a careful design of the drains is mandatory. Protection of drains by filters may be considered depending on the type of drain and on the nature of the surrounding material (cemented soil and foundation).

Généralement, les sites favorables aux CSD peuvent présenter un sol ou une fondation rocheuse fragile. Les pentes des parements du CSD doivent être compatibles avec les propriétés mécaniques de la fondation. Un remplacement partiel de la partie meuble de la fondation par le même sol cimenté (ou avec une teneur en liant adaptée) peut être envisagé.

L'objectif de ce remplacement est d'améliorer la stabilité du barrage et de limiter le tassement de la fondation. Il est considéré comme une exigence de base du CSD pour s'adapter à des mauvaises conditions de fondation.

Le sol traité peut également être utilisé comme élément de la section du barrage.

À titre d'exemple on peut citer le batardeau de Pannecière en France où le noyau en argile non-traité a été encapsulé dans du sol traité (voir le paragraphe5.5.2.3 et la fiche technique N° 13, ainsi que la Figure 6.6 qui montre la coupe transversale du batardeau).

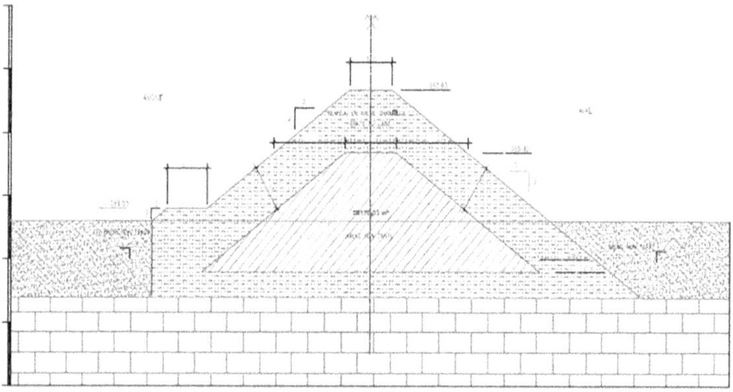

Fig. 6.6
Batardeau de Pannecière : coupe transversale de la carapace en sol traité

D'autres options de conception peuvent être envisagées en fonction des conditions ainsi que des compétences et des besoins du concepteur comme la protection aval d'un noyau en argile dispersive, pour le barrage de Mnjoli (voir section 5.6, la fiche technique N° 11 et la Figure 6.8 montrant la coupe transversale du barrage).

Fig. 5. Zoning arrangement for protection against dispersive erosion where M1 is impervious core material; M1A, core materials treated with 2 per cent lime; F1A, fine sand filter; F1, coarse sand filter; U2, D2, fine rockfill shell zone; U3, D3, coarse rockfill shell zone; and U4, riprap.

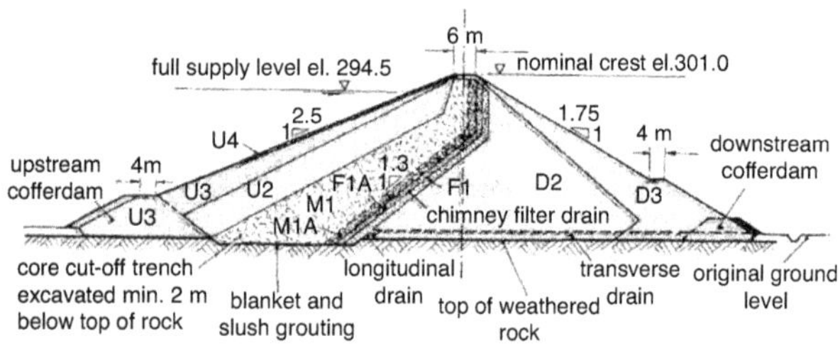

Fig. 6.7
Coupe transversale du barrage de Mnjoli avec la couche de protection M1A du noyau en matériau dispersif

La coupe transversale du barrage de Los Esteros au Nouveau-Mexique, construit en 1979 est présentée dans la fiche technique N° 6. C'est également un bon exemple d'un grand barrage (67 m de haut) comprenant un noyau en argile dispersive protégé par une couche de sol traité à la chaux (M1A).

Generally, the sites where a CSD will be appropriate may have soil or weak rock foundation. The slopes of the CSD must be compatible with the mechanical properties of the foundation. A partial replacement of the soft part of the foundation by the same cemented soil (or with an adapted binder content) can be considered.

The objective of this replacement is to improve the stability of the dam and to limit the settlement of the foundation. It is considered as a basic requirement for CSD to accommodate poor foundation conditions.

Treated soil can also be used as a part of the dam profile.

An example is given by the Pannecière cofferdam in France where the untreated clay core has been encapsulated in treated soil (see § 5.5.2.3 and data sheet N°13, and Figure 6.6 showing the cross-section of the cofferdam).

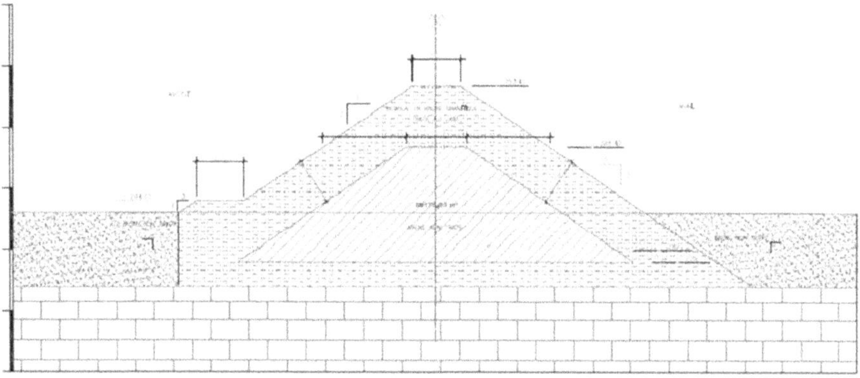

Fig. 6.6
Pannecière cofferdam: cross section of the treated carapace

Other design options can be envisaged depending on the conditions and the skill and needs of the designer like the downstream protection of a dispersive clay core as Mnjoly dam (see § 5.6, data-sheet N°11 and Figure 6.8 giving the cross section of the dam).

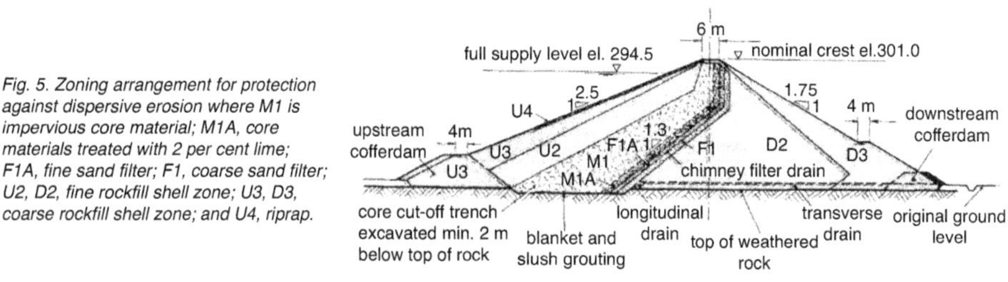

Fig. 6.7
Mnjoli dam cross section with the protection layer M1A of the dispersive material of the core

The cross section of the Los Esteros dam in New Mexico, built in 1979 can be found in data sheet N°6. It is also a good example of a 67m high dam with its dispersive clay core bottom protected by a layer of lime-treated soil (M1A).

De plus, le bulletin 54 de la CIGB donne aussi des exemples de protections de parements amont de barrages utilisant des sols traités au ciment. Le bulletin montre des exemples de protections de pente amont, comme présenté à la Figure 6.8.

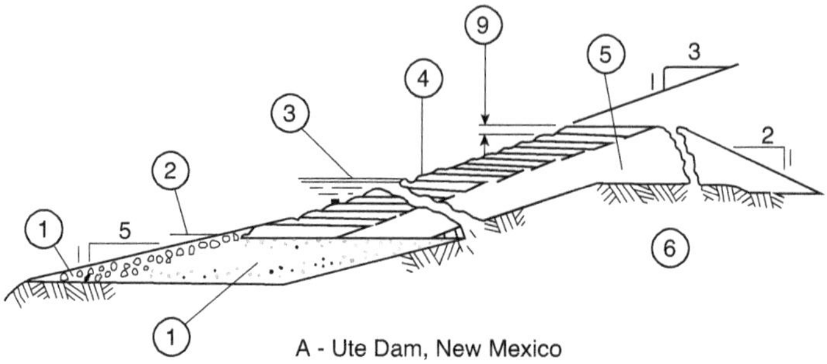

A - Ute Dam, New Mexico

A - Ute Dam, New Mexico

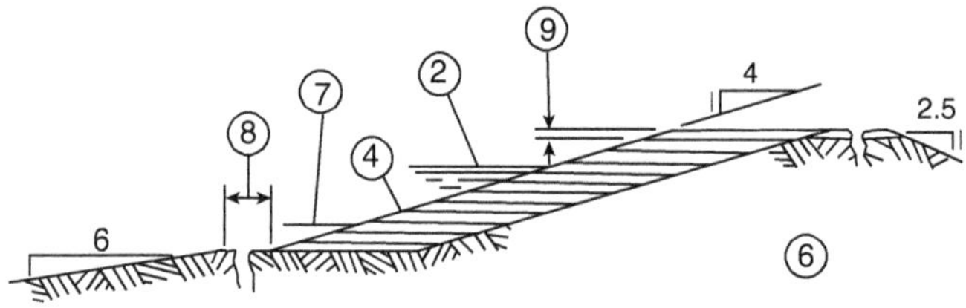

B - Merritt Dam, Nebraska

B - Merritt Dam, Nebraska

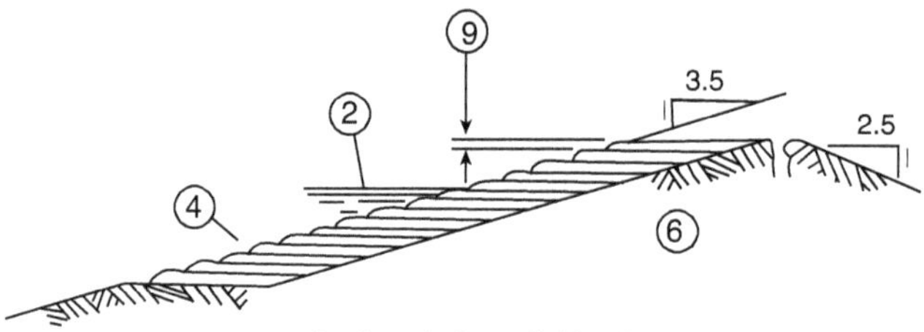

C - Castaic Dam, California

C - Castaic Dam, California

Fig. 6.8

Protections de parements amont de barrages américains rapportés à titre d'exemple dans le Bulletin 54

1)	Matériau de plus de 75 mm (3 po)	Plus 75 mm (3 in) material
2)	Niveau normal de retenue	Normal water surface
3)	Niveau Maximal du réservoir (après modification de l'évacuateur de crue)	Ultimate reservoir level
4)	Sol-ciment	Soil-Cement
5)	Zone perméable	Pervious zone
6)	Remblai	Embankment
7)	Niveau minimal de retenue	Minimum water surface
8)	Berne de 6,1 m (20 pi.)	6.1 m (20 ft.) bern
9)	Couche de 0,15 m (6 po.) d'épaisseur	0.15 m (6 in.) thick layer

In addition, ICOLD bulletin 54 also gives examples of upstream slope protections using cement treated soils. The bulletin, as shown below in Figure 6.8, gives examples of upstream slope protections.

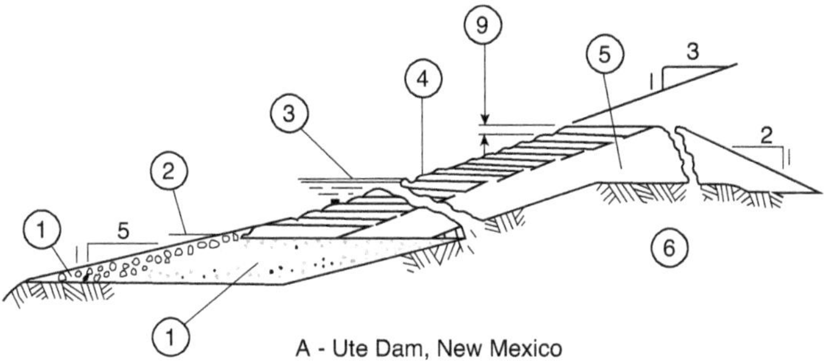

A - Ute Dam, New Mexico

A - Ute Dam, New Mexico

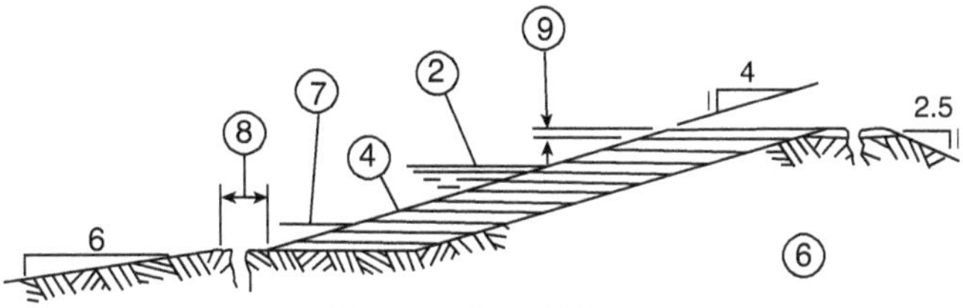

B - Merritt Dam, Nebraska

B - Merritt Dam, Nebraska

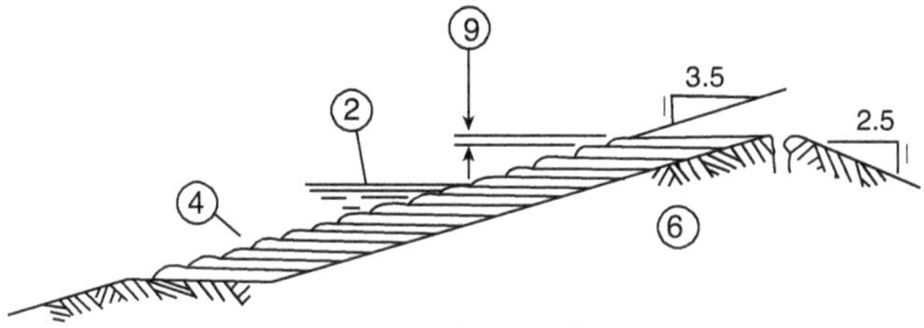

C - Castaic Dam, California

C - Castaic Dam, California

Fig. 6.8
Upstream slope protection of US dams reported as examples in Bulletin 54

1)	Matériau de plus de 75 mm (3 po)	Plus 75 mm (3 in) material
2)	Niveau normal de retenue	Normal water surface
3)	Niveau Maximal du réservoir (après modification de l'évacuateur de crue)	Ultimate reservoir level
4)	Sol-ciment	Soil-Cement
5)	Zone perméable	Pervious zone
6)	Remblai	Embankment
7)	Niveau minimal de retenue	Minimum water surface
8)	Berne de 6,1 m (20 pi.)	6.1 m (20 ft.) bern
9)	Couche de 0,15 m (6 po.) d'épaisseur	0.15 m (6 in.) thick layer

6.3. QUALITÉ DE LA FONDATION ET TRAITEMENT

La conception de barrages sur des fondations perméables ou de faible capacité portante pose, de manière générale, une variété de problèmes. Ceci s'applique aussi pour les barrages en sol cimenté. La complexité varie en fonction du type de fondation, de sa stratigraphie, perméabilité, homogénéité, portance et rigidité.

Le traitement d'une fondation devrait inclure :

- Un rideau parafouille en fondation (par exemple par un rideau d'injection, palplanches, colonnes injectées ou paroi en béton plastique ou au coulis),
- L'excavation de matériaux non adaptés,
- Le traitement de surface pour la fondation / interface matériaux cimenté-remplissage,
- Le remplacement total ou partiel de la partie meuble de la fondation par un sol cimenté ou n'importe quel matériau adapté.

Quelques exemples de substitution d'un sol de fondation aux caractéristiques médiocres par un sol cimenté peuvent être trouvés dans différents domaines des travaux publics. Pour les barrages ou les digues, le Bulletin 54 a déjà mentionné des applications de sol de fondation en sol cimenté pour les barrages.

Dans la province de Sichuan en Chine, pour la construction du projet de Navigation, et de Production d'énergie de Minjiang, la digue de Minjiang Longxikou doit être construite sur un sol susceptible de se liquéfier en cas de séisme. Les concepteurs doivent donc améliorer drastiquement sa capacité portante pour résister à la charge verticale de la digue. L'épaisseur de ce sol limoneux à caractéristiques médiocres varie entre 3 et 8 m. La solution retenue est de traiter le sol avec un mélange de ciment et de cendres volantes (6% de ciment et 6% de cendres volantes en proportion de sol sec). Un grand nombre de mélanges différents ont été testés pour retenir ce dosage qui permet d'atteindre des valeurs de R_C de 1,8 MPa après 28 jours et de 2,4 MPa après 90 jours. Cette amélioration est également considérée comme adéquate pour éviter le tassement qui pourrait entraîner des déformations intolérables de la digue, et des fissures potentielles. En outre, la perméabilité du matériau traité a été testée et les résultats ont été jugés satisfaisants pour éviter les infiltrations sous le remblai, susceptibles de causer des problèmes de stabilité, ainsi que d'"érosion interne potentielle et des risques de renard. La construction d'un essai en grandeur réelle est maintenant en cours, afin d'adopter définitivement la solution pour les 23 km de digues. Cette solution est aussi retenue pour faire face à la difficulté d'éliminer ce sol comme un déchet, s'il n'est pas traité. Cela pourrait permettre d'économiser 70 millions de dollars US. La coupe transversale du projet imaginé est présentée ci-dessous à la Figure 6.9. Les détails complets de ces essais et de ce projet sont disponibles dans la fiche technique N° 17 (J. Jia) [10, 42].

6.3. FOUNDATION QUALITY AND TREATMENT

The design of dams on pervious or weak foundations involves a variety of issues for dams in general. This also applies to cemented soil dams. The complexity will vary depending on the type, stratigraphy, permeability, homogeneity, bearing capacity, and stiffness modulus of the foundation.

Foundation treatment may include:

- under-seepage cut-off (e.g. grouting, sheet-pile, jet-grouting or concrete cut-off),
- excavation of unsuitable material,
- surface treatment for the foundation/cemented materials-fill interface,
- total or partial replacement of the soft part of the foundation by cemented soil or any suitable material.

Some examples of the substitution of a foundation soil with poor characteristics by a cemented soil can be found in different fields of construction works. But, for dams or levees, the bulletin 54 already reported foundation applications of soil-cement for dams.

In the Sichuan Province of China, for the construction of the Minjiang Navigation Power Project, the Minjiang Longxikou levee has to be built on a soil subject to liquefaction in case of earthquake. The designers have therefore to improve drastically its bearing capacity to withstand the vertical load of the levee. The thickness of this weak silty soil is between 3 to 8m. The solution retained is to treat the soil with a mix of cement and fly-ash (6% cement and 6% of fly-ash in proportion of the dry soil weight). A large number of different mixes have been tested to retain this dosage which allows to reach UCS values of 1.8 MPa after 28 days and 2.4 MPa after 90 days. This improvement is also considered adequate to avoid the settlement which could involve unacceptable deformations of the levee, and potential cracks. In addition, the permeability of the treated material has been tested and the results considered satisfactory to avoid seepage under the embankment, prone to cause stability problems, as well as potential internal erosion and piping. The construction of a full-scale test is now in progress, in order to finally adopt the solution for the 23 km of levees. This solution is also retained to cope with the difficulty to dispose this soil as a waste, if not treated. It could save a total of 70 M US$. The cross section of the designed project is shown below in Figure 6.9. The full details of this tests and of the project is available in the data sheet N°17 (J. Jia) [10, 42].

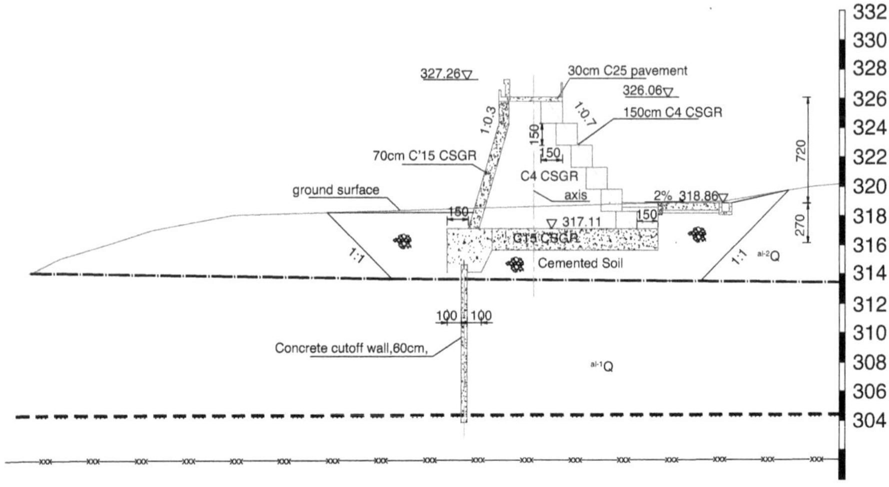

Fig. 6.9
Coupe de la digue de Minjiand Longxikou montrant la fondation en sol traité avec un mélange de ciment et de cendre volante

6.4. SYSTÈME COMPOSITE D'ÉTANCHÉITÉ EN AMONT

6.4.1. Géomembrane de revêtement

Le revêtement étanche amont peut être constitué d'une géomembrane, installée sur toute la face amont et reliée de manière étanche à la fondation (plinthe ou rideau étanche). Les géomembranes de revêtement sont utilisées dans les barrages depuis 1959 (barrage en enrochement de Contrada Sabetta, Italie, 32,5 m de hauteur). Au début des années 1980, avec la construction des premiers RCC, les bénéfices de l'introduction des géomembranes devinrent évidents, tout en réduisant considérablement les contraintes de conception et de construction. Une géomembrane est une alternative viable aux dalles de béton dans les barrages en remblai dur, qui sont en fait le développement des RCC, et dans les CMD en général.

Une géomembrane pour revêtement étanche consiste en une couche imperméable constituée par des feuilles de géomembranes préfabriquées et liées thermiquement sur site, une couche anti-fouisseurs qui protège la géomembrane contre les perforations et une couche de drainage. La géomembrane est ancrée à la face du barrage le long de lignes ou de points, et en périphérie. L'ancrage de la face a pour fonction de résister aux forces de soulèvement et de maintenir la géomembrane suffisamment lisse et tendue. L'étanchéité périphérique est essentielle et très critique car soumise à un gradient hydraulique élevé.

La gamme de revêtements de géomembranes disponibles sur le marché est assez large. Le choix des bonnes propriétés mécaniques et de la durabilité de la membrane peut influencer la conception, la qualité de l'installation et les performances à long terme. Les géomembranes en polymères et bitumineuses peuvent être envisagées.

Parmi les matériaux polymères, le polychlorure de vinyle plastifié (PVC-P) est le plus utilisé dans les structures hydrauliques et plus particulièrement dans les barrages en remblai (enrochement, remblai dur, remblai en terre), en raison de ses performances plus élevées, notamment en ce qui concerne la souplesse et la capacité d'allongement. Les géomembranes en PVC-P sont communément adoptées sous la forme de revêtements géocomposites (géomembrane thermosoudée lors de la fabrication à un géotextile non tissé) présentant des propriétés mécaniques et une résistance à la perforation supérieures.

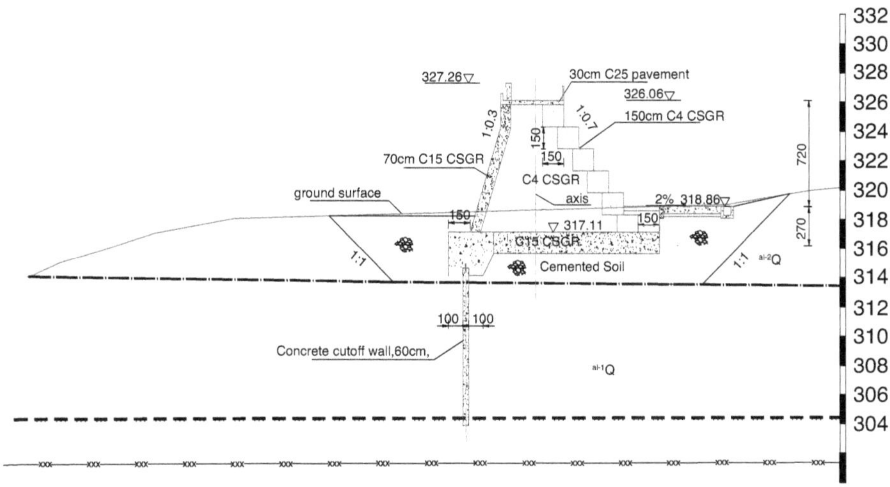

Fig. 6.9
Section of the Minjiang Longxikou levee with the foundation treated soil by a mix of cement and fly-ash

6.4. UPSTREAM WATERPROOFING COMPOSITE SYSTEM

6.4.1 Geomembrane facing

The watertight upstream facing may consist of an engineered geomembrane liner, installed over the entire upstream face and watertight connected to the foundation (plinth or cut-off). Geomembrane liners have been used in dams since 1959 (Contrada Sabetta, Italy, 32.5 m high rockfill dam). At the beginning of the 1980s, with the construction of early RCCs, the benefit of introducing a geomembrane facing appeared evident, though significantly reducing the design and construction constraints. A geomembrane facing is a viable alternative to concrete slabs in Hardfill dams, which are in fact a development of RCCs, and in CMDs in general.

A geomembrane facing typically consists of an impervious layer made of prefabricated geomembrane sheets heat-seamed at site, of an anti-puncture layer that protects the geomembrane liner against puncture, and of a drainage layer. The geomembrane liner is anchored to the dam face along lines or at points, and along the peripheries. The face anchorage has the function of resisting to uplift forces and to maintain the geomembrane adequately smooth and tensioned. The peripheral seal is essential and very critical because it is subject to high hydraulic gradient.

The range of geomembrane liners available in the market is quite wide. The selection of the correct mechanical properties and durability of the liner can influence the design, the quality of the installation, and the long-term performance. The polymeric geomembranes and bituminous geomembranes can be considered.

Among the polymeric materials, the plasticized polyvinylchloride (PVC-P) presents the largest application in hydraulic structures and specifically in embankment dams (rockfill, hardfill, earthfill), because of the higher performance properties specifically as it concerns the flexibility and elongation capability. The PVC-P geomembranes are commonly adopted in the form of geocomposite liners (geomembrane heat-bonded during fabrication to a non-woven geotextile) showing higher mechanical properties and puncture resistance.

À titre indicatif, les revêtements en géomembrane doivent présenter une flexibilité et une capacité d'allongement suffisantes pour résister aux déformations des remblais et aux mouvements sismiques. Typiquement, dans la plupart des situations les allongements maximaux induits dans les revêtements de géomembrane sur le terrain sont de l'ordre de 50 à 60%. Les matériaux polymères présentant un pic ou un plateau plastique à des allongements inférieurs doivent être évités. La résistance à la perforation et à l'éclatement est requise pour les revêtements de géomembrane placés sur des sous-couches qui contiennent des particules de grande taille ou anguleuses, et présentent des vides et des cavités. Un matériau polymère combinant un faible coefficient de dilatation thermique et une grande flexibilité est souhaitable pour réduire l'apparition et l'amplitude des plis, qui peuvent être la cause de la concentration des contraintes, en particulier sous d'importantes hauteurs d'eau. Les joints de géomembrane sont un élément critique et peuvent déclencher des défaillances localisées dues à l'affaiblissement du matériau polymère, à la concentration des contraintes et à un processus de soudage incorrect. Les joints de fusion doivent être préférés aux joints d'extrusion.

La durabilité du revêtement de la géomembrane doit être étudiée par rapport aux sollicitations environnementales susceptibles de modifier les performances à long terme du revêtement étanche en amont. Les paramètres pertinents pour le vieillissement des polymères sont le rayonnement UV, les températures élevées, le gel-dégel, les attaques biologiques et chimiques. Le processus de vieillissement peut être évalué dans des laboratoires spécialisés à l'aide de tests et d'équipements de vieillissement accéléré.

La couche de base sur laquelle le revêtement de la géomembrane est installé doit avoir une capacité portante et une stabilité suffisante, ainsi qu'une régularité de surface adéquate pour éviter la concentration des contraintes. Les revêtements de géomembrane avec un support géotextile non tissé (géocomposites) présentent une meilleure performance générale en termes de résistance aux contraintes et de stabilité à l'interface, en raison d'une résistance à la perforation et d'un angle de frottement plus élevés. Dans le cas d'un support plutôt agressif, il est recommandé de considérer une couche support supplémentaire constituée d'un géotextile de masse élevée (1000 g/m2 ou plus). Les géotextiles en polypropylène doivent être préférés au polyester et au polyamide en raison de leur meilleure résistance en environnement alcalin.

Des informations plus complètes sur les propriétés des géomembranes, leurs applications et leur sélection peuvent être trouvées dans le Bulletin 135 de la CIGB "Dispositifs d'Étanchéité par Géomembranes pour les Barrages – Principes de conception et retour d'expérience" publié en 2010 [58].

6.4.2. Drainage du revêtement

Le drainage sous un revêtement amont étanche, qu'il s'agisse d'une dalle en béton ou d'une géomembrane, est indispensable. Le drainage est communément réalisé par un géodrain situé sous la membrane étanche.

Des tuyaux encastrés subhorizontaux ou des drains granulaires (ou une combinaison des deux) au contact entre le barrage et la fondation évacuent l'eau drainée vers l'aval. Le sol traité en contact avec les tuyaux doit être très soigneusement placé et compacté afin de minimiser le risque de fuite le long du contact, même si le risque d'érosion de contact est limité en raison de la bonne résistance à l'érosion du sol traité. Un dosage plus élevé du sol traité peut être envisagé à proximité des drains et une conception soignée des drains est obligatoire. La protection des drains par des filtres peut être envisagée en fonction du type de drain et de la nature du matériau environnant.

As a general indication, geomembrane liners must show an adequate flexibility and elongation capability to withstand the embankment deformations and earthquake settlements. In most typical situations maximum elongations induced in geomembrane liners in the field are in the order of 50–60%. Polymeric materials showing a peak or plateau (yielding) at lower elongations should be avoided. Resistance to puncture and burst is required for geomembrane liners placed on subgrades that contain large or angular particles, and present voids and cavities. A polymeric material with a combination of a low coefficient of thermal expansion and high flexibility is desirable to reduce the occurrence and amplitude of wrinkles, which may be cause of stress concentration, especially under important water heads. Geomembrane seams are a critical element and can trigger localized failures due to weakening of the polymeric material, stress concentration, and incorrect seaming process. Fusion seams are to be preferred to extrusion seams.

The geomembrane liner must be investigated for durability in respect to environmental aggressions that can modify the long-term performance of the watertight upstream facing. Relevant parameters for polymer aging are the UV radiation, high temperatures, freeze-thaw, biological and chemical attacks. The ageing process can be assessed in specialized laboratories by accelerated weathering tests and equipment.

The base layer on which the geomembrane liner is installed must have sufficient bearing capacity and stability, and adequate surface regularity to prevent stress concentration. Geomembrane liners with a backing non-woven geotextile (geocomposites) show a general better performance in respect to resistance to stresses and to stability at the interface, due to a higher puncture resistance and friction angle. In case of a rather aggressive support, it is recommended to consider an additional cushion layer made of a high-mass geotextile (1000 g/m^2 or higher). Polypropylene geotextiles should be preferred to polyester and polyamide due to the better resistance to an alkaline environment.

More comprehensive information on geomembranes properties, applications and selection can be found in ICOLD Bulletin 135 "Geomembrane Sealing Systems for Dams - Design principles and review of experience" published in 2010 [58].

6.4.2. Drainage of the facing

Drainage under waterproof upstream facing, whether a concrete slab or a geomembrane, is compulsory. The drainage is commonly realized by a geodrain lying under the impervious membrane.

Sub horizontal embedded pipes or granular drains (or a combination of both) at the contact between the dam and the foundation evacuate the drained water to downstream. The treated soil in contact with the pipes should be very carefully placed and compacted in order to minimize the risk of leakage along the contact, even if the risk of contact erosion is limited due to the good erosion resistance of the treated soil. A higher dosage of the treated soil can be envisaged in the vicinity of the drains and a careful design of the drains is mandatory. Protection of drains by filters may be considered depending on the type of drain and the nature of the surrounding material.

6.5. ÉLÉMENTS SPÉCIFIQUES AUX DIGUES

6.5.1. Commentaires généraux

Une digue est une structure linéaire érigée pour faire souvent partie d'un système de défense contre les inondations. La connaissance actuelle des structures complexes que sont les digues et les systèmes de défense contre les inondations connait un fort développement et une forte structuration, notamment avec le Groupe de Travail du Club Européen et le Comité Technique LE sur les digues de la CIGB.

Les caractéristiques principales des digues qui ont un impact sur la conception en général des ouvrages, mais plus spécifiquement lors de l'utilisation des sols cimentés sont les suivantes :

- A l'inverse des barrages, lorsque les digues font partie du système de défense contre les inondations, elles ne sont pas destinées à retenir un volume d'eau plus ou moins grand. Les risques associés sont de nature différente.

- Les digues sont généralement basses comparées aux barrages et avec de longs linéaires.

- Les sols de fondation des digues, localisés le long de voies d'eau sont souvent de qualité médiocre.

- Les structures annexes (déversoirs, ouvrages de restitution et de vidange...) sont souvent de conception plus simple et elles sont moins nombreuses que pour les barrages. Cependant, il peut exister un grand nombre de structures sans lien fonctionnel direct avec la digue, telles que les égouts, les réseaux divers, le drainage... créant un risque d'interactions nuisibles.

- Les ressources techniques et financières sont souvent bien plus faibles comparées à de nombreux projets de barrages, ceci dépendant naturellement du contexte local et des enjeux du chantier.

- Les modèles de conception courants sont simples - parfois rudimentaires, même si l'état de la technique s'améliore actuellement.

Les sols cimentés peuvent répondre à certaines des particularités mentionnées ci-dessus. Les avantages des sols cimentés pour les barrages sont en effet aussi applicables aux digues, à savoir une augmentation des caractéristiques mécaniques et donc une possibilité de raidir les pentes. De plus, les sols cimentés peuvent permettre de résoudre plusieurs, voire tous les mécanismes de défaillance, tout en conservant un modèle de conception simple et en améliorant la sécurité de l'ouvrage.

Toutes les considérations ci-dessous sont principalement valables pour les petites structures habituelles. Pour les digues exceptionnelles telles que les digues de protection contre les inondations des biens essentiels (centrale électrique, hôpitaux...), les digues de canal ou les digues de grande hauteur, des justifications supplémentaires doivent être prises en compte, similaires à celles décrites ci-dessus pour les barrages.

6.5.2. Avantages du traitement sur la conception

Les principaux bénéfices apportés par le traitement du sol sont :

- Limiter les besoins en matériaux nobles (en fonction des conditions sur place), tels que le sable propre, les graviers, les sols propres au remblai, etc.,

6.5. SPECIFIC ELEMENTS TO LEVEES

6.5.1. General comments

A levee is a linear, raised structure, frequently part of flood defense system. Current knowledge of the complex structures that are levees and flood defense systems is under strong development and structuring, namely with the Working Group on Levees and Flood Defenses of the European Club of the ICOLD and the ICOLD Technical Committee LE on levees.

Main levees defining features, impacting the design in general but especially when using cemented soils are:

- Unlike dams, when levees are part of a flood defense system, they do not retain a more or less defined volume of water. Associated risks are a of different nature.

- Levees are generally low compared to dams, with long stretches.

- Levee foundation soils, located along watercourses, are often of poor quality.

- Appurtenant structures (spillways, outlet works...) are generally simpler and of a smaller number than for dams. However large number of structures without a direct functional link with the levee may exist, such as sewage, networks, drainage... creating risk of harmful interactions.

- Technical and financial resources are generally low compared to many dam projects, obviously depending on local context and stakes.

- Common designs are simple – sometimes rudimentary, even if the state of the art is currently improving.

Cemented soil may address some of the above-mentioned particularities. Benefits of cemented soil for dams are indeed also applicable to levees, i. e. increased mechanical characteristics and thus possibility of steepened slopes. Moreover, cemented soil may address several or all main failure mechanisms while keeping simple design and increasing safety of the structure.

All considerations below are mainly valid for usual small structures. For exceptional levees such as essential asset flood protection levees (power plant, hospitals...), canal levees or great height levees, additional justifications must be considered, similar to those described above for dams.

6.5.2. Benefits of treatment on design

Main benefits provided by soil treatment are:

- Limiting the need of valuable materials (depending on site conditions), such as clean sand, gravels, fill soils, etc.,

- Permettre, sous certaines conditions, la surverse, amenant une réduction des coûts par rapport à d'autres types de protection à la surverse comme l'enrochement, les matelas de pierre... La résistance au déversement peut également entraîner une réduction du franc-bord,

- Simplifier la section transversale, en limitant les systèmes complexes de filtration et de drainage,

- Éliminer le besoin de couches de protection amont et aval,

- Laisser la possibilité de couvrir les surfaces en sol traité avec une terre végétale et de végétaliser les ouvrages sans risques majeur de pénétration de racines dans le sol cimenté solidifié (Figure 6.10),

Fig. 6.10
Après un ensemencement naturel, les racines ne peuvent pas pénétrer le sol traité à la chaux et sont détournées à la surface de la digue (à gauche); même situation avec de la bourdaine (à droite)

- Provoquer de grandes difficultés pour les animaux à terrier de creuser dans les sols traités durcis, qui de plus sont basiques (Figure 6.11 et 6.12) [59].

Fig. 6.11
Tentative de creusement de terrier sur une digue traitée à 2,5% de chaux (à gauche) et terrier de lapin creusé sur une digue non traitée (droite)

- Allowing, under defined circumstances, overflow, leading to cost reduction compared to other type of overflow protection such as rip rap, stone mattresses... Overflow resistance may also lead to reduced freeboard,

- Simplifying the typical cross section, with limitation of complex filter and drain system,

- No need for upstream and downstream protection layers,

- Possibility to cover the treated surfaces with topsoil and to vegetate the works with no major risk of root penetration into the hardened cemented soil (Figure 6.10),

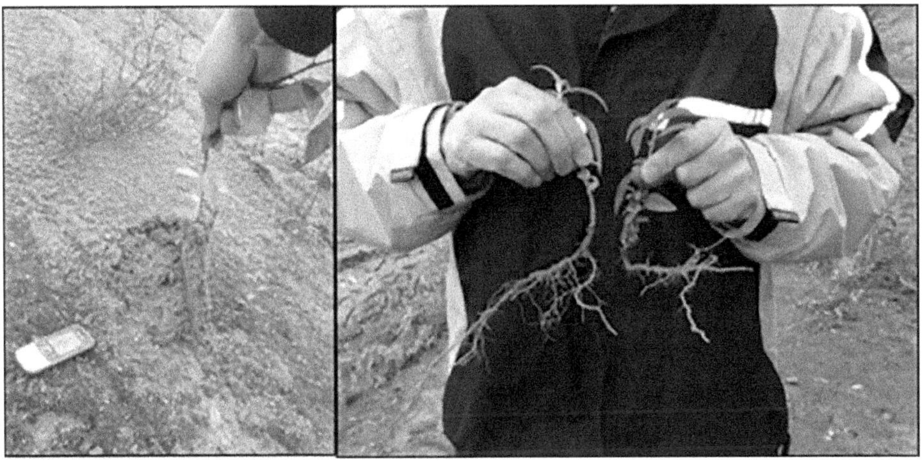

Fig. 6.10
After natural seeding, roots cannot penetrate the lime treated soil and are diverted to the surface of the embankment (left); same situation with buddleia ("butterfly bush") (right)

- Difficulties for burrowing animals to dig in hardened, and moreover basic, treated soils (Figure 6.11 and 6.12) [59]

Fig. 6.11
Attempt to dig a burrow in a levee treated with 2.5% lime (left) and rabbit burrow dug in an untreated levee (right)

Fig. 6.12
Partage d'expérience entre lapins

- Offrir la possibilité de raidir les pentes,
- Réduire les superficies de réserves foncières impactées, grâce à des pentes plus raides, ce qui est d'importance cruciale dans les zones habitées,
- Réduire globalement le coût, par réduction du transport des matériaux et diminution des nuisances (dommages sur le réseau routier existant, bruit, poussières, etc.),
- Faciliter la circulation sur la crête de la digue grâce à la bonne capacité de portance des sols traités,
- Offrir la possibilité de mettre en place une structure routière avec des sols traités sur la crête de la digue recouvert d'un enduit superficiel ou d'une couche de roulement en asphalte chaud, en fonction du trafic à supporter. La fiche technique n° 19 donne un aperçu de l'utilisation française des sols cimentés dans la conception des chaussées. La Figure 6.13 montre également une piste de chantier constituée de 50 cm de limon traité à la chaux (2% de chaux vive).

Fig. 6.12
Experience sharing between rabbits

- Possible slope steepening,
- Reduced land reservation, thanks to steeper slopes, what is of crucial importance in inhabited areas,
- Global cost reduction, material transport reduction and decrease of nuisances (damage on existing road network, noise, dust, etc.),
- Easy traffic on the crest of the levee thanks to the good bearing capacity of the treated soil,
- Possibility to design a road structure with treated soils at the crest of the dam or the levee, covered with a surface dressing or a hot-mix asphalt wearing course, depending on the traffic to be supported. The data-sheet N°21 gives an overview of the French use of cemented soils in pavement design. Figure 6.13 also shows a construction site track made of 50 cm of lime treated silt (2% quicklime).

Fig. 6.13
Piste de chantier constituée de 50 cm de terre traitée à la chaux (2% de chaux vive)

Une attention spéciale doit être prêtée aux digues résistantes aux déversements dans le contexte du changement climatique : le changement climatique entraînera très probablement des débits de pointe plus élevés et des inondations plus fréquentes que celles observées aujourd'hui. Dans la plupart des cas, il sera impossible de construire des digues protégeant contre 100 ou 1000 ans d'inondation, même pour des investissements très élevés. Avec la conception habituelle actuelle des digues, les déversements provoquent des brèches (sauf dans des zones spécifiques protégées contre les débordements), et éventuellement de nombreux décès et dommages. Avec la conception permise par le sol cimenté, le risque de rupture des digues résistantes aux débordements devrait être considérablement réduit, même pour des crues supérieures à la crue de projet. Une telle conception constitue donc un élément très prometteur de la réponse au changement climatique dans le contexte du système de défense contre les inondations.

6.6. JUSTIFICATIFS ET MÉTHODES DE CALCUL

6.6.1. Considérations générales

La conception de barrages en sol cimenté (CSD) est à mi-chemin entre les barrages poids en béton et les barrages en remblai, puisque certaines caractéristiques du matériau l'assimilent plus à un sol et d'autres plus à un béton.

Deux types de modes de rupture ont été analysés : le mode de rupture par plan de glissement circulaire pour un barrage en remblai ainsi que le mode de rupture par plan horizontal pour un barrage en béton ou en dur. Les résultats montrent que la méthode de rupture par glissement en rupture circulaire est la plus pertinente pour les CSD de petite et moyenne taille.

Les problématiques suivantes, qui doivent être vérifiées dans le cas des barrages en sols cimentés, sont similaires à celles des barrages en remblai :

- Résistance mécanique du barrage et de la fondation, concernant la stabilité des talus pour différentes conditions,
- Déformation et tassement à court et à long terme,
- Développement des pressions interstitielles pendant la construction,

Fig. 6.13
Construction site track made of 50 cm of lime treated soil (2% quicklime)

Special attention should be paid to overflow resistant Levees in the frame of climate change: climate change will most probably lead to higher peak flows and more frequent floods than observed today. In most cases, it will be impossible to build levees protecting against 100- or 1000-years floods, even for very high stakes. With current usual levee design, overflow causes breach (unless in specific zones protected against overflow), and possibly many fatalities and damages. With the design allowed by cemented soil, the risk of breach of overflow resistant levees should be considerably reduced, even for floods higher than the project flood. Such a design is then a very promising part of the answer to climate change in the context of flood defense systems.

6.6. JUSTIFICATIONS AND CALCULATION METHODS

6.6.1. General considerations

CSD design is in-between concrete gravity dams and embankment dams, since some characteristics of the material make it more like a soil, and others more like concrete.

Two types of failure modes have been analysed: circular slip plane mode as an embankment dam as well as horizontal plane failure mode as a concrete or hardfill dam. The results prove that the slope (circular plane) method is the most relevant for small to medium size CSD.

The following issues, which have to be checked in the case of cemented soil dams, are quite similar to embankment dams:

- Mechanical strength of the dam and of the foundation, regarding the stability of slopes for different conditions,

- Deformation and settlement in short and long term,

- Development of pore pressure during construction,

- Contrôle des fuites, si une fuite significative d'eau est considérée comme inacceptable,
- Érosion interne du matériau du barrage et/ou de la fondation,
- Érosion de surface sur les parements amont et aval,
- Comportement à long terme.

Cependant, une attention spéciale doit être portée à certains comportements spécifiques des sols cimentés les rapprochant du béton :

- L'effet de retrait qui peut potentiellement induire des fissures dans le barrage et ainsi augmenter les fuites et les risques d'érosion interne, si aucune barrière étanche spécifique n'est prévue, ou si le retrait n'est pas proprement contrôlé par le traitement,
- La compatibilité de la déformation du sol cimenté et des déformations de la fondation dans le cas d'une fondation déformable.

Enfin, les questions susmentionnées doivent être vérifiées en tenant compte de la cinétique d'évolution des caractéristiques des sols traités, notamment en ce qui concerne la faible cinétique des sols traités à la chaux.

Les paragraphes suivants décrivent des éléments permettant la justification des CSD.

6.6.2. Caractéristiques principales du comportement mécanique des sols cimentés

Comme mentionné dans le chapitre 5, les sols traités ont un comportement qui peut être situé du point de vue rhéologique entre celui des sols rigides surconsolidés et des roches tendres à faible cimentation (pression limite à l'essai pressiométrique comprise entre 1 MPa et 10 MPa). Ils sont similaires aux sols naturels cimentés. Ils ont par conséquent une résistance à la compression (R_c ou UCS), et une résistance à la traction (R_t) (UCS / R_t = 8–12). Ces résistances sont quantifiées directement avec des tests en laboratoire (test de compression uniaxiale, test de traction indirecte ou essai Brésilien).

En mécanique des sols, l'enveloppe de Mohr-Coulomb est identifiée sur des essais de cisaillement triaxial à plusieurs pressions de confinement (le plus souvent 3 ou 4 essais, avec des pressions de confinement entre 25 kPa et 400 kPa ou plus, selon la gamme de contraintes de service). La cohésion effective c' est quantifiée indirectement par extrapolation de la droite de Mohr-Coulomb à une valeur de contrainte effective moyenne nulle.

Par conséquent, ce n'est pas directement identifié et ne représente pas une résistance du sol à une contrainte de cisaillement faible, et il n'est pas rigoureux de déduire R_t à partir de c'. En revanche, la droite de Mohr-Coulomb n'est valable que pour le domaine de pression de confinement qui a permis de l'établir, et il n'est pas judicieux de l'utiliser en dehors de ce domaine, que ce soit pour de petites contraintes, pour des contraintes de traction, ou pour des contraintes plus importantes. En particulier, la résistance à la traction du sol n'est en aucun cas donnée par $c'/\mathrm{tg}(\varphi')$. De même, la résistance au cisaillement du sol ne peut pas être analysée avec la droite de Mohr-Coulomb pour des contraintes supérieures à la plus grande pression de confinement de l'essai triaxial qui l'a établie.

Dans la modélisation par éléments finis, des modèles de durcissement de type Cam-Clay sont généralement utilisés. Ces modèles sont essentiels pour plusieurs raisons : i) modéliser correctement la construction par étapes et l'augmentation potentielle de la pression interstitielle pendant la phase de construction, ii) définir correctement l'état de contrainte en fin de construction pour modéliser la phase de remplissage du réservoir, iii) prendre en compte correctement l'influence des paramètres des matériaux dépendants du temps (rigidité élastique et plastique, résistance au cisaillement, limite d'élasticité), iv) définir correctement l'état de contrainte actuel pour modéliser une phase de chargement sismique.

- Leakage control, if significant leakage of water is considered as unacceptable,
- Internal erosion of the dam material and/or of the foundation,
- Surface erosion for upstream and downstream facing,
- Long term behavior.

Nevertheless, special attention will be paid to some specific behavior of cemented soils making them have similarities with concrete:

- The shrinkage effect that can potentially induce cracks in the dam and therefore increase the leakage and the risk of internal erosion, if no specific watertight barrier is provided, or if the shrinkage is not properly controlled by the treatment.
- The compatibility of cemented soil deformation and foundation deformations in case of deformable foundation.

Finally, the above-mentioned issues should be checked bearing in mind the kinetics of evolution of treated soil characteristics, especially with respect to the low kinetics of lime treated soils.

The following paragraphs describe elements for the justification of CSD.

6.6.2. Salient features of the mechanical behavior of cemented soils

As mentioned in § 5, the treated soils have a behavior that can be located in the rheological sense between stiff over-consolidated natural soils and soft rocks with weak cementation (limit pressure of the pressuremeter test between 1MPa and 10 MPa). They are similar to natural cemented soils. They therefore develop an Unconfined Compressive Strength (UCS), and a tensile strength R_t (UCS/R_t = 8 to 12). These resistances are quantified directly by laboratory tests (UCS test, indirect tensile test, or Brazilian test).

In soil mechanics, the Mohr-Coulomb line is identified on triaxial shear tests at several confining pressures (most often 3 or 4 tests, with confining pressures between 25 kPa and 400 kPa or more, depending on the range of service stresses). The effective cohesion c' is quantified indirectly by extrapolation of the Mohr-Coulomb line to a zero mean effective stress value.

Consequently, c' is not directly identified and does not represent the resistance of the soil to low shear stress. Then, it is not rigorous to deduce R_t from c'. On the other hand, the Mohr-Coulomb line is only valid on a specific confining pressure domain. Therefore, it is not adequate to use it outside that domain, whether for small stresses or tensile stresses, or for large stresses. Also, the tensile strength of the soil is not provided by $c'/tg(\varphi')$, as it might be for uncemented soil. Similarly, the soil shear strength cannot be analyzed with the Mohr-Coulomb line for stresses greater than the greatest confining pressure of the triaxial test that established it.

In finite-element modelling, strain hardening rheological type models are generally used for cemented soil, such as Cam Clay or Small Hardening Soil. Such models are essential for several reasons: i) correctly modeling the staged construction, and then potential pore pressure rise during the construction, ii) correctly defining the end-of-construction stress state to model the reservoir impounding phase, iii) correctly accounting for the influence of the time dependent material parameters on material behavior (elastic and plastic stiffness, shear strength, yield stress), iv) correctly defining the current stress state to model a seismic loading phase.

La variable de durcissement isotropique σ'_p, couramment appelée la contrainte de consolidation des sols, peut être appelée "limite d'élasticité" pour les sols traités. La valeur initiale de cette dernière est l'une des données d'entrée de la modélisation. En pratique, elle correspond à la contrainte de compactage par couche. Elle est de l'ordre de 300 à 400 kPa (Modaressi and Fry, 2001) [60].

La plus grande contrainte effective pour un remblai de 15 m de haut, en raison du poids du sol, est de l'ordre de 300 kPa à 400 kPa. Donc, les remblais de moins de 15 ou 20 m de haut ont un état de contrainte plus faible que la contrainte de compactage : on peut dire qu'ils sont dans un état de "surconsolidation" parce que le poids de la terre à la construction n'augmentera pas σ'_p, Dans ce domaine, la résistance au cisaillement peut être analysée avec la droite de Mohr-Coulomb, qui est une fonction de c' identifiée à des pressions de confinement du même ordre de grandeur que la contrainte in-situ. Pour des barrages de plus de 15 m un modèle de durcissement de type Cam-Clay Structuré (avec cohésion) doit être utilisé (modèle SCC, Robin et al., 2015) [32].

Un remblai homogène de plus de 15 ou 20 m de hauteur se divise en deux zones : la zone haute de 15 à 20 m d'épaisseur, qui est surconsolidée, et la zone basse située en dessous. Dans la zone basse, les contraintes effectives sont plus élevées que la contrainte de compactage : on peut dire qu'elle est dans un état de consolidation normale car le poids du sol à la construction a augmenté σ'_p,. Dans ce cas, la théorie de l'état critique indique que la droite de Mohr-Coulomb est définie avec c' = 0. Un modèle de durcissement de type Cam-Clay (avec c' = 0) doit être utilisé.

Les modèles de durcissement du type Cam-Clay Cimenté (CCC, Nguyen et al., 2014) [61] permettent de considérer les deux situations et doivent être utilisés pour la modélisation par éléments finis de remblais d'une hauteur supérieure à 15 ou 20 m. Ceci est décrit dans la Figure 6.14.

Cependant, la limite élastique σ'_p, d'un sol traité augmente avec le temps (ainsi que d'autres paramètres des matériaux comme la rigidité élastique et plastique et la résistance au cisaillement). Ces ordres de grandeur peuvent être revus à la hausse en fonction des résultats des tests de laboratoire. C'est pourquoi il est pertinent d'envisager un modèle SCC conventionnel pour des remblais allant jusqu'à 30 m de haut.

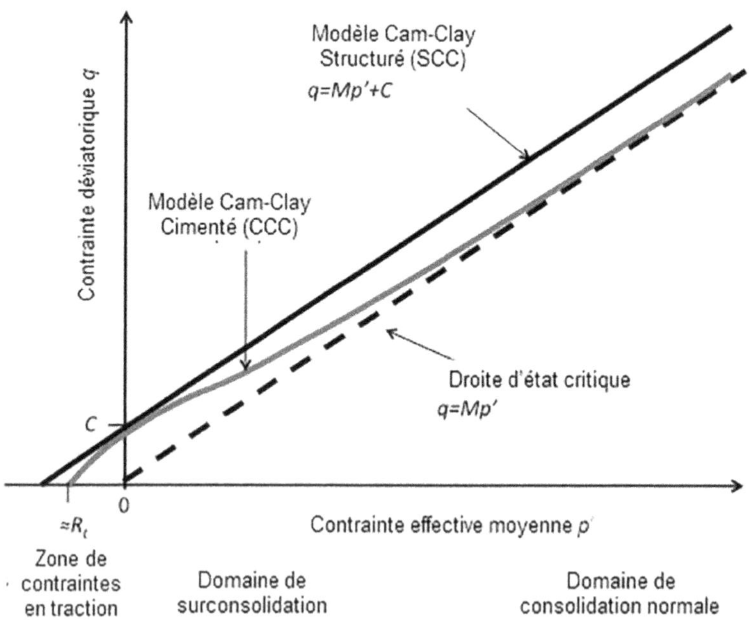

Fig. 6.14

Résistance au cisaillement de sols cimentés – modèle Cam-Clay Cimenté comparé avec le modèle Cam-Clay Structuré et la ligne de l'État Critique (Nguyen et al., 2014)

The isotropic hardening variable σ'_p, usually called the consolidation stress for soils, may be called "the yield stress" for treated soils. Its initial value is input data of the modeling. In practice, it corresponds to the compaction stress per layer. This is of the order of 300 to 400 kPa (Modaressi and Fry, 2001) [60].

The greatest effective stress of a 15 m high embankment, due to the weight of the soil, is in the range of 300 kPa to 400 kPa. Therefore, embankments less than 15 to 20 m high have a state of stress lower than the compaction stress: it can be said that they are in an "over-consolidated" state because the weight of the earth at the construction will not increase σ'_p. In this area, the shear strength can be analyzed with the Mohr-Coulomb line, which is a function of c' identified on confining pressures of the same order of magnitude than the in-situ stress. For dams higher than 15 m, a strain hardening Structured Cam-Clay type model (with cohesion) should be used (SCC model, Robin et al., 2015) [32].

A homogeneous embankment of more than 15 to 20 m in height has two zones: the high zone of 15 to 20 m thick, which is over-consolidated, and the low zone located below. In the low zone, the effective stresses are greater than the compaction stress: it can be said that it is in a normally consolidated state because the weight of the earth at construction has increased σ'_p. In this case, the critical state theory says that the Mohr-Coulomb line is defined with c' = 0. A model of strain hardening Cam-Clay type (with c' = 0) should be used.

Strain hardening of Cemented Cam-Clay type models (CCC, Nguyen et al., 2014) [61] allow both situations to be considered and would have normally to be used for finite-element modeling of backfill above 15 to 20 m in height, as this is described in Figure 6.14.

However, the yield stress σ'_p of a treated soil increases with time (as are other material parameters like elastic and plastic stiffness and shear strength). These orders of magnitude can be revised upwards according to the results of laboratory tests. For this reason, it is relevant to consider a conventional SCC model for an embankment up to 30 m high.

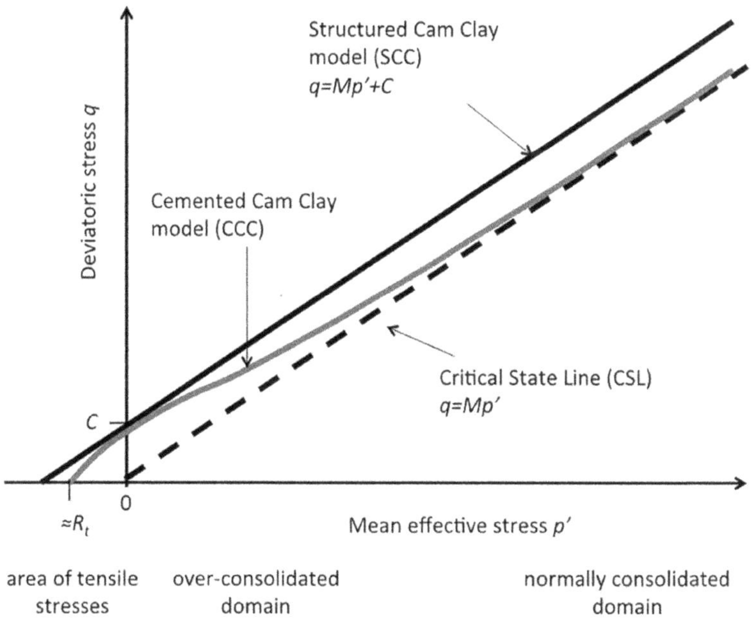

Fig. 6.14

Shear strength of cemented soils: Cemented Cam-Clay model compared with Structured Cam Clay model and the Critical State line (Nguyen et al., 2014)

À partir des considérations théoriques exprimées ci-dessus, les concepts de barrage présentés ci-dessous sont tirés des retours d'expérience des travaux de terrassement courants ainsi que des diverses expériences et études de laboratoire réalisées sur les sols traités.

6.6.3. Justification de la stabilité du barrage

L'analyse de stabilité des barrages CSD inclut l'analyse de la stabilité globale, au renversement et au glissement, ainsi que la stabilité mécanique interne.

En raison de la forme symétrique des talus de la section transversale, le renversement n'est pas un mode de rupture critique pour les CSD.

En fonction des conditions de site, la stabilité au soulèvement et au glissement doit être vérifiées, mais ce n'est en général pas un aspect aussi critique que pour les barrages-poids en béton et en conséquence cela n'influence pas la conception.

Le contrôle critique pour la stabilité des barrages CSD est celui de la stabilité des talus amont et aval qui concerne uniquement le corps du barrage ou bien l'ensemble corps et fondation. Les méthodes de calcul à utiliser sont similaires aux méthodes de calcul pour les barrages en remblai, avec les modèles de sol appropriés.

La stabilité peut être vérifiée par une analyse d'équilibre limite le long d'une surface de glissement circulaire, plane, en bloc ou composite. La rupture de pente le long d'une surface de glissement circulaire est généralement le cas le plus critique.

On peut considérer que le sol cimenté se comporte comme un remblai compacté habituel, en utilisant par exemple les paramètres de Mohr-Coulomb : la cohésion c et l'angle de friction interne σ, dans les limites du modèle (réf. § 6.1).

Les performances mécaniques des sols cimentés sont améliorées par le traitement au liant, par rapport à celles du sol naturel, et cela permet au concepteur de prévoir des pentes de talus plus raides. L'amélioration de la résistance au cisaillement n'est efficace que sur la cohésion, et non sur l'angle de frottement interne (voir le § 5.1 pour la détermination des caractéristiques mécaniques des sols traités). Par conséquent, l'influence du traitement sur la conception des pentes décroit avec l'augmentation de la hauteur de barrage.

Comme la résistance au cisaillemeMnjoli autraité augmente avec le temps, les phases de construction et de fin de construction sont généralement les situations les plus critiques à considérer pour le contrôle de la stabilité des talus du barrage. Les méthodes de construction et plus précisément la phase de mise en place et la vitesse de montée du remblai doivent être en accord avec les hypothèses formulées sur la variation dans le temps des caractéristiques mécaniques du matériau traité. Pour les barrages en remblai homogène construits avec des sols plastiques limoneux et argileux, la stabilité pendant la phase de construction dépend du développement potentiel de pression interstitielle. Par conséquent, la vitesse de montée du remblai du barrage construit à l'aide de sol traité doit être maintenue en dessous de la capacité du matériau traité à développer une pression interstitielle excessive, même si le matériau est capable d'augmenter sa résistance et sa rigidité. Conformément à cela, le volume de matériau traité à placer par jour doit être ajusté en fonction de ce facteur limitatif.

Cependant, d'après des analyses numériques et en laboratoire effectuées dans le cadre du travail du groupe miroir CFBR, les sols traités ne sont pas sujets au développement d'une pression interstitielle significative, à condition que des précautions aient été prises en ce qui concerne le taux d'humidité durant la mise en place (voir la section 5.4).

Based on the above theoretical considerations, the dam stability justifications presented hereunder are drawn on feedback from usual earth moving operations as well as the various laboratory experiments and studies carried out on treated soils.

6.6.3. Justification of the dam stability

This stability analysis of CSD concerns the analysis for global stability such as overturning and sliding, and the internal mechanical stability.

Due to the symmetrical sloped shape of the cross-section, over-turning is not a critical failure mode for CSD.

Depending on site conditions, uplift and sliding stability have to be checked, but are usually not as critical as for concrete gravity dams and do not drive the design.

The critical check for the stability of CSD is upstream and downstream slopes stability that can concern the dam body only or the dam and the foundation. The calculation methods to be used are therefore similar to calculation methods for embankment dams, with appropriate soil models.

Stability can be checked by limit equilibrium analysis along circular, planar, block or composite slip surface. The slope failure along circular slip surface is generally the most critical case.

It can be considered that the cemented soil behaves like a usual compacted earthfill, using for example Mohr-Coulomb parameters: cohesion c and internal friction angle σ, within the limits of the model (ref. § 6.6.1).

The mechanical performance of cemented soils is highly increased by the binder treatment, by comparison with the natural soil, and it allows the designer to choose steeper embankment slopes. The shear strength performance improvement is only effective on the cohesion, and not on the internal friction angle (see above § 5.1 for the determination of mechanical characteristics of treated material). As a consequence, the influence of treatment on the design slope decreases as the height of the dam increases.

As the shear strength of the treated soil increases with time, the on-going and end of construction stages are usually among the most critical situations which are considered for a dam slope stability check. Construction methods and more specifically placement and raising rates shall be consistent with the assumptions made on time-dependent mechanical characteristics of the treated material. For homogeneous earthfill dams built with silty and clayey plastic soils, stability during construction is depending on potential pore pressure development. Thus, the raise of the dam built with treated soil shall be kept below the capacity of the treated material to develop excessive pore pressure, even if the material is able to increase its strength and its stiffening. Accordingly, the volume of treated material to be placed by day will be adjusted to this limiting factor.

However, according to laboratory and numerical analyses carried out in the frame of the CFBR (FrCOLD) mirror group, treated soils are not subjected to such significant pore pressure development, provided that precautions have been taken as regards the moisture content during the placement (ref. § 5.4).

Dans les travaux du CFBR, par exemple, la stabilité d'un barrage de 30 m de haut a été étudiée à l'aide de simulations numériques (analyse de stabilité et analyse de charge/contrainte). Les principales caractéristiques, retenues pour cet ouvrage, étaient les pentes des talus amont et aval de 1,5H pour 1V, avec une longueur maximale de 300 m et une crête de 6 m de large. Les vitesses de mise en œuvre retenues étaient de l'ordre de 3000 à 5000 m³ par jour avec une application en couches de 30 cm d'épaisseur. La vitesse de montée du remblai variait alors entre 0,1 m/jour à la base et 2 m/jour en crête. Il a été démontré (voir § 5.3) que pour un degré de saturation ($Sr = w_0/w_{sat}$) maintenu en dessous de 90% (avec une valeur unique possible jusqu'à 95%), alors le développement de pression interstitielle n'est pas attendu. (Agresti et al.) [62].

Pour les remblais traités de moins de 15 m de hauteur, ayant donc un état de contrainte inférieur à la contrainte de compactage de 200 à 300 kPa, la résistance au cisaillement peut être analysée avec le critère de rupture représenté par la droite de Mohr-Coulomb. Cette résistance au cisaillement peut être identifiée pour des pressions de confinement de l'ordre de la contrainte in-situ. Par conséquent, pour de telles structures, une justification simple de la stabilité peut être vérifiée par une analyse de l'équilibre limite le long d'une surface de glissement circulaire, plane, en bloc ou composite. La rupture le long d'une surface de glissement circulaire est généralement le cas le plus critique. L'utilisation de modèles plus sophistiqués comme les modèles à éléments finis ou à différences finies n'est généralement pas nécessaire.

Si la structure de remblai (digue ou barrage) atteint 15 à 20 m de hauteur, le développement de pression interstitielle dans le corps du remblai doit être considéré avec une plus grande attention que pour des plus petites structures. Un soin particulier doit être porté à façon dont le matériau traité est préparé et compacté : le taux de saturation du remblai compacté, comme défini précédemment à la section 5.3, ne devrait pas excéder 90% en moyenne. A cette condition, et s'il n'y a pas d'autre condition défavorable (fondation compressible, cinétique de l'effet du traitement sur le matériau inhabituel, etc.), l'approche simple mentionnée ci-dessus par l'analyse de l'équilibre limite, en utilisant le critère de Mohr-Coulomb est aussi généralement acceptable.

Lorsque la hauteur du barrage atteint 30 m, d'après les travaux du CFBR déjà mentionnés, on peut conclure qu'il est tout à fait possible de construire une structure sûre, à condition de respecter scrupuleusement toutes les conditions mentionnées ci-dessus pour les barrages de plus petite taille. De plus, il devient impératif de vérifier la stabilité du remblai avec des modèles permettant de prendre en compte la déformation du matériau traité. Des modèles par éléments finis ou par différences finies peuvent être utilisés. Comme mentionné dans le paragraphe6.6.2, un modèle de durcissement de type Cam-Clay Structuré (avec cohésion) peut être utilisé (modèle SCC, Robin et al., 2015 [32], Horpibulsuk et al 2010) [63]. Les modèles de durcissement plastique du sol ou de durcissement plastique, ainsi que les modèles Cam-Clay modifiés peuvent être utilisés avec certaines précautions en ce qui concerne la rhéologie du sol traité, et la cinétique de l'évolution de ses propriétés géomécaniques. Quel que soit le comportement rhéologique retenu par le modèle, celui-ci doit permettre au concepteur d'intégrer la construction progressive par couches, ainsi que l'augmentation progressive des caractéristiques mécaniques du sol traité et de sa rigidité.

Tous ces modèles restent imparfaits, mais en fonction du type de calcul et du logiciel utilisé, il est possible de réaliser des tests de sensibilité. L'adéquation avec le comportement réel du matériau doit être recherchée avant tout et vérifiée par une surveillance pendant la phase de construction.

Les valeurs maximales de résistance au cisaillement mesurées à l'essai triaxial sont à retenir; cette hypothèse doit être réévaluée en fonction des situations de calcul envisagées, mais rester cohérente avec la justification de l'équilibre limite recherché.

Il faut bien sûr disposer de tous les essais de laboratoire avec plusieurs états de durcissement pour le matériau traité donné, en particulier s'il s'agit d'un matériau traité à la chaux, et vérifier leur cohérence. Ces essais doivent être répétables pour assurer la robustesse des paramètres retenus et justifier la stabilité du remblai. Les conditions d'essais doivent correspondre aux conditions de mise en œuvre attendues (contrainte de confinement, degré de saturation, etc.).

In these above works of the CFBR, for example, the stability of a 30m high dam was investigated by means of numerical simulations (stability analysis and stress/strain analysis). The main characteristics, retained for this dam, were upstream and downstream slopes of 1,5H on 1V, with a maximum length of 300m at the 6m wide crest. The rate of placement retained was between 3,000 to 5,000 m^3 per day with 30cm thick layers. The rate of raising was therefore ranging from 0.1m/day at the base to 2m/day at the crest. It was shown (see § 5.3) that with a degree of saturation ($Sr = w_O/w_{sat}$) kept below 90% (with a possible single value up to 95%), then the development of pore pressure is not expected (Agresti et al.) [62].

For embankment treated fills less than 15m high, having therefore a state of stress lower than the compaction stress of 200 to 300kPa, the shear strength can be analyzed with the failure criterion represented by the Mohr-Coulomb line. This shear strength can be identified for confining pressures in the range of the in-situ stresses. Therefore, for such structures, a simple justification of the stability can be checked by limit equilibrium analysis along circular, planar, block or composite slip surface. The slope failure along circular slip surface is generally the most critical case. The use of more sophisticated models like finite element or finite difference models is generally not required.

If the earthfill structure (levee or dam) reaches 15 to 20m high, the development of pore pressure in the body of the fill must be considered with higher attention than for smaller structures. Great care has to be taken as regards the way the treated material is prepared and compacted: the saturation ratio of the compacted fill, as defined in above paragraph 5.4, should not exceed 90% in average. At this condition, and if there is not any other adverse situation (compressible foundation, unusual kinetics of the effect of treatment for the material, etc.), the above simple approach by the limit equilibrium analysis, using the Mohr-Coulomb criterion is also generally acceptable.

When the height of the dam reaches 30m, from the CFBR research already reported above, it can be concluded that it may very well be possible to build a safe structure, provided that all the conditions mentioned above for smaller dams are strictly followed. And, in addition, it becomes imperatively necessary to check the stability of the embankment with models able to cope with the deformation of the treated material. Either Finite Elements or Finite Differences models can be used. As stated above in 6.6.2, a strain hardening Structured Cam-Clay type model (with cohesion) could be used (SCC model, Robin et al., 2015 [32], Horpibulsuk et al 2010) [63]. Plastic soil hardening or plastic hardening models, as well as modified Cam-Clay models can be used also with some precautions as long as the rheology of the treated soil, and the kinetics of the development of its geo-mechanical properties are concerned. Whatever the rheologic behavior selected by the model, it must allow the designer to integrate the progressive construction by layers, together with the progressive increase of the mechanical characteristics of the treated soil and its stiffness.

All these models remain imperfect, but in relation to the type of calculation and the software used, it is possible to carry out sensitivity tests. The adequacy with the actual behavior of the material must be sought first and foremost and checked by monitoring during the construction phase.

Peak values for shear strength measured at triaxial should be retained; this hypothesis must be re-evaluated according to the calculation situations considered but remains consistent with the justification of the limit equilibrium sought.

One must, of course, have all the laboratory tests with several curing states on the given treated material, particularly on lime treated material, and check their consistency. These tests must be redundant to ensure the robustness of the parameters selected and to justify the stability of the embankment. The test conditions must correspond to the expected conditions of implementation (confining stress, degree of saturation, etc.).

L'adéquation des données d'entrée avec les modèles de comportement utilisés et les phénomènes physiques étudiés doit être assurée. La sensibilité des résultats au paramétrage, en fonction des modèles rhéologiques et des outils de calcul utilisés, doit confirmer l'importance d'une bonne représentation des comportements des modèles numériques et des matériaux étudiés en laboratoire et in situ.

Enfin, la prise en compte des pressions interstitielles pendant la phase de construction est essentielle. Le développement des pressions interstitielles au sein du matériau traité, et particulièrement celui traité à la chaux, au fur et à mesure de la construction de la structure, peut être modélisé de différentes manières (coefficient r_u constant, compressibilité de l'eau variable, écoulement triphasique, etc.) Sachant que la génération est généralement faible, l'option la plus simple est suffisante. La simplification par l'intégration du facteur r_u dans le modèle d'équilibre limite est généralement suffisante pour justifier la stabilité de l'ouvrage, en contrôlant les vitesses de construction habituelles (généralement bien inférieures à 5 m / jour).

En ce qui concerne les fissures thermiques, on suppose qu'il n'y a pas d'impact significatif à attendre sur la stabilité des talus. Cependant, ce problème nécessite la tenue d'études spécifiques, particulièrement pour le traitement à fort taux de ciment (typiquement plus de 4 à 6% en masse de sol sec).

Ces considérations de conception nécessitent une attention particulière en ce qui concerne :

- Le comportement fragile éventuel du sol cimenté et la cinétique du développement des propriétés mécaniques du sol cimenté;

- Les tassements des sols de fondation médiocres ou faibles, à court et à long terme.

Puisque les sols cimentés peuvent présenter un comportement fragile lorsque les caractéristiques mécaniques arrivent à maturité, des fissures peuvent apparaître à cause du tassement de la fondation. Par conséquent, une attention spécifique doit être portée à la rigidité de la fondation. S'il apparaît que le matériau traité possède un module plus élevé que la fondation, des modèles à éléments finis doivent être réalisés en plus des méthodes d'équilibre habituelles (par exemple, Bishop) et en prenant en considération la cinétique de développement de la rigidité du sol traité et l'évolution de la consolidation de la fondation.

En outre, le concepteur doit également vérifier que le système d'étanchéité du côté amont est capable de fonctionner de manière satisfaisante avec les déformations différentielles maximales du CSD prévues, le cas échéant, après la fin de construction.

Lors de la sélection des caractéristiques élastiques représentatives du sol traité, le facteur temps mais aussi la gamme de déformation doivent être soigneusement pris en compte par le concepteur afin d'obtenir des résultats réalistes du modèle.

S'il apparaît que l'état des fondations peut entraîner un tassement excessif ou compromettre la stabilité des talus du barrage, des solutions telles que la substitution ou l'amélioration de la fondation peuvent être envisagées, et la stabilité du complexe remblai-fondation doit être vérifiée par les méthodes appropriées.

En conclusion, la stabilité du CSD doit être vérifiée pour toutes les situations de projet qui peuvent être définies en se référant à une combinaison de recommandations pour un barrage-poids en béton (comme un barrage en remblai dur) et un barrage en terre. Les situations de projet les plus courantes sont listées (sans limitation) ci-dessous :

- Construction et fin de construction,

- Niveaux de réservoirs habituels, inhabituels ou accidentels (combiné avec les différents niveaux aval),

The adequacy of the input data with the behavior models used and the physical phenomena studied must be ensured. The sensitivity of the results to the parameterization, according to the rheological models and the calculation tools used, confirm the importance of a good representation of the behaviors of the numerical models and the materials studied in laboratory and in situ.

Finally, the consideration of pore pressures during the construction phase is essential. The development of pore pressures within the treated material, and particularly on lime treated material, as the structure is gradually constructed, can be modeled in different ways (constant r_u coefficient, variable water compressibility, triphasic flow, etc.). Knowing that the generation is generally low, the simplest option is enough. Simplification by integrating the r_u factor in the limit equilibrium model is generally enough to justify the stability of the structure, by controlling the usual construction rates (usually much less than 5 m / day).

As far as the thermal cracks are concerned, it is assumed that there is no significant impact to be expected on slope stabilities. Yet, this issue would require further investigations, especially for treatment with high cement ratio (for instance over 4 to 6% by weight of dry soil).

These design considerations deserve special care about:

- Possible brittle behavior of the cemented soil and kinetics of the development of mechanical properties of the cemented soil;
- Soft or weak foundation settlements, in the short and long term.

Since the cemented soils may exhibit a brittle behavior with mature strength characteristics, cracks may appear due to the settlement of the foundation. Therefore, special attention shall be paid to the stiffness of the foundation. If it appears that the treated material has a higher modulus than the foundation, finite element models shall be performed in addition with usual equilibrium methods (e.g. Bishop) and taking into consideration kinetics of treated soil stiffness development and foundation consolidation progress.

In addition, the designer shall also check that the upstream facing watertight system is capable to perform satisfactorily with maximum differential deformations of the CSD expected after its installation, if relevant.

When selecting representative elastic characteristics of the treated soil, the time factor but also the strain range shall be carefully considered by the designer in order to achieve realistic model results.

If it appears that the foundation conditions may lead to excessive settlement or to jeopardizing dam slope stability, solutions such as replacement or improvement of the foundation may be considered, and the stability of the complex fill-foundation verified by usual appropriate methods.

In conclusion, CSD stability shall be checked for all the project situations which may be defined by referring to a combination of a concrete gravity dam (as a hardfill dam) and an earthfill dam recommendations. Main project situations are listed in (but not limited to) in the following:

- Construction and end of construction,
- Usual, unusual and accidental reservoir levels (combined with downstream levels),

- Chargement sismique inhabituel ou accidentel,

- Défaillance locale de l'étanchéité du revêtement et développement progressif de pression interstitielle dans le corps du barrage,

- Défaillance ou défaut local dans le mur parafouille, la paroi moulée ou le rideau d'injection,

- Vidange rapide avec ou sans défaillance du parement amont.

Enfin, une analyse spéciale doit être effectuée pour vérifier la stabilité de toutes les sections particulières du barrage supportant des structures de franchissement ou de crête, la transition entre différentes sections type ou les conditions géologiques particulières de la fondation.

- Unusual and accidental seismic loading,
- Local failure of the watertight facing and progressive development of pore pressure in the dam body,
- Local failure or flaw in the cut-off wall or foundation grout curtain,
- Rapid drawdown with or without facing failure.

Special analysis shall be carried out to check stability of all peculiar dam sections supporting crossing or crest structures, transition between different typical section or geological foundation conditions.

7. ÉTUDES

7.1. REMARQUES PRÉLIMINAIRES

La pratique du traitement des sols s'est largement répandue dans le domaine des infrastructures de transport. Cette technique s'appuie sur une expérience internationale et sur de nombreux documents qui en sont issus (normes, guides techniques), disponibles dans de nombreux pays, et auxquels il est possible de se référer.

En Europe, une norme européenne intitulée " EN 16907-4 : Traitement des sols à la chaux et/ou aux liants hydrauliques " a été publiée en 2018 [64]. Elle couvre le procédé de traitement dans les travaux de terrassements, depuis les études jusqu'à l'exécution et au contrôle, et s'applique aux 34 États membres du Comité européen de normalisation. Certaines des indications contenues dans cette norme sont applicables au domaine des structures hydrauliques.

Les études classiques pour définir les conditions de fondation au sens de la résistance mécanique et de la perméabilité géo-hydraulique ne sont pas envisagées dans ce bulletin. Il est considéré qu'elles doivent être réalisées quels que soient l'ouvrage hydraulique et les matériaux qui le composent. Toutefois, il faut garder à l'esprit que le sol de fondation en place sous le remblai peut également être traité de manière optionnelle pour assurer une ou plusieurs des fonctions demandées à la fondation.

L'une des spécificités des ouvrages en sol cimenté est que, comme pour les barrages en terre, le matériau de base est un sol naturel fin, dont l'utilisation est fortement dépendante des conditions météorologiques (pluie, sécheresse, gel) au moment de la construction. Ainsi, la réussite des travaux et l'atteinte des objectifs dépendent fortement de la qualité des investigations et des études. En particulier, il est essentiel que les études de traitement, ainsi que les études géologiques et géotechniques, soient initiées dès le début des études de projet. Ainsi, par une approche progressive, il est possible d'éviter les impasses et de parvenir à des solutions optimisées, que ce soit au niveau technique, organisationnel ou économique.

Un exemple d'approche progressive, tiré du guide technique français de construction routière, est donné en Annexe 1 : Proposition pour les études géotechniques et la caractérisation des gisements.

7.2. ÉTUDE DES GISEMENTS

Pour tous les travaux de terrassement, des études géologiques et géotechniques, fournissant des informations fiables et suffisantes dès les premières étapes, sont d'une importance capitale pour définir les choix fondamentaux du projet. Les études d'identification des matériaux d'emprunt sont l'un de ces éléments. Elles doivent permettre de connaître la géométrie et la capacité des emprunts, leur homogénéité et les caractéristiques géotechniques des matériaux naturels. Il est préférable de rechercher un volume plus important que les besoins strictement nécessaires, par exemple en doublant les estimations dans un premier temps puis en affinant les besoins à mesure que les études progressent, pour tenir compte des risques et des pertes pendant les travaux.

Bien entendu, dans le cas de grands barrages ou de structures nécessitant l'utilisation de plusieurs zones d'emprunt, chaque zone d'emprunt doit être étudiée séparément.

7. INVESTIGATIONS

7.1. PRELIMINARY REMARKS

The practice of soil treatment has become widespread in the field of transport infrastructure. This technique is based on international experience and on many documents that come from it (standards, technical guides), available in many countries, and to which it is possible to refer.

In Europe, a European standard entitled "EN 16907-4: Soil treatment with lime and/or hydraulic binders" has been published in 2018 [64]. It covers the treatment process in earth works, from studies to execution and control, and applies to the 34 Member states of the European Committee for Standardization. Some of the recommendations contained in this standard are applicable to the field of hydraulic structures.

The classical studies to define the conditions of foundation in the meaning of the mechanical resistance and the geo-hydraulic permeability are not considered in this bulletin. It is considered that they have to be undertaken whatever the hydraulic structure and the materials that compose it. However, it must be kept in mind that the foundation soil in place under the embankment can also optionally be treated to perform one or more of the functions requested from the foundation.

One of the specific features of cemented soil structures is that, as with earth dams, the base material is a fine natural soil, the handling of which is highly dependent on the weather conditions (rain, drought, frost) at the time of construction. Thus, the success of the work and the achievement of the objectives depend greatly on the quality of the investigations and studies. In particular, it is essential that treatment studies, as well as the geological and geotechnical ones, be initiated at the very beginning of the project studies. Thus, by a gradual approach, it is possible to avoid dead ends and achieving optimized solutions, whether at the technical, organizational and economic level.

An example of progressive approach, taken from the French technical guide for road construction, is given in Annex A: Proposal for the geotechnical surveys and characterization of the borrow areas.

7.2. INVESTIGATIONS OF THE BORROW AREAS

For all earth works, geological and geotechnical investigations, providing sufficient and reliable information from the initial studies, are of vital importance in defining the fundamental choices of the project. Investigations leading to identification of borrow materials are one of those elements. They will make it possible to know the geometry and the capacity of the borrow pits, their homogeneity and the geotechnical characteristics of the natural materials. It is wise to provide a volume greater than the needs strictly necessary, for example by doubling the estimates at first and then refining the needs as the studies progress, to take into account the risks and losses during work.

Of course, in the case of large dams and structures requiring the use of several borrow areas, each area will be studied separately.

7.2.1. Études géologiques préliminaires

Cette étude doit identifier les zones susceptibles de contenir des sols fins : limons, argiles, argiles limoneuses, lœss, sables limoneux et argileux, graves limoneuses et argileuses, etc. Elle doit, dans la mesure du possible, identifier le processus de formation de ces sols fins. Il est connu que l'origine du matériau argileux ainsi que les mécanismes d'altération des sols argileux sont souvent d'une importance capitale pour définir les caractéristiques de leur minéralogie. C'est particulièrement le cas pour les sols résiduels, pour lesquels le processus d'altération physico-chimique est fortement dépendant des conditions environnementales.

L'étude devra également fournir des informations sur l'étendue et l'homogénéité de la formation géologique, ainsi que sur la présence éventuelle d'éléments problématiques tels que la pyrite ou le sulfate, les éléments organiques, les chlorures, les micas, ou dans le cas de sols grossiers, fournir des informations adéquates sur les éléments plus grossiers qui peuvent entraver le processus de malaxage. Les malaxeurs sont capables d'accepter des éléments jusqu'à 150 mm. Mais dans certains cas, selon la qualité souhaitée pour le mélange et selon la ou les fonctions requises, il peut être avantageux de limiter à une taille plus petite les éléments les plus gros et, le cas échéant, de prévoir des solutions pour éliminer les plus grossiers.

7.2.2. Études géologiques et géotechniques

Il est recommandé d'intégrer les investigations pertinentes utiles aux études de traitement dans chacune des phases d'étude du projet (de l'avant-projet à la conception détaillée du projet), et d'effectuer, à chaque étape d'investigation, des échantillonnages et des études de laboratoire. Les premières informations doivent fournir des preuves de la disponibilité et de l'aptitude au traitement du sol. La phase de conception détaillée du projet doit fournir une caractérisation plus précise des gisements, notamment en ce qui concerne leur homogénéité, évaluée à partir des forages et de l'identification des matériaux. Le cas échéant, elle devra définir les familles de matériaux homogènes, leur localisation et leur destination dans l'ouvrage, ainsi que les modalités de traitement appropriées (dosage en chaux et/ou en ciment, nécessité d'humidification ou de séchage des sols si nécessaire,...).

En fonction de l'état d'avancement de l'étude du projet, de la complexité du gisement de la zone d'emprunt, de l'homogénéité des matériaux et de la taille des travaux, l'emplacement final des sondages sera déterminé selon une maille qui peut typiquement varier entre 200 m x 200 m et 50 m x 50 m. La taille de la maille dépend également d'autres paramètres, notamment des résultats des investigations géophysiques préliminaires, du type d'essais à réaliser sur les prélèvements pour leur caractérisation et également des fonctions envisagées pour les composants du sol traité dans le remblai. Il est préférable de réaliser les sondages à l'aide d'une pelle hydraulique et/ou d'une tarière de grand diamètre, afin de recueillir des matériaux en quantité suffisante pour les essais en laboratoire. A la fin des investigations, une représentation graphique des profils géotechniques est fortement recommandée pour faciliter l'exploitation de la zone d'emprunt pendant la phase de construction.

Dans ce bulletin, les essais de laboratoire concernent à la fois les essais classiques d'identification des matériaux naturels dans les dépôts (teneur en eau, courbes granulométrique, limites d'Atterberg, essais Proctor et CBR, etc.) et les essais relatifs aux études de traitement (principalement des essais de performance). La section suivante détaille le contenu des études de traitement en fonction de la fonction prévue pour le composant en sol traité.

7.2.1 *Preliminary geological investigations*

This study should identify areas that may contain fine soils: silts, clays, silty clays, lœss, silty and clayey sands, silty and clayey gravels, etc. It should, as far as possible, identify the formation process of these fine soils. It is known that the origin of the clay material as well as the mechanisms of transformation of the clayey soils is often critically important for defining the characteristics of their mineralogy. This is particularly the case for residual soils, for which the physicochemical transformation process is highly dependent on environmental conditions.

The study will also have to provide information on the extent and homogeneity of the geological formation, as well as the possible presence of problematic elements such as pyrite or sulfate, organic elements, chlorides, micas, or in case of coarse soils, provide adequate information on the coarser elements which may hinder the mixing process. Mixers are capable of accepting up to 150 mm elements. But in some cases, depending on the desired quality for the mixture and the required function(s), it may be advantageous to limit to a smaller size the larger elements and, where appropriate, to provide solutions to eliminate the coarser ones.

7.2.2. *Geological and geotechnical investigations*

It is recommended to integrate the relevant investigations useful to the treatment studies in each of the study phases of the project (from the preliminary one to the detailed design of the project), and to perform, at every stage of the investigation, sampling and laboratory studies. The first information will provide evidences on the soil availability and processability. The detailed design phase of the project will provide a more precise characterization of the borrow areas, particularly with regard to their homogeneity, evaluated from the drilling and the identification of the materials. Where appropriate, it should define families of homogeneous materials, their location and destination in the structure, as well as appropriate treatment modalities (lime and / or cement content, need for humidification or drying of the soils, if necessary, etc.).

Depending on the stage of the project study, the complexity of the borrow area deposit, the homogeneity of the materials, and the size of the works, the final location of the borings will be set as a mesh which typically may vary between 200 m x 200 m and 50 m x 50 m. The mesh size also depends on other parameters, including the results of the preliminary geophysical investigations, the type of tests to be performed on the samples for their characterization and also the functions envisaged for the treated-soil components in the embankment. The borings should be made with the hydraulic shovel or/and the large diameter auger, in order to collect materials in sufficient quantities for laboratory testing. At the end of the investigations, a graphical representation of the geotechnical profiles is highly recommended to facilitate the exploitation of the borrow area during the construction phase.

In this bulletin, the laboratory testing concerns both the classical identification tests of natural materials in the borrow areas (water content, particle size distribution, Atterberg's limits, Proctor and CBR tests, etc.) and the tests relating to treatment studies (mainly performance tests). The following section details the content of treatment studies according to the intended function for the treated soil component.

7.3. ETUDES DE TRAITEMENT

Le contenu des études de traitement, et donc la quantité de matériau nécessaire pour les essais et la durée des études, dépend de la nature et de la taille du projet, ainsi que de la ou des fonctions requises pour le composant en sol traité. La quantité minimale à prélever dépend également de la taille des agrégats du matériau. Par exemple, une étude de traitement d'une famille homogène nécessite un minimum de 300 kg à 500 kg de la fraction 0/20 mm du matériau. La durée de l'étude peut varier de 1 à 3 mois, voire plus si une étude sur le comportement à long terme du mélange est nécessaire.

Les études en laboratoire nécessitent d'appliquer des procédures de préparation des échantillons et des essais spécifiques qui ne peuvent être réalisées que par des laboratoires de géotechnique disposant d'un personnel expérimenté et équipés des matériels d'essais nécessaires. Une procédure typique de préparation des échantillons est décrite à l'annexe B : Proposition pour la production d'éprouvettes de matériaux traités pour des études en laboratoire.

Les tests à réaliser sont principalement :

- Des tests classiques d'identification géotechnique des sols (naturels et traités),
- L'identification du ou des liants à utiliser pour le traitement,
- Des essais sur les sols traités : essai d'aptitude au traitement, compactage, CBR, perméabilité, performances mécaniques comme l'essai de compression non confinée, essai de traction, essais triaxiaux spécifiques (consolidés, isotropes ou non, drainés), comportement sous chargement œdométrique, résistance à l'érosion interne et superficielle, etc.

Remarques :

- L'essai d'aptitude au traitement évalue la capacité d'un sol à être traité avec des liants. Il s'agit généralement d'un essai d'immersion dans l'eau avec mesure du gonflement et calcul de la performance résiduelle (CBR, UCS, etc.). En Europe, il existe une norme européenne EN 13286-49 : Essai de gonflement accéléré des sols traités à la chaux et/ou au liant hydraulique [65]. Ces essais ont pour but de détecter la présence d'éléments qui, en excès, peuvent gêner, voire s'opposer à l'action des liants. Ces éléments sont principalement des sulfates qui peuvent provoquer des gonflements, et d'autres produits chimiques (matières organiques, nitrates, chlorures, etc.) ou minéraux (mica) qui peuvent ralentir ou altérer la prise et le durcissement des mélanges.
- Les performances résiduelles (CBR, UCS, etc.) renseignent également sur la capacité du mélange à résister à une immersion prolongée dans l'eau. En France, dans la construction routière et ferroviaire, un sol traité à la chaux est considéré comme résistant à l'immersion dans l'eau si le rapport (CBR après une immersion de 4 jours) / (CBR immédiat) $\geqq$ 1. Un sol traité au ciment est considéré comme résistant à l'immersion dans l'eau si le rapport (UCS après 28 jours à l'air suivi d'une immersion de 32 jours) / (UCS après 60 jours à l'air) $\geqq$ 0,8 pour les sols limoneux et $\geqq$ 0,6 pour les sols limoneux argileux et argileux.
- Il est rappelé que dans ce bulletin, l'essai de compactage de référence est l'essai Proctor Normal, réalisé de préférence sur des moules CBR.

7.3. TREATMENT STUDIES

The content of the treatment studies, and therefore the amount of material required for testing and the duration of studies, depends on the nature and size of the project, as well as on the function(s) required for the treated soil component. The minimum quantity to be sampled also depends on the particle size of the material. For example, a treatment study of a homogeneous family needs a minimum of 300 kg to 500 kg of the 0/20 mm fraction of the material. The duration of the study may vary from 1 to 3 months, or even more if a study on long-term behavior of the mixture is needed.

Laboratory studies require to apply specific samples preparation and test procedures that can only be performed by geotechnical laboratories with experienced staff and equipped with the necessary laboratory devices. A typical samples preparation procedure is described in Annex B: Proposal for the production of test specimens of treated materials for laboratory studies.

The tests to be performed are mainly:

- classical geotechnical identification tests of the soils (natural and treated),
- identification of the binder(s) to be used for the treatment,
- tests on treated soils: ability test, compaction, CBR, permeability, mechanical performance like unconfined compression test, tensile test, specific triaxial tests (consolidated, isotropically or not, drained), behavior under œdometric loading, internal and surface erosion resistance, etc.

Remarks:

- The ability test assesses the capacity of a soil to be treated with binders. It is usually a water immersion test with measurement of swelling and calculation of retained performance (CBR, UCS, etc.). In Europe, there is a European standard EN 13286-49: Accelerated swelling test for soil treated by lime and/or hydraulic binder [65]. The purpose of these tests is to detect the presence of elements which, in excess, can hinder or even oppose the action of the binders. These elements are mainly sulfates that may cause swelling, and other chemicals (organic matters, nitrates, chlorides, etc.) or minerals (mica) that can slow or alter the setting and hardening of the mixes.
- Retained performance (CBR, UCS, etc.) also informs about the ability of the mixture to withstand prolonged immersion in the water. In France, in road and railway construction, a lime treated soil is considered as resistant to immersion into water if the ratio (CBR after a 4 day immersion)/(immediate CBR) $\geqq$ 1. A cement treated soil is considered as resistant to immersion into water if the ratio (UCS after 28 days in air followed by a 32 day immersion)/(UCS after 60 days in air) $\geqq$ 0.8 for silty soils and $\geqq$ 0.6 for silty clay and clayey soils.
- It is recalled that in this bulletin, the reference compaction test is the Standard Proctor test, preferably performed on CBR moulds.

Selon la complexité et la taille du projet, un essai sur le terrain avant le début ou au début des travaux peut être nécessaire. Dans certains cas, un chantier expérimental séparé du projet, ou même dans le cadre d'un contrat distinct, peut être justifié afin de répondre à des questions ou de résoudre des problèmes spécifiques. Ces questions peuvent résulter d'une hétérogénéité marquée des zones d'emprunt, du caractère spécifique du sol à traiter, de la présence d'éléments grossiers et de leur incompatibilité avec le matériel de traitement, d'une humidité excessive du matériau, de la présence éventuelle d'éléments organiques, ou de la nécessité de procéder à des expériences in situ telles que des essais d'érosion de surface à grande échelle, etc.

7.3.1. Études relatives à la fonction de maniabilité (M)

Les problèmes à résoudre, lorsqu'on étudie la fonction M, sont liés à la difficulté d'extraction et de mise en œuvre de matériaux médiocres (sols fins plastiques ou humides). Au moment des travaux, et selon les conditions météorologiques, la circulation des engins de chantier peut être difficile et le maintien des caractéristiques techniques concernant la qualité (teneur en eau, densité, etc.) peut être problématique. Par la suite, des questions portant sur à la stabilité de la structure peuvent se poser.

Cette fonction est la principale raison du développement du traitement des sols dans le domaine des infrastructures de transport, notamment dans les applications en remblais. La chaux aérienne calcique, sous forme de chaux vive, est généralement le liant le plus efficace en présence de sols humides. En plus des paramètres habituels (caractérisation des matériaux naturels), les paramètres à prendre en compte sont :

- L'état d'humidité de la zone d'emprunt, c'est-à-dire la répartition des teneurs en eau naturelle par rapport à la teneur en eau optimale de l'essai Proctor Normal,
- L'indice CBR immédiat mesuré à la teneur en eau naturelle,
- Le dosage en chaux à appliquer pour obtenir une maniabilité correcte du matériau et une valeur de CBR immédiat qui permettant d'assurer le trafic de chantier ainsi que la stabilité de la structure.

En France, le Guide technique du traitement des sols applicable aux ouvrages routiers donne des indications sur les performances à viser après un traitement à la chaux en fonction du type de sol. Le paramètre de référence est l'Indice Portant Immédiat (IPI), identique à l'essai CBR immédiat mais avec poinçonnement sans surcharge.

- Sols fins (limoneux à plastiques) : IPI > 5 à 10
- Sols sableux et graveleux avec fines : IPI > 15 à 20

La raison pour laquelle les valeurs pour les sols sableux et graveleux sont plus élevées est que ces sols, du fait de leur plus faible teneur en argile et de leur plus grande perméabilité, sont très sensibles aux conditions météorologiques.

La méthodologie de l'étude de traitement consiste à mesurer les valeurs de l'indice Portant Immédiat (IPI) obtenues en fonction de la teneur en eau selon des valeurs croissantes. Les teneurs en eau doivent correspondre aux valeurs mesurées dans l'emprunt, et aux valeurs extrêmes que le sol naturel est susceptible de présenter en fonction des conditions climatiques probables sur le site pendant les travaux. La teneur en chaux varie généralement entre 1 et 3% (parfois plus en présence de sols très plastiques et humides). Cela permet, par exemple, de tracer des abaques donnant l'évolution de l'IPI en fonction de la teneur en chaux pour différentes teneurs en eau. On détermine alors le dosage en chaux nécessaire, à une teneur en eau du sol donnée, pour atteindre la valeur d'IPI visée, comme le montre l'exemple de la Figure 7.1 (avec des valeurs d' IPI différentes) [66].

Depending on the complexity and size of the project, an experimental field test before the start or at the beginning of the works may be necessary. In some cases, an experimental site separated from the project, or even under a separate contract, may be justified in order to raise questions or solve specific problems. These questions can result from a marked heterogeneity of the borrow areas, the specific character of the soil to be treated, the presence of coarse elements and their incompatibility with the processing equipment, an excessive material moisture, the possible presence of organic elements, or the need for in situ experiments such as a large-scale surface erosion test, etc.

7.3.1. Studies related to the workability function (M)

The problems to be solved, when looking for the function M, are related to the difficulty of extraction and placement of poor materials (fine plastic or wet soils). At the time of the works, and depending on the weather conditions, the circulation of the construction machinary can be difficult and the respect of the specifications in terms of quality (water content, density, etc.) may be a problem. Subsequently, questions relating to the stability of the structure may arise.

This function is the main cause of the development of soil treatment in the field of transport infrastructure, particularly in embankment applications. Calcium air lime, in the form of quicklime, is generally the most effective binder when in the presence with wet soils. In addition to the usual parameters (characterization of natural materials), parameters to consider are:

- the moisture status of the borrow area, i.e. the distribution of natural moisture content relative to the optimum moisture content of the Standard Proctor test,
- the immediate CBR index measured at the natural water content,
- the lime dosage to apply to get a correct workability of the material and to reach an immediate CBR value which allows the construction traffic as well as the stability of the structure.

In France, the Technical Guide for Soil Treatment in Roadworks gives indications regarding the performance to target after lime treatment according to the type of soil:

- Fine soils (silty to plastic): immediate CBR > 5 to 10
- Sandy and gravelly soils with fines: immediate CBR > 15 to 20

The reason why the values for sandy and gravelly soils are higher is because these soils, due to their lower clay content and higher permeability, are very sensitive to weather conditions.

The treatment study methodology consists in measuring the immediate CBR index values obtained as a function of the water contents with increasing lime contents. The water contents should be the values measured in the borrow pit, and the extreme ones the natural soil is likely to present depending on the likely weather conditions on site during the works. Lime content generally varies between 1 to 3% (sometimes higher in the presence of very plastic and humid soils). This allows, for example, to establish abacuses giving the evolution of the immediate CBR index as a function of lime content for different moisture contents. Then the required lime dosage is determined according to the adequate immediate CBR index to reach, depending on the water content of the soil, as shown on the example given in Figure 7.1 (with examples of different immediate CBR - or IPI according to the French designation) [66].

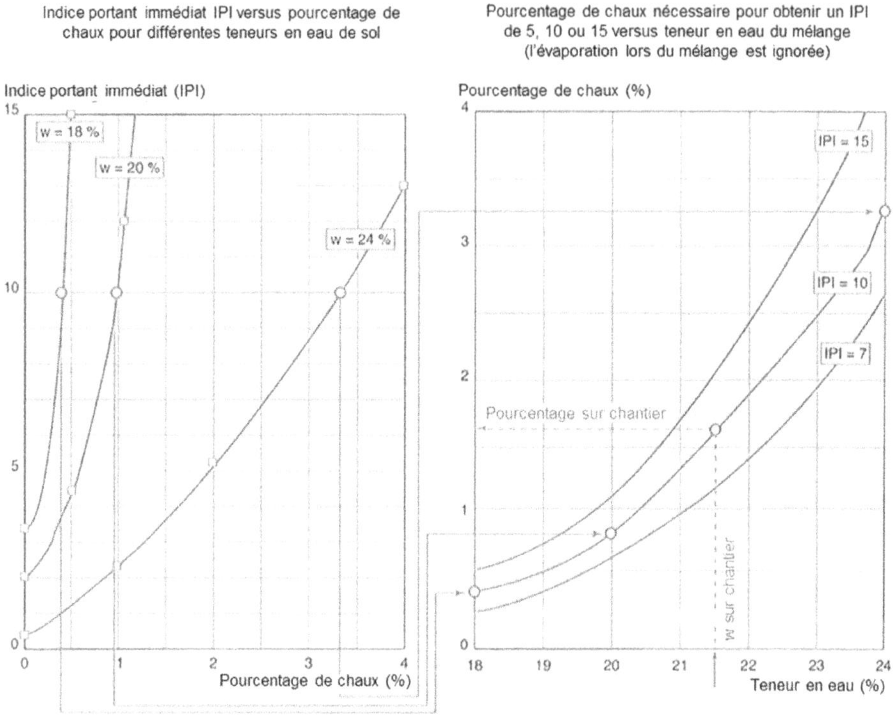

Fig. 7.1
Abaque permettant le choix de la teneur en chaux en fonction de l'humidité du sol, afin d'atteindre un IPI (indice de portance immédiate - équivalent à l'indice CBR immédiat) donné D'après le Guide technique français sur le traitement des sols (GTS -2000) [60]

La question de l'homogénéité d'un remblai n'est pas un aspect primordial de la construction routière. Ainsi, des zones ou couches traitées et non traitées peuvent coexister de manière dispersée dans un même remblai, à condition que la stabilité mécanique soit assurée. Ceci n'est pas acceptable pour les ouvrages hydrauliques. Lorsqu'on vise la réaliser de la fonction M, il est important de s'assurer de l'homogénéité de l'ouvrage ou des parties de l'ouvrage. Cette remarque vaut pour les ouvrages en sol cimenté comme pour tout ouvrage hydraulique. Cela peut nécessiter un mouvement de terres particulier lors de la construction.

7.3.2. Études relatives aux fonctions de Stabilité (S), d'étanchéité (P) et de résistance à l'érosion interne (Ei)

En plus de la fonction de maniabilité, les matériaux doivent répondre à des exigences ou des propriétés de performance mécanique (stabilité, perméabilité ou résistance à l'érosion interne). Ils peuvent également devoir répondre à plusieurs de ces exigences en même temps.

Les premiers paramètres à étudier sont ceux liés à la fonction de maniabilité (M). Comme expliqué au § 7.3.1, ces paramètres sont :

- La teneur en eau des sites d'emprunt,

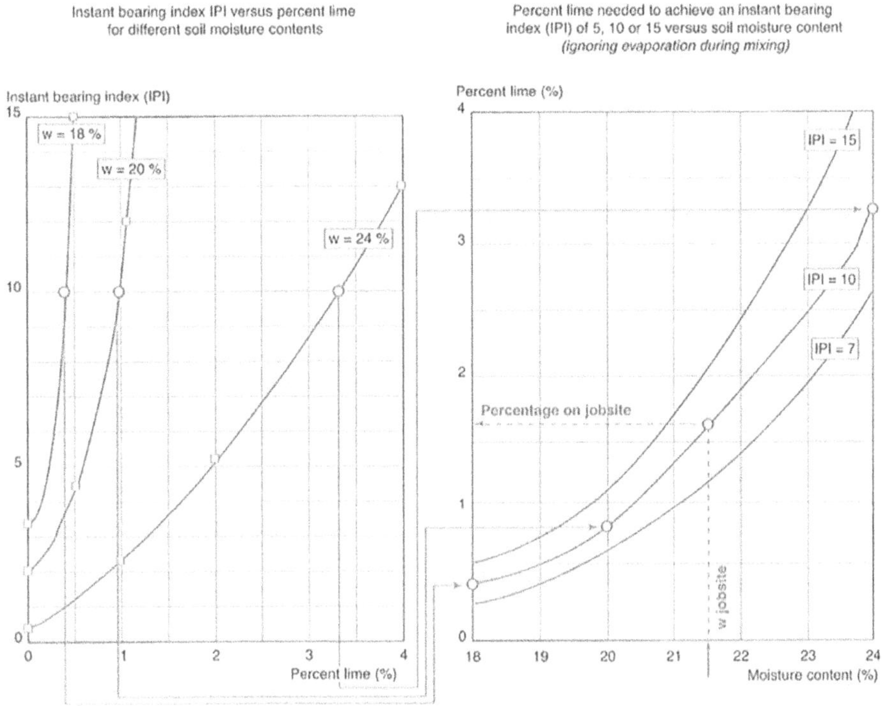

Fig. 7.1

Abacus allowing the selection of lime content as a function of the moisture of the soil, in order to reach a given IPI (immediate bearing index - equivalent to immediate CBR index) From the French Technical Guide on Soil Treatment (GTS -2000) [60]

The question of the homogeneity of a backfill is not a primary aspect of road construction. Thus, treated and untreated areas or layers can coexist in a dispersed manner in the same backfill as long as mechanical stability is ensured. This is not acceptable for hydraulic structures. When operating to perform the M function, it is important to ensure the homogeneity of the structure or parts of the structure. This remark applies to cemented soil structures and to any hydraulic structure. This may require special earth moving during construction.

7.3.2. Studies related to stability function (S), watertightness (P), internal erosion resistance (Ei)

In addition to the workability function, the materials must meet mechanical performance requirements or properties (stability, permeability, or resistance to internal erosion). They may also have to meet several of these requirements at the same time.

The first parameters to be studied are those related to the workability function (M). As explained in § 7.3.1, these parameters are:

- the moisture status of the borrow areas,

- La portance immédiate en fonction de la teneur en eau naturelle, mesurée par l'essai IPI,

- Si nécessaire, la correction de la teneur en eau et la teneur minimale en liant à appliquer pour obtenir un matériau homogène et de maniabilité correcte.

Si les sols naturels doivent être améliorés, comme annoncé précédemment, le liant le plus approprié est généralement la chaux et la méthodologie d'étude du traitement à appliquer est la même que celle décrite au § 7.3.1.

Par la suite, les paramètres à étudier pour caractériser les autres fonctions sont :

- Les performances mécaniques (module, résistance, etc.) en fonction du temps et de la teneur en liant. À titre d'exemple, pour la carapace du batardeau de 17 m de hauteur de Pannecière, un dosage de 3% de liant hydraulique routier + 1% supplémentaire pour tenir compte de la dispersion lors de la mise en œuvre a été choisi pour atteindre une résistance à la compression minimale de 1 MPa après 7 jours pour l'arène granitique traitée. Pour le barrage de Loumbilla, le dosage de 4,5% de ciment a été choisi pour atteindre une valeur de résistance à la compression moyenne de 2,5 MPa après 7 jours pour la latérite traitée. Pour les protections de talus, selon le Bulletin 54, le Bureau a adopté un second critère de résistance à la compression pour les sols traités au ciment : celle-ci doit atteindre au moins 4,1 MPa à 7 jours et 6,0 MPa à 28 jours.

- La perméabilité du mélange, mesurée en laboratoire selon des conditions spécifiées (teneur en eau, teneur en liant, compacité, âge). Il faut rappeler qu'il est prouvé que les perméabilités les plus faibles sont obtenues lorsque la teneur en eau du mélange est supérieure à w_{OPN}, généralement entre 1,05 x w_{OPN} et 1,15 x w_{OPN}.

- La contrainte critique d'érosion mesurée par le "Hole Erosion Test" (HET). Des essais HET réalisés en France sur différents limons (5 < PI < 12) ont montré que 2% de chaux vive était suffisant pour rendre ces sols résistants à l'érosion interne. Dans une certaine mesure, le HET peut également donner des indications sur le comportement du sol traité vis-à-vis de l'érosion de surface.

En ce qui concerne le traitement à la chaux, une prédétermination de la teneur en chaux peut être obtenue par la mesure du "Point de fixation de la chaux (LFP)"[1] selon la norme ASTM D6276–99a [67] qui a été transposée en norme européenne (XP CEN/TS 17693-1). Le LFP est la teneur minimale en chaux à partir de laquelle les études sur la mesure des propriétés mécaniques, de la perméabilité et de la contrainte critique peuvent être lancées. Le LFP est également utilisé comme référence pour déterminer le dosage minimal de chaux afin d'évaluer la durabilité des sols traités, une fois en place, en cas d'influence des eaux souterraines, d'agression chimique, etc.

Dans la mesure du possible, la performance des matériaux traités sera comparée à celle des mêmes matériaux avant le traitement.

En fonction du niveau de performance requis et du coût de traitement acceptable pour le projet, le liant peut être de la chaux, du ciment ou de la chaux plus du ciment. La teneur en liant à adopter est celle qui répond aux performances requises correspondant à la fonction recherchée, augmentée d'une certaine quantité pour tenir compte des variations et des incertitudes de mise en œuvre. Ce dernier point est traité au § 7.4.3.

[1] Le Point de Fixation de la Chaux (LFP pour Lime Fixation Point) est la teneur théorique en chaux à partir de laquelle peut se faire la prise et le durcissement du mélange sol-chaux, résultant des réactions pouzzolaniques dues à la combinaison de la chaux avec les composants argileux du sol. Ce concept a été identifié et codifié avec le test pH par Eades & Grim en 1966, sous le nom de Lime Modification Optimum (LMO) ou Lime fixation Point (LFP). Bien que la validité de ce test soit contestée pour pouvoir être considéré comme universel, les tests sont soumis à la norme ASTM D 6276, transposée depuis 2023 en norme européenne XP CEN/TS 176931

- the immediate bearing capacity according to the natural water content, as measured by the immediate CBR test,

- if necessary, the correction of water content and the minimum content of binder to apply for a homogeneous material with good workability.

If the natural soils need to be improved, as said before, the most suitable binder is generally lime and the treatment study methodology to apply is the same as in § 7.3.1.

Then the parameters to be studied for characterizing other functions are:

- The mechanical performance (modulus, strength, etc.) as a function of time and binder content. As example, for the carapace of the 17 m high cofferdam of Pannecière, a dosage of 3% hydraulic road binder + an additional 1% to take into account dispersion during implementation was chosen to achieve a minimum unconfined compressive strength (UCS) of 1 MPa after 7 days for the treated granitic arena. For the Loumbilla dam, the dosage of 4,5% cement was chosen to achieve an average UCS of 2.5 MPa after 7 days for the treated laterite. For the slope protections, according to Bulletin 54, the Bureau has adopted a secondary compressive strength criterion for cement treated soils: UCS should reach at least 4.1 MPa at 7 days and 6.0 MPa at 28 days.

- The permeability of the mix, measured in the laboratory according to specified conditions (water content, binder content, compactness, age). It should be recalled that it is proven that the lowest permeabilities are obtained when the water content of the mixture is higher than the OMC, generally between 1.05 x OMC and 1.15 x OMC.

- The erosion critical stress measured through the "Hole Erosion Test" (HET). HET tests carried out in France on different silts (5 < PI < 12) showed that 2% quicklime was sufficient to make these soils resistant to internal erosion. To a certain extent, the HET can also give indications on the behavior of the treated soil with respect to surface erosion.

Regarding lime treatment, a pre-determination of the lime content can be obtained from the measurement of the "Lime Fixation Point (LFP)"[1] according to ASTM D6276–99a [67]. LFP is the minimum lime content from which studies on the measurement of mechanical properties, permeability and critical stress can be started. LFP is also used as a reference to determine the minimum lime dosage in order to assess the durability of the treated soils, once in place, in case of influence of groundwaters, chemical aggression, etc.

Whenever possible, the performance of the treated materials will be compared to the performance of the same materials prior to treatment.

Depending on the level of performance required and the acceptable treatment cost for the project, the binder may be lime, cement, or lime plus cement. The binder content to be adopted is that which meets the performance requirements corresponding to the desired function plus a certain quantity to take into account variations and uncertainties in implementation. This last point is discussed in § 7.4.3.

[1] The Lime Fixation Point (LFP) is the theoretical lime content from which the setting and hardening of soil-lime mix can start, resulting from the pozzolanic reactions due to the combination of lime with clay components of the soil. This concept has been identified and codified with the pH test by Eades & Grim in 1966, under the meaning Lime Modification Optimum (LMO) or Lime fixation Point (LFP). Although the validity of this test is disputed for being able to be considered universal, testing is subject to the ASTM D 6276 standard.

7.3.3. Études relatives aux fonctions de protection de surface (E_s) et d'évacuation (E_v)

Comme indiqué ci-dessus, la résistance à l'érosion interne fournit des indications précieuses sur le comportement des matériaux traités exposés au flux d'eau, et donc sur leur résistance à l'érosion de surface. Cependant, étant donné l'ampleur du phénomène et dans l'état actuel des connaissances, il est difficile d'extrapoler les tests de laboratoire d'érosion interne à une résistance quantifiée à l'érosion de surface. La résistance à l'érosion de surface (E_s) peut être caractérisée à l'aide d'appareils de mesure spécialement développés comme le JET (Jet Erosion Test), ou in situ à l'aide de canaux de déversement actuellement développés dans plusieurs pays (France, Pays-Bas, Pologne, USA, etc.).

Par exemple, un dispositif expérimental développé en France depuis 2015 permet de simuler in situ une surverse avec un débit et une durée d'écoulement contrôlés. Cet équipement a été utilisé pour quantifier la résistance à l'érosion de surface de deux digues expérimentales (Vidourle en 2016 et 2017, et Salin de Giraud en 2018). Les résultats montrent qu'un traitement des sols limoneux ($5 < Ip < 12$) avec 2% de chaux vive permet une augmentation très significative de la résistance à l'érosion de surface par rapport à la résistance du même sol non traité. Des conclusions similaires ont aussi été tirées après la tenue d'essais d'érosion externe comparables en Chine (voir Figures 5.17, 5.18, 5.19 et 5.20 au paragraphe 5.5.2).

En plus des études réalisées pour quantifier la résistance à l'érosion, il est intéressant de mentionner quelques retours d'expérience :

- À Pannecière (France), une surverse en grandeur réelle a été expérimenté avec succès pendant 8 heures en 2013, sur un batardeau de 17 m de hauteur en arène granitique traitée au liant hydraulique routier (paragraphe 5.5.2.3 et fiche technique N°13).

- En Californie, les berges du canal Friant Kern (IP = 40) traitées à la chaux, ont résisté à un débit de 1,3 m/s pendant plus de 40 ans (section 5.7).

Cependant, il faut noter qu'à l'exception des essais en vraie grandeur, il n'existe pas à ce jour de méthodologie pour évaluer la résistance à la surverse (E_v) avec des débits importants et une grande hauteur d'eau correspondante, comme dans les déversoirs de barrages. De plus, les modèles hydrauliques permettent d'évaluer la contrainte hydraulique, mais pas la résistance du sol traité.

En ce qui concerne la protection contre la surverse, il existe des guides utiles sur la capacité des différentes protections de la face aval des ouvrages à résister à des débits importants : aux États-Unis, le manuel technique FEMA " Overtopping Protection for Dams " (mai 2014), ainsi que plusieurs publications du CIRIA et du US Bureau of Reclamation. Il est recommandé de se référer à ces guides pour une bonne évaluation des risques à appréhender lorsqu'un déversement important d'eau est susceptible de se produire sur la crête d'un ouvrage. Néanmoins, le manuel technique de la FEMA nécessite une mise à jour afin d'inclure les expériences récentes relatives à l'érosion externe de la face aval des barrages et des levées. En particulier, la déclaration suivante : "le sol cimenté ne devrait généralement pas être considéré pour la protection contre la surverse des digues" doit être reconsidérée en fonction des différents exemples décrits dans le présent bulletin. Elle apparaît aujourd'hui non pertinente, surtout si l'on considère le cas particulier des remblais en sol cimenté.

La capacité des sols cimentés à résister à l'érosion externe résultant d'une surverse ou d'un débordement d'eau, telle que démontrée par ces différentes expériences récentes, invite à considérer cette solution parmi toutes les autres protections aval pour une évaluation correcte des risques de surverse ou de débordement des barrages et des levées.

7.3.4. Résistance aux conditions climatiques

La résistance aux intempéries caractérisant la durabilité des structures dans leurs conditions d'exploitation doit être étudiée selon les normes spécifiques à la région ou au pays concerné.

7.3.3. *Studies related to surface erosion (E_S) and overspilling (E_V)*

As noted above, the resistance to internal erosion provides valuable insights into the behavior of the treated materials exposed to the water flow, and thus their resistance to surface erosion. However, given the scale of the phenomenon and with today's knowledge, it is difficult to extrapolate internal erosion laboratory tests to quantified surface erosion resistance. Resistance to surface erosion (E_S) can be characterized using specially developed test equipment such as JET (Jet Erosion Test), or in situ using spill channels currently developed in several countries (France, The Netherlands, Poland, USA, etc.).

For example, a spill channel developed in France since 2015 makes it possible to simulate in situ an overflow with controlled rate and duration of the flow. This equipment was used to quantify the resistance to surface erosion of two experimental levees (Vidourle in 2016 and 2017, and Salin de Giraud in 2018). The results show that a treatment of silty soils ($5 < PI < 12$) with 2% quicklime provides a very significant increase of the resistance to surface erosion compared to the resistance of the same untreated soil. Same conclusions have also been drawn after similar external erosion tests in China (see Figures 5.18, 5.19, 5.20 and 5.21 in § 5.5.2).

In addition to studies performed to quantify the erosion resistance, it is interesting to mention some returns of experience:

- In Pannecière (France), a full-scale overspill has successfully been experienced during 8 hours in 2013, on a 17 m high cofferdam made of granite arena treated with hydraulic road binder (§ 5.5.2.3 and data sheet N°13).

- In California, the Friant Kern canal banks (PI = 40) treated with lime, have been resistant to a flow rate of 1.3 m/s for more than 40 years (§ 5.7).

However, it should be noted that except large scale tests, there is no methodology so far for assessing resistance to overspill water (E_V) with large flows and large corresponding water head, such as for dam spillways. Furthermore, it should be noted that hydraulic models make it possible to assess the hydraulic stress, but not the resistance of the treated soil.

As regards to overtopping protection, useful guides on the capacity for different protection of the downstream slope of structures to resist significant flows exist in the USA, the FEMA Technical Manual "Overtopping Protection for Dams" (May 2014), as well as several publications from CIRIA and from US Bureau of Reclamation. It is recommended to refer to these guides for a proper evaluation of the risks to be assessed when significant spilling of water could be expected over the crest of a structure. Nevertheless, the FEMA technical manual needs some updating in order to include the recent experiences relative to external erosion of the downstream slope of dams and levees. In particular, the statement: "soil cement should generally not be considered for embankment overtopping protection" has to be reconsidered in line with the various examples described in the present bulletin. It appears today irrelevant, especially considering the particular case of the cemented soil embankments.

The capacity of the cemented soils to resist the external erosion resulting from an overflowing or overtopping of water, as demonstrated by these several recent experiences, requests to consider this solution amongst all the other downstream protections for the proper evaluation of the risks due to overflowing or overtopping of dams and levees.

7.3.4. *Resistance against weather agents*

The weather resistance characterizing the durability of structures in their operating conditions should be studied following the standards specific to the concerned region or country.

Par exemple, le Bulletin 54 décrit les travaux consacrés aux revêtements amont en sol-ciment des barrages aux États-Unis. Les matériaux sol-ciment ont été testés selon les procédures ASTM, en vérifiant la résistance aux cycles de gel-dégel (ASTM D 560) [53] ou aux cycles de séchage-humidification (ASTM D 559) [54].

D'autres pays appliquent des essais de gonflement au gel, d'autres seulement l'essai de compression simple non-confiné. La normalisation française de la conception des routes laisse la possibilité d'évaluer la sensibilité au gel au moyen d'essais de gonflement au gel ou par la mesure de la résistance à la traction pour les sols traités au ciment, ou de la résistance à la compression pour les sols traités à la chaux (voir § 5.7).

7.4. CRITÈRES DE SÉLECTION DU LIANT ET DU DOSAGE

Le type de liant et le dosage sont déterminés en fonction de plusieurs critères, principalement les caractéristiques du sol et le type et l'intensité des contraintes auxquelles le sol traité sera soumis (performances mécaniques requises, déformabilité des fondations, conditions climatiques, etc.) Le coût joue également un rôle dans la décision.

De manière générale, le traitement au ciment convient aux sols non plastiques à légèrement plastiques et le traitement à la chaux convient mieux aux sols légèrement plastiques à fortement plastiques.

7.4.1. Pratiques en matière d'infrastructures de transport

Dans le domaine des infrastructures de transport, on considère dans certains pays (USA, Espagne) que le traitement au ciment peut être appliqué lorsque l'IP du sol est inférieur à environ 10 à 20, et le traitement à la chaux appliqué au-dessus de ces valeurs. En France, en présence de sols limoneux à argileux (IP supérieur à 8 ou 10) et lorsqu'on recherche des performances élevées pour les structures d'assise et de chaussée, il est habituel d'appliquer un double traitement qui consiste à traiter à la chaux d'abord pour floculer et neutraliser les argiles, puis au ciment pour obtenir rapidement des performances élevées.

En réalité, il n'est pas évident, et même pas recommandé, de fixer des limites en termes d'IP ou de % d'argile pour la sélection du liant. Cela dépend aussi de la fonction du matériau traité et des contraintes auxquelles il sera soumis. Si la plasticité, ou la teneur en argile, donne des indications, seuls les essais de laboratoire peuvent permettre de fixer à la fois la nature du liant et le dosage. Dans les pratiques de construction routière, le traitement à la chaux est principalement appliqué dans les travaux de terrassement (remblais, partie supérieure des terrassements, couches de forme) et le traitement au ciment, ou à la chaux + ciment, dans les travaux routiers (couches de forme et couches de chaussée).

7.4.2. Application aux structures hydrauliques

Dans le domaine des ouvrages hydrauliques, les sollicitations étant différentes de celles supportées par les infrastructures de transport, les règles de détermination du type de liant et du dosage sont différentes.

Par exemple, il a été démontré en France que des limons peu plastiques, traités à la chaux seule, étaient capables de résister efficacement à l'érosion interne et de surface :

- Programme DigueELITE (rivière Vidourle - France) : IP = 5; 2% de chaux vive,
- Salin de Giraud (France) : IP < 12; 2% de chaux vive.

For instance, Bulletin 54 describes works devoted to upstream soil-cement facings of dams in the United States. Soil-cement materials were tested according to ASTM procedures, checking the resistance to freeze-thaw cycles (ASTM D 560) [53] or drying-wetting cycles (ASTM D 559) [54].

Other countries apply frost-heave tests, other ones only to the UCS test. French road design standardization let the possibility to assess frost sensitivity by the means of frost heave tests or by measurement of the tensile strength for cement treated soils, or compressive strength for lime treated soils (see § 5.7).

7.4. CRITERIA FOR THE SELECTION OF THE BINDER AND THE DOSAGE

The type and dosage of the binder(s) are determined according to several criteria, mainly the soil characteristics and the type and intensity of the stresses to which the treated soil will be subjected (mechanical performance required, deformability of the foundations, climatic conditions, etc.). Cost also plays a role in the decision.

Generally speaking, cement treatment is suitable for non-plastic to slightly plastic soils and lime treatment is better suited to slightly plastic to heavy plastic soils.

7.4.1. Practices in transport infrastructure

In the field of transport infrastructures, it is considered in some countries (USA, Spain) that cement treatment can be applied when PI of the soil is below about 10 to 20, and lime treatment above these values. In France, when in the presence of loamy to clayey soils (PI above 8 or 10) and when looking for high performance for subgrade and pavement structures, it is usual to apply a double treatment which consists in treating with lime first to flocculate and neutralize clays, then with cement to quickly achieve high performance.

In reality, it is not obvious, and even not recommended, to fix limits in terms of PI or % of clay for the selection of the binder. This also depends on the function of the treated material and the stress it will be subjected to. If the plasticity, or the clay content, gives indications, only the laboratory tests can make it possible to fix both the nature and the dosage of the binder. In the road construction practices, lime treatment is mainly applied in earthworks (embankments, subgrades, capping layers) and cement treatment, or lime + cement treatment, in roadworks (capping layers and pavement layers).

7.4.2. Application to hydraulic structures

In the field of hydraulic structures, since the stresses are different from those supported by transport infrastructures, the rules for determining the type of binder and the dosage are different.

For example, it has been demonstrated in France that low-plastic silts, treated with lime alone, were able to effectively resist internal and surface erosion:

- DigueELITE program (Vidourle River - France): PI = 5; 2% quicklime,
- Salin de Giraud (France): PI < 12; 2% quicklime.

Toujours en France, à Pannecière, le batardeau d'arène granitique (hauteur : 17 m) traité au liant routier hydraulique à 4% a résisté sans problème à une surverse pendant 8 heures.

Dans le bulletin 54, un indice de plasticité inférieur à 8 (IP < 8) pour les sols à traiter au ciment et à utiliser en protection amont est recommandé. Si l'IP est trop élevé, l'utilisation d'un traitement mixte, à la chaux d'abord puis au ciment, est mentionnée.

Sur le canal de Friant Kern aux USA, des sols très plastiques (23 < IP < 50) ont été traité à 4% de chaux vive pour protéger les berges et le fond du canal.

Ainsi, comme pour les infrastructures de transport, il n'est pas évident, et même pas recommandé, de fixer des limites en termes d'IP ou de % d'argile pour déterminer le type de liant dans les structures hydrauliques. Cela dépend aussi de l'application, de la fonction du matériau traité et des contraintes auxquelles il sera soumis. Seuls les essais en laboratoire permettent de fixer à la fois le type du ou des liants et le dosage.

Des études de performance en laboratoire, réalisées avec le sol du site, sont nécessaires. Il est donc de la plus haute importance de commencer les études de traitement très tôt dans la phase d'investigation lorsqu'on envisage un traitement de sol.

7.4.3. Dosages théorique et opérationnel

Une fois que le choix du liant et du dosage a été déterminé à partir des études de laboratoire, il est nécessaire de définir le dosage minimum à spécifier pour les travaux à réaliser.

Dans le cas d'un sol traité au ciment pour la protection des talus, le Bulletin 54 suggère, selon la recommandation de la Portland Cement Association (PCA), de prescrire 2% de ciment supplémentaire. Ceci pour tenir compte des effets sévères de l'exposition à l'eau (action des vagues) ou pour tenir compte des variations du sol et du processus de traitement selon l'US Bureau of Reclamation. Ces 2% supplémentaires peuvent être considérés comme excessifs pour d'autres fonctions. Pour la fonction de stabilité, par exemple, un ajout de 1% de liant hydraulique routier a été suffisant à Pannecière. A l'inverse, il n'est pas conseillé de descendre en dessous d'un dosage total de 3% de ciment, quelle que soit la fonction visée.

En ce qui concerne le traitement à la chaux, même si, pour certains sols peu plastiques, la détermination du point de fixation de la chaux (LFP) aboutit à un dosage de 1%, il n'est pas recommandé d'appliquer des valeurs inférieures à 2% pour les mêmes raisons que celles données par l'US Bureau of Reclamation. Pour des valeurs supérieures à 2%, un dosage supplémentaire de 0,5% de chaux est recommandé, voire 1% en présence de matière organique ou de sols acides.

Comme mentionné ci-dessus, ces dosages supplémentaires sont destinés à compenser les variations de la répartition du liant dans le sol. Ils doivent cependant rester dans des proportions raisonnables car un excès de ciment peut conduire à un matériau trop rigide, tandis qu'un excès de chaux peut entraîner des pertes de performance (cf. § 5.2.4, tableau 5.5). Tout dosage supplémentaire doit donc être validé par l'étude en laboratoire.

7.4.4. Dosage en ciment comparé au dosage en chaux : tentative de correspondance

Si l'on considère comme similaires les produits issus de l'hydratation du ciment d'une part, et ceux obtenus par réaction pouzzolanique entre la chaux et les minéraux argileux du sol d'autre part, alors la structure générique de ces produits est le silicate de calcium hydraté, ou CSH, et l'aluminate de calcium hydratée, ou CAH (C = CaO, S = SiO_2, H = H_2O, A = Al_2O_3).

Still in France, in Pannecière, the granitic arena cofferdam (height: 17 m) treated with 4% hydraulic road binder withstood an overflow for 8 hours without any problem.

In Bulletin 54, a plasticity index of less than 8 (PI < 8) for the soil to be treated with cement and used as upstream protection is recommended. If PI is too high, the use of a double treatment, lime first and cement after, is mentioned.

On the Friant Kern canal in the USA, very plastic soils (23 < PI < 50) were treated with 4% quicklime to protect the banks and bottom of the canal.

Thus, as with transport infrastructures, it is not obvious, and even not recommended, to fix the limits in terms of PI or % of clay to determine the type of binder in hydraulic structures. This also depends on the application, the function of the treated material and the stress it will be subjected to. Only the laboratory tests make it possible to fix both the type and the dosage of the binder(s).

Laboratory performance studies, realized with the soil from the site, are necessary, and it is therefore of utmost importance to start treatment studies very early during the investigation phase when considering a soil treatment.

7.4.3. Theoretical and operational dosages

Once the choice of binder and dosage has been determined from the laboratory studies, it is necessary to define the minimum dosage to be specified for the work to be carried out.

In the case of cement treated soil for slope protection, Bulletin 54 suggests, on the recommendation of the Portland Cement Association (PCA), to specify an additional 2% cement. This is to account for the severe effects of water exposure (wave action) or to account for field variations in the soil and mixing process according to the US Bureau of Reclamation. This additional 2% can be considered excessive for other functions. For the stability function, for example, an addition of 1% of hydraulic road binder was sufficient at Pannecière. Conversely, it is not advisable to go below a total dosage of 3% cement, regardless of the function targeted.

With regard to lime treatment, even if, for some not very plastic soils, the determination of the Lime Fixation Point (LFP) results in a dosage of 1%, it is not recommended to apply values lower than 2% for the same reasons as those given by the US Bureau of Reclamation. For values above 2%, an additional 0.5% of lime is recommended, 1% when in the presence of organic matter or acidic soils.

As mentioned above, these additional dosages are intended to compensate for variations in the distribution of the binder in the soil. However, they will be kept to a reasonable extent as an excess of cement can lead to a too rigid material, whereas an excess of lime can lead to performance losses (cf. § 5.2.4, Table 5.5). Any additional dosage must therefore be validated by the laboratory study.

7.4.4. Cement dosage vs lime dosage: tentative of correspondence

If we consider similar the products induced by hydration of cement on the one hand, and by pozzolanic reactions between lime and clay minerals present in the soil on the other hand, the generic structure of these products is calcium silicate hydrate, or CSH, and calcium aluminate hydrate, or CAH (C = CaO, S = SiO_2, H = H_2O, A = Al_2O_3).

Si l'on considère les teneurs suivantes en CaO capable de réagir en raison de la composition du liant :

- Chaux vive : 90%,
- Ciment Portland : 65%,

un ajout de 3% de chaux correspond approximativement à un ajout de 3 x (90/65) = 4,2% de ciment Portland.

Ce raisonnement comparatif est purement théorique. Il n'a pour but que de donner des indications sur la quantité potentielle de produits liants dans le mélange et donc de liaisons au stade final des réactions. Il ne doit pas dicter le choix du liant. Ce choix dépend impérativement de la nature du sol et de la fonction du sol cimenté.

Les différences de cinétique de réaction entre la chaux et le ciment doivent également être prises en compte : alors que le ciment a un temps de prise et de durcissement court, le durcissement des matériaux traités à la chaux est progressif et se manifeste sur des semaines, voire des mois. L'évolution des propriétés mécaniques des matériaux traités (résistance, rigidité) dépend des différents mécanismes et cinétiques de réaction.

If we consider the following contents of CaO able to react due to the composition of the binder:

- Quicklime: 90%,
- Portland cement: 65%,

a 3% addition of lime approximately corresponds to an addition of 3 x (90/65) = 4.2% of Portland cement.

This comparative reasoning is purely theoretical. It is only intended to give indications on the potential quantity of binding products in the mixture and thus of bonds at the ultimate stage of the reactions. It does not dictate the choice of the binder. This choice imperatively depends on the nature of the soil and the function of the cemented soil.

The differences in reaction kinetics of lime and cement also have to be considered: whereas cement has a short setting and hardening time, hardening of lime-treated materials is progressive and displayed over weeks or even months. The evolution of mechanical properties of the treated materials (strength, stiffness) is dependent on the different reaction mechanisms and kinetics.

8. CONSTRUCTION

8.1. GÉNÉRALITÉS

Si la technique du traitement de sol s'accommode d'une certaine flexibilité dans la mise en œuvre, elle ne doit cependant pas être improvisée. Des compétences techniques sont requises tout au long des différentes phases du projet, depuis la phase préliminaire des études jusqu'à l'achèvement des travaux, et il est donc important de sélectionner des entreprises expérimentées et qualifiées, disposant de références. Cela vaut également pour la gestion des travaux et le contrôle géotechnique. Des avis qualifiés (experts, producteurs de liants, etc.) peuvent également être utiles.

Les entreprises ont donc besoin de documents leur permettant de présenter une offre solide et réaliste pour la phase de construction. À cet effet, les spécifications techniques définissant les travaux, les compétences et références requises des entreprises, ainsi que les conditions de paiement justes et équitables des travaux, doivent être précises et détaillées. L'attention des entrepreneurs doit être attirée sur les documents d'appel d'offres relatifs aux questions environnementales spécifiques au traitement des sols (voir § 9.8). Les documents contractuels doivent inclure les clauses qui couvrent de manière adéquate ces aspects.

L'entrepreneur contrôle la qualité du traitement et doit décrire les mesures spécifiques qu'il appliquera tout au long des travaux et les consigner dans son Plan Qualité (PQ). Le chef de projet s'assure que l'entrepreneur maintient ce contrôle tout au long du projet, conformément aux spécifications et au PQ.

Quelle que soit la forme contractuelle de cette consultation (appel d'offres classique, ouvert ou fermé, après préqualification ou non, ou encore dans le cadre d'un projet de conception-réalisation), le cahier des charges devra être suffisamment développé pour permettre d'atteindre les performances requises et assurer les fonctions souhaitées de l'ouvrage.

Il est recommandé de rémunérer l'entrepreneur en fonction du volume de sol mélangé (€ ou $ / m^3) hors liant d'une part, et du tonnage de liant (chaux et/ou ciment) effectivement utilisé (€ ou $ / t) d'autre part, conformément aux spécifications techniques et avec l'accord du maître d'œuvre. Ce mode de paiement permet des adaptations en cours de travaux en fonction des variations éventuelles des caractéristiques réelles des sols, afin de répondre aux exigences correspondant aux fonctions requises pour le sol cimenté. La mise à jour des caractéristiques par des investigations complémentaires peut être confiée à l'entrepreneur, dans le cadre de son contrat, mais sera dans tous les cas validée par le maître d'œuvre. Ceci est particulièrement vrai pour la recherche de la fonction " M " car la quantité de chaux peut varier en fonction de la teneur en eau mesurée lors des travaux. Il peut donc être opportun d'inclure des études supplémentaires à réaliser par le maître d'œuvre, notamment si les relevés précédents, pour diverses raisons, ont été restreints ou raccourcis. Des planches d'essais peuvent également être incluses dans le contrat de construction pour finaliser la méthodologie et la mise en œuvre du sol cimenté. Cela peut en effet porter sur l'ajustement des paramètres de mise en œuvre en fonction des caractéristiques réelles du site et de la technologie de traitement, du temps nécessaire à la mise en œuvre après mélange, de la durée maximale du compactage, des conditions météorologiques pendant les travaux en relation avec la maniabilité du mélange, etc. Les conditions de vitesse du vent peuvent également conduire à limiter la mise en œuvre du sol cimenté pour éviter les envolées de poussières dans le cas d'un traitement en place. Dans certains pays, il est d'usage d'utiliser des liants à faible émission de poussières lorsqu'ils sont disponibles.

Pour un contrôle efficace, les bons de livraison des liants doivent être remis au responsable du projet.

8. CONSTRUCTION

8.1. GENERAL

If the soil treatment technique allows some flexibility in placement, it should however not be improvised. Technical skills are required throughout the various phases of the project, from the preliminary phase of the studies until the completion of the works, and it is therefore important to select experienced and qualified contractors with references. This also applies to project management and geotechnical control. Qualified opinions (experts, binder producers, etc.) may also be useful.

Contractors therefore need documents enabling to deliver a sound and realistic offer for the construction phase. To this end, the technical specifications defining the work, the skills and references required from the contractors, as well as the fair and equitable terms of payment for the works, must be precise and detailed. Contractors' attention should be drawn to tender documents on environmental issues specific to soil treatment (see § 9.8). The contract documents should include the clauses which cover adequately these aspects.

The contractor controls the quality of treatment and has to describe what specific measures he will apply throughout the work and record in his Quality Plan (QP). The project manager ensures that the contractor maintains this control throughout the project, in accordance with the specifications and the QP.

Whatever the contractual form of this consultation (classic call for tender, open or closed, after pre-qualification or not, or even as part of a design and build project), the specifications will have to be sufficiently developed to meet the required performance and ensure the desired functions of the work.

It is recommended to pay the contractor according to the volume of mixed soil (€ or $\$/m^3$) excluding binder on the one hand, and the tonnage of binder (lime and / or cement) actually used (€ or \$/t) on the other hand, in accordance with the technical specifications and with agreement of the project manager. This method of payment allows adaptations during the works according to the possible variations of the actual characteristics of the soils, in order to meet the requirements corresponding to the functions required for the cemented soil. The update of the characteristics by additional investigations can be entrusted to the contractor, as part of its contract, but will in any case be validated by the project manager. This is particularly true when searching for the "M" function because the amount of lime can vary depending on the water content measured during the work. It may therefore be appropriate to include additional surveys to be carried out by the contractor, particularly if the former surveys, for various reasons, were restricted or shortened. Field tests can also be included in the construction contract to finalize the procedures and the placement of the cemented soil. This may in fact correspond to the adjustment of the parameters governing the placement according to the actual site characteristics and treatment technology, the time needed for placement after mixing, the maximum duration for compaction, weather conditions during the works in connection with the workability of the mixture, etc. The conditions of wind speed can also lead to limitations in the placement of the cemented soil to prevent dust flows in the case of treatment in place. In some countries it is usual to use low dust emission binders when available.

For effective control, the binder delivery notes will be submitted to the project manager.

La capacité de stockage doit être adaptée aux capacités locales de production et de livraison de liant ainsi qu'au rendements de l'atelier de traitement sur le site. En construction routière, lorsque la production et l'approvisionnement en liant ne posent pas de problème, cette capacité correspond généralement à deux jours au moins de production de sol cimenté. Dans le cas contraire, la capacité de stockage doit tenir compte des conditions réelles de livraison. L'attention est attirée sur la température du liant. Une température trop élevée peut nécessiter un stockage plus long dans les silos pour abaisser la température afin de ne pas affecter ni la fluidité du liant dans les doseurs ni la durée de maniabilité du mélange. Les silos doivent être placés dans des zones protégées des vents dominants.

8.2. RECOMMANDATIONS PRÉLIMINAIRES SPÉCIFIQUES AUX FONCTIONS

8.2.1. Fonction M

Sauf cas particulier déterminé par l'ingénieur, le traitement pourra être effectué en place par des équipements traditionnels : épandeur de liant et malaxeur.

Si une homogénéisation du sol avant traitement est nécessaire, la procédure décrite au § 8.3.3 sera appliquée.

8.2.2. Autres fonctions (S, P, Ei, Es et Ev)

L'homogénéité du sol cimenté est un élément déterminant. Si une pré-homogénéisation du sol avant traitement est nécessaire, la procédure décrite dans § 8.3.3 peut être appliquée.

Ensuite, deux méthodes sont disponibles pour atteindre le niveau de qualité requis pour le sol cimenté :

- Traitement en place au gisement ou sur un stock préexistant, stockage des matériaux traités selon des couches horizontales, extraction verticale par une chargeuse, transport et mise en place (cf. § 8.3.3).

- Traitement dans une centrale de traitement fixe ou semi-mobile, avec contrôle et enregistrement des paramètres de fonctionnement concernant principalement les teneurs en eau et en liant, ainsi que le rendement de la production.

Dans les deux cas, l'entrepreneur doit démontrer l'efficacité du processus, au début des travaux, par des essais préliminaires et de conformité. L'efficacité de la politique d'assurance qualité doit également être démontrée avant le début des travaux sur le site.

8.3. PRÉPARATION DES MATÉRIAUX

Cette section concerne la préparation des matériaux avant traitement. Les opérations sont réalisées à l'emprunt ou dans des zones spécifiques et réservées. Elles comprennent tout ou une partie des étapes suivantes.

Storage capacity will be adjusted according to local binder production and delivery capacities as well as the yields of on-site processing plants. In road construction, when binder production and supplies are not an issue, this capacity corresponds usually to two days at least of production of cemented soil. Otherwise, the storage capacity will take in account the real conditions of deliveries. Attention is drawn on the temperature of the binder. A too high temperature may need a longer storage in the silos to lower the temperature in order not to affect neither the fluidity of the binder in the dosing devices nor the workability period of the mixture. The silos have to be positioned in areas protected from the prevailing winds.

8.2. PRELIMINARY RECOMMENDATIONS SPECIFIC TO FUNCTIONS

8.2.1. Function M

Except in specific cases determined by the engineer, treatment may be done in place by traditional equipment: binder spreader and mixer.

If homogenization of the soil before treatment is required, the procedure described in § 8.3.3 will be applied.

8.2.2. Other functions (S, P, Ei, Es and Ev)

Homogeneity of the cemented soil component is a key factor. If a pre-homogenization of the soil before treatment is required, the procedure described in § 8.3.3 can be applied.

Then, two methods are available to achieve the required quality level for the cemented soil:

- In place treatment at the deposit or on a pre-existing stock, storage of the treated material according to horizontal layers, vertical extraction by a loader, transport, and placement (cf. § 8.3.3).
- Treatment in a stationary or semi-mobile mixing plant, with control and recording of the process parameters concerning mainly the water and the binder contents, and the production rate.

In both cases, the contractor must demonstrate the effectiveness of the process, at the beginning of work, through preliminary and conformity tests. The effectiveness of the quality assurance policy has also to be demonstrated before the actual beginning of work at site.

8.3. PREPARATION OF THE MATERIALS

This paragraph concerns the preparation of materials before treatment. The operations are carried out at the borrow area or in specific and reserved areas. They comprise all or part of the following steps.

8.3.1. Décohésion/déstructuration du matériau au niveau de la zone d'emprunt

Cette opération peut s'avérer nécessaire dans le cas d'un traitement en place, pour augmenter la productivité des malaxeurs en pulvérisant le matériau par scarification, avant l'humidification, ou l'épandage du liant, ou l'élimination des éléments grossiers.

8.3.2. Enlèvement des éléments grossiers

Cette opération est nécessaire lorsque la proportion d'éléments grossiers devient importante et pourrait endommager le malaxeur. En général, la taille des éléments grossiers est limitée à 100 à 150 mm mais il est recommandé de suivre les instructions du fabricant de l'équipement. L'opération se fait après scarification ou par criblage. Dans le cas de sols plastiques, un prétraitement à la chaux à l'aide d'un scarificateur peut faciliter le criblage. Dans certains cas, lorsque la résistance des pierres le permet, il est également possible de réduire leur taille par broyage à l'aide d'un concasseur de pierres mobile (Figure 8.1).

Fig. 8.1
Concasseur de pierres sur un chantier routier

8.3.3. Homogénéisation

Cette opération est nécessaire en présence de matériaux hétérogènes en raison des variations de leurs caractéristiques (granulométrie, plasticité, humidité, etc.). Dans l'état actuel de la pratique, il existe deux possibilités : soit une extraction sélective basée sur des essais d'identification préliminaires et des critères visuels, éventuellement avec une assistance automatisée (par exemple numérique avec localisation tridimensionnelle), soit une extraction et un stockage par couches horizontales suivis d'une extraction verticale à l'aide d'une pelle hydraulique ou d'une chargeuse (Figure 8.2).

8.3.1. Bulking/destructuring of the material at the borrow area

This operation may be necessary in the case of treatment in place, to increase the productivity of the mixers by expanding the material by scarification, before wetting, or spreading of the binder, or removal of coarse elements.

8.3.2. Removal of coarse elements

This operation is necessary when the proportion of coarse elements becomes important and could damage the mixer. In general, the size of the coarse elements is limited to 100 to 150 mm but it is recommended to follow the instructions of the equipment manufacturer. The operation is done after scarification or by screening. In the case of plastic soils, a pre-treatment with lime using scarifyer can facilitate the screening. In some cases, when the resistance of the stones allows, it is also possible to reduce their size by crushing using mobile stone crusher (Figure 8.1).

Fig. 8.1
Stone crusher on a road construction site

8.3.3. Homogenization

This operation is necessary in the presence of heterogeneous materials owing to variations in the characteristics (particle size, plasticity, moisture content, etc.). In the current state of practice, two possibilities: either a selective extraction based on preliminary identification tests and visual criteria possibly with automated assistance (e.g. digital with three-dimensional location), or an extraction and storing according to horizontal layers followed by a vertical extraction with an excavator or a loader (Figure 8.2).

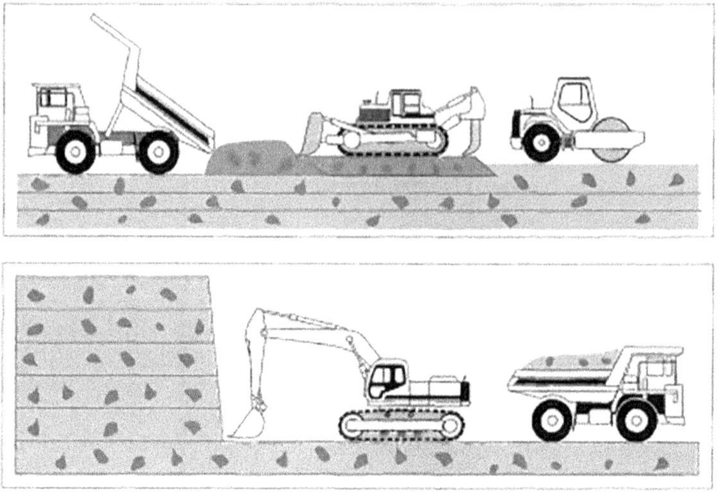

Fig. 8.2
Homogénéisation par dépôt en couches horizontales et extraction verticale

8.3.4. Action sur la teneur en eau :

Cette opération consiste à ajuster la teneur en eau des matériaux par arrosage lorsqu'ils sont trop secs, ou par aération et/ou prétraitement à la chaux vive lorsqu'ils sont trop humides. La teneur en eau finale à obtenir doit être légèrement supérieure à la teneur en eau optimale pour permettre l'hydratation du liant lors de l'opération de traitement suivante (en place ou en usine).

8.4. TRAITEMENT EN PLACE

Pour exécuter le traitement en place dans les meilleures conditions et ainsi atteindre les objectifs de qualité, il est essentiel que l'épandeur et le malaxeur se déplacent sur une surface plane et lisse, de préférence horizontale, préparée antérieurement (Figure 8.3).

Fig. 8.3
Vue aérienne d'un site de traitement des sols en place De gauche à droite : épandeur, malaxeur et rouleaux.

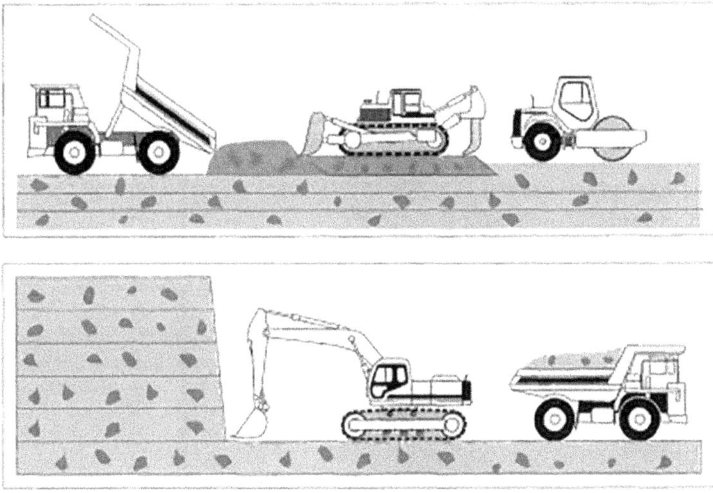

Fig. 8.2
Homogenization by deposit in horizontal layers and vertical extraction

8.3.4. Action on the water content:

This operation consists in adjusting the water content of the materials by watering when they are too dry, or by aeration and / or pre-treatment with quicklime when they are too wet. The final water content to be obtained will be slightly higher than the water content of the OMC to allow hydration of the binder during the following treatment operation (in place or in plant).

8.4. IN PLACE TREATMENT

To carry out a treatment in place in the best conditions of execution and thus meeting quality objectives, it is essential that the spreader and the mixer move on flat and smooth surfaces, previously prepared and preferably horizontal (Figure 8.3).

Fig. 8.3
Aerial view of an in-place soil treatment site for a controlled landfill. From left to right: spreader, mixer and rollers

8.4.1. *Épandage du liant*

L'épandeur mobile doit être équipé d'un dispositif de dosage du liant asservi à la vitesse de l'épandeur. Sur les épandeuses récentes (Figure 8.4), le volume de liant délivré est lié à la vitesse de l'épandeuse, et le contrôle du poids se fait par la pesée du réservoir, grâce à des capteurs électroniques embarqués, au début et à la fin de la séquence d'épandage. Il est converti en poids de liant par unité de surface couverte (kg/m²). En outre, le dispositif de commande peut enregistrer les données de fonctionnement. Ces épandeurs permettent d'appliquer uniformément la quantité de liant requise sur la surface à traiter. Sur de tels épandeurs, le coefficient de variation de la quantité de liant épandue sur la surface est inférieur à 10%. Pour les petits projets, on peut utiliser des épandeurs plus petits transportés à l'arrière d'un tracteur Figure 8.5). Il est recommandé de les équiper d'un système de contrôle de l'épandage.

Un chevauchement de quelques centimètres est recommandé lors de l'épandage selon des bandes parallèles adjacentes.

Fig. 8.4
Épandeurs tout-terrain équipés de capteurs de chargement électroniques embarqués

Fig. 8.5
Exemple d'un petit épandeur porté à l'arrière d'un tracteur

8.4.1. Binder spreading

The mobile spreader must be equipped with a binder dosing device controlled by the speed of the spreader. On recent spreaders (Figure 8.4), the volume of delivered binder is related to the speed of the spreader, and the weight control is done by weighing the tank, thanks to onboard electronic load cells, at the beginning and at the end of the spreading sequence. It is converted into weight of binder per covered surface unit (kg/m^2). In addition, the control device can register operating data. These spreaders make it possible to uniformly apply the quantity of binder required on the surface to be treated. On such spreaders, the coefficient of variation of the binder quantity spread on the surface is below 10%. For small projects, smaller spreaders carried on the back of a tractor can be used (Figure 8.5). It is recommended that they be equipped with a spreading control system.

An overlap of a few centimeters is recommended when spreading according to adjacent parallel stripes.

Fig. 8.4
All terrain spreaders equipped with onboard electronic load cells

Fig. 8.5
Example of a small spreader carried on the back of tractors

Un étalonnage au début des travaux par pesée de la quantité de liant épandu sur des bâches ou des plateaux (Figure 8.6) est indispensable, tout comme des vérifications périodiques en cours de travaux pour s'assurer qu'il n'y a pas de dérive.

Fig. 8.6
Vérification de la quantité épandue avec un plateau pour la calibration de l'épandeur

Dans certains cas, lorsque les livraisons en vrac ne sont pas possibles, ou lorsque la surface à traiter est petite, il est possible d'utiliser des sacs de liants et de les répartir et épandre avec des râteaux sur la surface à traiter (Figure 8.7). Mais cette méthode prend du temps et pour les grands projets, il est préférable d'utiliser des dispositifs permettant de vider les sacs, de stocker le liant en vrac et d'utiliser des épandeurs traditionnels.

Fig. 8.7
Épandage de ciment à l'aide de sacs sur un chantier de construction routière en Afrique

A calibration by weighing of the amount of binder spread on tarps or trays (Figure 8.6) is essential at the start of the work, as well as periodically to ensure there are no variations.

Fig. 8.6
Check of the spreading with a tray for calibration of the spreader

In some cases, when bulk deliveries are not possible, or when the surface to be treated is small, it is possible to use bags of binders and to distribute and spread them with rakes on the surface to be treated (Figure 8.7). But this method is time consuming, and, for big projects, it is preferable to use bags emptiers, store the binder in bulk and use traditional spreaders.

Fig. 8.7
Spreading cement bags on a road construction jobsite in Africa according determined grid, before uniformly manual spreading with rakes

8.4.2. *Mélange*

Pour garantir la qualité du mélange, il est recommandé d'utiliser des malaxeurs équipés d'un rotor horizontal perpendiculaire au sens de déplacement de la machine et tournant à l'intérieur d'une chambre de confinement (Figure 8.8). Ils peuvent être automoteurs ou, pour de plus petits chantiers, transportés à l'arrière d'un tracteur (Figure 8.9). Les plus puissants d'entre eux peuvent atteindre 560 kW, ce qui permet de mélanger des couches de plus de 50 cm d'épaisseur.

Fig. 8.8
Un puissant mélangeur autopropulsé (à gauche); vue du rotor dans la chambre de mélange (à droite)

Fig. 8.9
Exemple de petits mélangeurs portés à l'arrière de tracteurs (à gauche : Allemagne, à droite : Malaisie)

Le nombre de passes dépend de la plasticité et de la teneur en eau du matériau ainsi que de la finesse et de la qualité souhaitée du mélange (Figure 8.10). Comme pour les épandeurs, un chevauchement de quelques centimètres est recommandé lorsqu'on travaille en bandes parallèles adjacentes.

8.4.2. *Mixing*

To ensure mixing quality, it is recommended to use mixers equipped with a horizontal toothed shaft perpendicular to the moving direction of the machine and rotating inside a containment chamber (Figure 8.8). They can be self-propelled or, for small projects, carried on the back of a tractor (Figure 8.9). The most powerful of them can reach 560 kW, which allows to mix layers more than 50 cm thick.

Fig. 8.8
A self-propelled powerful mixer (left); view of the rotor in the mixing chamber (right)

Fig. 8.9
Example of small mixers carried on the back of tractors (left: Germany, right: Malaysia)

The number of passes depends on the plasticity and the water content of the material as well as the fineness and the desired quality of the mixture (Figure 8.10). As for spreaders, an overlap of a few centimeters is recommended when operating in adjacent parallel strips.

Fig. 8.10
Qualité de la mouture après le premier passage du mélangeur

8.4.3. Ajustement de la teneur en eau

Si, avant ou après traitement, un ajustement de la teneur en eau est nécessaire, il peut être réalisé par épandage d'eau à la surface du matériau en vrac, mais il est préférable d'injecter l'eau directement dans le sol pour éviter sa dispersion et son évaporation (Figure 8.11). Dans les deux cas un nouveau malaxage est nécessaire après l'arrosage.

Fig. 8.11
Épandeur à eau en surface (gauche), et par injection (droite)

Certains malaxeurs équipés d'une rampe de pulvérisation d'eau dans la chambre de malaxage, peuvent être associés à un réservoir d'eau mobile (Figure 8.12). Dans ce cas, le réglage de la teneur en eau et le malaxage se font en une seule et même opération.

Fig. 8.10
Quality of the milling after the first pass of the mixer

8.4.3. Adjustment of the water content

If, before or after treatment, an adjustment of the water content is needed, it can be done by sprinkling water at the surface of the bulk material, but in order to limit dispersion and evaporation, it is preferable to inject the water into it (Figure 8.11). In both cases a mixing is necessary after watering.

Fig. 8.11
Water spreader at the surface (left) and by injection (right)

Some mixers equipped with a water spray boom in the mixing chamber, can be associated with a mobile water tank (Figure 8.12). In this case, the adjustment of the water content and the mixing are done in the same single operation.

Fig. 8.12
Réservoir d'eau et mélangeur travaillant en duo sur un chantier routier en Colombie

8.5. TRAITEMENT EN CENTRALE

Le traitement en centrale permet d'assurer en une seule opération l'incorporation, dans les proportions voulues, de l'eau et du liant dans le matériau et de mélanger l'ensemble des composants. En raison de la cohésion des sols fins, les malaxeurs à tambour rotatif sont à éviter. Ils ne permettent pas de fractionner correctement et complètement les agglomérats de terre et, au contraire, produisent des boulettes, voire des mottes. Il est recommandé d'utiliser des centrales de malaxage en continu équipées de malaxeurs à double arbre à palettes (Figure 8.13). L'expérience des travaux routiers a montré que ces centrales sont capables de produire des mélanges d'excellente qualité à condition que des adaptations soient faites pour permettre un bon écoulement du sol et éviter le collage, par exemple, utilisation de vibreurs et pose d'un revêtement en "Teflon" des parois des trémies. En cas de double traitement (chaux + ciment) de sols à plasticité élevée, il est également possible d'effectuer un prétraitement en place à la chaux pour faciliter l'écoulement du matériau dans la centrale lors du traitement final au ciment.

Fig. 8.13
Centrale de mélange; capacité nominale de 400 t/h

Fig. 8.12
Water tank and mixer working in a duet on a road construction site in Colombia

8.5. IN PLANT TREATMENT

The treatment in a plant allows to ensure in a single operation the incorporation, in the targeted proportions, of water and cement into the material and to mix the whole components. Because of the cohesion of the fine soils, rotary drum mills are to be avoided. They do not allow to correctly and completely split the agglomerates of soil and, on the contrary, produce pellets and even clods. It is recommended to use continuous mixing plants equipped with double shaft pugmills with paddles (Figure 8.13). The roadworks experience has shown that such plants are capable of producing excellent quality mixtures provided adaptations are made to allow for proper flow of the soil and avoid sticking. For example, vibrators plus coating with "Teflon" of the walls of the hoppers. In case of double treatment (lime + cement) of high plastic soils, it is also possible to carry out a pre-treatment in place with lime to facilitate the flow of the material in the plant during the final cement treatment.

Fig. 8.13
Central mixing plant; nominal capacity 400t/h

Il est judicieux d'ajuster les estimations de rendement de l'installation lorsqu'il s'agit de traiter des sols limoneux et argileux, ainsi que des sables fins. En France, l'expérience a montré que le rendement réel est dans ce cas les 2/3 du rendement nominal de l'installation habituellement défini pour des matériaux granulaires propres. Ceci s'explique par la moins bonne fluidité et la plus faible densité des sols fins par rapport aux matériaux granulaires propres.

Depuis près de vingt ans, une nouvelle génération de centrales est apparue dans le recyclage des sols. Le malaxeur peut être à arbre rotatif comme le malaxeur mobile (Figure 8.14) ou à double arbre comme les malaxeurs à palettes. Ils sont spécifiquement conçus pour le traitement des sols fins et plastiques. Bien étalonnées, ces installations permettent d'atteindre un haut niveau d'homogénéité. Elles sont fixes ou semi-mobiles et permettent de contrôler et d'enregistrer les paramètres du processus (taux de production, teneur en liant, teneur en eau). La capacité de production peut aller jusqu'à 1000 t/h pour les installations fixes, et se situe entre 50 et 200 t/h pour les installations semi-mobiles actuellement existantes (Figure 8.14).

Fig. 8.14
Centrale de mélange stationnaire (capacité : 150 t/h) en Colombie (à gauche); ajout de chaux au niveau de la courroie transporteuse sur le sol plastique (20 < IP < 22) avant malaxage dans le broyeur (à droite)

Les centrales semi-mobiles peuvent également être équipées de leur propre silo de stockage de liant (Figure 8.15).

Fig. 8.15
Centrale semi-mobile (capacité nominale de 150 t/h) lors du traitement à la chaux de sols limono-argileux (4 < IP < 9) pour la construction d'une digue en France (Projet DigueELITE)

It is wise to adjust the estimates of the production capacity of the plant when dealing with silty and clayey soils, as well as with fine sands. In France, experience has shown that the coefficient to be applied is about 2/3 of the nominal capacity of the plant. This is explained by the poorer fluidity and the lower density of fine soils compared to clean granular materials.

For nearly twenty years, a new generation of plants appeared in the recycling of soils. The mixer may be a rotary shaft-like mobile mixer (Figure 8.14) or double shaft pugmills with paddles. They are specifically designed for the treatment of fine and plastic soils. Well calibrated, these plants achieve a high level of homogeneity. They are stationary or semi-mobile and allow controlling and recording process parameters (production rate, binder content, water content). The production capacity can go up to 1000 t/h for stationary plants and is between 50 and 200 t/h for currently existing semi-mobile ones (Figure 8.14).

Fig. 8.14
Stationary mixing plant (capacity: 150t/h) in Colombia (left); lime addition on the conveyor belt on the plastic soil ($20 < PI < 22$) before mixing in the pugmill (right)

Semi-mobile plants may also be equipped with their own lime storage silo (Figure 8.15).

Fig. 8.15
Semi-mobile mixing plant (nominal capacity: 150t/h) processing lime treatment of silty clayey soils ($4 < PI < 9$) for the construction of a levee in France (DigueElite Project)

Pour les deux types d'installations, il est recommandé de donner la priorité à celles qui sont équipées du système de contrôle du poids des produits entrants et sortants afin d'obtenir un bon suivi des dosages. L'étalonnage de l'installation se fait par des tests préliminaires de conformité au début des travaux avec vérification par pesée.

À la sortie du malaxeur, le mélange est soit stocké jusqu'à sa reprise, soit chargé directement dans les engins (camions ou autres) chargés de le transporter vers le site de mise en œuvre. L'épandage et le régalage du mélange sont réalisés selon la méthode traditionnelle (bulldozer et/ ou niveleuse). L'utilisation de finisseurs est possible à condition que le comportement du matériau le permette, notamment à condition qu'il n'y ait pas de collage du mélange dans le système de transport et de distribution du finisseur.

8.6. COMPACTAGE

8.6.1. Généralités

Comme mentionné dans le Bulletin 54 pour le traitement au ciment, l'organisation et la durée de l'opération de compactage doivent être conformes au délai de maniabilité du mélange.

Le délai de maniabilité est la période pendant laquelle le matériau traité peut être manipulé et mis en place sans impact négatif sur les performances attendues. En Europe, selon la norme EN 13286-45 [68], elle correspond par convention à la durée de conservation à l'état foisonné après malaxage, à partir de laquelle on obtient une baisse de 2% de la densité maximale Proctor normal après compactage. Elle dépend principalement du type de liant (chaux, ciment), de la nature du sol, de la cinétique de la réaction et de la température. Pour le ciment, le délai de maniabilité est généralement de l'ordre de 2 heures à 20°C. Pour la chaux, il varie de 4 heures environ à plus de 24 heures (selon le sol, il peut atteindre plusieurs jours).

Traitement à la chaux :

Comme dit précédemment, la prise et le durcissement d'un mélange sol-chaux sont des phénomènes dont la cinétique est lente. En pratique, lors du traitement en place, la mise en œuvre et le compactage se font généralement en 2 à 4 heures. Lors d'un traitement en centrale, ce temps peut être réduit à 2 heures. Il faut cependant tenir compte du type de chaux utilisé :

- Traitement à la chaux aérienne calcique vive : la réaction exothermique due à l'hydratation de la chaux vive entraîne un important dégagement de chaleur. Une fois que le sol traité à la chaux est en vrac, il est recommandé d'attendre la dissipation de cette énergie avant le compactage pour éviter le risque de fissuration par retrait thermique lors du refroidissement après compactage. La dissipation peut prendre de 2 à 4 heures lors d'un traitement en place. Lors du traitement en centrale, il est préférable de stocker le sol traité à la chaux et d'attendre le refroidissement avant la mise en œuvre. Cela peut prendre de 12 à 24 heures en fonction de la taille du stock et de la température sur le site.

- Traitement à la chaux aérienne calcique hydratée ou au lait de chaux : il n'y a dans ce cas aucune réaction exothermique. Le compactage peut donc commencer dans les trente minutes à une heure après le mélange lorsque la réaction à court terme s'est produite (principalement la floculation des argiles).

- Parfois, il peut être intéressant de prolonger le stockage en vrac au-delà de 24 heures pour donner à la chaux le temps de floculer les argiles très plastiques ou de neutraliser les éléments perturbateurs (matières organiques, sulfates, etc.). La durée doit être déterminée par des essais en laboratoire. En Belgique, un sol traité à la chaux (IP = 14) stocké en tas pendant plus de 6 mois a conservé un haut niveau de performance (CBR immédiat) après mise en œuvre.

For both types of plants, it is recommended to give priority to those equipped with the weight control system of incoming and outgoing products to get a good monitoring of the dosages. Calibration of the plant is done by preliminary conformity tests at the start of the works with verification by weighing.

At the exit of the mixer, the mixture is either stored until it is taken back or loaded directly into the machines (trucks or others) in charge of transporting it to the implementation site. The spreading and grading of the mixture are done according to the traditional method (bulldozer and/or grader). The use of pavers is possible provided that the material behavior allows it, in particular provided that there is no sticking of the mixture in the transport and distribution system of the paver.

8.6. COMPACTION

8.6.1. General

As mentioned in Bulletin 54 for cement treatment, organization and duration of the compacting operation must be in compliance with the workability period of the mixture.

The workability period is the period during which the treated material can be handled and placed without detrimental impact on expected performance. In Europe, according to the standard EN 13286-45 [68], it corresponds by convention to bulk storage duration after mixing, after which a 2% drop of the maximum Proctor normal density is obtained. It depends mainly on the type of binder (lime, cement), the nature of the soil, the kinetics of the reaction and the temperature. For cement, the workability period is generally around 2 hours at 20°C. For lime, it varies from about 4 hours to above 24 hours (depending on the soil, it may grow up to several days).

Lime treatment:

As already said, the setting and hardening of a soil-lime mixture are phenomena whose kinetics is slow. In practice, when treating in place, implementation and compaction usually need 2 to 4 hours to be carried out. When treating in a mixing plant, it can be reduced to 2 hours. However, the type of lime used should be taken into consideration:

- Treatment with quick calcium air lime: the exothermic reaction due to hydration of quicklime leads to significant heat generation. Once the lime treated soil is in bulk form, it is recommended to wait for the dissipation of this energy before compaction to avoid the risk of thermal shrinkage cracking during cooling after compaction. Dissipation may take 2 to 4 hours when treating in place. When treating in a mixing plant, it is preferable to store the lime treated soil and wait for the cooling before placement. It may take 12 to 24 hours depending on the size of the stock and the temperature on site.

- Treatment with hydrated calcium air lime or with milk of lime: there is in this case no exothermic reaction. Compaction can therefore start within thirty minutes to one hour after mixing when short term reaction has occurred (mainly flocculation of clays).

- Sometimes, it may be interesting to extend the storage in bulk beyond 24 hours to give lime enough time to flocculate heavy clays or to neutralize any disturbing elements (organic matter, sulphates, etc.). The duration will be determined by laboratory tests. In Belgium, a lime-treated soil (PI = 14) stored in a pile for more than 6 months maintained a high level of performance (immediate CBR) after implementation.

Traitement au ciment :

Comme indiqué plus haut, le délai de maniabilité d'un sol traité au ciment est beaucoup plus court que celui d'un sol traité à la chaux. Selon le type de ciment et la température ambiante pendant le travail, cette période est de 2 heures maximum pour un ciment standard, comme indiqué dans le Bulletin 54. Selon les fabricants, elle peut aller jusqu'à 6 à 12 heures pour certains liants hydrauliques routiers qui ont été développés en Europe pour le traitement des sols. Cependant, ce délai étant fortement dépendant de la température ambiante, il convient d'être strict sur le respect des temps d'exécution préalablement établis lorsque les travaux sont faits en été ou dans des régions à climat chaud.

Compacteurs

L'utilisation de rouleaux vibrants à pieds dameurs permet un meilleur emboîtement entre les couches par effet mécanique grâce aux empreintes (Figure 8.16). Cet équipement est également indispensable dans la recherche d'une faible perméabilité. Le malaxage généré par l'action du rouleau à pieds dameurs réduit la taille des pores du matériau traité (voir § 5.3). Une fermeture avec un cylindre ou un rouleau pneumatique en fin de journée, ou en cas de menace de pluie est nécessaire, ainsi qu'en fin de travail.

Comme pour les épandeurs et les malaxeurs pour le traitement en place, un chevauchement de quelques centimètres est recommandé lorsqu'ils fonctionnent dans des bandes parallèles adjacentes.

Fig. 8.16
Compactage d'un sol traité à la chaux par un rouleau vibrant à pieds dameurs

En général, la mise en œuvre et le compactage se font par couches horizontales. Dans certains cas, comme les protections de talus et les carapaces, il peut être envisagé de mettre en œuvre et de compacter dans le sens de la pente. Il est donc impératif de s'assurer que le rouleau est capable de le faire sans nuire à la qualité du compactage. Dans le cas contraire, les rouleaux peuvent être équipés en yo-yo pour faciliter leur déplacement (Figure 8.17).

Cement treatment:

As said above, the workability period of a cement treated soil is much shorter than the one of a lime treated soil. Depending on the type of cement and ambient temperature during work, this period is 2 hours long maximum for a standard cement, as indicated in Bulletin 54. According to the manufacturers, it may go up to 6 to 12 hours for some so-called hydraulic road binders that have been developed in Europe for soil treatment. However, since this period is highly dependent on the ambient temperature, it is necessary to be strict about the respect of the durations of execution previously determined when working in summer or in regions with a hot climate.

Rollers:

The use of vibrating padfoot rollers provides better interlocking between the layers by mechanical effect through footprints (Figure 8.16). This equipment is also essential when looking for a low permeability. The kneading generated by the action of the padfoot roller reduces the size of pores of the treated material (see § 5.3). A closure with a cylinder or a pneumatic roller at the end of the day or in the case of the threat of rain is needed, as well as at the end of work.

As for spreaders and mixers for in-place treatment, an overlap of a few centimeters is recommended when operating in adjacent parallel strips.

Fig. 8.16
Compaction of a lime treated soil by a vibrating padfoot roller

In general, the implementation and compaction are done according to horizontal layers. In some cases, such as slope protections and carapaces, it can be considered to place and compact in the direction of the slope. It is therefore imperative to ensure that the roller is able to do so without affecting the quality of compaction. If not, rollers can be yo-yoed to facilitate moving (Figure 8.17).

Fig. 8.17
Mise en œuvre et compactage de protections de talus. À gauche : en Belgique en 2019 (pente H3/V1); À droite : rouleau équipé en yo-yo sur la rive du canal Friant Kern au milieu des années 70 (pente : H2/V1)

8.7. CURE

En raison des différentes cinétiques de réactions, il convient de différencier le traitement à la chaux du traitement au ciment.

8.7.1. Traitement à la chaux

La cinétique lente de la réaction ne nécessite pas de mesure particulière, sauf éventuellement une pulvérisation d'eau à la surface des couches pour éviter la dessiccation. La décision et la fréquence de la pulvérisation dépendent des conditions météorologiques et de la durée de la période précédant la mise en œuvre de la couche supérieure. Par ailleurs, il est aussi conseillé de faire une pulvérisation en fin de journée, ou en prévision d'un arrêt prolongé, après fermeture par un cylindre ou un rouleau à pneumatiques.

8.7.2. Traitement au ciment

D'après le Bulletin 54, la cinétique de réaction rapide nécessite une pulvérisation d'eau à la surface des couches pour éviter la dessiccation. Cette pulvérisation doit être répétée pendant 7 jours, ou jusqu'au recouvrement par d'autres couches. Elle doit être systématique en fin de journée, ou en prévision d'un arrêt prolongé, après fermeture par un cylindre ou un rouleau à pneumatiques.

8.7.3. Collage entre couches et joints de construction

La liaison entre les couches successives de sol cimenté est obtenue par deux actions complémentaires : mécanique et chimique.

- Mécaniquement, les empreintes laissées par le rouleau à pieds dameurs à la surface des sols fins plastiques favorisent le couplage des couches entre elles. Cependant, une humidification de la surface est recommandée pour éviter la dessiccation et la désagrégation de la surface.

Fig. 8.17

Placement and compaction of slope protections. Left: in Belgium in 2019 (slope H3/V1); Right: roller being yo-yoed on the Friant Kern canal bank in the mid-70s (slope: H2/V1)

8.7. CURING

As a consequence of the different kinetics of reactions, lime treatment will be differentiated from cement treatment.

8.7.1 Lime treatment

The slow reaction kinetics do not require special measures except possibly a sprinkling at the surface of the layers to prevent desiccation. The decision and the frequency of sprinkling depend on the weather conditions and the period before covering. In addition, it is advised to be done at the end of the day, or in anticipation of a prolonged shutdown, after closure by a cylinder or a pneumatic roller.

8.7.2. Cement treatment

According to the Bulletin 54, the fast reaction kinetics require a sprinkling at the surface of the layers to prevent desiccation. This sprinkling should last for 7 days, or until covering by other layers. It must be systematic at the end of the day, or in anticipation of a prolonged shutdown, after closure by a cylinder or a pneumatic roller.

8.7.3. Interlayer bonding and construction joints

The link between successive layers of cemented soil is obtained through two complementary actions: mechanical and chemical.

- Mechanically, the footprints left by the padfoot roller favor the coupling of the layers between them. However, a moisturing of the surface is recommended to avoid desiccation and surface disintegration.

- Chimiquement, des liaisons peuvent se développer à l'interface entre les couches grâce à la réaction du liant. Selon le Bulletin 54, dans le cas d'un sol traité au ciment, on peut y parvenir, soit en réduisant le délai entre la mise en œuvre des couches, soit en grattant et humidifiant la surface des couches compactées ou en épandant 0,5 kg/m² de ciment sec à la surface de la couche à recouvrir. En France, des applications récentes ont montré que l'application de lait de chaux sur la couche à recouvrir, ou bien de chaux en poudre suivie d'un léger arrosage permet aussi d'obtenir une bonne adhésion entre les deux couches traitées.

Dans tous les cas, si la liaison entre les couches est une nécessité pour la structure, des essais doivent être prévus avant le début des travaux pour s'assurer de l'efficacité des solutions proposées.

En ce qui concerne les joints de construction, la même recommandation que dans le Bulletin 54 peut s'appliquer. Lorsque la mise en oeuvre est interrompue, un joint de construction doit être constitué à l'extrémité, sur la surface exposée de la couche. Le joint doit être réalisé en découpant verticalement l'extrémité de la couche achevée sur toute son épaisseur.

La méthode peut être améliorée, par exemple en appliquant un liant en poudre sur la surface du joint avant la reprise. D'autres procédés peuvent être appliqués à condition que leur efficacité soit vérifiée avant une application systématique.

8.8. PRÉCAUTIONS PARTICULIÈRES

Il est nécessaire de prendre un minimum de précautions pour assurer la bonne exécution du traitement :

- **Liants :** confirmer la disponibilité et la capacité d'approvisionnement des fournisseurs, en termes de quantité, de qualité et de délais de livraison.

- **Sols à traiter :** vérifier par des études détaillées supplémentaires que les zones d'emprunt sélectionnées contiennent bien les types de sols nécessaires et les volumes prévus.

- **Matériel** : vérifier l'état du matériel (épandeurs, malaxeurs, centrales de traitement), vérifier le bon fonctionnement et l'étalonnage des systèmes de contrôle embarqués.

- **Rendement** : il est lié aux performances du matériel. Pour du traitement en place, il dépend fortement de l'efficacité des malaxeurs. Les plus puissants sont capables de traiter entre 3 000 et 6 000 m³ de sol par jour, en fonction du type de sol et du nombre de passes requises. Pour le traitement en centrale, il est recommandé d'ajuster rendement (par exemple en ne retenant que les 2/3 du rendement nominal).

- **Transport** : comme expliqué dans le Bulletin 54, les sols fraichement traités sont généralement transportés par camion depuis la centrale de mélange ou l'aire de traitement. Des remblais d'accès en terre de hauteur adaptée sont généralement construits à divers intervalles en amont du remblai pour permettre aux camions d'accéder à la couche en cours de mise en œuvre. Afin d'éviter une mise en pression interstitielle excessive, il n'est pas recommandé d'autoriser la circulation des camions sur des couches fraichement mises en œuvre et compactées. Le bulletin 54 mentionne également l'utilisation de bandes transporteuses sur les projets de grand volume. Ainsi, il a été possible d'opérer sans les rampes d'accès et de réduire le risque de pression interstitielle due à la circulation sur le chantier.

- **Généralités** : veiller à ce que des mesures soient prises pour éviter les émissions de poussières, notamment en cas de traitement en place (zone de stockage protégée du vent, volets de protection sur les épandeurs, arrêt du traitement en période de vent, utilisation de liants à faible émission de poussières...).

- Chemically, bonds may develop at the interface between layers thanks to the reaction of the binder. According to Bulletin 54, in the case of a cement treated soil, it can be achieved, either by minimizing the time required between the placement of the layers, or by scratching and moistening the surface of the compacted layers, or by spreading 0.5 kg/m^2 of dry cement at the surface of the layer to be covered. In France, recent applications have shown that spreading milk of lime on the layer to be covered, or lime powder followed by a light sprinkling of water, can also achieve a good bond between the treated layers.

In any case, if linking between layers is a necessity for the structure, tests should be scheduled before work starts to ensure the effectiveness of the proposed solutions.

As for construction joints, the same recommendation as in Bulletin 54 can be applied. When construction is interrupted, a construction joint should be formed at the exposed end of the layer. The joint should be produced by cutting back into the completed work to form a full depth vertical face transfer to the direction of layer placement.

The method can be improved, such as applying powdered binder to the surface of the joint before rework, or other processes can be applied, provided that their effectiveness is verified before systematic application.

8.8. SPECIFIC PRECAUTIONS

It is necessary to take a minimum of precautions to ensure the proper execution of the treatment:

- **Binders**: confirm the availability and the supply capacity of the suppliers, in terms of quantity, quality and delivery rates.

- **Soils to be treated**: check by additional detailed surveys that the selected borrow areas do contain the needed types of soils and the expected volumes.

- **Equipment**: check the wear and tear condition of the equipment (spreaders and mixers, mixing plants), check the proper functioning and calibration of the embedded control systems.

- **Work progress rates**: it depends on the equipment performance. For in place treatment, it mainly depends on the performance of the mixers. The most powerful ones are able to treat between 3000 and 6000 m^3 of soil per day, depending on the soil and the number of passes. For in plant treatment, it is advisable to adjust the nominal capacity of production (for example by applying a coefficient of 2/3 to the nominal rate of production).

- **Transportation:** as explained in Bulletin 54, mixed cemented soils are usually transported from the central mixing plant or mixing area to the placement area with trucks. Earth ramps of sufficient thickness to protect previously placed cemented soil are generally constructed at various intervals up the embankment to provide access for trucks to the horizontal layer being placed. In order to avoid excess pore pressure, it is not recommended to authorize trucks traffic driving on recently implemented and compacted layers. Bulletin 54 also mentions the utilization of conveyor belts on large volume projects. As a result, it was possible to operate without the access ramps and to reduce the risk of pore pressure due to construction site traffic.

- **General**: ensure that measures are taken to prevent dust emissions, especially in the case of treatment in place (storage area protected from the wind, protective flaps on spreaders, treatment stoppage during windy periods, use of low dust emission binders, etc.).

8.9. ANCRAGE DE LA GÉOMEMBRANE ET DRAINAGE

La géomembrane d'étanchéité est généralement installée en position exposée, en contact direct avec l'eau du réservoir et des sollicitations liées à l'environnement, à moins que des conditions spécifiques au site (vandalisme, chutes de pierres, etc.) n'exigent une couche de couverture (dalles de béton, béton projeté, remblai granulaire, etc.). Le revêtement en géomembrane exposé doit être maintenu sur la face du barrage pour éviter les déplacements dus au vent et aux vagues grâce à un système d'ancrage approprié, sauf pour les très petits barrages (< 6 m de hauteur) où le revêtement en géomembrane doit être maintenu par un scellement périphérique le long de la fondation et à la crête du remblai.

L'ancrage sur la paroi doit être calculé en fonction des conditions climatiques du site, par l'analyse statistique des données météorologiques locales. Plusieurs méthodes de calcul peuvent être trouvées dans la littérature internationale. Actuellement, l'approche mathématique la plus utilisée a été développée par J.P. Giroud (Giroud, Pelte, & Bathurst, « Uplift of Geomembranes by Wind », 1995, Geosynthetics International, 897–952) [69].

Plusieurs systèmes d'ancrage ont été mis en œuvre avec succès dans des structures similaires (barrages en enrochement, en terre et en remblai dur) et peuvent être avantageusement pris en compte dans la conception des CSD en fonction des exigences techniques spécifiques.

Des ancrages coulés en profondeur ont été utilisés avec succès sur le barrage en remblai dur de Filiatrinos (55 m de haut) (Figure 8.18). Le système se compose de barres filetées en acier inoxydable de 1 m de long placées dans des trous forés dans lesquels a été injecté un coulis de ciment, placés selon un maillage régulier de 4 m de distance, le tout conçu pour résister à un vent de 125 km/h. Une plaque en acier inoxydable située à l'extrémité de l'ancrage répartit les forces transmises au barrage. Une plaque en acier inoxydable placée à l'extrémité des ancrages répartit les efforts transmis à la géomembrane sur une plus grande surface afin d'éviter la concentration des contraintes. La plaque est imperméabilisée par une rondelle de géomembrane supplémentaire, du même type que le revêtement de géomembrane.

Un système similaire d'ancrages au sol (de type bec de canard) a été adopté pour fixer le revêtement en géomembrane du barrage en remblai de Vaité (Polynésie française, 2011). Le système d'ancrage de Vaité a été conçu pour résister à un vent de 204 km/h.

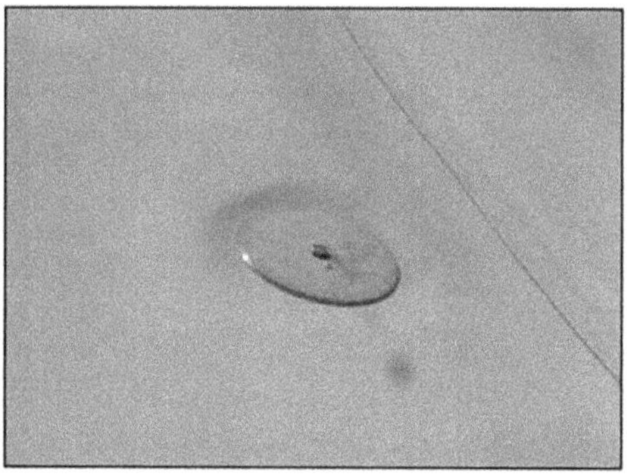

Fig. 8.18
Barrage en dur de Filiatrinos (Grèce, 2015). (À gauche) vue de l'installation du revêtement en géomembrane. (À droite) détail de la plaque en acier inoxydable à la tête de l'ancrage coulé en profondeur.

Des bandes encastrées ont été utilisées avec succès sur le barrage en remblai dur d'Ambarau (21 m de haut) (Figure 8.19). Le système consiste en une bande de géomembrane (généralement de 0,42 m de large), du même type que la géomembrane, insérée dans une couche de béton plutôt

8.9. GEOMEMBRANE ANCHORAGE AND DRAINAGE

The geomembrane liner is typically installed in exposed position, in direct contact with the reservoir water and environmental loads, unless site-specific conditions (vandalism, rockfalls, etc.) require a cover layer (concrete slabs, shotcrete, granular backfill, etc). The exposed geomembrane liner shall be retained on the dam face against wind and wave displacements through a competent anchorage system, except for very small dams (< 6 m high) where the geomembrane liner shall be retained by the peripheral sealing along the foundation and at the embankment crest.

The face anchorage shall be calculated based on the site climatic conditions, though the statistical interpretation of local meteorological data. Several calculation methods can be found in the international literature. At present the most used mathematical approach has been developed by J.P. Giroud (Giroud, Pelte, & Bathurst, "Uplift of Geomembranes by Wind", 1995, Geosynthetics International, 897–952) [69].

Several anchorage systems have been successfully implemented in similar structures (rockfill, earthfill and hardfill dams) and can be proficiently considered in the design of CSDs based on the specific technical requirements.

Deep grouted anchors were successfully used at Filiatrinos hardfill dam (55 m high) (Figure 8.18). The system consists of a 1 m long stainless-steel threaded bars grouted with cement grout in boreholes, placed in a regular grid at 4 m distance, designed to resist a 125 km/h wind. A stainless-steel plate at the end of the anchors distributes the forces transmitted to the geomembrane liner on a larger surface to avoid stress concentration. The plate is waterproofed with an additional geomembrane washer, of the same type as the geomembrane liner.

A similar system of ground anchors (duckbill type) was adopted for fastening the geomembrane liner at Vaité embankment dam (French Polynesia, 2011). The anchorage system at Vaité was designed to withstand a 204 km/h wind.

Fig. 8.18
Filiatrinos hardfill dam (Greece, 2015). (Left) View of the geomembrane liner installation. (Right) detail of the stainless-steel plate at the head of the deep grouted anchor.

Embedded strips were successfully used at Ambarau hardfill dam (21 m high) (Figure 8.19). The system consists of a geomembrane strip (typically 0.42 m wide), of the same type as the geomembrane liner, inserted into a layer of no-fines concrete (relatively porous) for nearly 1.2 m. The embedded strips

grossier (relativement poreux) sur près de 1,2 m. Les bandes encastrées sont installées en se chevauchant et sont thermosoudées pour former des lignes d'ancrage continues à des intervalles définis. Les lignes d'ancrage ont été installées à une distance de 4 m dans la face inférieure du barrage et à une distance de 2 m dans la face supérieure verticale du barrage. L'ancrage est obtenu par thermosoudage de la géomembrane sur les lignes verticales. Le système d'ancrage est conçu pour résister à un vent de 144 km/h.

Un système similaire de bandes encastrées a été adopté pour le batardeau de 21 m de haut du barrage d'Alento (Italie, 1985). Les bandes de géomembrane ont été noyées dans le remblai du barrage pendant la construction, formant un motif décalé sur la face du barrage. Les bandes n'ont pas été alignées pour former un revêtement d'ancrage continu, mais plutôt pour reproduire un modèle d'ancrage ponctuel. La géomembrane installée sur le batardeau a résisté à deux crues.

Fig. 8.19
Barrage en dur d'Ambarau (Congo, 2015). (À gauche) Détail de la bande de géomembrane encastrée dans les levées de remblai. (À droite) vu' de l'installation de la bande de géomembrane.

Dans les barrages relativement petits (< 25 m), un système d'ancrage approprié pour la géomembrane consiste en des bandes de géomembrane encastrées dans des tranchées verticales creusées dans la face amont du barrage (Figures 8.20 et 8.21). Les bandes sont installées partiellement dans la tranchée, avec une bande de près de 0,3 m de large dépassant à l'extérieur. L'ancrage est obtenu par thermosoudage de la géomembrane sur les bandes. La distance entre les lignes d'ancrage est généralement de 6 à 8 m, en fonction du vent pris en compte dans la conception. La tranchée est remplie de sol cimenté correctement compacté ou alternativement de mortier.

Fig. 8.20
Barrage en terre de Bulga (Australie, 2016). (À gauche) Détail des bandes de géomembrane insérées dans la tranchée excavée. (À droite) lignes d'ancrage verticales après le compactage des tranchées.

are installed overlapping and are heat-seamed to form continuous anchorage lines at defined spacing. The anchorage lines were installed at 4 m distance in the lower sloped dam face and at 2 m distance in the upper vertical dam face. The anchorage is obtained by heat-seaming the geomembrane liner over the vertical lines. The anchorage system is designed to resist a 144 km/h wind.

A similar system of embedded strips was adopted for the 21 m high cofferdam of Alento dam (Italy, 1985). The strips of geomembrane were embedded in the dam fill during construction forming a staggered pattern on the dam face. The strips were not aligned to form a continuous anchorage liner, rather to replicate a pattern of point anchor. The geomembrane liner installed on the cofferdam resisted two floods.

Fig. 8.19
Ambarau hardfill dam (Congo, 2015). (Left) Detail of the geomembrane strip embedded into the embankment lifts. (Right) view of the geomembrane liner installation.

In relatively small dams (< 25 m), a suitable anchorage system for the geomembrane liner consists of geomembrane strips embedded into vertical trenches excavated in the upstream dam face (Figures 8.20 and 8.21). The strips are installed partially into the trench, with a nearly 0.3 m wide band extending outside. The anchorage is obtained by heat-seaming the geomembrane liner over the strips. The distance between anchorage lines is typically 6–8 m depending on the design wind. The trench will be filled with cemented soil properly compacted or alternatively with mortar.

Fig. 8.20
Bulga earthfill dam (Australia, 2016). (Left) Detail of the geomembrane strips inserted into the excavated trench. (Right) vertical anchorage lines after compaction of the trenches.

Fig. 8.21
Vue générale de l'installation d'une géomembrane basée sur la procédure utilisant les bandes de géomembrane encastrées dans des tranchées verticales

Dans les barrages de grande hauteur, un système d'ancrage approprié pour la géomembrane consiste en des bandes de géomembrane encastrées (se chevauchant) dans des bordures en béton extrudé, construites sur la face amont du barrage pendant la mise en place des remblais. Cette technologie représente l'état de l'art pour la construction de barrages en enrochement à géomembrane (GFRD) et peut être adoptée de manière pratique pour les CSD (Figures 8.22 et 8.23).

Les bordures en béton sont extrudées au moyen d'une extrudeuse spécifique, qui se déplace sur la face du barrage. La hauteur de la bordure s'adapte à l'élévation de la digue, généralement de 0,3 à 0,4 m de haut. Au fur et à mesure de l'élévation des bordures, les bandes de géomembrane sont fixées aux bordures et thermosoudées ensemble pour former des lignes d'ancrage continues. L'ancrage est obtenu par thermosoudage de la géomembrane sur les lignes verticales. La distance entre les lignes d'ancrage est généralement de 6 à 8 m, en fonction du vent pris en compte dans la conception.

Fig. 8.22
Barrage en enrochement de Nam Ou 6 (RDP Lao, 2015). (À gauche) Détail de la machine d'extrusion et de l'extrusion des bordures. (À droite) installation des bandes encastrées sur les bordures.

Les bordures extrudées assurent une protection immédiate de la face amont du barrage contre l'érosion et le ravinement pendant la construction de la digue. Les bordures créent une surface stable et lisse pour la mise en place de la géomembrane, minimisant le risque de perforation. Le compactage du remblai est simplifié car les bordures agissent comme un coffrage en amont, améliorant l'efficacité du placement et du compactage.

Fig. 8.21
General view of installation of a geomembrane based on the procedure using the geomembrane strips embedded into vertical trenches

In high dams, a suitable anchorage system for the geomembrane liner consists of geomembrane strips embedded (overlapping) into extruded concrete kerbs, constructed on the upstream dam face during placement of the embankment lifts. This technology represents the state-of-the-art for the construction of Geomembrane Face Rockfill Dams (GFRD) and can be conveniently adopted also for CSD (Figures 8.22 and 8.23).

The concrete kerbs are extruded by means of a specific extruding machine, which runs on the dam face. The kerb height conforms to the embankment lift, typically 0.3-0.4 m high. As the kerbs are being raised, the geomembrane strips are secured to the kerbs and heat-seamed together to form continuous anchorage lines. The anchorage is obtained by heat-seaming the geomembrane liner over the vertical lines. The distance between anchorage lines is typically 6–8 m depending on the design wind.

Fig. 8.22
Nam Ou 6 rockfill dam (Lao PDR, 2015). (Left) Detail of the extruding machine and kerb extrusion. (Right) installation of the embedded strips on the kerbs.

The extruded kerbs provide an immediate protection of the upstream dam face against erosion and ravelling during the construction of the embankment. The kerbs create a stable and smooth surface for the placement of the geomembrane, minimizing the risk of puncturing. Compaction of the embankment is simplified as the kerbs act as an upstream formwork, improving the placement and compaction efficiency.

Fig. 8.23
(À gauche) Barrage en enrochement de Nam Ou 6 (RDP Lao, 2015). Détail des lignes d'ancrage continues. (À droite) Barrage à résidus de Sar Cheshmeh. Installation du revêtement en géomembrane.

La géomembrane est destinée à protéger le corps du barrage contre les infiltrations. Il est donc souhaitable que toute fuite potentielle à travers la géomembrane soit drainée efficacement pour éviter une infiltration incontrôlée à travers le remblai et l'apparition d'une sous-pression derrière le revêtement en cas de baisse rapide du réservoir.

Le système de drainage est constitué d'un géodrain synthétique installé sur la couche support et sous la géomembrane de revêtement. Le géodrain est un géosynthétique bi ou tridimensionnel à haute transmissivité et à faible fluage en compression, thermocollé pendant la fabrication à un géotextile filtrant non tissé, destiné à éviter le colmatage par la migration des fines (particules de sol et de liant).

Les fuites collectées par le géodrain s'écoulent par gravité vers le pied amont du barrage. L'évacuation des eaux est assurée par un tuyau relié à une galerie interne (si disponible) ou par une couche de matériau perméable traversant la fondation de la digue et constituée de gravier sélectionné ou de béton poreux, protégé de la migration des fines par un géotextile non tissé.

Fig. 8.23
(Left) Nam Ou 6 rockfill dam (Lao PDR, 2015). Detail of the continuous anchorage lines.
(Right) Sar Cheshmeh tailings dam. Installation of the geomembrane liner.

The geomembrane facing is intended to preserve the dam body dry. Therefore, it is desirable that the potential leakage through the geomembrane liner be efficiently drained to avoid uncontrolled permeation through the embankment and insurgence of sub-pressure behind the liner in case of rapid reservoir drawdown.

The drainage system consists of a synthetic geodrain installed over the base layer and below the geomembrane liner. The geodrain shall be a high-transmissivity and low compressive creep bi or tri-dimensional geonet heat bonded during fabrication to a non-woven filter geotextile, intended to avoid clogging by fines migration (soil and cement particles).

The leakage collected by the geodrain will drain by gravity toward the upstream dam toe. Discharge for the leakage will be provided through a pipe connected to an internal gallery (if available) or by means of a layer of pervious material crossing the embankment foundation and made of selected gravel or porous concrete, protected from fines migration with a non-woven geotextile.

9. CONTRÔLE QUALITÉ

9.1. GÉNÉRALITÉS

Comme indiqué précédemment, le contrôle de la qualité de la mise en œuvre du matériau traité est essentiel pour assurer les fonctions requises pour un ouvrage sûr, durable et performant.

Ce contrôle peut être effectué de différentes manières par différentes personnes en charge de la réalisation du projet. Cependant, il est exercé au moyen d'un manuel de qualité élaboré et mis en œuvre par des experts et des ingénieurs parfaitement au fait des règles de l'art. Il est également conseillé de ne pas finaliser le manuel avant la finalisation des essais en vraie grandeur qui peuvent être effectués sur les lieux de l'exécution du projet.

Ce manuel définira parfaitement les responsabilités de chaque intervenant, qui peuvent différer selon le projet et les pratiques du pays où l'ouvrage est construit. Il devra également définir clairement les étapes du contrôle en cours et les points d'arrêt, le tout avant de commencer la diffusion d'un document de contrôle pour le passage à l'étape suivante.

Comme il est d'usage dans les grands travaux pour les éléments concernant la sécurité, il est impératif que la responsabilité de ces contrôles soit assurée par des personnes indépendantes des intérêts financiers des entreprises impliquées dans la construction de l'ouvrage, et techniquement expérimentées et compétentes dans le domaine du traitement des sols en terrassements.

Par conséquent, les concepts de base régissant la surveillance du traitement des sols appliqué aux barrages et aux ouvrages hydrauliques doivent être ceux habituellement adoptés pour toute construction nécessitant une attention particulière en cas de défaillance d'un de ses organes de sécurité. De même, les ouvrages dont l'exécution pourrait avoir des conséquences fâcheuses doivent faire l'objet d'une surveillance attentive et contrôlée. En sachant que la performance finale d'un ouvrage dépend de la qualité de l'exécution de chaque tâche pendant la construction, une vérification a posteriori de certaines tâches devient impossible. Ainsi, chaque opération de contrôle pendant l'exécution des travaux doit correspondre à un élément de la réception finale des travaux. Ces opérations nécessitent donc une surveillance obligatoire sur le lieu de travail par un personnel compétent et suffisant compte tenu des horaires de travail imposés par les travaux.

Dans ce chapitre on peut trouver des éléments spécifiques qui doivent être soigneusement contrôlés lors de la construction de structures en sols cimentés. La répartition du contrôle entre le maître d'œuvre et l'entrepreneur doit être indiquée dans le manuel qualité.

9.2. LIANTS

Les liants spécifiés sont acceptés par le maître d'œuvre lors de la phase de préparation des travaux, sur une base documentaire (normes, certificats, avis techniques, études de laboratoire, etc.) fournie par l'entrepreneur. Le maître d'œuvre s'assure de la fiabilité des informations fournies.

Pendant les travaux, l'inspection doit porter sur la conformité des produits livrés avec les spécifications requises. Elle peut se faire par comparaison des documents d'expédition avec la norme applicable, complétée le cas échéant par des mesures ponctuelles de contrôle des caractéristiques sur des prélèvements. Cependant, ces essais peuvent ne pas tous être réalisables sur site car ils nécessitent des équipements de laboratoire et des procédures d'exécution spécifiques. Ainsi, le choix des tests doit se faire en accord avec les producteurs de liants et en tenant compte de leurs propres plans de contrôle.

9. QUALITY CONTROL

9.1. GENERAL

As noted before, the quality control of the implementation of the treated material is critical to the functions required for safe, sustainable and efficient work.

This control can be done in different ways by different people in charge of the implementation of the project. However, it is exercised by means of a quality manual developed and implemented by experts and engineers fully aware of the peculiarities of the art. It is also advised not to finalize the manual before the completion of field tests that can be performed on the premises of the project execution.

This manual will perfectly define the responsibilities of each stakeholder, which may differ according to the project and practices of the country where the work is built. It should also clearly define the steps of the control being performed and the stopping points, all of them before initiating the transmission of a control document for the switch to the following stage.

As usual with large works for items concerning safety, it is imperative that the responsibility for such controls is carried out by independent persons from the financial interests of the companies involved in the construction of the structure and technically experienced and competent in the field of soil treatment in earthworks.

Therefore, the basic concepts governing the supervision of soil treatment applied to dams and hydraulic structures should be those usually adopted for any construction requiring special care in the event of failure of one of its security organs. In the same way, the works for which the workmanship could have adverse consequences have to receive a careful and monitored supervision. Knowing that the final performance of a structure depends on the quality of execution of each task during construction, an *a posteriori* control of certain tasks becomes impossible. Thus, each control operation during the execution of the work must correspond to an element of the final acceptance of the work. These operations require a compulsory supervision on the work site by competent and sufficient personnel taking into account the working hours imposed by the work.

In this paragraph, specific elements can be found that must be carefully checked during the construction of structures in cemented soils. The distribution of control between project manager and contractor shall be indicated in the Quality Manual.

9.2. BINDERS

The specified binders are accepted by the project manager during the work preparation phase on a documentary basis (standards, certificates, technical advices, laboratory studies, etc.) provided by the contractor. The project manager ensures the reliability of the information provided.

During the works, the inspection shall cover the conformity of products delivered to the required specifications. It can be done by comparing shipping documents with the relevant standard, supplemented as appropriate by individual testing of the characteristics measured on samples. However, these tests may not all be feasible on site because they require specific laboratory equipment and execution procedures. Thus, the choice of tests will be done in agreement with the binder producers and taking account of their own control plans.

En général, lorsqu'on utilise des liants normalisés, le maître d'œuvre vérifie l'origine des produits à partir des documents d'expédition. Par ailleurs, pour la chaux vive, il est habituel sur les chantiers routiers de procéder à des mesures de granulométrie et de réactivité toutes les 200 à 500 tonnes.

Des échantillons conservatoires peuvent être prélevés toutes les 500 à 1000 tonnes et conservés pendant au moins un an après la fin des travaux pour d'éventuels contrôles ultérieurs. Pour éviter le risque d'évolution du liant, notamment de la chaux, la conservation des échantillons doit se faire dans des récipients ou sacs étanches, sans excès d'air et d'humidité.

9.3. SOLS

Il est important de vérifier les caractéristiques du sol à traiter lors des études d'exécution en phase de préparation ainsi qu'au cours de l'avancement des travaux, et ce notamment si le volume à traiter est important. L'entrepreneur réalise des sondages complémentaires pour effectuer des prélèvements et des essais afin de mettre à jour les études préliminaires. L'objectif est d'obtenir une cartographie précise et actualisée du gisement pendant les travaux pour faciliter le contrôle des opérations et procéder à d'éventuels ajustements. Les caractéristiques à confirmer concernent à la fois la nature (distribution granulométrique, limites d'Atterberg, références Proctor, etc.) et l'état (teneur en eau) du matériau. Sachant que le paramètre le plus susceptible de subir des modifications est la teneur en eau, il est d'usage d'effectuer les tests suivants :

- 1 teneur en eau tous les 500 à 1 000 m^3
- 1 analyse granulométrique et une mesure des limites d'Atterberg tous les 1 000 à 2 000 m^3
- 1 Proctor tous les 5 000 à 10 000 m^3

9.4. TRAITEMENT EN PLACE

9.4.1. Epandage :

La précision de l'application dépend du type d'épandeur, de l'état du dispositif d'épandage et du mode de conduite. Des informations sur l'équipement sont données au § 8.4. Des essais d'étalonnage doivent être effectués avant le début des travaux, puis des essais de vérification en cours d'exécution ou en cas de modification de l'organisation du travail (type d'épandeur, etc.). Ces essais sont réalisés en pesant la quantité de liant épandue par l'épandeur sur une bâche ou un plateau et en la comparant à la quantité affichée par le système de contrôle embarqué dans la cabine de l'épandeur. Des mesures ponctuelles peuvent être effectuées de manière inopinée pendant les travaux pour s'assurer qu'il n'y a pas d'écart par rapport aux réglages initiaux. Comme déjà dit au § 8.4.1, un chevauchement des bandes d'application de quelques centimètres est recommandé.

9.4.2. Malaxage :

La qualité du malaxage (finesse et uniformité du mélange, profondeur de malaxage) dépend du type de malaxeur, de l'état des dents du rotor et du mode de conduite. Le § 8.4 fournit des informations sur l'équipement recommandé. Des essais de calibrage doivent être effectués avant le début des travaux pour déterminer le nombre de passes permettant d'obtenir un bon malaxage. Le contrôle en cours de travail se fait ensuite essentiellement de manière visuelle : uniformité d'aspect des matériaux traités (couleur, mouture), profondeur de mélange, recouvrement. Comme déjà dit au § 8.4.2, un chevauchement des bandes de malaxage de quelques centimètres est recommandé.

Usually, when using standardized binders, the project manager checks the origin of the products from the shipping documents. In addition, for quicklime, it is usual on road construction sites to carry on particle size distribution and reactivity measurements every 200 to 500 tonnes.

Conservatory samples can be collected every 500 to 1000 tonnes and stored for up to at least one year after the end of the work for any subsequent checks. To avoid the risk of evolution of the binder, including lime, conservation of samples must be done in sealed containers or bags, without excess of air and humidity.

9.3. SOILS

It is important to check the characteristics of the soil to be treated during the execution studies in the preparation phase as well as during the work progresses, and particularly if the volume to be treated is important. The contractor performs additional surveys to carry out sampling and testing to update the preliminary studies. The goal is to obtain an accurate and up-to-date mapping of the deposit during the works to facilitate control of operations and make possible adjustments. The characteristics to be confirmed relate to both the nature (particle size distribution, Atterberg's limits, Proctor references, etc.) and the state (water content) of the material. Knowing that the most likely parameter to undergo modifications is the water content, it is usual to carry out the following tests:

- 1 water content each 500 to 1000 m^3
- 1 PSD and Atterberg's limit each 1000 to 2000 m^3
- 1 Proctor each 5000 to 10000 m^3

9.4. IN PLACE TREATMENT

9.4.1. Spreading:

The accuracy of the application depends on the type of spreader, the condition of the spreading device and the driving mode. Information on the equipment is given in § 8.4. Calibration tests must be carried out before the start of work, followed by verification tests during execution or in the event of a change in the organization of work (type of spreader, etc.). These tests are performed by weighing the amount of binder spread by the spreader on a tarpaulin or tray and comparing to the amount displayed by the on-board control system in the spreader cabin. Spot measurements can be made unexpectedly during the work to ensure there is no deviation, during operation, from the settings. As already said in § 8.4.1, an overlap of the application lanes of a few centimeters is recommended.

9.4.2. Mixing:

The quality of mixing (fineness and uniformity of the mixture, depth of mixing) depends on the type of mixer, the condition of the rotor teeth, and the driving mode. § 8.4 provides information on the recommended equipment. Calibration tests must be carried out before the start of work to determine the number of passes to get the right grinding. The control during the work is then essentially done in a visual way: uniformity of appearance of treated materials (color, grind), depth of mixing, overlap. As already said in § 8.4.2, an overlap of the mixing lanes of a few centimeters is recommended.

9.5. TRAITEMENT EN CENTRALE

Les centrales de traitement sont différenciées en fonction de leur type (fixe ou semi-mobile), de leur capacité de production et du système de contrôle de la fabrication du mélange. Comme indiqué au § 8.5, la préférence sera donnée aux systèmes de contrôle pondéral des matériaux entrants et sortants. Les contrôles doivent porter sur le réglage de l'installation au début des travaux lors des essais d'étalonnage, et sur la conformité et la régularité de la production pendant les travaux. Les essais d'étalonnage consistent à vérifier la conformité des réglages affichés avec la production réelle, contrôlée par des pesées séparées du liant d'une part, et du matériau d'autre part, au cours d'une séquence de production donnée. Les contrôles en cours de production concernent le suivi de la régularité par la vérification des données enregistrées et par l'observation visuelle des mélanges.

9.6. TENEUR EN EAU

Une fois le matériau traité en place, et si des doutes subsistent sur la teneur en eau (par exemple en cas de sécheresse ou d'arrêt inopiné du chantier), il est conseillé de vérifier la teneur en eau avant le compactage sur des prélèvements ponctuels (par exemple 1 tous les 200 à 500 m3) et une mesure de la teneur en eau par un procédé rapide (à la plaque chauffante ou au micro-onde) pour ne pas retarder les cadences de mise en place.(cf. méthode de Hilf) Ceci concerne particulièrement le traitement en place dont les conditions de mise en œuvre favorisent le risque de dessèchement.

9.7. COMPACTAGE

L'énergie de compactage et la méthode d'application (épaisseur des couches, nombre de passes, etc.) doivent être définies par une planche d'essai au début des travaux en faisant varier des paramètres tels que : l'épaisseur des couches, la vitesse des compacteurs, le nombre de passes, les paramètres de vibration, etc. Une attention particulière doit être portée au bon dimensionnement de l'atelier de compactage par rapport à la capacité de production ainsi qu'au délai de maniablilité du sol traité. Les cylindres vibrants à pieds dameurs ont démontré leur efficacité sur les sols fins plastiques. L'expérience a montré que dans ce cas, en utilisant un rouleau lourd, l'épaisseur des couches, une fois compactées, ne doit pas dépasser 30 cm. Un rouleau lisse vibrant ou un rouleau pneumatique est nécessaire pour la fermeture des surfaces en cas de besoin (fin de journée, de semaine, menace de pluie, etc.). Dans certains cas de type de sol (notamment les sols peu plastiques) et de teneur en eau, le rouleau lisse vibrant peut générer une fissuration à la surface de la couche (jusqu'à 5 cm de profondeur). Dans ce cas, il faut soit limiter le nombre de passages, soit adapter ou arrêter la vibration du rouleau, soit mettre au point une procédure de compactage basée sur une planche d'essai pour éviter ce phénomène.

Le contrôle du taux de compactage est effectué par des mesures ponctuelles (gammadensimètre, méthode au sable, densitomètre à membrane). Des mesures indirectes peuvent également être réalisées à l'aide d'un pénétromètre à cône après étalonnage. Ces mesures doivent être réalisées dans un temps compatible avec la cinétique de prise des sols cimentés. La méthode de Hilf[2], déjà citée plus haut, peut être efficacement adoptée [69]. Des méthodes de contrôle continu du compactage à partir de l'enregistrement des données de fonctionnement des compacteurs (vitesse, nombre de passes, plan de balayage) ont été développées dans certains pays (France, Allemagne, etc.). Certains compacteurs bénéficient d'une aide à la conduite grâce à la présence d'un GPS embarqué pour enregistrer le plan de balayage.

Le compactage doit être terminé avant la fin du délai de maniabilité du sol cimenté, qui est spécifique du sol, du liant et de la température pendant l'exécution des travaux.

---

[2] La méthode de Hilf de contrôle rapide de la teneur en eau durant les travaux est applicable aux sols traités [70]

9.5. IN PLANT TREATMENT

The mixing plants are differentiated according to their type (stationary or semi-mobile), their production capacity and manufacturing control system of the mixture. As noted in § 8.5, preference will go to the control systems by weight for incoming and outgoing materials. The controls relate to the setting of the plant at the beginning of the work during the calibration tests, and the conformity and regularity of the production during the works. Calibration tests consist of checking the conformity of the displayed settings with the actual production, controlled by separate weighings of the binder on the one hand, and the material on the other hand, during a given production sequence. Controls during production concern the monitoring of the regularity by verification of the recorded data and by visual observation of the mixtures.

9.6. WATER CONTENT

Once the treated material is in place, and if doubts remain about the water content (for example during drought or in case of unexpected stoppage of the site), it is advisable to check the water content prior to compaction by spot sampling (for example 1 each 200 to 500 m^3) and water content measurement by a rapid process (pan or microwave method) to avoid delaying the rates of placement.[2] This especially concerns the treatment in place whose placement conditions favor the risk of drying up.

9.7. COMPACTION

The compaction energy and method of application (layer thickness, number of passes, etc.) must be defined by a test section at the beginning of the work by varying parameters such as: thickness of the layers, speed of the compactors, number of passes, vibration parameters, etc. Particular attention should be paid to proper sizing of the compaction workshop with respect to the production capacity as well as to the workability period of the cemented soil. Vibrating padfoot cylinders have demonstrated efficacy on fine soils. Experience has shown that in this case, when using a heavy roller, the thickness of layers, once compacted, should not exceed 30 cm. A vibrating smooth roller or a pneumatic roller is required for closure of the surfaces when necessary (end of the day, of the week, threat of rain, etc.). In some cases of soil type (especially low-plastic soils) and water content, the vibrating smooth roller may generate lamination on the surface of the layer (about 5 cm deep). In this case, either the number of passes may be limited, or the vibration of the roller may be adapted or stopped, or a compaction procedure may be developed based on a field test to prevent this phenomenon.

Control of the compaction rate is performed by one-off measures (gamma densitometer, sand box, membrane densitometer). Indirect measurements can also be done by cone penetrometer after calibration on a field test. These measurements must be performed in a time compatible with the setting kinetics of the cemented soils. The Hilf's method, already cited above, can be efficiently adopted [64]. Continuous compaction control methods from the recording of operating data of compactors (speed, number of passes, scanning plane) have been developed in some countries (France, Germany, etc.). Some rollers benefit from a driving aid thanks to the presence of an on-board GPS to record the scanning plane.

Compaction must be finished before the end of the workability period of the cemented soils, which is specific of the soil, the binder and the temperature during the execution of the works.

---

[2] Hilf's method may be considered for quick control during execution provided prior checking is applicable to cemented soils [70]

9.8. CONDITIONS MÉTÉOROLOGIQUES ET ASPECTS ENVIRONNEMENTAUX

Comme indiqué au § 8.8, toutes les mesures doivent être prises pour éviter ou limiter les envols de poussières de liant. Cette précaution concerne surtout le traitement en place. Il convient donc de s'assurer que le matériel, notamment l'épandeur, est équipé de volets de protection en bon état, d'interdire la circulation des engins de chantier sur le liant épandu (à l'exception du malaxeur), et d'interdire le traitement en période de vent. Des mesures effectuées en France ont montré que l'épandage par vent modéré à fort (plus de 20 à 40 km/h, selon les turbulences) entraînait des pertes de liant supérieures à 10%.

En cas de menace de pluie, il est impératif d'arrêter toutes les opérations et de prendre les mesures nécessaires pour protéger les parties d'ouvrages en cours de construction ou déjà achevées. Dans le cas d'un traitement en place, l'épandage doit être arrêté et les surfaces déjà recouvertes de liant doivent être mélangées et compactées. Dans le cas d'un traitement en centrale, la production de sols traités au ciment comme à la chaux doit être arrêtée. Les stocks de sols traités à la chaux peuvent être protégés des intempéries par un léger compactage en surface et sur les pentes

Après une période pluvieuse, les couches traitées et compactées peuvent être glissantes en raison de la présence d'une couche fine et détrempée en surface. Il sera alors nécessaire soit d'enlever cette couche à l'aide d'une niveleuse, soit d'attendre qu'elle sèche avant de reprendre la circulation sur le chantier.

En cas de période sèche prolongée et/ou de température élevée (supérieure à 30°C), il est possible, si les conditions permettent la mise en œuvre, d'ajuster la teneur en eau en léger excès pour compenser les pertes par évaporation. Une pulvérisation fréquente et régulière d'eau à la surface des couches déjà mises en œuvre et compactées est également nécessaire.

La possibilité de traiter un sol avant et pendant une période de froid dépend du liant utilisé. Un sol traité, quel que soit le liant utilisé, devient résistant au gel lorsqu'il atteint un certain niveau de performance mécanique. L'évaluation de la résistance au gel peut varier en fonction des règles ou normes locales (voir § 5.7 et § 7.3.4), mais quoi qu'il en soit, il est important de terminer le traitement des surfaces exposées au gel suffisamment tôt pour supporter le premier gel dans la zone de travail. A cet effet, il est recommandé de prendre en compte les statistiques sur les données météorologiques locales. En cas de menaces de gel sur des surfaces fraîchement traitées, il est possible de les protéger en les recouvrant d'une couche de matériau non traité maintenue en place pendant toute la période de gel.

En hiver, il est recommandé d'arrêter le traitement au ciment lorsque la température est inférieure à 5 °C. En ce qui concerne la chaux, lors de l'utilisation de la chaux vive, la production de chaleur due à la réaction exothermique pendant l'hydratation permet de maintenir le matériau traité à une température positive avant d'être recouvert par une autre couche. En Allemagne, lors de la construction d'une plate-forme logistique, plus de 1 Mm^3 de sol ont été traités avec succès avec 1,5% de chaux vive au cours de l'hiver 1992, avec des températures extérieures pouvant atteindre -12°C. Les travaux ont été organisés à raison de 20 heures de travail continu sur 24 et 10 jours sur 14. Les sols gelés pendant les arrêts ont été évacués avant chaque reprise de l'activité. Le traitement des sols gelés (contenant de la glace) n'est pas recommandé.

Toutes ces mesures sont préconisées afin de limiter les pertes de liant et de répondre aux exigences de qualité, mais aussi de protéger les sites sensibles pendant et après les travaux : zones d'habitation, zones protégées, etc. En ce qui concerne l'impact environnemental sur les éléments en contact direct avec les sols cimentés (sols naturels, flore, eaux de surface et souterraines, etc.), des études ont été réalisées en laboratoire et in situ avec des sols traités à la chaux. Sous réserve que les précautions mentionnées ci-dessus soient prises, elles montrent que la modification dans les sols voisins de la teneur en calcium et du pH est limitée à quelques centimètres, et que la qualité des eaux de contact est peu affectée (voir annexe C).

9.8. WEATHER CONDITIONS AND ENVIRONMENTAL ASPECTS

As indicated in § 8.8, all measures must be taken to avoid or limit flights of binder dust. This precaution is mostly for treatment in place. It is therefore necessary to ensure that the equipment, particularly the spreader, is equipped with protective flaps in good condition, to ban construction traffic on the spread binder (except for the mixer), and to forbid treatment during windy periods. Measurements performed in France have shown that spreading during moderate to strong winds (over 20 to 40 km/h, depending on turbulences) resulted in binder losses above 10%.

In the event of a threat of rain, it is imperative to stop all operations and to take the necessary measures to protect parts of works that are under construction or have already been completed. In the case of in-place treatment, spreading will be stopped and the binder-covered surfaces will be mixed and compacted. In the case of treatment in plant, the production of both cement and lime treated soils will be stopped. Lime treated soils stocks can be protected from the weather by light compaction on the surface and slopes for the water flow.

After a rainy period, the treated and compacted layers may be slippery due to the presence of a fine, soggy layer on the surface. Then it will be necessary either to remove the layer with a grader, or to wait until they dry before returning to construction site traffic.

In case of prolonged dry periods and / or high temperature (above 30°C), it is possible, if the conditions allow for the implementation, to adjust the water content in slight excess to compensate for the losses by evaporation. A frequent and regular spraying of water on the surface of the layers already implemented and compacted is also necessary.

The possibility of treating a soil before and during a cold period depends on the binder used. A treated soil, whatever the binder used, becomes frost-resistant when it reaches a certain level of mechanical performance. The frost resistance assessment may vary according to local rules or standards (see § 5.7 and § 7.3.4), but anyway, it is important to complete the treatment of frost exposed surfaces early enough to support the first freeze in the work area. For this purpose, it is recommended to take into account the statistics on local weather data. In case of frost threats on freshly treated surfaces, it is possible to protect them by covering them with a layer of untreated material kept in place during the entire freezing period.

During winter, it is recommended to stop cement treatment when the temperature is below 5 °C. Concerning lime, when using quicklime, the heat generation due to exothermic reaction during hydration helps to keep the treated material at positive temperature before being covered by another layer. In Germany, during the construction of a logistics platform area, more than 1 Mm^3 of soil were successfully treated with 1.5% of quicklime during the winter of 1992, with outdoor temperatures as low as -12°C. The work was organized at a rate of 20 hours of continuous work over 24 and 10 days over 14. Soils frozen during the stops were evacuated before each restart of the activity. Soil treatment of frozen soils (containing ice) is not recommended.

All these measures are recommended in order not only to limit binder losses and meet the quality requirements, but also to protect sensitive sites during and after the works: residential areas, protected areas, etc. With regard to the environmental impact on elements in direct contact with cemented soils (natural soils, flora, surface and underground water, etc.), studies have been carried out in the laboratory and in the field with lime-treated soils. Provided that the precautions mentioned above are taken, they show that the modification in neighboring soils of calcium content and pH is limited to a few centimeters, and that the quality of the contact water is affected to a small extent (see Annex C).

10. SURVEILLANCE ET SUIVI

La surveillance et le suivi d'un CSD et de ses fondations doivent être conçus au cas par cas et conformément aux recommandations et directives existantes pour la surveillance des barrages (voir par exemple les bulletins 138 [71] et 158 [72] préparés par le comité de la CIGB sur la surveillance des barrages). Cependant, le système de surveillance du CSD doit prendre en considération le fait que le comportement et les caractéristiques des propriétés du sol cimenté changent avec le temps, et particulièrement au début de la construction. Par conséquent, le CSD doit être instrumenté et surveillé en combinant les recommandations correspondantes pour les barrages en remblai (en tant que structure "molle et érodable" au début de la vie et à court terme) et celles relatives au matériau en béton (en tant que structure "dure et rigide" à moyen et long terme).

10.1. COMPORTEMENT À COURT-TERME

Au moment de la mise en place (supposée avoir lieu peu après la phase de malaxage), le sol cimenté se comporte comme le sol naturel (la teneur en eau pouvant être significativement modifiée instantanément par le traitement). Pendant la phase de construction, le comportement du sol cimenté va progressivement changer : en particulier, son module d'élasticité et sa résistance mécanique vont augmenter.

Si ce taux de durcissement est du même ordre de grandeur que le taux de chargement de la construction, ou inférieur à ce dernier, il est nécessaire de vérifier la stabilité à court terme de la structure avec les propriétés du sol naturel, en tenant compte du potentiel développement de la pression interstitielle dans le sol cimenté, comme décrit aux § 5.4 et 6.6.3.

Cette vérification correspond à ce qui est typiquement recommandé pour les barrages à noyau d'argile, et elle peut être menée avec les méthodes et outils habituels.

Si la stabilité à court terme peut être un problème pendant la construction, le système de surveillance doit être défini pour fournir des données fiables sur le développement de la pression interstitielle et pour confirmer les hypothèses de conception. Les dispositifs de surveillance consistent généralement en différents types de piézomètres, y compris des tuyaux fermés/ouverts, des cordes vibrantes, des systèmes pneumatiques et hydrauliques.

De la même manière que pour les barrages en béton, lorsqu'un grand volume de sol cimenté avec un dosage élevé de liant est mis en place à des vitesses élevées conduisant à une superposition rapide de matériaux frais, le contrôle et la surveillance de la température sont recommandés pendant toute la période de construction et jusqu'à ce qu'un état thermique quasi stable soit atteint. Ce contrôle doit être décidé après un remblai d'essai.

Dans tous les cas, et même si le sol cimenté est moins sensible à l'érosion interne que le sol naturel, une attention particulière doit être portée à la bonne installation de tout dispositif de contrôle pendant la construction afin d'éviter les voies d'infiltration potentielles autour du dispositif et des réseaux de raccordement.

10.2. COMPORTEMENT À MOYEN ET LONG-TERME

À moyen et long terme, le comportement du sol cimenté peut être considéré comme un sol très rigide (argile surconsolidée) ou une roche tendre.

Le comportement du sol cimenté évolue à une vitesse variable entre le moment de la mise en place et le long terme. Cette vitesse dépend de nombreux facteurs : types de liant (chaux, ciment) et de sol, procédé de traitement, volume de mise en place, épaisseur de la couche (pour les gradients thermiques et la répartition), conditions extérieures (température et humidité), etc.

10. SURVEILLANCE AND MONITORING

The surveillance and monitoring of a CSD and its foundations will be designed on a case-by-case basis and according to the existing recommendations and guidelines for dam monitoring (refer for example to the Bulletins 138 [71] and 158 [72] prepared by the ICOLD Committee on Dam Surveillance). However, CSD monitoring system must take into consideration that the behavior and characteristics of the cemented soil properties are changing with time, and especially at early construction time. Consequently, the CSD must be instrumented and monitored by combining the corresponding recommendations for the embankment dams (as a "soft and erodible" structure in early lifetime and short term) and those related to concrete material (as "hard and stiff" structure in the middle and long term).

10.1. SHORT-TERM BEHAVIOR

At the time of placement (assumed that it takes place shortly after the mixing stage), the cemented soil behaves like the natural soil. During the construction phase, the behavior of cemented soil will progressively change; in particular, its modulus of elasticity and mechanical strength will increase.

If this hardening rate is of the same order of magnitude as the construction loading rate, or less than the latter, it is necessary to check the short-term stability of the structure with the properties of the natural soil, taking into account the pore pressure development in the cemented soil, as described in § 5.4 and 6.7.2.

This verification corresponds to what is typically recommended for clay core dams, and it can be conducted with usual methods and tools.

If the short-term stability may be an issue during construction, then the monitoring system shall be defined to provide reliable data about buildup of pore pressure and aiming to confirm the design assumptions. The monitoring devices usually consist of various types of piezometers, including closed/open pipe, vibrating wire, pneumatic and hydraulic systems.

In the same way as for concrete dams, when a large volume of cemented soil with high dosage of binder is placed at high-speed rates leading to rapid overlaying of fresh material the temperature control and monitoring is recommended over all the construction period and until quasi-steady thermal state is reached. This control will be decided following a trial embankment.

In any case, and even if the cemented soil is less sensitive to piping than the natural soil, special attention should be given to proper installation of any monitoring device during construction in order to prevent potential seepage paths around the device and the connecting networks.

10.2. MIDDLE AND LONG-TERMS BEHAVIOR

In the middle and long terms, the cemented soil behavior can be figured as a very stiff soil (over consolidated clay) or a soft rock.

The cemented soil behavior is changing at a variable speed from the placement time to the long term. The rate of this speed depends on many factors: types of binder (lime, cement) and soil, treatment process, placement volume, layer thickness (for thermal gradients and distribution), external conditions (temperature and humidity), etc.

Afin de surveiller le comportement à long terme, le dispositif de surveillance doit être capable de suivre le changement et de détecter toute tendance néfaste.

Comme pour tout barrage, les instruments de surveillance à long terme doivent être robustes, faciles à entretenir, à vérifier ou à calibrer, et doivent être redondants. Les systèmes de surveillance à long terme pour les CSD peuvent essentiellement inclure des mesures de pression interstitielle dans le corps du barrage et les fondations, des mesures de déplacement/tassements, de débit de fuite et de température. Ils peuvent également être conçu pour la détection des infiltrations à long terme.

L'emplacement des points de mesure doit prendre en compte :

- Les caractéristiques attendues à long-terme,
- Les valeurs attendues à long terme de tassement, de pression interstitielle et d'infiltration,
- Les particularités ou singularités (mouvements différentiels entre deux matériaux de rigidité contrastée par exemple).

Un modèle prédictif de la structure (qui peut être un modèle analytique simple ou un modèle numérique plus complexe) peut être utilisé pour prévoir et suivre le comportement de la structure dans le temps. Le recalibrage du modèle et des mesures permet d'évaluer les caractéristiques mécaniques (rigidité en particulier) et hydrauliques (perméabilité).

Si nécessaire, une étude appropriée in situ ou en laboratoire peut être d'une grande utilité pour le diagnostic, en confirmant les hypothèses de l'analyse des mesures. Cependant, l'échantillonnage par carottage de sols cimentés est difficile et souvent infructueux. Il peut même être trompeur s'il est effectué sans précaution.

10.3. INSPECTION VISUELLE

L'inspection visuelle doit être effectuée en combinant les recommandations et les directives existantes pour les barrages en remblai et les barrages en béton. L'inspection visuelle doit accorder une attention particulière aux signes qui pourraient entraîner des conséquences potentiellement dangereuses, tels que :

- Les mouvements différentiels ou les tassements,
- Les fissurations,
- Les déformations de pente,
- Le vieillissement ou les intempéries.

In order to monitor the long-term behavior, the monitoring device shall be able to follow the change and detect any detrimental trend.

As for any dam, long term monitoring instrumentation should be rugged, easy to maintain as well as easy to verify or calibrate, and should be redundant. Long term monitoring systems for CSD may basically include pore pressure measurements in the dam body and the foundation, measurements of displacement/settlements, leakage flow and temperature. It may also be designed for long term seepage detection.

The location of the measuring points will take into account:

- the expected long-term characteristics,
- the expected long-term values of settlement, pore pressure and seepage,
- the particularities or singularities (differential movements between two materials with contrasting stiffness for example).

A predictive model of the structure (which may be a simple analytic model or a more complex numerical model) can be used for forecasting and following the behavior of the structure over time. The recalibration of the model and measurements can help assess the mechanical characteristics (stiffness in particular) and hydraulic characteristics (permeability).

If necessary, an appropriate in situ or laboratory investigation can be of great value to the diagnosis, confirming the measurement analysis assumptions. However, cemented soil core drilling sampling is difficult and frequently unsuccessful. It may even be misleading when carried out without care.

10.3. VISUAL INSPECTION

Visual inspection shall be carried out combining the existing recommendations and guidelines for embankment dams and concrete dam. Visual inspection should pay particular attention to signs that could lead to potentially dangerous consequences, such as:

- differential movements or settlements,
- cracks,
- slope deformation,
- ageing or weathering.

11. ASPECTS ÉCONOMIQUES

11.1. EXEMPLE FRANÇAIS

Une étude comparative entre le coût d'un ouvrage hydraulique traditionnel et le coût d'un ouvrage en sol cimenté assurant les mêmes fonctions a été réalisée dans le contexte économique français dans le cadre du projet de recherche DigueELITE. Les résultats ont été présentés par N. Nerincx et al [73].

Le cas étudié est celui d'une digue d'écrêtement des crues faisant partie du système d'endiguement d'un cours d'eau dans le sud de la France. La section du déversoir a été initialement envisagée avec une conception conventionnelle, à savoir essentiellement des matelas rocheux. Dans le contexte de DigueELITE, une conception avec un sol traité à la chaux a été suggérée au propriétaire et a été étudiée au stade de la conception. La structure en sol traité à la chaux remplit les fonctions de résistance à l'érosion interne et à l'érosion de surface. En outre, la fonction de contrôle des infiltrations (la digue étant une digue sèche) est également assurée par le sol traité à la chaux.

Cette variante a permis les optimisations de conception suivantes :

- L'enrochement sur la pente du côté protégé peut être éliminé; le sol traité offre une résistance à la surverse (Figure 11.1 (A)).
- La pente et le pied du côté protégé peuvent être recouverts de végétation, remplaçant avantageusement les matelas rocheux, du point de vue du paysage et de l'environnement (Figure 11.1 (A)).
- Le talus du côté de la rivière n'est recouvert que de terre végétale; la grille anti-fouisseurs étant rendue inutile grâce à la résistance du sol traité aux fouisseurs (Figure 11.1 (D)).
- La poutre de crête est ancrée dans le sol traité, qui a une capacité portante et une rigidité bien meilleure que le sol non traité; de ce fait, les fondations de cette poutre sont réduites (Figure 11.1 (B)).
- Le corps de l'ouvrage est homogène (pas de remblai drainant en aval), ce qui évite la pose d'un géodrain à l'interface entre les matériaux (Figure 11.1 (C)).
- La perméabilité du sol traité est compatible avec le fonctionnement hydraulique de l'ouvrage.

11. ECONOMIC ASPECTS

11.1. FRENCH EXAMPLE

A comparative study between the cost of a traditional hydraulic structure and the cost of a cemented soil structure performing the same functions was carried out in the French economic context as part of the DigueELITE research project. The results were presented by N. Nerincx et al. [73].

The case is that of a flood-control levee forming part of the system of embankments for a watercourse in the south of France. The spillway section was initially envisaged with a conventional design, namely essentially stone mattresses. In the context of DigueELITE, a design with lime treated soil was suggested to the owner and was investigated at the design stage. The lime treated soil constituent performs the functions of resisting internal erosion and resisting surface erosion. In addition to this, the seepage-control function (the levee being a dry levee) is also achieved by the lime treated soil.

This variant made the following design changes possible:

- Riprap on the slope of the protected side could be eliminated; the treated soil provides resistance to overflowing (Figure 11.1 (A)).

- The slope and the toe on the protected side can be covered with vegetation, advantageously replacing stone mattresses, from the landscape and environmental points of view (Figure 11.1 (A)).

- The slope on the river side is covered with vegetated topsoil only; the burrower-resistant grid being rendered purposeless because of the resistance of the treated soil to burrowing (Figure 11.1 (D)).

- The sill beam at the crest is anchored in the treated soil, which has very much better load-bearing capacity and rigidity than the untreated soil; because of this the foundations for this beam are reduced (Figure 11.1 (B)).

- The body of the structure is uniform (no downstream draining fill), thus avoiding the laying of a geodrain at the interface between materials (Figure 11.1 (C))

- The permeability of the treated soil is compatible with the hydraulic functioning of the structure.

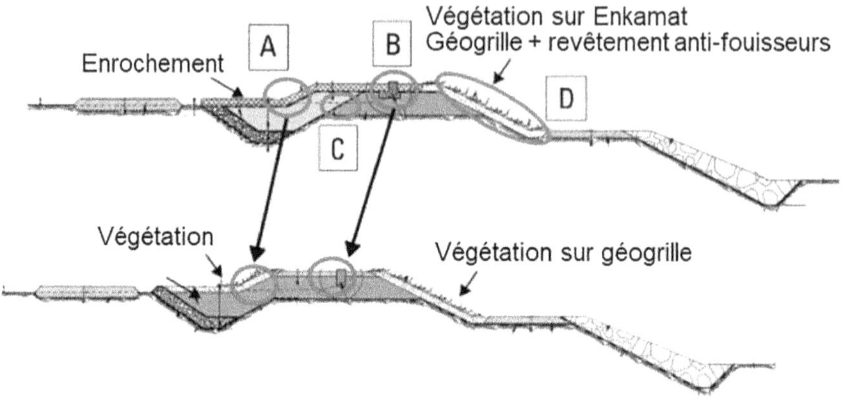

Fig. 11.1
Comparaison entre la conception traditionnelle et la conception en sol traité à la chaux d'une digue de protection contre les inondations résistant aux débordement'

L'étude économique de la variante réalisée en détail à l'aide du logiciel français EDITERA a montré, dans le contexte français, une réduction des coûts de l'ordre de 35 à 40 %, essentiellement en raison de l'absence d'enrochement et de la réduction des fondations de la poutre de seuil, qui compensent largement le surcoût lié au traitement des sols. Cette réduction de coût est cohérente avec les économies observées depuis plus de 40 ans sur des chantiers de terrassement classiques (20 à 40%) où les sols médiocres ont été valorisés par un traitement à la chaux.

Il convient également de noter que dans ce cas précis :

- Le chantier ne souffre d'aucune pénurie de matériaux. En fait, comme il y a un surplus de matériaux, il est possible de ne pas raidir les pentes de la structure en sol traité, ce qui permettrait également de réduire les coûts.

- Les contraintes hydrauliques, les dimensions de la digue et les caractéristiques du sol en place (traité ou non) permettent d'éliminer le risque d'érosion interne. Dans le cas de conditions de site plus sévères, l'utilisation de sols traités permet d'éviter le risque d'érosion interne dans le corps de l'ouvrage, et limite ainsi le recours à des dispositifs de filtration et de drainage parfois complexes, ce qui constitue là encore un moyen d'économie.

- L'analyse économique montre également que la réduction des coûts diminue lorsque la hauteur de l'ouvrage augmente. Il est très probable qu'au-delà d'une certaine hauteur dépendant du type de structure hydraulique, une variante zonée (avec sol traité et non traité) soit l'optimum économique. C'est exactement la conception adoptée pour le batardeau de 17 m de hauteur du barrage de Pannecière (voir § 6.2.8).

11.2. EXEMPLE CHINOIS

L'investissement total prévu pour la réalisation complète du projet hydroélectrique de la rivière Aba Minjiang Jiangseba, situé dans la province du Sichuan, est de 48 milliards de CNY (7,2 milliards de dollars - estimation 2021). Ce projet comprend la construction de 4 digues d'une longueur totale de 81 km.

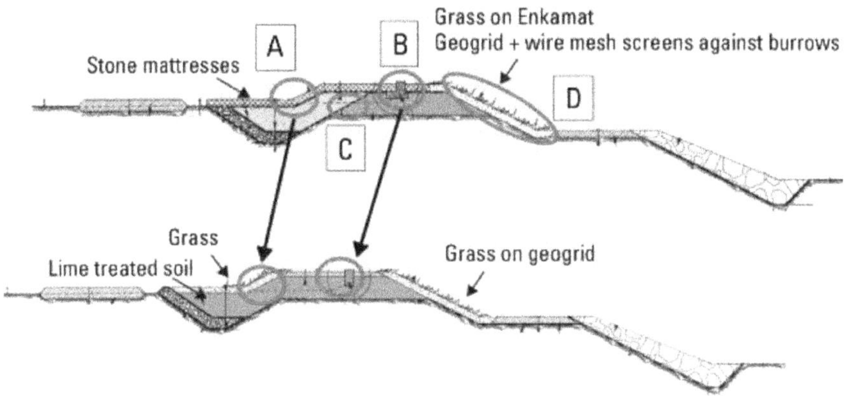

Fig. 11.1
Comparison between traditional design and the lime treated soil design for an overflow resistant flood protection levee

The economic investigation of the variant carried out in detail using the French EDITERA software showed, in the French context, a cost reduction of the order of 35 to 40 per cent, essentially because of the absence of riprap and the reduced foundations for the sill beam, which largely compensate for the additional cost associated with soil treatment. This cost reduction is consistent with savings observed over more than 40 years at conventional earthmoving sites (20 to 40 per cent) where poor soils have been made use of through lime treatment.

It should also be noted that in this specific case:

- The site did not suffer from any material shortages. In fact, since there was a surplus of materials, it was decided not to stiffen the slopes of the treated soil structure, which could also have helped reduce costs.
- The hydraulic stresses, the levee dimensions and the characteristics of the soil in place (treated or untreated) eliminate the risk of internal erosion. In the case of harsher site conditions, using treated soil helps to avoid the risk of internal erosion within the body of the structure, and thus limits the use of sometimes complex filtering and drainage devices, again a more than negligible means for savings.
- Economic analysis also shows that the cost reduction decreases as the height of the structure increases. It is very likely that above a certain height depending on the type of hydraulic structure, a zoned variant (with treated and untreated soil) will be the economic optimum. This is exactly the design adopted for the 17 m high cofferdam of Pannecière dam (see § 6.3.6).

11.2. CHINESE EXAMPLE

The total planned investment for the complete realization of the Aba Minjiang river Jiangseba Hydropower project located in Sichuan Province is CNY 48 billion ($7.2 billion -2021 estimate). This project includes the construction of 4 levees with a total length of 81 km.

L'une d'entre elles, la digue de Qianwei, longue de 2,7 km, a été construite en CSGR (Cement Sand Gravel and Rock). Les travaux ont été achevés en 2020.

Une autre digue, la digue de Longxikou d'une longueur de 23 km, doit également être construite en CSGR. Cependant, la fondation est constituée de sols fins et liquéfiables sur une profondeur de 3 à 8 m et sa capacité portante est très faible (Wl = 28, Ip = 11). L'extraction et le remplacement de ces sols par des sols plus performants sont difficiles et coûteux, surtout si les matériaux excavés doivent être considérés comme des déchets.

Des études en laboratoire ont montré une amélioration significative des performances mécaniques de ces sols lorsqu'ils sont traités avec un liant hydraulique constitué d'un mélange de ciment et de cendres volantes.

Des tests en grandeur nature sont en cours pour une application selon le concept présenté à la Figure 11.2.

Cette solution devrait permettre d'économiser 70 millions de CNY (10 millions de dollars - estimation pour 2021) sur les coûts de fondation de la structure (voir fiche 17).

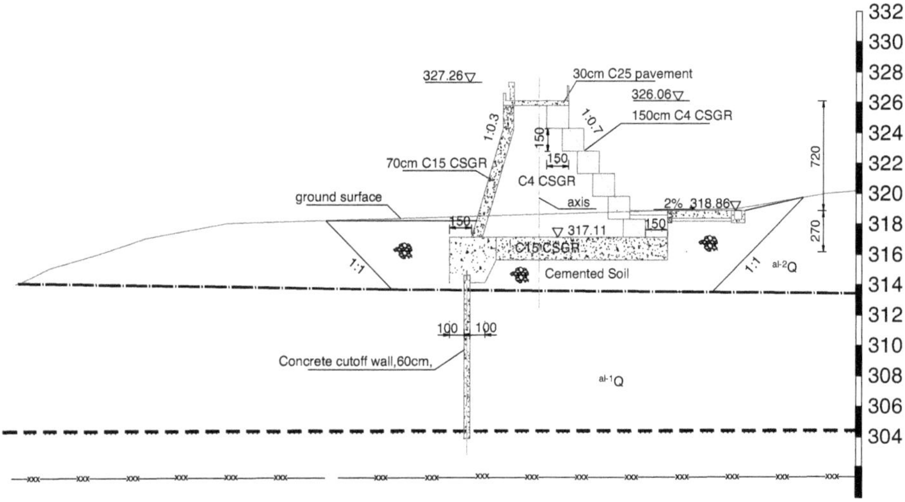

Fig. 11.2
Coupe transversale de la digue montrant la fondation en sol cime

One of them, the 2.7 km long Qianwei levee, was built in CSGR. The work was completed in 2020.

Another levee, the Longxikoud levee with a length of 23 km, is also to be built in CSGR. However, the foundation consists of fine liquefiable soil to a depth of 3 to 8 m and its bearing capacity is very low (LL = 28, PI = 11). Removal and replacement of these soils with better performing soils is difficult and costly, especially if the excavated material is to be considered as waste.

Laboratory studies have shown a significant improvement in the mechanical performance of these soils when treated with a hydraulic binder made of a blend of cement and fly ash.

Full-scale tests are underway for application according to the concept shown in Figure 11.2.

This solution is estimated to save CNY 70 million ($10 million -2021 estimate) in foundation costs for the structure (see data sheet 17).

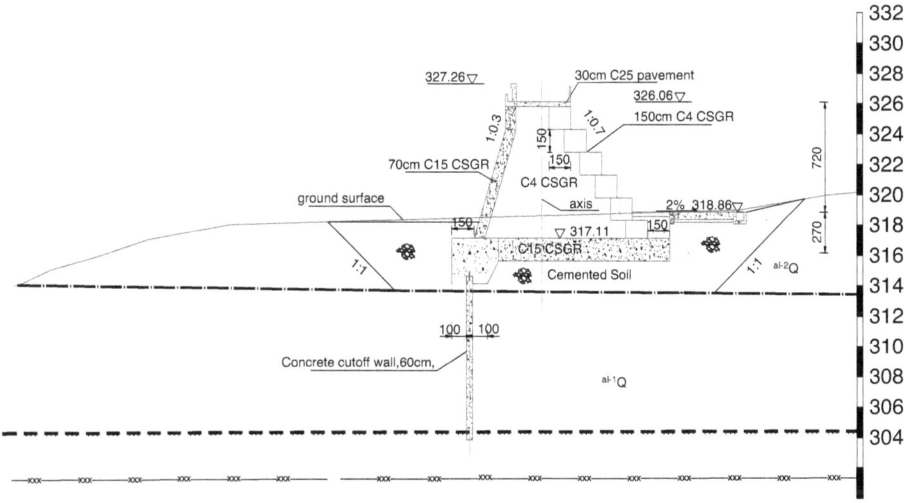

Fig. 11.2
Cross section of the levee showing the foundation in cemented soil

12. RÉFÉRENCES (CHAPITRES 2 À 11)

[1] Bulletin 54: "Soil-Cement for Embankment Dams", ICOLD, 1986

[2] **Howard A. K., & Bara, J. P.,** *"Lime Stabilization on Friant-Kern Canal".* Denver CO: US Bureau of Reclamation, 1976, p.53- Report No. REC-ERC-76-20.

[3] EN 13282-1: "Hydraulic road binders - Part 1: Rapid hardening hydraulic road binders – Composition, specifications and conformity criteria", CEN

[4] EN 13282-1: "Hydraulic road binders - Part 1: Normal hardening hydraulic road binders – Composition, specifications and conformity criteria", CEN

[5] **Harris P. & Scullion T.** *"Stabilizer Diffusion in Swelling Soils".* International Foundation Congress and Equipment Expo, Copyright ASCE, 2009.

[6] ISO/TS 13434: "Geosynthetics – Guidelines for the assessment of durability", ISO

[7] ISO/TR 20432: "Geosynthetics – Guidelines to the determination of long-term strength of geosynthertics for soil reinforcement", ISO

[8] **Nguyen T. T. H.** "Stabilisation des sols traités à la chaux et leur comportement au gel". s.l. : Doctoral dissertation, Paris Est, 2015.

[9] **TerDOUEST:** French National Research program (ANR), 2015

[10] **Jia J.**, "Investigation on Dam Safety and Development in Cemented Material Dams", New Delhi, ICOLD symposium, 2021

[11] **Hass S. and Ritter H.J.**, *"Soil improvement with quicklime – long-time behaviour and carbonation".* Road Materials and Pavement Design, 2019- Vol. 20, No. 8, (1941–1951)

[12] **Geetanjaly et al.**, "Evaluation of the long-term effect of lime treatment on a silty soil embankment after seven years of atmospheric exposure: Mechanical, physicochemical, and microstructural studies". Engineering Geology, Volume 281, February 2021, 105986

[13] **Thompson, M. R.** *"Shear Strength and Elastic Properties of Lime-Soil Mixtures".* Transportation Research Record. 1966, No. 139.

[14] **Charles, I., Herrier G., Chevalier C., Durand E., Puiatti, D., Fleureau J.-M., Taibi S., Bonelli S., Fry J.-J.**, *"A real scale experimental dike in lime-treated soil: Evaluation of the methodology, mechanical and hydraulic performance".* ICSE-7 (2014): International Conference on Scour and Erosion, Perth, Australia, 2–4 December 2014, pp. 521–527.

[15] **Makki-Szymkiewicz / Hibouche / Taibi / Herrier / Lesueur / Fleureau** *"Evolution of the properties of lime-treated silty soil in a small experimental embankment".* Engineering Geology – 2015

[16] Result presentation report n° 11.1.18: "Determination of strength and modulus of a hydraulically bound fine soil (silt A2)", EAPIC, IDRRIM (https://www.idrrim.com)

[17] **Brandl, H.** *"Alteration of soil parameters by stabilization with lime".* In Proceedings of the 10th International Conference on Soil Mechanics and Foundation Engineering. 1981, Vol. 3.

[18] **Little, D.** "Handbook for stabilization of pavement subgrades and base courses with lime". Lime Association of Texas

[19] **Arabani M., Karami W.**, "Geomechanical properties of lime stabilized clayey soils" Department of Civil Engineering, University of Guilan, Iran.

[20] **Herrier G., Chevalier C., Froumentin M., Bonelli S., Fry J.J.** *"Le sol traité à la chaux: un matériau resistant à l'érosion pour les ouvrages hydrauliques"* Digues Maritimes et Fluviales de protection contre les submersions, Aix en Provence, (2013), pp 572–579.

[21] **François B., Canu N., Hashemi M.A.**, "Essais de compressions triaxiales et oedométriques sur le sol du Vidourle – Naturel et Traité à la chaux", Université Libre de Bruxelles (juin 2015)

[22] **Noorzad A.** Contribution (unpublished) to the ICOLD committee on cemented materials in Vienna (XXVIth Congress, 2018).

12. REFERENCES (CHAPTERS 2 TO 11)

[1] Bulletin 54: "Soil-Cement for Embankment Dams", ICOLD, 1986

[2] **Howard A. K., & Bara, J. P.**, *"Lime Stabilization on Friant-Kern Canal".* Denver CO: US Bureau of Reclamation, 1976, p.53- Report No. REC-ERC-76-20.

[3] EN 13282-1: "Hydraulic road binders - Part 1: Rapid hardening hydraulic road binders – Composition, specifications and conformity criteria", CEN

[4] EN 13282-2: "Hydraulic road binders - Part 1: Normal hardening hydraulic road binders – Composition, specifications and conformity criteria", CEN

[5] **Harris P. & Scullion T.** *"Stabilizer Diffusion in Swelling Soils".* International Foundation Congress and Equipment Expo, Copyright ASCE, 2009.

[6] ISO/TS 13434: "Geosynthetics – Guidelines for the assessment of durability", ISO

[7] ISO/TR 20432: "Geosynthetics – Guidelines to the determination of long-term strength of geosynthetics for soil reinforcement", ISO

[8] **Nguyen T. T. H.** "Stabilisation des sols traités à la chaux et leur comportement au gel". s.l. : Doctoral dissertation, Paris Est, 2015.

[9] **TerDOUEST:** French National Research program (ANR), 2015

[10] **Jia** J., "Investigation on Dam Safety and Development in Cemented Material Dams", New Delhi, ICOLD symposium, 2021

[11] **Hass S. and Ritter H.J.**, *"Soil improvement with quicklime – long-time behaviour and carbonation".* Road Materials and Pavement Design, 2019- Vol. 20, No. 8, (1941–1951)

[12] **Geetanjaly et al.**, "Evaluation of the long-term effect of lime treatment on a silty soil embankment after seven years of atmospheric exposure: Mechanical, physicochemical, and microstructural studies". Engineering Geology, Volume 281, February 2021, 105986

[13] **Thompson, M. R.** *"Shear Strength and Elastic Properties of Lime-Soil Mixtures".* Transportation Research Record. 1966, No. 139.

[14] **Charles, I., Herrier G., Chevalier C., Durand E., Puiatti, D., Fleureau J.-M., Taibi S., Bonelli S., Fry J.-J.**, *"A real scale experimental dike in lime-treated soil: Evaluation of the methodology, mechanical and hydraulic performance".* ICSE-7 (2014): International Conference on Scour and Erosion, Perth, Australia, 2–4 December 2014, pp. 521–527.

[15] **Makki-Szymkiewicz / Hibouche / Taibi / Herrier /Lesueur / Fleureau** *"Evolution of the properties of lime-treated silty soil in a small experimental embankment".* Engineering Geology – 2015

[16] Result presentation report n° 11.1.18: "Determination of strength and modulus of a hydraulically bound fine soil (silt A2)", EAPIC, IDRRIM (https://www.idrrim.com)

[17] **Brandl, H.** *"Alteration of soil parameters by stabilization with lime".* In Proceedings of the 10th International Conference on Soil Mechanics and Foundation Engineering. 1981, Vol. 3.

[18] **Little, D.** "Handbook for stabilization of pavement subgrades and base courses with lime". Lime Association of Texas

[19] **Arabani M., Karami W.**, *"Geomechanical properties of lime stabilized clayey soils"* Department of Civil Engineering, University of Guilan, Iran.

[20] **Herrier G., Chevalier C., Froumentin M., Bonelli S., Fry J.J.** *"Le sol traité à la chaux: un matériau resistant à l'érosion pour les ouvrages hydrauliques"* Digues Maritimes et Fluviales de protection contre les submersions, Aix en Provence, (2013), pp 572–579.

[21] **François B., Canu N., Hashemi M.A.**, "Essais de compressions triaxiales et oedométriques sur le sol du Vidourle – Naturel et Traité à la chaux", Université Libre de Bruxelles (juin 2015)

[22] **Noorzad A.** Contribution (unpublished) to the ICOLD committee on cemented materials in Vienna (XXVIth Congress, 2018).

[23] **Wissa A.E.Z, Ladd C.C, Lambe T.W.** *"Effective stress strength parameters of stabilized soils"* Department of Civil Engineering, Massachussets Institute of Technology, research sponsorized by the Waterways Experiment Station of the Corps of Engineers, 1965.

[24] **Fossberg P.E.**, *"Some fundamental engineering properties of lime-stabilized clays"*, 6th Int. conference on soil mechanics and foundation engineering, Montreal, vol.1, pp 221–225, (1965)

[25] **Nabantoglu Z. & Tuncer E.R.**, *"Compressibility and hydraulic conductivity of a chemically treated expansive clay".* Revue Canadienne de geotechnique, vol.38, pp 154–160, (2001)

[26] **Leroueil S. &Vaughan P.R.**, "The general and congruent effects of structure in natural soils and weak rocks". Geotechnique, vol 40, pp 467–488, (1990).

[27] **Tremblay H. Leroueil S. & Locat J.**, "Mechanical improvement and vertical yield stress prediction of clayey soils from Eastern Canada treated with lime or cement". Revue Canadienne de geotechnique, vol.38, pp 567–579, (2001)

[28] **Nerincx N. et al.**, "Petits barrages et digues en sols traités: matériaux, concepts, comportement, retours d'expérience et innovation". Q103-R27 CIGB/ICOLD 26th congress in Vienna, Austria), (June 2018).

[29] **Basma, A.A. & Tuncer, E.R.** *"Effect of lime on volume change and compressibility of expansive clays".* Transportation research record. 1991, Vol. (1295).

[30] **Bozbey I. & Garaisayev S.**, "Effect of soil pulverization quality on lime stabilization of expansive clay". Environmental Earth Science (2009).

[31] **Cuisinier O., Auriol J.C., Le Borgne T., Deneele D.**, *" Microstructure and hydraulic conductivity of a compacted lime-treated soil",* Engineering Geology 123 (2011) 187–193

[32] **Robin V., Javadi A.A., Cuisinier O., Masrouri F.** "*An effective constitutive model for lime treated soils*", Computers and Geotechnics, Vol. 66, 2015.

[33] **Cuisinier O., Masrouri F.** *"Comportement Mécanique d'un limon compacté traité à la chaux"* Rapport CFBR – September 2017

[34] Bulletin 164: "Internal Erosion of Existing Dams, Levees and Dikes, and their Foundations", ICOLD, 2017

[35] **Fell R, Fry J-J.** (edt) *"Internal Erosion of Dams and Their Foundations".* Taylor & Francis: London, 2007.

[36] **Bonelli S.** (edt), "*Erosion in Geomechanics Applied to Dams and Levees*", Wiley/ISTE, 388 p., 2013.

[37] **Herrier G., Bonelli, S.,** *"Internal erosion resistance of soils treated with lime: an evolutive benefit"*, Proceedings of the 6th Int. Conference on Scour and Erosion, Paris (2014).

[38] **Bonelli S.** et al. "*Quantifying the erosion resistance of dikes with the overflowing simulator*", 3rd International Conference on Protection against Overtopping, 6–8 June 2018, UK.

[39] ASTM D6460-19: "Standard Test Method for Determination of Rolled Erosion Control Product (RECP) Performance in Protecting Earthen Channels from Stormwater-Induced Erosion"

[40] **Nerincx N.** et al. "*DigueElite overflow resistant lime treated soils for dikes and earthdams*", 26th International Congress on Large Dam, ICOLD innovation award in Vienna, Austria, R29, 4–6 June 2018.

[41] **Bonelli S.** et al., *"Essais de surverse in situ et quantification de la résistance à l'érosion",* 3ème colloque sur les digues maritimes et fluviales de protection contre les innondations, Aix-en-Provence, 20–21 March 2019

[42] **Jia J., Zheng C., SU A., et al**., "*Research on Key Technologies of Cemented Material Dams",* The National Key Research and Development Program of China. 2021

[43] **Mouy V.** et al. "Panneciere cofferdam : an example of a dam and a spillway made of soil treated with hydraulic binders", Colloque TerDOUEST, 2013, France.

[44] **Nombre A.**, *"Cemented Materials and Improved Soils: Opportunities for Small Dam Technology",* communication presented in the ICOLD-CSD workshop in Prague (Annual meeting, 2017).

[23] **Wissa A.E.Z, Ladd C.C, Lambe T.W.** *"Effective stress strength parameters of stabilized soils"* Department of Civil Engineering, Massachussets Institute of Technology, research sponsorized by the Waterways Experiment Station of the Corps of Engineers, 1965.

[24] **Fossberg P.E.**, *"Some fundamental engineering properties of lime-stabilized clays"*, 6th Int. conference on soil mechanics and foundation engineering, Montreal, vol.1, pp 221–225, (1965)

[25] **Nabantoglu Z. & Tuncer E.R.**, *"Compressibility and hydraulic conductivity of a chemically treated expansive clay".* Revue Canadienne de geotechnique, vol.38, pp 154–160, (2001)

[26] **Leroueil S. &Vaughan P.R.**, "The general and congruent effects of structure in natural soils and weak rocks". Geotechnique, vol 40, pp 467–488, (1990).

[27] **Tremblay H. Leroueil S. & Locat J.**, "Mechanical improvement and vertical yield stress prediction of clayey soils from Eastern Canada treated with lime or cement". Revue Canadienne de geotechnique, vol.38, pp 567–579, (2001)

[28] **Nerincx N. et al.**, "Petits barrages et digues en sols traités: matériaux, concepts, comportement, retours d'expérience et innovation". Q103-R27 CIGB/ICOLD 26th congress in Vienna, Austria), (June 2018).

[29] **Basma, A.A. & Tuncer, E.R.** *"Effect of lime on volume change and compressibility of expansive clays".* Transportation research record. 1991, Vol. (1295).

[30] **Bozbey I. & Garaisayev S.**, "Effect of soil pulverization quality on lime stabilization of expansive clay". Environmental Earth Science (2009).

[31] **Cuisinier O., Auriol J.C., Le Borgne T., Deneele D.**, *" Microstructure and hydraulic conductivity of a compacted lime-treated soil",* Engineering Geology 123 (2011) 187–193

[32] **Robin V., Javadi A.A., Cuisinier O., Masrouri F.** "*An effective constitutive model for lime treated soils*", Computers and Geotechnics, Vol. 66, 2015.

[33] **Cuisinier O., Masrouri F.** *"Comportement Mécanique d'un limon compacté traité à la chaux"* Rapport CFBR – September 2017

[34] Bulletin 164: "Internal Erosion of Existing Dams, Levees and Dikes, and their Foundations", ICOLD, 2017

[35] **Fell R, Fry J-J.** (edt) *"Internal Erosion of Dams and Their Foundations".* Taylor & Francis: London, 2007.

[36] **Bonelli S.** (edt), "*Erosion in Geomechanics Applied to Dams and Levees*", Wiley/ISTE, 388 p., 2013.

[37] **Herrier G., Bonelli, S.**, *"Internal erosion resistance of soils treated with lime: an evolutive benefit"*, Proceedings of the 6th Int. Conference on Scour and Erosion, Paris (2014).

[38] **Bonelli S.** et al. "*Quantifying the erosion resistance of dikes with the overflowing simulator*", 3rd International Conference on Protection against Overtopping, 6–8 June 2018, UK.

[39] ASTM D6460-19: "Standard Test Method for Determination of Rolled Erosion Control Product (RECP) Performance in Protecting Earthen Channels from Stormwater-Induced Erosion"

[40] **Nerincx N.** et al. "*DigueElite overflow resistant lime treated soils for dikes and earthdams*", 26th International Congress on Large Dam, ICOLD innovation award in Vienna, Austria, R29, 4–6 June 2018.

[41] **Bonelli S.** et al., *"Essais de surverse in situ et quantification de la résistance à l'érosion",* 3ème colloque sur les digues maritimes et fluviales de protection contre les innondations, Aix-en-Provence, 20–21 March 2019

[42] **Jia J., Zheng C., SU A., et al.**, *"Research on Key Technologies of Cemented Material Dams",* The National Key Research and Development Program of China. 2021

[43] **Mouy V.** et al. "Panneciere cofferdam : an example of a dam and a spillway made of soil treated with hydraulic binders", Colloque TerDOUEST, 2013, France.

[44] **Nombre A.**, *"Cemented Materials and Improved Soils: Opportunities for Small Dam Technology",* communication presented in the ICOLD-CSD workshop in Prague (Annual meeting, 2017).

[45] **Phillips J.T.**, "Case Histories of Repairs and Designs for Dams Built with Dispersive Clays", from "Dispersive Clays, Relative Piping, and Erosion in Geotechnical Projects", ASTM STP623, J.L Sherard and R.S Decker Eds., 1977

[46] **Bell, F. G. & Coulthard,J. M.** "*Stabilization of clay soils with lime".* Municipal Engineer. 1990, Vol. 7(3).

[47] **Forbes P.J., Sheerman-Chase A.,Birell J.,** *"Control of dispersion on the Mnjoli dam",* Water Power and Dam Construction, December 1980

[48] **Cole B.A., Ratanasen Ch.,Maiklad P. Liggins T.B., Chirapuntu S.** *"Dispersive Clay in Irrigation dams in Thailand".* The British Library "The world's knowledge". (1977)

[49] ASTM D6572-21: "Standard Test Methods for Determining Dispersive Characteristics of Clayey Soils by the Crumb Test"

[50] **Chevalier. C, Haghighi, I, Herrier G.**, "R*esistance to erosion of lime treated soils: a complete parametric study in laboratory".* ICSE-6 (2012): International Conference on Scour and Erosion, Paris, France, 27–31 August, 2012, pp. 1065–1072.

[51] **Gutschick K. A.,** *"Lime stabilization under hydraulic conditions".* 4th International Lime Congress Hershey, Pennsylvania U.S.A. 1978, Vol. 32, 2, pp. 91–91.

[52] **Forsythe P.**, **"**Experiences in identification and treatment of dispersive clays in Mississippi dams**",** Soil Conservation Service Mississippi, ASTM, 1977.

[53] **Kresta F., Marecek M.,** "Water Reservoirs for Production of Artificial Snow: Javor and Kohutka. Experience from the Construction of the Reinforced Earth Dams". From Arcadis Geotechnika a.s., Czech Republic, 2009.

[54] ASTM D560 / D560M -16: "Standard Test Methods for Freezing and Thawing Compacted Soil-Cement Mixtures"

[55] ASTM D559 / D559-15: "Standard Test Methods for Wetting and Drying Compacted Soil-Cement Mixtures"

[56] **Thompson M.R., & Dempsey, B.J.** "*Autogeneous Healing of Lime-Soil mixtures".* Highway Research Record. 1969, 263, pp. 1–7.

[57] **Hammond A.A.,** *"Study of factors influencing autogeneous healing in lime and cement stabilized road bases".* Proceedings of the 8th Regional Conference of Africa on Soil Mechnics and Foundation Engineering. Harare, 1984, pp. 371–379.

[58] Bulletin 135: "Geomembrane sealing systemsfor dams", ICOLD, 2010

[59] **Nicaise S., Chaouch N., Bonelli S.,** "Synthèse de 6 ans de suivi visuel du démonstrateur" – ("Synthesis of 6 years of visual monitoring of the experimental levee") DigueElite – INRAE-2021.

[60] **Modaressi A., Fry J.-J.,** "*Barrages et remblais*", in Mécanique des Sols Non Saturés (O. Coussy and J.-M. Fleureau, edt), Traité MIM, série Géomatériaux, 2001.

[61] **Nguyen L., Fatahi B., Khabbaz H.** "*A constitutive model for cemented clays capturing cementation degradation*", International Journal of Plasticity, Vol. 56, 2014.

[62] **Agresti P.et al.,** "Justification de la stabilité des digues et barrages en sols traités – Stability assessment of dikes and dams in treated soils", CFBR (FrCold) Chambéry Symposium, (November 2019), www.barrages-cfbr.eu

[63] **Horpibulsuk S.,** *"Mechanism controlling undrained shear characteristics of induced cemented clays",* Lowland Technology International, Vol.7, N°2, pp 9–18 (December 2005).

[64] EN 16907-4: "Earthworks - Part 4: Soil treatment with lime and/or hydraulic binders", CEN

[65] EN 13286-49: "Accelerated swelling test for soil treated by lime and/or hydraulic binder", CEN

[66] Technical Guide: "Soil Treatment with lime and/or hydraulic binders (GTS). Application to the construction of fills and capping layers", LCPC (2004), France.

[67] ASTM D6276 – 19: "Standard Test Method for Using pH to Estimate the Soil-Lime Proportion Requirement for Soil Stabilization"

[45] **Phillips J.T.**, "Case Histories of Repairs and Designs for Dams Built with Dispersive Clays", from "Dispersive Clays, Relative Piping, and Erosion in Geotechnical Projects", ASTM STP623, J.L Sherard and R.S Decker Eds., 1977

[46] **Bell, F. G. & Coulthard,J. M.** "*Stabilization of clay soils with lime*". Municipal Engineer. 1990, Vol. 7(3).

[47] **Forbes P.J., Sheerman-Chase A.,Birell J.,** *"Control of dispersion on the Mnjoli dam",* Water Power and Dam Construction, December 1980

[48] **Cole B.A., Ratanasen Ch.,Maiklad P. Liggins T.B., Chirapuntu S.** *"Dispersive Clay in Irrigation dams in Thailand".* The British Library "The world's knowledge". (1977)

[49] ASTM D6572-21: "Standard Test Methods for Determining Dispersive Characteristics of Clayey Soils by the Crumb Test"

[50] **Chevalier. C, Haghighi, I, Herrier G.**, "R*esistance to erosion of lime treated soils: a complete parametric study in laboratory".* ICSE-6 (2012): International Conference on Scour and Erosion, Paris, France, 27–31 August, 2012, pp. 1065–1072.

[51] **Gutschick K. A.**, *"Lime stabilization under hydraulic conditions".* 4th International Lime Congress Hershey, Pennsylvania U.S.A. 1978, Vol. 32, 2, pp. 91–91.

[52] **Forsythe P.**, **"**Experiences in identification and treatment of dispersive clays in Mississippi dams**"**, Soil Conservation Service Mississippi, ASTM, 1977.

[53] **Kresta F., Marecek M.**, "Water Reservoirs for Production of Artificial Snow: Javor and Kohutka. Experience from the Construction of the Reinforced Earth Dams". From Arcadis Geotechnika a.s., Czech Republic, 2009.

[54] ASTM D560 / D560M -16: "Standard Test Methods for Freezing and Thawing Compacted Soil-Cement Mixtures"

[55] ASTM D559 / D559-15: "Standard Test Methods for Wetting and Drying Compacted Soil-Cement Mixtures"

[56] **Thompson M.R., & Dempsey, B.J.** "*Autogeneous Healing of Lime-Soil mixtures".* Highway Research Record. 1969, 263, pp. 1–7.

[57] **Hammond A.A.,** *"Study of factors influencing autogeneous healing in lime and cement stabilized road bases".* Proceedings of the 8th Regional Conference of Africa on Soil Mechnics and Foundation Engineering. Harare, 1984, pp. 371–379.

[58] Bulletin 135: "Geomembrane sealing systemsfor dams", ICOLD, 2010

[59] **Nicaise S., Chaouch N., Bonelli S.,** "Synthèse de 6 ans de suivi visuel du démonstrateur" – ("Synthesis of 6 years of visual monitoring of the experimental levee") DigueElite – INRAE-2021.

[60] **Modaressi A., Fry J.-J.,** "*Barrages et remblais*", in Mécanique des Sols Non Saturés (O. Coussy and J.-M. Fleureau, edt), Traité MIM, série Géomatériaux, 2001.

[61] **Nguyen L., Fatahi B., Khabbaz H.** "*A constitutive model for cemented clays capturing cementation degradation*", International Journal of Plasticity, Vol. 56, 2014.

[62] **Agresti P.et al.**, "Justification de la stabilité des digues et barrages en sols traités – Stability assessment of dikes and dams in treated soils", CFBR (FrCold) Chambéry Symposium, (November 2019), www.barrages-cfbr.eu

[63] **Horpibulsuk S.,** *"Mechanism controlling undrained shear characteristics of induced cemented clays",* Lowland Technology International, Vol.7, N°2, pp 9–18 (December 2005).

[64] EN 16907-4: "Earthworks - Part 4: Soil treatment with lime and/or hydraulic binders", CEN

[65] EN 13286-49: "Accelerated swelling test for soil treated by lime and/or hydraulic binder", CEN

[66] Technical Guide: "Soil Treatment with lime and/or hydraulic binders (GTS). Application to the construction of fills and capping layers", LCPC (2004), France.

[67] ASTM D6276 – 19: "Standard Test Method for Using pH to Estimate the Soil-Lime Proportion Requirement for Soil Stabilization"

[68] EN 13286-45: "Unbound and hydraulically bound mixtures – Part 45: Test method for the determination of workability period of hydraulically bound mixtures", CEN

[69] **Giroud, Pelte, & Bathurst,** *"Uplift of Geomembranes by Wind"*, Geosynthetics International, pp 897–952, (1995).

[70] **Hilf J.W.,** *"A rapid Method of Construction Control for embankments of Cohesive soils"* Engineering Monograph N°26, Department of Interior, US Bureau of Reclamation. (September 1961). Also designation E25 in USBR Earth Manual.

[71] Bulletin 138: "General approach to dam surveillance", ICOLD, 2009

[72] Bulletin 158: *"Dam surveillance guide"*, ICOLD, 2013

[73] **Nerincx N. et al.,** "The DigueELITE project: lessons learned and impact on the design of dikes with lime treated soils", Hydropower & Dams (Issue Six -2018).

[68] EN 13286-45: "Unbound and hydraulically bound mixtures – Part 45: Test method for the determination of workability period of hydraulically bound mixtures", CEN

[69] **Giroud, Pelte, & Bathurst,** *"Uplift of Geomembranes by Wind"*, Geosynthetics International, pp 897–952, (1995).

[70] **Hilf J.W.,** *"A rapid Method of Construction Control for embankments of Cohesive soils"* Engineering Monograph N°26, Department of Interior, US Bureau of Reclamation. (September 1961). Also designation E25 in USBR Earth Manual.

[71] Bulletin 138: "General approach to dam surveillance", ICOLD, 2009

[72] Bulletin 158: *"Dam surveillance guide"*, ICOLD, 2013

[73] **Nerincx N. et al.,** "The DigueELITE project: lessons learned and impact on the design of dikes with lime treated soils", Hydropower & Dams (Issue Six -2018).

13. ANNEXES

- ANNEXE A : Proposition pour les études géotechniques et la caractérisation des gisements
- ANNEXE B : Proposition pour la production d'éprouvettes de sols cimentés pour les études de laboratoire
- ANNEXE C : Impact environnemental direct des sols cimentés utilisés dans les infrastructures

13. ANNEXES

- ANNEX A: Proposal for the geotechnical surveys and characterization of the borrow areas.
- ANNEX B: Proposal for the production of test specimens of cemented soil for laboratory studies.
- ANNEX C: Direct environmental impact of cemented soils used in infrastructures.

ANNEXE A : PROPOSITIONS POUR LES ÉTUDES GÉOTECHNIQUES ET CARACTÉRISATION DES GISEMENTS

A.1. INTRODUCTION

Il est essentiel de mener des études géotechniques détaillées et de qualité lors de la conception et de la construction d'une structure en sol cimenté. Cela nécessite un réseau de sondages suffisamment dense pour obtenir une image précise du gisement et des échantillons de matériaux en quantités correspondant aux besoins des tests de laboratoire ainsi qu'un laboratoire correctement équipé et un personnel expérimenté pour la réalisation des tests et leur interprétation.

A.2. PROGRESSIVITÉ DES ÉTUDES

En général, les études de traitement prennent du temps en raison de la durée nécessaire à la prise et au durcissement des matériaux traités au liant (période de cure) qu'il convient de respecter avant d'effectuer les essais.

C'est pourquoi il est préférable d'adopter une démarche progressive à partir des études préliminaires et qui pourra ensuite éventuellement être complétée lors de la réalisation des travaux. De cette manière, il est possible d'adapter le programme d'études à l'avancement et au niveau des étapes du projet. Cela évite d'entreprendre dès le début des études lourdes, coûteuses et longues, qui peuvent s'avérer inutiles en cas d'impasse, comme en cas de :

- Volume de matériaux insuffisant,
- Difficultés d'exploitation du gisement à cause de sa configuration ou de particularités locales (présence importante de grands éléments),
- Mauvaises performances du sol traité,
- etc.

Inversement, cette progressivité peut permettre au projet d'évoluer en fonction des résultats obtenus en laboratoire, par exemple en élargissant la gamme des fonctions attribuées au matériau traité si les performances s'avèrent meilleures que prévu.

En France, dans le domaine de la construction routière, le Guide Technique pour la réalisation des remblais et des couches de forme (GTS) [60], donne un exemple de progressivité et de contenu des études géotechniques à appliquer aux couches de forme (Tableau A.1).

ANNEX A:
PROPOSAL FOR THE GEOTECHNICAL SURVEYS AND CHARACTERIZATION OF THE BORROW AREAS

A.1. INTRODUCTION

It is essential to carry out detailed and quality geotechnical surveys and studies when designing and building a cemented soil structure. This requires a sufficiently dense grid of boreholes to obtain an accurate picture of the borrow area and material samples in quantities corresponding to the needs for laboratory tests, as well as properly equipped laboratory and experienced personnel for the performance tests and their interpretation.

A.2. PROGRESSIVENESS OF THE STUDIES

Generally, treatment studies take time because of the time necessary before testing for the setting and hardening of the materials (curing period) once treated with a binder.

This is why it is preferable to adopt a gradual approach starting from the preliminary studies and which may even be completed when the work is carried out. In this way, it is possible to adapt the program of investigations to the progress and level of the project studies. This avoids the need to undertake heavy, costly and time-consuming studies from the beginning, which may prove useless in the event of an impasse, for example in case of:

- insufficient volume of materials,
- difficulties to exploit the borrow area because of its configuration or particularities (significant presence of large elements),
- low performance of the treated soil,
- etc.

Conversely, this progressiveness can allow the project to evolve according to the results obtained in the laboratory, for example by widening the range of functions attributed to the treated material if the performance proves to be better than expected.

In France, in the field of road construction, the Technical Guide for the Construction of Fills and Capping Layers (GTS) [60], gives an example of progressiveness and content of the geotechnical surveys to apply to capping layers (Table A.1).

Tableau A.1
Différents niveaux d'étude géotechnique requis pour les applications de couches de forme en sol stabilisé (du GTS français)

Niveau d'étude	Contenu de l'étude	Réponses attendues	Stade du projet habituellement concerné
0	Collecte des données documentaires disponibles (cartes géologiques, fichiers d'éléments géotechniques et météorologiques, dossiers d'étude de chantiers comparables, etc.) Recueil de l'expertise locale (notamment concernant la présence possible d'éléments perturbateurs dans le sol et, dans l'affirmative, exécution de quelques essais d'évaluation de l'aptitude du sol au traitement envisagé) Analyse et synthèse de ces éléments dans la perspective du traitement de sol appliqué au projet de couche de forme envisagé	Possibilité technique d'envisager la réalisation de la couche de forme en sol traité (quantités de matériaux suffisantes et aptitude au traitement de ces matériaux) Mise en évidence de difficultés inhabituelles éventuelles pouvant mettre en cause la faisabilité du traitement sur le chantier considéré (possibilité de réaliser le malaxage en particulier)	Étude préliminaire
1	Caractérisation sommaire du gisement réservé à la couche de forme à partir des éléments de la reconnaissance géologique et géotechnique générale du tracé Si nécessaire, exécution de quelques sondages (tarière, pelle, etc.) complémentaires pour une caractérisation plus fine du gisement Sur les chantiers importants, exécution d'une étude de formulation sommaire sur 1 (éventuellement 2 ou 3) échantillons représentatifs du (ou des) gisement(s) réservé(s) pour la couche de forme. Établissement d'une synthèse de l'ensemble de ces éléments	Confirmation de l'aptitude au traitement du sol situé dans le gisement réservé à la couche de forme Évaluation : - des volumes de sol utilisables probables - des techniques et des matériels d'exécution utilisables - du (ou des) produit(s) de traitement le(s) mieux adapté(s) et des quantités nécessaires probables avec une précision admissible pour établir un prédimensionnement (technique, économique, délais d'exécution) de la solution	Avant-projet
2	Finalisation de la caractérisation du gisement conformément aux indications données au § CI-2 Pour chaque gisement, constitution d'échantillons représentatifs (du sol moyen et des sols extrêmes) Identification, si nécessaire, du produit de traitement utilisé dans l'étude Pour les projets le justifiant (*cf.* § CI-2), exécution d'une étude de formulation du niveau requis, sur les échantillons représentatifs de chaque gisement, afin de préciser les dosages à appliquer en fonction des performances recherchées et, le cas échéant, des états hydriques prévisibles (une partie plus ou moins importante de ces études de formulation peut être reportée au niveau des études d'exécution réalisées en cours de travaux si les délais de réponse de l'étude le permettent)	Établissement des règles régissant les dosages à appliquer en fonction de la nature et de l'état des sols et du niveau des performances mécaniques visé Caractérisation et localisation des gisements sur le profil en long géotechnique Éléments sur les matériels et les méthodes d'exécution les mieux adaptés techniquement	Projet

Table A.1
Different levels of geotechnical survey required for stabilized soil capping layer applications (From French GTS)

Level of survey	Content of survey	Expected answers	Stage in design process normally concerned
0	Collect available documentary data (geological maps, geotechnical and meteorological data files, design documents from comparable jobs, etc.) Collect local knowledge (especially on possible presence of harmful soil components and, if present, perform a few tests to assess the suitability of the soil for the proposed treatment) Analyse and collate this data in the light of soil stabilisation applied to the proposed capping layer project	Technical possibility of considering constructing a stabilised soil capping layer (sufficient quantities of materials and suitability of the materials for treatment) Detection of possible unusual difficulties liable to invalidate the feasibility of soil stabilisation on the site considered (possibilities for mixing for example)	Project planning
1	Make brief characterisation of deposit to be used for the capping layer on the basis of data from the general geological and geotechnical survey of the project If necessary, sink a few additional auger or drilling holes, etc. for a more refined characterisation of the deposit On large jobs, run a quick formulation study on 1 (or perhaps 2 or 3) sample(s) representative of the deposit(s) to be used for the capping layer. Collate all this data	Confirmation of suitability for treatment of soil in the deposit to be used for the capping layer Evaluation: - of probable useable soil volumes - of constructional plant and techniques - of most appropriate additive(s) and quantities probably needed with enough precision for preliminary design (technical, cost, completion time, etc.)	Preliminary design
2	Finalise the characterisation of the deposit as described in § C1-2 For each deposit, make up representative samples (average soil and extreme soils) Identify if necessary the additive used in the study If justified by the project (cf § C1-2), perform a formulation study of the appropriate level on samples representative of each deposit in order to determine the additive application rates required to achieve the desired performance and if applicable expected moisture contents (part of the formulation studies may be postponed until the construction studies performed during the construction work if the study time so permits)	Formulation of rules on additive percentages required with reference to soil nature and condition and target level of mechanical performance Characterisation and location of deposits on the geotechnical longitudinal profile Data on the most appropriate constructional plant and methods in technical terms	Design project
3	Organise and perform field trial, for example, to validate: - the design of the capping layer plus pavement when the design method is based on performance determined in the laboratory. In this case, the field trial should include, in addition to the routine inspections and tests normally conducted for a stabilised soil capping layer job, measurements of mechanical performance on cores and/or ovalisation measurements - the use of innovative additive(s) about which there is no past experience (identification of product(s), measurement on cores or by ovalisation of performance achieved, etc.) - the use of special constructional plant and techniques (stabilisation plant mixing, special types of compactors, etc.) - trials of unproved constructional techniques or poorly-documented plant - the choice of the stabilisation alternative for certain soil of poorly-documented behaviour (for example: evolutive rock materials, high clay content soils, soil probably containing harmful components, etc.) - etc.	This level is specific to projects for which lower levels of study have not yielded sufficiently precise answers to questions as for the feasibility of soil stabilisation treatment and as regards inclusion of the stabilised soil capping layer in the pavement design when these aspects are determining factors in the project	This level of study may be performed at any stage in the design process depending on the importance of the results sought*

*In particular, when the soil stabilisation stake is sufficiently important, this level of study may be performed at the project planning stage

3	Organisation et conduite d'un chantier expérimental, par exemple, pour valider : - le dimensionnement de l'ensemble couche de forme-chaussée lorsqu'il résulte d'une méthode de calcul s'appuyant sur des performances déterminées en laboratoire. Dans ce cas, le chantier expérimental comportera, en plus des mesures et constatations courantes pour un chantier de couche de forme en sol traité, des mesures de performances mécaniques sur carottes et/ou des mesures d'ovalisation - l'utilisation de produit(s) de traitement innovant(s) pour lesquels on ne dispose pas d'expérience (identification du (ou de ces) produit(s), mesure sur carottes ou par ovalisation des performances atteintes, etc.) - l'emploi de matériels et de techniques d'exécution particulières (traitement en centrale, compacteurs d'un type particulier, etc.) - expérimentation de techniques d'exécution non confirmées ou de matériels mal connus - le choix de la solution « traitement » sur certains sols de comportement mal connus (par exemple : matériaux rocheux évolutifs, sols très argileux, sols à probabilité de teneurs en éléments perturbateurs, etc.) - etc.	Ce niveau d'étude est spécifique aux projets pour lesquels les études de niveau inférieur n'ont pas répondu avec la précision souhaitée aux interrogations relatives à la faisabilité du traitement et au niveau de prise en compte de la couche de forme traitée dans le dimensionnement de la chaussée alors que ces aspects sont déterminants pour le projet	Ce niveau d'étude peut être engagé à l'un ou l'autre des stades d'avancement de l'étude ci-dessus en fonction des enjeux des réponses attendues *
* En particulier, lorsque l'Importance des enjeux du traitement dans l'élaboration du projet le justifie, ce niveau d'étude peut être engagé dès le stade des études préliminaires			

Dans la terminologie routière, une couche de forme est une couche optionnelle constituée de matériaux granulaires ou traités, placée au-dessus du sol support et immédiatement sous la plate-forme support de chaussée, afin d'améliorer l'assise des couches de la chaussée à proprement parler (couches de fondation et de base). Compte tenu du rôle mécanique complexe de cette couche située entre le terrassement et la chaussée, les recommandations de l'étude géotechnique sont décrites de manière précise et détaillée, dans le respect de la démarche progressive. Cet exemple pourrait servir de base à des études d'ouvrages hydrauliques en sols traités pour des composants remplissant les fonctions S (Stabilité), P (Étanchéité), E_i (Résistance à l'érosion interne), E_s (Résistance à l'érosion de surface) et E_v (Résistance aux eaux de débordement).

Le GTS mentionne également que le gisement doit être caractérisé par un nombre minimum d'essais d'identification géotechnique en fonction du volume de matériau nécessaire et du degré de connaissance préalable à obtenir. Il donne une estimation minimale du nombre d'essais (tableau A.2) qui pourrait également être suivie pour les travaux hydrauliques.

Tableau A.2
Nombre minimum de tests nécessaires pour caractériser un gisement (d'après le GTS français)

Volume (V) de couche de forme à réaliser (m^3)	**Essais d'identification géotechnique**	**Formation connue et supposée homogène *****	**Formation connue et supposée moyennement homogène *****	**Formation inconnue**
$V < 10^4$	Nature *	1	3	9
	État hydrique **	2	4	16
$10^4 < V < 10^5$	Nature *	$V / 10^4$	$3V / 10^4$	$9V / 10^4$
	État hydrique **	$2V / 10^4$	$4V / 10^4$	$16V / 10^4$
$V > 10^5$	Nature *	10	30	90
	État hydrique **	20	40	160

* Les essais concernés ici sont ceux permettant de classer le sol suivant sa nature selon la classification de la norme NF P 11–300

** Principalement évalué à partir de mesures de la teneur en eau naturelle supposées représentatives de la saison des travaux. Si la période de travaux n'est pas connue et que ce facteur est influent (dans le cas de gisement à faible profondeur ou influencé par les fluctuations annuelles d'une nappe, par exemple), une réflexion appuyée autant que possible sur des mesures ou des constatations est nécessaire pour estimer, sur un cycle annuel, les états hydriques extrêmes possibles

*** Cette appréciation suppose être donnée par un géotechnicien ayant une bonne connaissance des formations locales

Et finalement, le GTS donne une illustration de la représentation d'un profil longitudinal géotechnique (Figure A.1).

In road terminology, a capping layer is an optional layer made of granular or treated material on top of the subgrade and immediately below formation level, to provide improved foundation for the pavement layers themselves (subbase and base layers). Given the complex mechanical role of this layer located between earthworks and pavement, the recommendations for geotechnical survey are described in a precise and detailed manner, in compliance with the progressive approach. This example could be used as a basis for studies regarding hydraulic structures in cemented soils for components fulfilling the functions S (Stability), P (Watertightness), Ei (Resistance to internal erosion), Es (Resistance to surface erosion) and Ev (Resistance to overspill water).

The GTS also mentions that the borrow area must be characterized by a minimum number of geotechnical identifications testing in accordance with the volume of material needed and the degree of prior knowledge. It gives a minimum estimation of the number of tests (Table A.2) that could also be followed for hydraulic works.

Table A.2
Minimum number of tests needed to characterize a borrow area (from French GTS)

Volume (V) of planned capping layer (m)	Geotechnical classification tests	Formation known and assumed uniform ✧	Formation known and assumed moderately uniform ✧	Formation unknown
$V < 10^4$	Soil nature ✹ Moisture state ✪	1 2	3 4	9 16
$10^4 < V < 10^5$	Soil nature ✹ Moisture state ✪	$V / 10^4$ $2V / 10^4$	$3V / 10^4$ $4V / 10^4$	$9V / 10^4$ $16V / 10^4$
$V > 10^5$	Soil nature ✹ Moisture state ✪	10 20	30 40	90 160

✹ The tests concerned here are those for classifying the soil according to its nature under the classification system described in French Standard NF P 11-300.

✪ Chiefly estimated from measurements of natural moisture content assumed to be representative of the construction season. If the time of construction is not known and this is an influencing factor (shallow deposit, deposit affected by annual fluctuations of the water table, for example), careful thought, preferably based on tests and inspections, is needed to estimate, over the annual cycle, possible extreme moisture contents.

✧ This assessment is assumed to come from a geotechnical engineer with good knowledge of local formations

And finally, the GTS gives an illustration of the representation of a geotechnical longitudinal profile (Figure A.1)

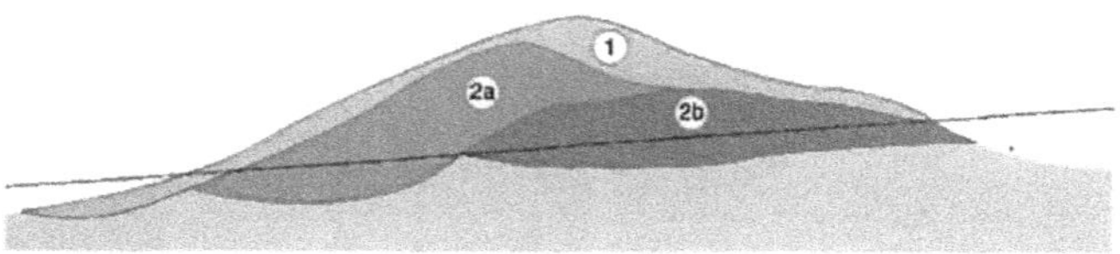

Figure C1-1.
Exemple de présentation d'un profil en long géotechnique renseigné pour une étude de traitement de sol pour couche de forme.

Zonage du gisement	1			2a			2b		
Formation géologique	Limons éoliens			Argiles marneuses			Argiles marneuses		
Volume estimé	120 000 m^3			50 000 m^3			40 000 m^3		
VB_s (g)	Moyen	Dispersion*	Nombre de mesures	Moyen	Dispersion*	Nombre de mesures	Moyen	Dispersion*	Nombre de mesures
	1,65	18%	16	-	-	-	-	-	-
I_p	Moyen	Dispersion*	Nombre de mesures	Moyen	Dispersion*	Nombre de mesures	Moyen	Dispersion*	Nombre de mesures
	-	-	-	18	33%	12	25	40%	6
W_n (%)	Moyen	Dispersion*	Nombre de mesures	Moyen	Dispersion*	Nombre de mesures	Moyen	Dispersion*	Nombre de mesures
	16	25%	40	19	10,5%	18	26	34,5%	12
W_{OPN} (%)	Moyen	Dispersion*	Nombre de mesures	Moyen	Dispersion*	Nombre de mesures	Moyen	Dispersion*	Nombre de mesures
	16	12,5%	12	18	17%	8	24	21%	6
ρd_{OPN} (g/cm³)	*Moyen*	*Dispersion**	*Nombre de mesures*	*Moyen*	*Dispersion**	*Nombre de mesures*	*Moyen*	*Dispersion**	*Nombre de mesures*
	1,76	*4,5%*	*12*	*1,72*	*7%*	*8*	*1,66*	*8,5%*	*6*
IPI à Wn	Moyen	Dispersion*	Nombre de mesures	Moyen	Dispersion*	Nombre de mesures	Moyen	Dispersion*	Nombre de mesures
	14	57%	12	8	62,5%	8	5	80%	6
Classe GTR	A1			A2			A2-A3		
* La dispersion est exprimée par le rapport entre l'étendue des mesures, si leur nombre **N** est < 10 (ou à deux fois l'écart type si **N** > 10), et la moyenne de ces mesures									

Fig. A.1
Présentation d'un profil longitudinal géotechnique pour une route (d'après le GTS français)

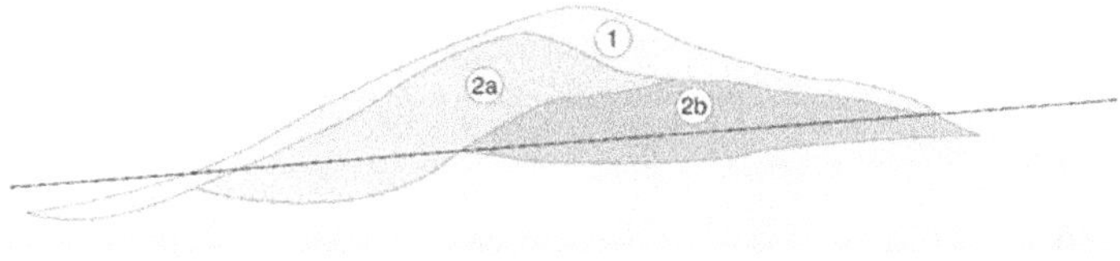

Figure C1-1
Example of presentation of geotechnical longitudinal profile for stabilised soil capping layer project

Deposit zoning	1			2a			2b		
Geological formation	Aeolian silt			Marly clays			Marly clays		
Estimated volume	120 000 m³			50 000 m³			40 000 m³		
	Mean	Scatter *	Number of measurements	Mean	Scatter *	Number of measurements	Mean	Scatter *	Number of measurements
VB_s (g)	1,65	18%	16	-	-	-	-	-	-
I_p	-	-	-	18	33%	12	25	40%	6
W_n (%)	16	25%	40	19	10,5%	18	26	34,5%	12
W_{OPN} (%)	16	12,5%	12	18	17%	8	24	21%	6
γd_{OPN} (g/cm³)	1,76	4,5%	12	1,72	7%	8	1,66	8,5%	6
IPI à W_n	14	57%	12	8	62,5%	8	5	80%	6
GTR class	A1			A2			A2-A3		

*Scatter is expressed as the ratio between the measurement range, if the number of measurements N is < 10 (or twice the standard deviation if N > 10) and the mean of measurements.

Fig. A.1

Presentation of a geotechnical longitudinal profile of a road (from French GTS) (VB: Methylen Blue Value, I_p: PI, W_{OPN}: OMC, IPI: Immediate CBR, GTR Class: French soil classification)

Dans le cas de l'étude d'un grand gisement de surface, les profils géotechniques longitudinaux doivent être multipliés de manière parallèle et espacés en fonction de la spécificité du gisement, notamment de son homogénéité.

A.3. ÉCHANTILLONNAGE DES MATÉRIAUX

Les essais en laboratoire pour les études de traitement doivent être réalisés sur des échantillons représentatifs du gisement, ou des différentes familles de sol identifiées dans le gisement après analyse des résultats des essais d'identification.

En pratique, le regroupement en familles homogènes se fait en observant l'histoire géologique des prélèvements et en analysant les résultats des essais d'identification. Les principaux paramètres utilisés sont :

- La classification géologique,
- La classification géotechnique,
- Le positionnement du gisement,
- Les critères organoleptiques (couleur, odeur, etc.),
- La distribution granulométrique,
- Les limites d'Atterberg,
- Les courbes Proctor,
- La composition minéralogique,
- La teneur en matière organique,
- Tout autre paramètre pertinent.

En fonction du nombre d'essais d'identification effectués, il est possible d'appliquer des règles statistiques pour établir le regroupement.

Si les caractéristiques ne répondent pas aux exigences requises pour que le gisement ou la famille soit considérée comme homogène, un mélange de matériaux peut être envisagé à condition qu'il puisse être réalisé à l'aide de techniques éprouvées en laboratoire ainsi qu'en cours de construction. Dans le cas contraire, une étude géotechnique plus détaillée peut être réalisée afin d'établir une représentation plus précise du gisement permettant une exploitation conforme aux exigences d'homogénéité.

Enfin, si aucune des options ne s'avère compatible avec les exigences du projet, l'idée du traitement doit être abandonnée.

A.4. ESSAIS

Les types et le nombre d'essais à réaliser par famille de sol dépendent de la fonction remplie par l'élément traité dans le projet. C'est à l'expert géotechnique, en accord avec l'ingénieur, d'établir le programme d'essais. Il détermine les quantités de matériaux nécessaires à la réalisation des études de laboratoire et donc le volume des échantillons à prélever. La localisation des échantillons se fait en fonction des résultats des études précédentes, ce qui souligne l'intérêt de la démarche progressive.

In the case of a study of a large surface of the borrow area, geotechnical longitudinal profiles should be multiplied in parallel, spaced according to the specificity of the borrow area, in particular its homogeneity.

A.3. SAMPLING OF THE MATERIALS

The laboratory tests for the treatment studies must be performed on representative samples of the borrow area, or of the different families of soil identified in the borrow area after analyzing the results of the identification tests.

In practice, the grouping into homogeneous families is done by observing the geological history of the samples and analyzing the results of identification tests. The main parameters used are:

- geological classification,
- geotechnical classification,
- positioning in the borrow area,
- organoleptic criteria (color, smell, etc.),
- particle size distribution,
- Atterberg limits,
- Proctor curves,
- mineralogical composition,
- organic matter content,
- any relevant parameter.

Depending on the number of identification tests performed, it is possible to apply statistical rules to establish the grouping.

If the characteristics do not meet the requirements for the borrow area or family to be considered homogeneous, blending of materials may be considered provided that it can be carried out using techniques proven in the laboratory as well as during construction. Otherwise, a more detailed geotechnical survey shall be carried out in order to establish a more accurate representation of the borrow area allowing an exploitation in accordance with the uniformity requirements.

Finally, if none of the options proves compatible with the project requirements, the idea of treatment should be abandoned.

A.4. TESTING

The types and number of tests to perform per family of soil depends on the function fulfilled by the treated component in the project. It is up to the geotechnical expert, in accordance with the Engineer, to establish the testing program. He determines the quantities of materials needed to carry out the laboratory studies and therefore the volume of samples to be taken. The location of the samples is based on the results of the previous studies, which underlines the interest of the progressive approach.

ANNEXE B : PROPOSITIONS POUR LA CONFECTION D'ÉPROUVETTES DE SOL CIMENTÉ POUR DES ÉTUDES DE LABORATOIRE

B.1. INTRODUCTION

La procédure appliquée pour la préparation des éprouvettes diffère d'un pays à l'autre, et même, très souvent, d'un laboratoire à l'autre. Compte tenu de l'évolution des propriétés des matériaux une fois mélangés à un liant, cela conduit à des résultats qui peuvent différer d'un laboratoire à l'autre, sans possibilité de comparaison sérieuse et fiable.

Dans certains pays, les procédures de préparation sont codifiées. En Europe, il existe dans la norme européenne EN 16907-4 : " Traitement des sols à la chaux et/ou aux liants hydrauliques ", une annexe informative qui propose une telle procédure.

Les chapitres suivants sont un exemple de recommandations qui correspondent à celles de la norme européenne et qui peuvent être appliquées aux études de sols cimentés pour les digues et barrages. Ils couvrent l'échantillonnage, l'homogénéisation, l'ajout de liant(s), le mélange, le compactage et le durcissement.

B.2. ÉCHANTILLONNAGE

Les échantillons collectés doivent être représentatifs du gisement à caractériser.

Les critères de sélection et l'emplacement des points d'échantillonnage sont enregistrés ainsi que la méthode de préparation avant les essais. Cela dépend :

- Des objectifs de l'étude et du stade d'avancement du projet,
- Des informations préliminaires disponibles,
- Des conditions sur site.

Des précautions adéquates doivent être prises pour garantir que, dans la mesure du possible, les échantillons ne subissent aucune modification dans l'intervalle entre le prélèvement et l'essai. Les matériaux doivent être conservés dans des sacs ou conteneurs hermétiques étiquetés afin d'éviter toute modification de la teneur en eau.

Les échantillons sont caractérisés à l'aide d'essais d'identification appropriés puis regroupés en familles de matériaux aux propriétés similaires sur lesquelles sont réalisée l'étude de faisabilité du traitement.

B.3. TENEUR EN EAU

La teneur en eau naturelle du matériau est mesurée et annotée avant le traitement.

ANNEX B:
PROPOSAL FOR THE PRODUCTION OF TEST SPECIMENS OF CEMENTED SOIL FOR LABORATORY STUDIES

B.1. INTRODUCTION

The procedure applied for the preparation of test specimens differs from one country to another, and even, very often, from one laboratory to another. Taking into account the evolution of the properties of the materials once mixed with a binder, this leads to results that may differ from one laboratory to another, without the possibility of a serious and reliable comparison.

In some countries, the preparation procedures are codified. In Europe, there is in the recently published European standard EN 16907 – 4: "Soil treatment with lime and/or hydraulic binders", an informative annex which proposes such a procedure.

The following chapters are an example of recommendations that meet those of the European standard and that can be applied to cemented soil studies for levees and dams. It covers sampling, homogenization, addition of binder(s), mixing, compaction and curing.

B.2. SAMPLING

The collected samples will be representative of the borrow area to be characterized.

The criteria for selection and the location of the sampling points will be recorded as well as the method of preparation before testing. These all depend on:

- the objectives of the investigation and the stage of the project,
- the preliminary information available,
- the on-site condition.

Adequate precautions will be taken to ensure that, as far as possible, the samples do not undergo any changes in the interval between sampling and testing. The materials will be conserved in labelled hermetic bags or containers to prevent changes in water content.

The samples will be characterized according to appropriate identification tests and grouped into families of materials with similar properties upon which will be performed the treatment feasibility study.

B.3. WATER CONTENT

The natural water content of the material will be measured and reported before treatment.

B.4. TAILLE MAXIMALE DES PARTICULES

Le D_{Max} des matériaux étudiés pour la préparation des éprouvettes traitées doit être compatible avec les dimensions du moule et la méthode de compactage. Si nécessaire, les gros éléments sont retirés.

La taille du moule, l'élancement de l'éprouvette et la méthode de compactage doivent être rapportés.

B.5. TRAITEMENT

B.5.1. Généralités

La quantité correcte de matériau et de liant est déterminée par pesée.

Le dosage du liant est calculé par rapport au poids sec du matériau. Deux possibilités pour l'exprimer :

- Soit en fonction du poids sec du mélange (matériau + liant) :

$d\,\% = 100 \times Q / (Q + M_{dr})$

où

d dosage,

Q masse de liant,

M_{dr} masse de matériau sec.

- Soit en fonction du poids du matériau sec sans liant :

$d\,\% = 100 \times Q / M_{dr}$

La méthode de calcul à choisir dépend de la décision de l'ingénieur et doit être clairement notifiée.

B.5.2. Malaxage

Une quantité de matériau suffisante pour préparer le nombre requis d'éprouvettes est placée dans le malaxeur.

Le processus de malaxage doit permettre d'obtenir un matériau uniforme et homogène. L'équipement de malaxage doit permettre d'obtenir la même qualité de malaxage entre les lots de matériaux. La durée du malaxage doit être notée.

Les détails de la méthode de préparation, tels que le type de malaxeur et d'outil de malaxage, la puissance et la vitesse de rotation du malaxeur, la durée du malaxage, etc. ne sont pas spécifiés. Ils sont déterminés sur la base de l'expérience locale avec le matériau et l'équipement disponible. Les Figures B.1 et B.2 montrent un équipement, issu du domaine de la préparation des aliments, couramment utilisé en France pour le malaxage des sols fins traités en laboratoire. Les différences dans les propriétés des matériaux, du liant et des matériels de malaxage ne permettent pas de spécifier une durée fixe de malaxage.

B.4. MAXIMUM SIZE OF THE PARTICLES

D_{Max} of the raw material used for the preparation of the treated specimens will conform to the dimensions of the mould and the compaction method. When necessary, large elements will be removed.

Both the size of the mould, the slenderness of the specimen and the compaction method will be reported.

B.5. TREATMENT

B.5.1. General

The correct amount of material and binder are determined by weighing.

The binder dosage is calculated on the dry weight of the material. Two possibilities to express it:

- Either on the dry weight of the mixture (material + binder):

$d\,\% = 100 \times Q / (Q + M_{dr})$

where:

d dosage,

Q mass of binder,

M_{dr} mass of dry material.

- Or on the dry weight of the material without the binder:

$d\,\% = 100 \times Q / M_{dr}$

The method of calculation to choose depends on the decision of the Engineer and shall be reported.

B.5.2. Mixing

A quantity of material, sufficient to prepare the required number of specimens, is placed in the mixer.

The mixing process should result in a uniform material with a homogeneous mixture. The mixing equipment should be able to achieve the same quality of mix between material batches. The duration of mixing should be noted.

Details of the preparation method, such as type of mixing machine and mixing tool, power and speed of rotation of the mixing machine, duration of mixing, etc., are not specified. They will be chosen on the basis of local experience with the material and the available equipment. Figures B.1 and B.2 show equipment, from the field of food preparation, commonly used in France for mixing of treated fine soils in laboratory. Differences in the properties of materials, binder and the mixing machines make it impossible to specify a fixed duration of mixing.

Fig. B.1
Appareil utilisé dans plusieurs pays européens pour le malaxage de sols fins traités en laboratoire (malaxeur à couteaux dans un plateau tournant).

Fig. B.2
A droite : ajout de chaux; à gauche : mélange obtenu après malaxage

Fig. B.1
Apparatus used in several European countries for the mixing of treated fine soils in laboratory (rotating cutting paddles in a rotating plate).

Fig. B.2
Right: lime addition; Left: mixture after mixing

La mesure la plus fiable et la plus reproductible de l'homogénéité du mélange est l'aspect visuel. Ce qui nécessite de posséder du personnel de laboratoire qualifié.

Avant l'ajout du liant, deux échantillons sont prélevés pour déterminer leur teneur en eau. Le matériau traité doit être protégé du dessèchement avant d'être utilisé pour fabriquer une éprouvette.

B.5.3. Maturation et compactage du matériau traité dans le moule à éprouvettes

B.5.3.1. Traitement à la chaux seule

Avant le compactage, le mélange doit être conservé en maturation à l'état foisonné pendant au moins 1 heure dans des sacs scellés ou dans un contenant étanche à l'air pour éviter l'évaporation de l'eau. En fonction de l'application, du matériau ou de la décision de l'ingénieur, une période plus longue de maturation avant le compactage du matériau traité à la chaux peut être appropriée.

Le compactage doit être préférentiellement terminé 30 minutes après la fin de la maturation. La période de maturation appliquée est à indiquer dans le rapport d'essai en laboratoire.

B.5.3.2. Traitement au liant hydraulique seul

Avant le compactage le mélange doit être conservé à l'état foisonné dans des sacs scellés ou des conteneurs hermétiques pour éviter l'évaporation de l'eau.

Le compactage doit être achevé dans les 90 minutes suivant le mélange du matériau avec le liant hydraulique.

B.5.3.3. Traitement en deux étapes à la chaux puis au ciment

Un traitement en deux temps consiste en un premier traitement à la chaux suivi d'un second traitement au liant hydraulique.

Le matériau traité à la chaux doit être conservé dans un état foisonné dans des sacs ou conteneurs hermétiques pour éviter l'évaporation de l'eau au moins 2 heures après la fin du mélange avec la chaux.

Avant l'ajout du liant hydraulique, des échantillons sont prélevés pour mesurer la teneur en eau du matériau traité à la chaux.

Le liant hydraulique est ajouté et mélangé au matériau traité à la chaux à la fin de la période de maturation de ce dernier. Ensuite, le mélange doit être compacté dans les 90 min qui suivent le mélange du matériau avec le liant hydraulique.

La durée de la période de maturation du matériau traité à la chaux avant le mélange avec le liant hydraulique doit être indiquée dans le rapport d'essai en laboratoire.

B.5.4. Cure et conservation

B.5.4.1. Généralités

Selon le matériau et les essais à réaliser, les éprouvettes sont conservées dans un moule ou retirées de leur moule après compactage.

The most reliable and repeatable measure of the homogeneity of mixing is the visual appearance. This requires skilled laboratory staff members.

Before binder addition, two samples are taken to determine their water content. The treated material should be protected from drying out before it is used to form a test specimen.

B.5.3. Mellowing and compaction of the treated material in the specimen mould

B.5.3.1. Treatment with lime only

Before compaction, the mixture will be conserved for mellowing for at least 1 h in sealed bags or airtight container to prevent water evaporation. Depending on the application, or the material, or the decision of the Engineer, a longer mellowing period before compaction of the lime treated material may be appropriate.

Compaction should be completed 30 min after the end of the mellowing. The mellowing period applied shall be reported in the laboratory testing report.

B.5.3.2. Treatment with hydraulic binder only

Before compaction the mixture will be placed in sealed bags or airtight container to prevent water evaporation.

The compaction should be completed within 90 min after mixing of the material with hydraulic binder.

B.5.3.3. Treatment with lime and cement in two stages

A treatment in two stages consists of an initial treatment with lime followed by a second treatment with a hydraulic binder.

The lime treated material will be kept in a loose state in hermetic bags or containers to prevent water evaporation at least 2 hours after the end of mixing with lime.

Before addition of the hydraulic binder, samples will be taken to measure the water content of the lime treated material.

The hydraulic binder will be added and mixed with the lime treated material at the end of the mellowing period of the latter. Then, the mixture should be compacted within 90 min after mixing of the material with hydraulic binder.

The duration of the mellowing period of the lime treated material before mixing with hydraulic binder shall be reported in the laboratory testing report.

B.5.4. Curing and storage

B.5.4.1. General

Depending on the material and the tests to be performed, the specimens are cured within a mould or removed from their mould after compaction.

Si une surcharge est appliquée pendant la cure et la conservation, les conditions (charge, durée) doivent être indiquées dans le rapport d'essai du laboratoire.

Une période de cure, qui peut être nécessaire entre la fabrication des éprouvettes et la réalisation des essais, consiste en une conservation des éprouvettes pendant une durée déterminée selon des conditions établies. Les procédures de cure les plus courantes sont développées ci-dessous.

B.5.4.2. Cure avec protection contre l'évaporation

La cure en protection contre l'évaporation peut être effectué selon l'une des méthodes suivantes :

Stockage dans une enceinte ou une chambre climatique avec une humidité relative d'au moins 90%, sauf si des valeurs spécifiques sont prescrites dans la norme d'essai correspondante.

Enduisage des extrémités de l'éprouvette à la cire lorsque les éprouvettes sont stockées dans un moule.

Application d'un film plastique autour de l'éprouvette.

Toute autre méthode appropriée.

Les éprouvettes sont stockées à une température choisie ou spécifiée, sachant qu'elle aura une incidence sur vitese d'augmentation de la résistance. En Europe, cette température est généralement de (20 ± 2) °C.

B.5.4.3. Cure avec immersion complète

Lorsqu'une procédure d'immersion spécifique existe dans une norme (par exemple, l'essai CBR), la procédure normalisée doit être suivie.

Dans d'autres cas, l'éprouvette, dans ou hors du moule, est soigneusement immergée dans l'eau à une température choisie ou spécifiée. En Europe, cette température est généralement de (20 ± 2) °C.

B.5.4.4. Cure avec protection contre l'évaporation suivie d'une immersion

La cure consistant à empêcher l'évaporation suivie d'une immersion est effectuée comme décrit ci-dessus, excepté le fait qu'après cure avec protection contre l'évaporation, la cire ou les embouts ou toute autre protection sont retirés de l'éprouvette, selon le cas, avant la mise en immersion.

B.6. RAPPORT

Le rapport consignant les conditions de préparation des éprouvettes avant essai, est établi comme suit :

- origine, quantité et classification du matériau à traiter,
- élimination des particules isolées et surdimensionnées du matériau,
- le cas échéant, caractéristiques du malaxeur et de l'outil de malaxage utilisé, puissance, vitesse de rotation, durée du malaxage, maturation, conditions et durée de conservation avant traitement,

If a surcharge is applied during curing and storage, the conditions (load, duration) will be reported in the laboratory testing report.

A curing period, which may be required between specimen manufacturing and testing, consists of the storage of the specimens for a specified period of time according to established states. The most common curing procedures are developed below.

B.5.4.2. Curing by prevention of evaporation in a significant mass

Curing by prevention of water loss by evaporation can be carried out by one of the following methods:

- Storage in a climatic cabinet or room with a relative humidity of at least 90%, unless specific values are prescribed in the relevant test standard.
- Coating the ends of the specimen with wax when samples are stored within a mould.
- Placing a plastic film around the specimen.
- Other appropriate methods.

Specimens are stored at a chosen or specified temperature, knowing that it will affect the rate of increase in strength. In Europe, this temperature is usually (20 ± 2) °C.

B.5.4.3. Curing that permits full soaking

Where a specific soaking procedure exists in a relevant standard (e.g. CBR Test), the standard procedure has to be followed.

In other cases, the specimen, in or out of the mould, is carefully immersed into water at a chosen or specified temperature. In Europe, this temperature is usually (20 ± 2) °C.

B.5.4.4. Curing consisting of prevention of evaporation followed by soaking

Curing consisting of prevention of evaporation followed by soaking is carried out as described above, except that after curing by prevention of evaporation in a significant mass, the wax or end caps or other protection are removed from the specimen prior to storage in a soaked condition.

B.6. REPORTING

The report of the conditions of specimen preparation before testing, is established as follows:

- origin, quantity and classification of the material to be treated,
- removal of isolated oversize particles from material,
- if relevant, specifications of mixer, and applied mixing tool, power, rpm's, mixing duration, mellowing, storage conditions and duration before treatment,

- teneur en eau du matériau homogénéisé,
- norme, type, classe, caractéristiques de chaque liant tel que fourni par le producteur ou le fournisseur,
- définition du dosage et dosage en liant appliqué,
- caractéristiques du malaxeur et de l'outil de malaxage utilisé, puissance, vitesse de rotation, durée du malaxage
- teneur en eau du matériau traité après le malaxage,
- maturation, conditions et durée de conservation avant compactage,
- type de moules utilisés et dimensions des éprouvettes,
- description de la presse de compactage le cas échéant : diamètre et géométrie du poinçon, pression appliquée, etc,
- conditions de conservation (température et humidité, durée) et modifications éventuelles par rapport à celles-ci pendant la cure,
- densité après compactage et arasage dans le moule,
- hauteur de l'échantillon par rapport au sommet du moule après la cure,
- aspect de la face supérieure de l'éprouvette après la cure,
- difficulté éventuelle à retirer l'échantillon du moule après le vieillissement,
- toute irrégularité de l'échantillon, par exemple des trous des vides visibles, ou extrémité inférieure qui n'est pas entièrement plate et perpendiculaire,
- traitement de la surface avant les essais ultérieurs,
- densité après le démoulage,
- toute référence aux normes utilisées pour la préparation des éprouvettes ou la réalisation des essais,
- tout type d'information utile à l'interprétation des résultats des essais.

Le cas échéant, des photographies de l'éprouvette avant et après la cure et/ou avant et après l'essai peuvent être ajoutées au rapport.

- water content of the homogenized material,
- standard, type, class, characteristics of each binder as provided by the producer or supplier,
- definition of dosage and binder dosage applied,
- specifications of mixer, and applied mixing tool, power, rpm's, mixing duration,
- water content of the treated material after mixing,
- mellowing, storage conditions and duration before compaction,
- type of moulds used and specimen dimensions,
- description of the compaction press when appropriate: diameter and geometry of stamp, applied pressure, etc.,
- storage conditions (temperature and humidity, duration) and deviations from it during curing,
- density after compaction and trimming into the mould,
- height of sample relative to the top of the mould after curing,
- roughness of the top end of the sample after curing,
- any difficulty in removing sample from mould after curing,
- any irregularities of the sample, e.g. visible holes and large voids, or the bottom end not being entirely flat and perpendicular,
- treatment of surface prior to further testing,
- density after removal from the mould,
- any reference to standards used for the preparation of specimens or the performance of tests,
- any type of information useful for the interpretation of test results.

When relevant, photographs of the specimens before and after curing and/or before and after testing may be added to the report.

ANNEXE C : IMPACT ENVIRONNEMENTAL DIRECT DES SOLS CIMENTÉS UTILISÉS DANS LES INFRASTRUCTURES

C.1. INTRODUCTION

Dans cette annexe, l'expression " impact direct sur l'environnement " désigne l'impact qu'un sol traité peut avoir sur le milieu en contact permanent avec lui : sol, eaux stockées ou de ruissellement, eaux souterraines, flore, etc.

L'utilisation de liants hydrauliques comme le ciment dans les ouvrages hydrauliques est une pratique répandue, qu'il s'agisse d'ouvrages homogènes (barrages en béton, barrages en remblai dur, etc.) ou de parties d'ouvrages comme les protections de pentes (voir Bulletin 54). Les techniques sont maîtrisées et la question de l'impact environnemental direct du liant hydraulique ne se pose plus.

La chaux est un produit moins connu dans le domaine des travaux hydrauliques et son utilisation est moins courante. C'est pourquoi cette annexe se concentre sur l'impact environnemental que les sols traités à la chaux pourraient avoir sur l'environnement direct. Afin de répondre à certaines questions légitimes sur les problèmes environnementaux potentiels que pourrait poser la présence d'ouvrages traités à la chaux, il est proposé, au travers d'expériences multi-échelles et de résultats bibliographiques, d'apporter des réponses scientifiques sur le comportement des sols traités à la chaux soumis aux mécanismes liés à la diffusion : circulation de l'eau et lessivage, conséquences sur le voisinage des chantiers et des constructions, développement de la végétation.

C.2. MIGRATION DES IONS

Le traitement des sols à la chaux implique la préparation d'un mélange intime sol/chaux, ce qui augmente considérablement la basicité du sol.

Le pH élevé ainsi obtenu est maintenu pendant une très longue période, qui peut varier de plusieurs années à plusieurs décennies. Certaines questions légitimes, découlant de la présence d'ions calcium et hydroxyde dans une grande masse de sol traité, peuvent dès lors se poser quant à la diffusion éventuelle vers l'environnement direct de l'ouvrage concerné mais aussi vers les aquifères et les eaux souterraines éventuellement présents sous l'ouvrage.

Dans l'optique de répondre à ces questions, une série d'essais et d'analyses ont été réalisés, depuis l'expérimentation en laboratoire jusqu'à la mise en œuvre en vraie grandeur, dont les résultats sont présentés ci-après. D'autres résultats, issus d'une étude bibliographique, sont également illustrés.

C.2.1. Essais de lixiviation en laboratoire

C.2.1.1. Description

Cette étude a été réalisée dans les laboratoires R&D de Lhoist, où une colonne de lixiviation a été installée en 2002. Cet appareil permet de mesurer la composition et le pH d'une solution lessivée à partir d'un échantillon de sol traité. Il est basé sur la norme allemande DIN 18130 1, relative au test de perméabilité d'un sol.

ANNEX C:
DIRECT ENVIRONMENTAL IMPACT OF CEMENTED SOILS USED IN INFRASTRUCTURES

C.1. INTRODUCTION

In this Annex, the expression "direct environmental impact" means the impact that a treated soil may have on the environment in permanent contact with it: soil, stored or run-off water, groundwater, flora, etc.

The use of hydraulic binders like cement in hydraulic structures is a widespread practice, whether in homogeneous structures (concrete dams, hard fill dams, etc.) or in parts of structures such as facing protection (see Bulletin 54). The techniques have been mastered and the question of the direct environmental impact of the hydraulic binder no longer arises.

Lime is a less well-known product in the field of hydraulic works and its use is less common. This is why this annex focuses on the environmental impact that soils treated with lime could have on the direct environment. In order to answer some rightful questions about the potential environmental issues that the presence of lime-treated structures could arise, it is proposed, through multiscale experiments and literature results, to bring scientific answers about lime-treated soils behavior submitted to mechanisms linked to diffusion: water circulation and leaching, consequences on the vicinity of jobsites and constructions, vegetation growth.

C.2. IONS MIGRATION

The treatment of soils with lime involves the preparation of an intimate soil/lime mixture, which process greatly increases the basicity of the soil.

The high pH thus achieved is maintained for a very long period of time, which can vary from several years to several decades. Certain legitimate questions, ensuing from the presence of calcium and hydroxide ions in a large body of treated soil, may consequently be posed with regard to the possible diffusion towards the direct environment of the work concerned but also towards the aquifers and ground waters possibly present underneath the work.

From the perspective of responding to these questions, a series of tests and analysis have been carried out, from laboratory experimentation up to full-scale implementation, the results of which are presented below. Some other results, coming from a literature study, are also illustrated.

C.2.1. Leaching tests in laboratory

C.2.1.1. Description

This study was carried out in the Lhoist R&D laboratories, where a leaching column was installed in 2002. This appliance makes it possible to measure the composition and the pH of a solution leached from a sample of treated soil. It is based on the German standard DIN 18130-1, relating to the test of permeability of a soil.

Le dispositif expérimental est représenté sur la Figure C.1. Dans une cellule triaxiale remplie d'eau, l'échantillon cylindrique de sol traité est confiné dans une membrane en caoutchouc, et un disque poreux est placé en contact avec les surfaces supérieure et inférieure de l'échantillon. Afin d'accélérer le processus de lixiviation, un flux d'eau sous pression (0,1 MPa) est mis en circulation du bas vers le haut de l'échantillon. La membrane en caoutchouc est maintenue à une pression de confinement supérieure à la pression de lixiviation (0,12 MPa), de manière à empêcher la circulation d'eau entre la membrane et l'échantillon.

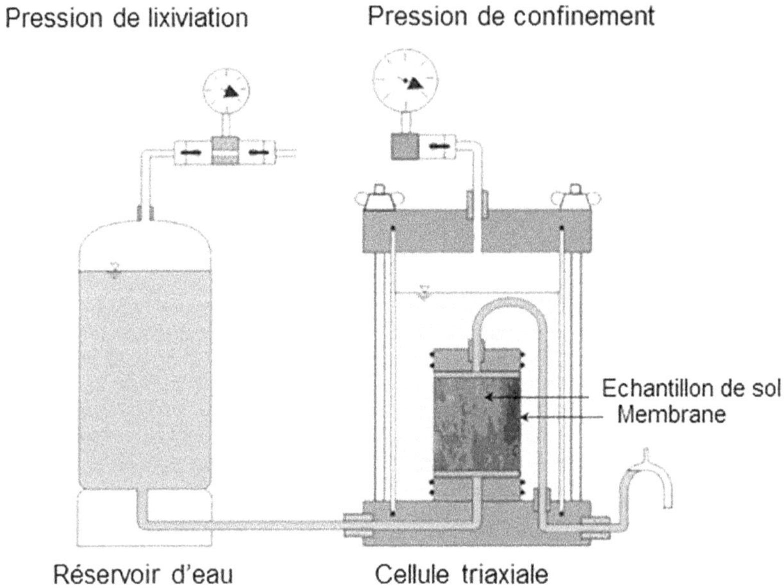

Fig. C.1
Montage expérimental de la cellule de lixiviation.

L'équipement est destiné à recevoir des éprouvettes cylindriques d'une hauteur de 12 cm et d'un diamètre de 10 cm, préparées dans des moules Proctor. La couche inférieure de l'échantillon (épaisseur = 4 cm) est réalisée à partir d'un sol traité à la chaux, tandis que les couches intermédiaire et supérieure sont constituées d'un sol non traité (Figure 16.2). L'échantillon d'essai est positionné dans l'appareil de manière que le flux d'eau traverse d'abord la couche traitée, puis le sol non traité.

Le sol examiné est un sol limoneux de la région Picardie (au nord de la France). Deux dosages de chaux ont été étudiés : 1,5% et 3%. Les essais de percolation de l'eau ont été réalisés pendant environ 2 mois, l'évolution du pH et de la concentration en ions calcium étant mesurée dans la solution lessivée. À l'issue de chaque essai, l'éprouvette a été récupérée et découpée en 6 tranches, dont la teneur en Ca2+ et le pH font l'objet de mesures.

The experimental arrangement is represented in Figure C.1. In a triaxial cell filled with water, the cylindrical sample of treated soil is confined in a rubber membrane, and a porous disc is placed in contact with the upper and lower surface of the sample. In order to accelerate the leaching process, a flow of pressurized water (0.1 MPa) is circulated from the bottom towards the top of the sample. The rubber membrane is maintained with a higher confinement pressure than the leaching pressure (0.12 MPa), so as to prevent circulation of water between the membrane and the sample.

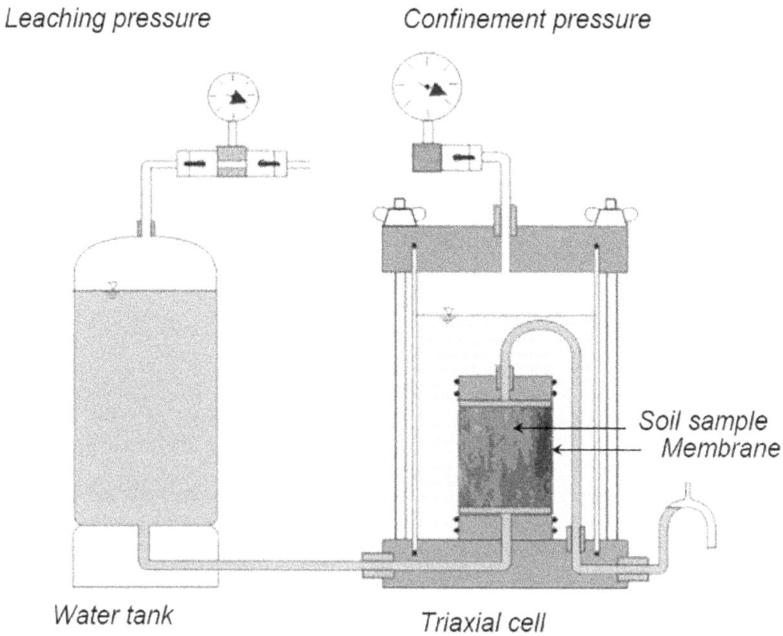

Fig. C.1
Experimental assembly of the leaching cell

The equipment is intended to receive cylindrical test specimens with a height of 12 cm and a diameter of 10 cm, prepared in Proctor moulds. The lower layer of the sample (thickness = 4 cm) is produced from a soil treated with lime, while the intermediate and upper layers consist of an untreated soil (Figure C.2). The test specimen is positioned in the appliance so that the stream of water first passes through the treated layer and subsequently passes through the untreated soil.

The soil examined is a silty soil from the Picardy region (North of France). Two dosages of lime were studied: 1.5% and 3%. The water percolation tests were carried out for approximately 2 months, the change in the pH and in the concentration of calcium ions being measured in the leached solution. On conclusion of each test, the test specimen was recovered and cut into 6 slices, the Ca2+ content and the pH of which form the subject of measurements.

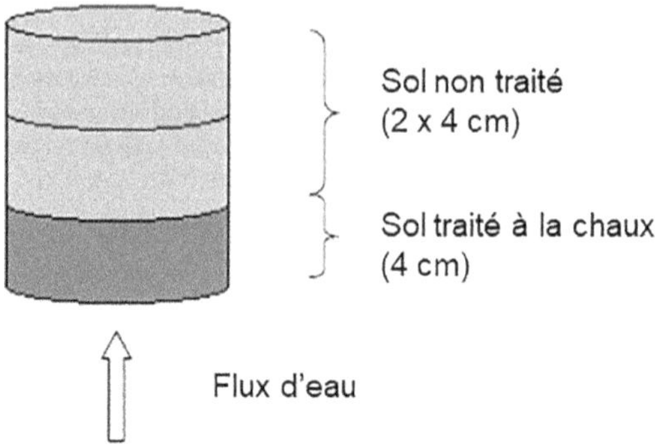

Fig. C.2
Disposition de l'échantillon de sol soumis au test de lixiviation.

C.2.1.2. Analyse de l'eau de lixiviation

L'évolution du pH de l'eau lessivée est illustrée sur la Figure C.3, respectivement dans le cas des éprouvettes contenant une couche de sol traité contenant 1,5% et 3% de chaux. Le pH initial de l'eau distillée est neutre (pH = 7) et augmente de 1 à 2 unités (jusqu'à une valeur égale à 9 dans le cas du traitement avec 3% de chaux). Toutefois, cette augmentation reste faible, en comparaison des valeurs élevées de pH rencontrées dans un sol traité (de l'ordre de 11 à 12, selon les conditions de traitement et l'âge de l'ouvrage). Une légère diminution de la basicité de la solution est par ailleurs observée.

Afin d'établir une comparaison, les valeurs de pH autorisées pour la neutralisation des effluents industriels, sont comprises entre 5,5 et 8,5, et lorsque la neutralisation est faite à la chaux, entre 5,5 et 9,5, ce qui intégrerait ce cas. Pour plus d'informations, voir les spécifications officielles françaises et européennes [1] [2]. La quantité de calcium qui passe dans l'eau de percolation est faible. Elle est évaluée à moins de 3 mg par semaine. De plus, cette quantité lessivée a tendance à diminuer avec le temps, comme le suggère le graphique de la Figure C.4, dans le cas de l'échantillon contenant le sol traité avec 3% de chaux.

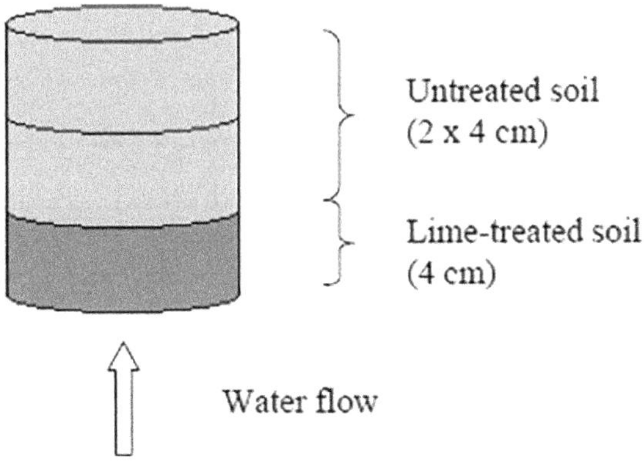

Fig. C.2
Arrangement of the soil sample subjected to the leaching test.

C.2.1.2. Analysis of the leached water

The change in the pH of the leached water is illustrated in Figure C.3, respectively in the case of the test specimens containing a layer of treated soil containing 1.5% and 3% of lime. The initial pH of the distilled water is neutral (pH = 7) and increases by 1 to 2 units (up to a value equal to 9 in the case of the treatment with 3% of lime). However, this increase remains low, in comparison with the high pH values found in a treated soil (of the order of 11 to 12, depending on the treatment conditions and on the age of the work). A slight decrease in the basicity of the solution is furthermore observed.

In order to establish a comparison, allowed pH values of industrial effluents neutralization, are in the range of 5.5 to 8.5, and when neutralization is made with lime, 5.5 to 9.5, which would integrate this case. For further information, see official French and European specifications [1] [2]. The amount of calcium which is passed into the percolation water is low. It is evaluated at less than 3 mg per week. Furthermore, this leached amount has a tendency to decrease with time, as is suggested by the graph of Figure C.4, in the case of the sample containing the soil treated with 3% of lime.

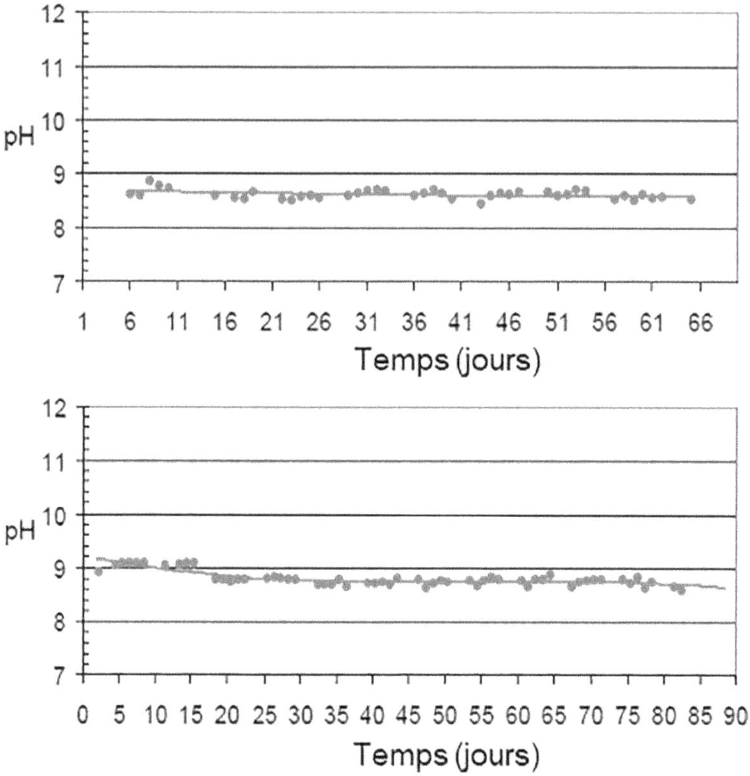

Fig. C.3
Valeurs du pH des eaux de lixiviation des échantillons contenant le sol limoneux traité avec 1,5% (graphique supérieur) et 3% (graphique inférieur) de chaux vive.

Une fois encore, il est possible de comparer la quantité maximale d'oxyde de calcium lessivé avec le seuil REACh [3], en prenant donc l'hypothèse que tout le calcium lessivé provient de la chaux. Pendant la première semaine de l'essai, le niveau d'ions calcium lessivés est le plus élevé et correspond à 2,6 mg/jour. Le calcul de la concentration équivalente dans l'eau, en tenant compte des paramètres de l'essai et de la loi de Darcy sur la conductivité hydraulique est le suivant :

$Q = k.S.\Delta dH/L$

Où :

- Q = flux d'eau (m^3/s);
- k = conductivité hydraulique (m/s) : 10^{-9} m/s est une hypothèse pertinente donnant un petit volume lessivé
- S = section de l'échantillon ($7{,}85.10^{-3}$ m^2);
- L = hauteur d'échantillon : 0,12 m;
- ΔH = hauteur piézométrique, ou colonne d'eau équivalente : 10 m (0,1 MPa).

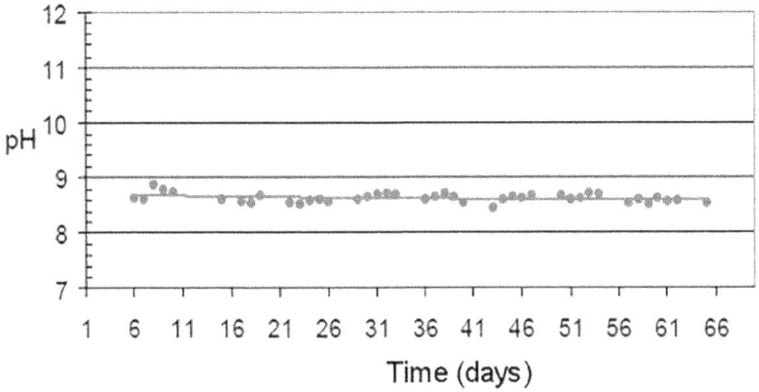

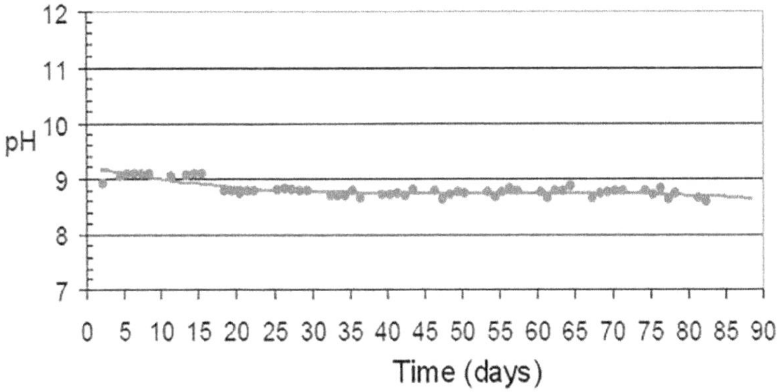

Fig. C.3
pH values of the leaching waters from the samples containing the silty soil treated with 1.5% (upper graph) and 3% (lower graph) of quicklime.

Once again, it is possible to have a comparison of the maximum calcium oxide amount leached with the REACh [3] threshold, taking therefore the hypothesis that all the leached calcium is coming from lime. During the first week of the test, the level of leached calcium ions is the highest and corresponds to 2.6 mg/day. The calculation of equivalent concentration in water, taking the test parameters into account and the Darcy's law of hydraulic conductivity:

$Q = k.S.\Delta dH/L$

Where:

- Q = water flow (m^3/s);
- k = hydraulic conductivity (m/s): 10^{-9} m/s is a relevant hypothesis giving a small leached volume
- S = specimen section ($7.85.10^{-3}$ m^2);
- L = specimen height: 0.12 m;
- ΔH = piezometric height, or equivalent water column: 10 m (0.1 MPa).

Le calcul donne Q = 6,9.10^{-10} m^3/s, soit 5,6.10^{-5} m^3/jour (56 ml/jour). La concentration de calcium est, à ce moment, égale à 2,62/0,056 = 47 mg/litre, ce qui correspond également à un équivalent CaO maximum de 66 mg/L.

Compte tenu du fait que la concentration prédite sans effet PNEC (pour Predicted No Effect Concentration) dans le sol et les eaux souterraines est de 817,4 mg/L selon le règlement européen REACh [3], la chaux lessivée restera bien en dessous de cette valeur.

Conclusion de cette série de tests : le pH et la quantité de calcium (oxyde de calcium) lessivés par une solution d'eau injectée à une pression relativement élevée sont tous deux maintenus à des niveaux acceptables, même dans le cas d'un traitement avec 3% de chaux vive.

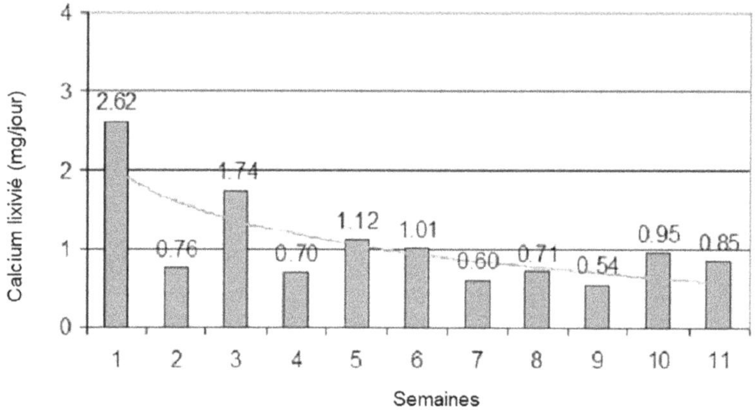

Fig. C.4

Quantité de calcium lessivé en fonction du temps, à partir de l'échantillon contenant le sol limoneux traité avec 3% de chaux.

C.2.1.3. Analyse des éprouvettes de sol récupérées

À l'issue des essais de lixiviation, les éprouvettes de sol ont été récupérées et découpées en 6 tranches, chacune ayant fait l'objet d'une mesure du pH et de la teneur en calcium. L'évolution de ces deux paramètres à travers la structure de l'éprouvette contenue dans le sol traité avec 3% de chaux est représentée sur la Figure C.5.

Après 2 mois de percolation accélérée, le pH des couches traitées reste à 10,8, tandis que les fractions non traitées présentent un pH de 7,2 à 7,5, ce qui est enregistré comme étant le pH original du sol naturel. La teneur en ions calcium est beaucoup plus importante dans la partie traitée et diminue dans les parties non traitées en fonction de la distance de séparation avec le sol traité à la chaux.

Ces observations tendent à démontrer la nature "tampon" des couches de sol naturel sous-jacentes à un sol traité, les ions étant adsorbés par une fine couche de sol naturel, même sous une pression de percolation de 0,1 MPa.

The calculation gives Q = $6.9.10^{-10}$ m^3/s, or $5.6.10^{-5}$ m^3/day (56 ml/day). The calcium concentration is, at this time, equal to 2.62/0.056 = 47 mg/liter, which also corresponds to a maximum CaO equivalent of 66 mg/L.

Taking into account that the PNEC (*Predicted No Effect Concentration*) in soil and groundwater is 817.4 mg/L according to REACh European regulation [3], the leached lime will stay well below this value.

Conclusion of this series of tests: the pH and the amount of calcium (calcium oxide) leached by a solution of water injected at a relatively high pressure are both maintained at acceptable levels, even in the case of a treatment with 3% of quicklime.

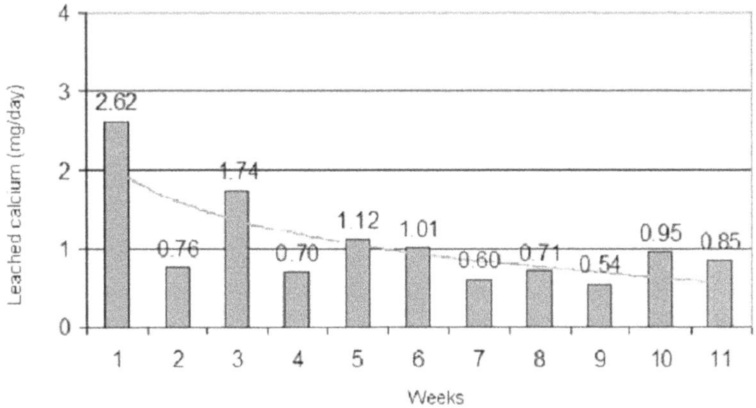

Fig. C.4
Amount of leached calcium as a function of time, from the sample containing the silty soil treated with 3% of lime.

C.2.1.3. Analysis of the recovered soil test specimens

On conclusion of leaching tests, the soil test specimens were recovered and cut into 6 slices, each having formed the subject of a measurement of pH and of calcium content. The change in these two parameters through the structure of the test specimen contained in the soil treated with 3% of lime is represented in Figure C.5.

After 2 months of accelerated percolation, the pH of the treated layers remains at 10.8, while the untreated fractions exhibit a pH of 7.2 to 7.5, which is recorded as being the original pH of the natural soil. The content of calcium ions is much bigger in the treated section and decreases in the untreated sections as a function of the distance of separation from the soil treated with lime.

These observations tend to demonstrate the “buffering” nature of the layers of natural soil underlying a treated soil, the ions being adsorbed by a thin layer of natural soil, even under a percolation pressure of 0.1 MPa.

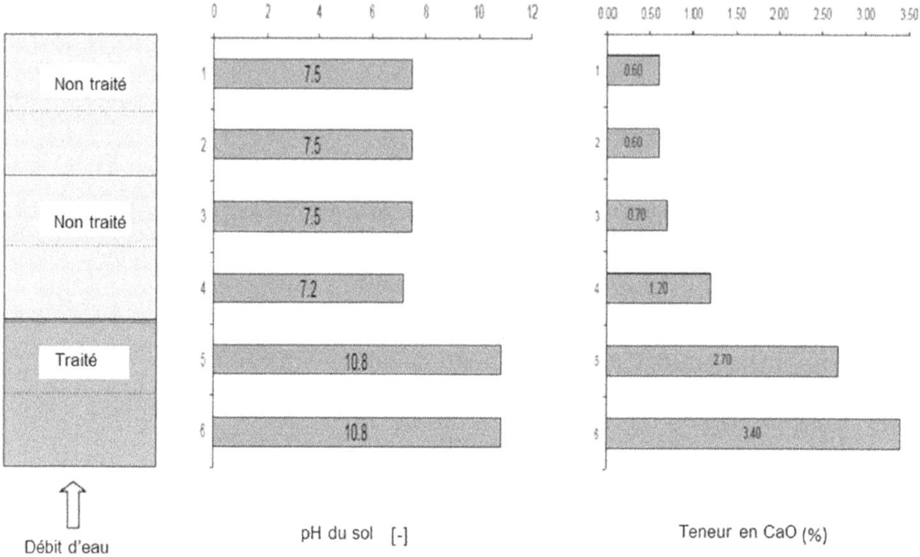

Fig. C.5
Valeurs du pH des différentes couches et teneur totale en CaO de l'échantillon de sol limoneux traité avec 3% de chaux et du sol "tampon" non traité, à l'issue de l'essai de percolation.

C.2.2. Tranchée expérimentale

Cette tranchée a été construite dans le but initial de mesurer les qualités de performance mécanique des matériaux excavés et recyclés traités à la chaux. Elle a été préparée et construite en collaboration avec le centre de recherche français CER (Centre d'Expérimentation et de Recherche, Rouen, France).

Des échantillons ont été prélevés dans et à proximité directe de cette tranchée, afin d'évaluer la diffusion de la chaux depuis les zones traitées vers le corps de sol environnant. La tranchée expérimentale a été construite de la manière suivante (voir Figure C.6) :

- Une sous-couche constituée de limon non traité (1) (35 cm)
- Une couche de mélange traité (déblais limoneux traités en centrale avec 2% de chaux vive) (2) (45 cm)
- Une couche de recouvrement en gravier non traité (3) (17 cm)
- Le tout est inséré dans un corps de sol sablonneux (4)

La tranchée, dans le sol, a été immergée pendant 2 mois. Une fois cette période écoulée, une tranchée transversale a été creusée et des échantillons ont été prélevés manuellement dans la section. Le schéma d'échantillonnage est représenté sur la Figure C.7 et les résultats sont reportés dans le Tableau C.1. Ont été prélevés les éléments suivants :

- des échantillons dans la couche de sol traitée : Va, Vb, Vc
- 2 échantillons dans la sous-couche de limon : La, Lb

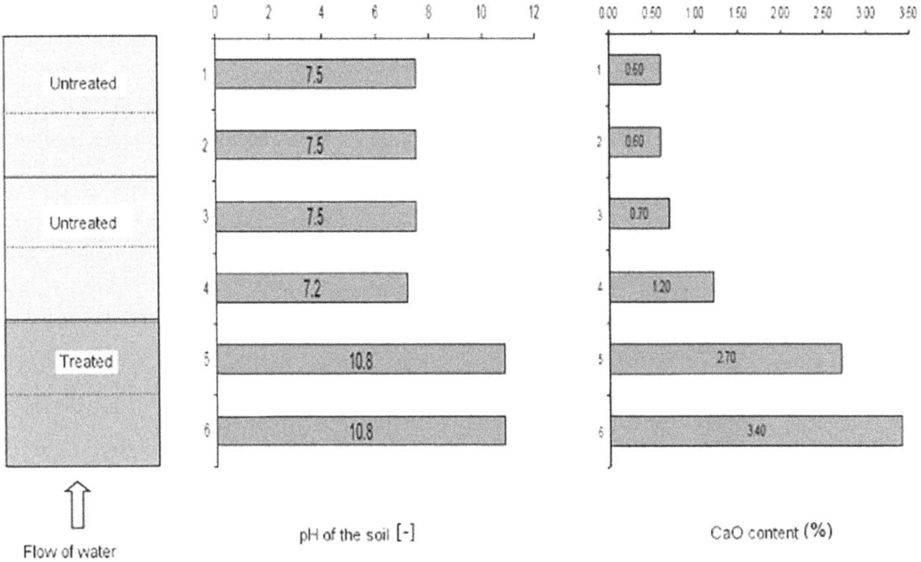

Fig. C.5
pH values of the different layers and total CaO content of the sample of silty soil treated with 3% of lime and untreated "buffer" soil, on conclusion of the percolation test.

C.2.2. Experimental trench

This trench was built with the initial aim of measuring mechanical performance qualities of excavated and recycled materials treated with lime. It was prepared and constructed in collaboration by the French research center CER (Centre d'Expérimentation et de Recherche, Rouen, France).

Samples were taken from and in the direct vicinity of this trench, in order to evaluate the diffusion of lime from the treated zones towards the surrounding soil body. The experimental trench was built in the following way (see Figure C.6):

- A sublayer made of untreated silt ① (35 cm)
- A layer of treated mix (silty clay excavated material treated in a mixing plant with 2% of quicklime) ② (45 cm)
- A covering layer made of untreated gravel ③ (17 cm)
- Everything inserted into a sandy soil body ④

The trench, in its soil body, was soaked for 2 months. Once this period of time had passed, a transverse trench was hollowed out and samples were taken manually from the section. The sampling scheme is represented in Figure C.7 and results reported in Table C.1. The following were withdrawn:

- samples in the layer of treated soil: Va, Vb, Vc
- 2 samples in the silt sublayer: La, Lb

- 6 échantillons de sable : Sa, Sb, Sc, Sd, Se, Sf
- 2 échantillons de référence : Sref (sable) et Lref (limon)

Chaque échantillon a été soumis à une mesure du calcium total par absorption atomique. Après avoir agité pendant 24 h une suspension de 100 g de sol sec dans 1 litre d'eau, des mesures de pH et de conductivité ont été effectuées sur le filtrat.

Fig. C.6
Le profil de la tranchée expérimentale. Les différents matériaux qui la composent sont identifiés dans le texte.

La conductivité, qui est une fonction directe de la concentration en ions, permet de valider qualitativement les mesures de calcium total. Les résultats de ces mesures sont repris dans le Tableau C.1.

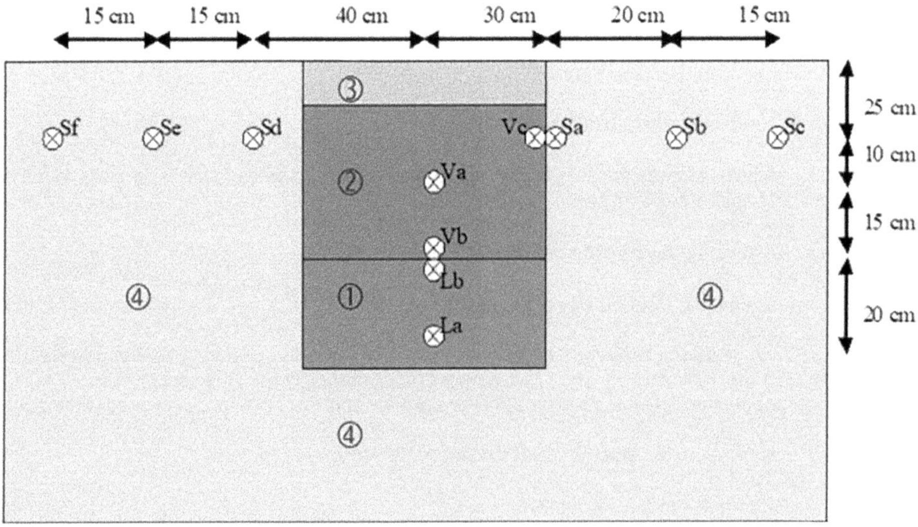

Fig. C.7
Schéma de retrait des échantillons de la tranchée expérimentale.

- 6 sand samples: Sa, Sb, Sc, Sd, Se, Sf
- 2 reference samples: Sref (sand) and Lref (silt)

Each sample was subjected to a measurement of total calcium by atomic absorption. After stirring a suspension of 100 g of dry soil in 1 liter of water for 24 h, pH and conductivity measurements were carried out on the filtrate.

Fig. C.6
The experimental trench profile. The different materials of which it is composed are identified in the text.

The conductivity, which is a direct function of the ion concentration, makes it possible to qualitatively validate the total calcium measurements. The results of these measurements are taken up in Scheme for withdrawing the samples from the experimental trench.

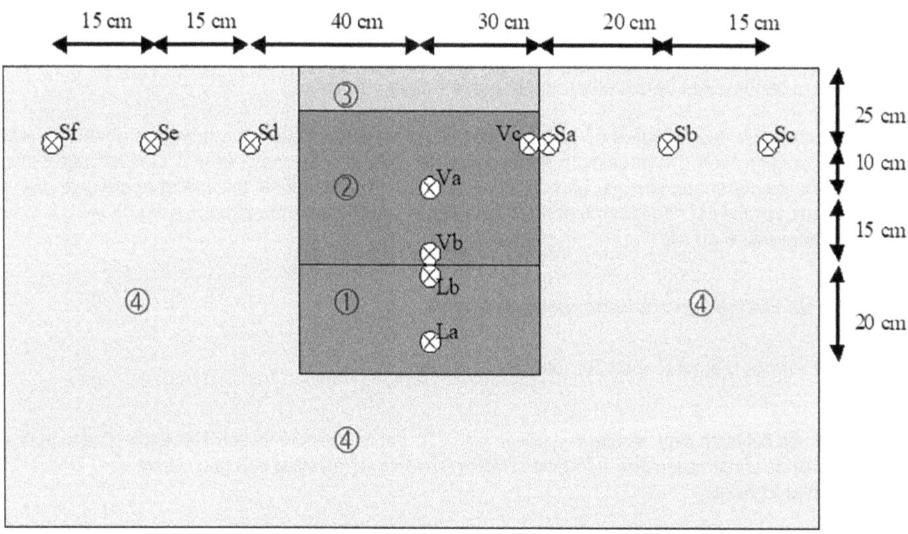

Fig. C.7
Sample Removal Diagram from the Experimental Trench

Tableau C.1
Résultats des mesures du pH, du Ca total (exprimé en CaO) et de la conductivité aux différents sites d'échantillonnage identifiés sur la Figure

Référence matériau	Type de matériau	pH	Ca Total (% CaO exprimé)	Conductivité (µS/cm)
Va	Matériau traité à la chaux	12,2	12,43	1362
Vb		12,2	12,92	1465
Vc		12,2	16,75	1369
Sa	Corps en sable	9,7	0,03	80
Sb		8,4	0,03	64,7
Sc		8,6	0,04	175,4
Sd		8,7	0,03	51,3
Se		8,5	0,03	8,53
Sf		8,7	0,03	8,68
Sref		8,5	0,04	8,46
La	Sous-couche de limon	7,8	0,04	86,1
Lb		8,0	0,24	90,2
Lref		8,3	0,03	26,3

Les valeurs de pH du matériau traité restent dans tous les cas supérieurs à 12, même après une immersion de 2 mois. Le pH de l'échantillon de sable Sa, en contact direct avec le matériau traité, est à peine plus élevé que celui des autres sables (9,7 contre 8,5); la même observation peut être faite pour la couche de limon sous-jacente au matériau traité.

On peut en conclure que l'augmentation du pH n'est que faiblement perceptible et se limite aux premiers centimètres de sol entourant la partie traitée à la chaux.

Par ailleurs, les mesures du calcium total et de la conductivité nous montrent généralement une forte concentration d'ions calcium dans la couche traitée à la chaux et une concentration très limitée dans les matériaux voisins. La migration des ions, avec les ions calcium et hydroxyde, dans les matériaux voisins est négligeable et reste limitée aux premiers centimètres (Sa et Lb), malgré une saturation prolongée du site.

C.2.3. Tests réalisés en situation réelle de travail

C.2.3.1. Remblai d'autoroute en République tchèque

L'étude suivante a été réalisée en décembre 2001 par la société Stavebni Geologie - Geotechnika sur le chantier de construction des autoroutes R3509 Slavonin - Praslavice et E 0803 Nova Ves - Doksany, en République tchèque.

Table C.1
Results of the pH, total Ca (CaO expressed) and conductivity measurements at the different sampling locations identified in Fig.

Material reference	Type of material	pH	Total Ca (%, CaO expressed)	Conductivity (µS/cm)
Va	Lime-treated material	12.2	12.43	1362
Vb		12.2	12.92	1465
Vc		12.2	16.75	1369
Sa	Sand body	9.7	0.03	80
Sb		8.4	0.03	64.7
Sc		8.6	0.04	175.4
Sd		8.7	0.03	51.3
Se		8.5	0.03	8.53
Sf		8.7	0.03	8.68
Sref		8.5	0.04	8.46
La	Silty soil sublayer	7.8	0.04	86.1
Lb		8.0	0.24	90.2
Lref		8.3	0.03	26.3

The pH values of the treated material remain in all cases greater than 12, even after immersion for 2 months. The pH of the sand sample Sa, in direct contact with the treated material, is scarcely higher than that of the other sands (9.7 in comparison with 8.5); the same observation may be made for the layer of silt underlying the treated material.

It may be concluded therefrom that the rise in pH is only slightly noticeable and is restricted to the first centimeters of soil surrounding the portion treated with lime.

Nevertheless, the measurements of total calcium and of conductivity generally show us a high concentration of calcium ions in the lime-treated layer and a very limited concentration in the neighboring materials. The migration of ions, with calcium and hydroxide ions, into the neighboring materials is negligible and remains restricted to the first centimeters (Sa and Lb), despite an extended saturation of the site.

C.2.3. Tests carried out in a real work situation

C.2.3.1. Motorway embankment in Czech Republic

The following study was performed in December 2001 by the company Stavebni Geologie - Geotechnika on the construction jobsite of the motorways R3509 Slavonin - Praslavice and E 0803 Nova Ves – Doksany, in the Czech Republic.

Cette campagne, en plus de l'interet de donner des résultats pour une situation réelle de chantier, présente également les avantages suivants :

- les travaux sont situés dans une réserve naturelle, pour laquelle l'impact environnemental d'un traitement à la chaux est d'une importance évidente;
- les mesures sur site ont pu être corrélées avec les tests de laboratoire et de percolation.

Des piézomètres ont été placés dans 9 forages au voisinage du remblai traité à la chaux, à plusieurs distances de celui-ci. Des mesures de pH de l'eau recueillie dans les piézomètres ont été réalisées. A proximité immédiate du pied du talus, le pH de l'eau a évolué, passant d'une valeur neutre (pH = 7) à une valeur de 11,5 pendant les travaux de traitement à la chaux (du 25 juillet au 11 août 2000). Les valeurs sont revenues à la neutralité initiale au cours de l'hiver suivant et sont restées constantes par la suite. L'augmentation du pH observée pendant la période d'excavation a été attribuée, aux endroits où les échantillons ont été prélevés, des carottages ouverts exposés à la poussière de chaux.

Les essais réalisés en laboratoire ont permis de mesurer l'évolution du pH et de la concentration en calcium soluble sur les sols du site traité avec 2,5% de chaux vive. Les résultats, présentés dans la Figure C.8 montrent des valeurs de pH relativement constantes et une diminution du calcium soluble, sans doute due à sa fixation par réaction pouzzolanique.

Des déterminations similaires du pH ont été effectuées sur les eaux prélevées dans les piézomètres, 19 mois et 22 mois après la fin des travaux de terrassement (mars et juin 2002). Le Tableau C.2 présente le pH et la concentration en calcium dans le sol naturel à différentes distances du pied du remblai, dans l'environnement direct de l'autoroute R3509. Les résultats sont illustrés dans la Figure C.9. Les valeurs mesurées sont assez proches des valeurs présentes à l'état " naturel " et ne semblent pas être affectées par une éventuelle lixiviation de la chaux du remblai de sol traité.

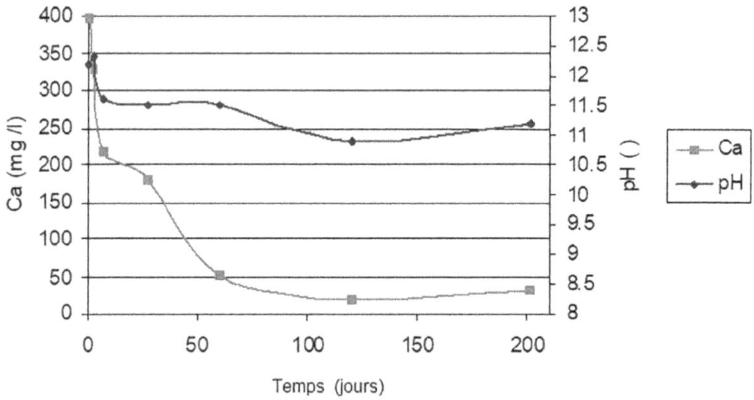

Fig. C.8
Modification du pH et de la concentration en calcium des matériaux traités avec 2,5% de chaux sur le site de la République tchèque.

This campaign, in addition to the advantage of giving results for a real construction site situation, also exhibits the following benefits:

- the works are located in a nature reserve, for which the environmental impact of a treatment with lime is of obvious importance.

- the measurements on site could be correlated with laboratory and percolation tests.

Piezometers were placed in 9 boreholes in the surroundings of the lime-treated embankment, at several distances from it. pH measurements of the water collected in the piezometers were performed. In the close vicinity of the foot of the embankment, the pH of the water changed, passing from a neutral value (pH = 7) to a value of 11.5 during the lime treatment works (from 25 July to 11 August 2000). The values returned to the initial neutrality during the following winter and subsequently remained constant. The increase in pH observed in the excavation period were attributed to the locations where the samples were taken, open core borings exposed to lime dust.

The tests carried out in the laboratory made it possible to measure the change in the pH and in the concentration of soluble calcium on the soils from the site treated with 2.5% of quicklime. The results, presented in Figure C.8 show relatively constant pH values and a decrease in the soluble calcium, doubtless due to the fixing thereof by pozzolanic reaction.

Similar pH determinations were carried out on water sampled in the piezometers, 19 months and 22 months after completion of the earthworks (March and June 2002). Table C.2 presents the pH and calcium concentration in the natural soil at different distances from the foot of the embankment, in the direct surroundings of the motorway R3509. The results are illustrated in Figure C.9. The values measured are fairly close to the values present in the "natural" state and do not appear to be affected by a possible leaching of the lime from the embankment of treated soil.

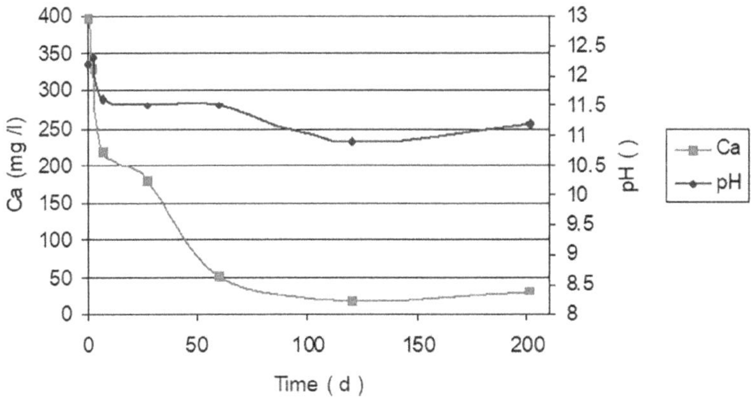

Fig. C.8
Change in the pH and in the calcium concentration of the materials treated with 2.5% of lime on the Czech Republic site.

Table C.2
pH et concentration en calcium dans les masses de sol entourant la zone traitée avec 2,5% de chaux (19 et 22 mois après la construction)

Distance depuis le pied du talus du remblai (m)	Position : PK 150.149			
	pH (-)		Concentration en Calcium (mg/dm³)	
	Mars 2002	Juin 2002	Mars 2002	Juin 2002
10 m	8,05	7,84	7,6	15,4
20 m	8,02	7,66	10,5	14,9
30 m	8,5	8,17	8,7	12,4

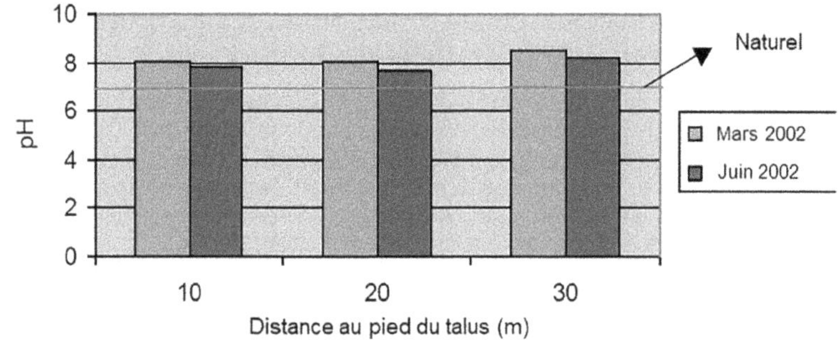

Fig. C.9
Valeurs du pH mesurées dans l'eau à la fin des carottages à plusieurs distances de la masse de sol traitée avec 2,5% de chaux.

Des essais de percolation ont été réalisés simultanément en laboratoire sur des échantillons de sol non traité, des échantillons traités à la chaux et sur un échantillon constitué d'une sous-couche de matériau non traité recouverte du sol traité à la chaux. Tous les échantillons de sol ont été prélevés sur le site de l'autoroute R3509. Le sol, qui est une argile limoneuse, a été compacté avec l'énergie Proctor à son humidité naturelle. Les dosages en chaux des échantillons traités sont de l'ordre de 1% ou 3%. Les essais de percolation ont été réalisés dans une cellule triaxiale, avec une pression de cellule de 16,6 kPa et une pression de confinement de 4,6 kPa. Cet essai a duré une semaine. Les résultats sont présentés dans le tableau C.3.

Tableau C.3
Résultats des tests de percolation effectués sur les matériaux du site de la République Tchèque.

Résultats de tests	Non traité	Sans sous-couche		Avec sous-couche	
Ajout de chaux (%)	0% CaO	1% CaO	3% CaO	1% CaO	3% CaO
pH	7,6	11,97	12,28	8,27	9,14
Ca (mg/l)	202	278	472	98,4	103

Table C.2
pH and calcium concentration in the soil bodies surrounding the zone treated with 2.5% of lime (19 and 22 months after construction)

Distance from the toe ((m)of the embankment (m)	Position: PK 150.149			
	pH (-)		Calcium concentration (mg/dm³)	
	March 2002	June 2002	March 2002	June 2002
10 m	8.05	7.84	7.6	15.4
20 m	8.02	7.66	10.5	14.9
30 m	8.5	8.17	8.7	12.4

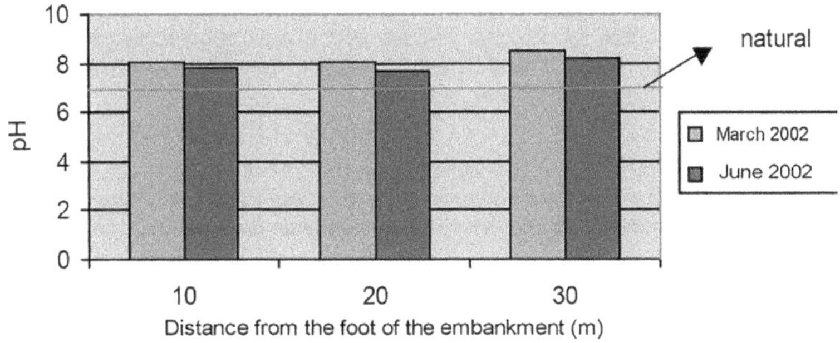

Fig. C.9
pH values measured in the water on conclusion of core borings at several distances from the soil body treated with 2.5% of lime.

Percolation tests were carried out in laboratory simultaneously on samples of untreated soil, samples treated with lime and a sample consisting of a sublayer of untreated material covered with the soil treated with lime. All the soil samples were withdrawn from the site of the motorway R3509. The soil, which is a silty clay, was compacted with Proctor energy at its natural humidity. The lime dosages of the treated samples are of the order of 1% or 3%. The percolation tests were carried out in a triaxial cell, with a cell pressure of 16.6 kPa and a confinement pressure of 4.6 kPa. This test required a week. The results are presented in Table C.3.

Table C.3
Results of the percolation tests carried out on the materials from the Czech Republic site

Test results	Untreated	Without sublayer		With sublayer	
Lime addition (%)	0% CaO	1% CaO	3% CaO	1% CaO	3% CaO
pH	7.6	11.97	12.28	8.27	9.14
Ca (mg/l)	202	278	472	98.4	103

La sous-couche de sol naturel a un effet réducteur tant sur le pH que sur la concentration en ions calcium de la solution lessivée. Le pH est par conséquent supérieur d'une unité par rapport à la neutralité (pH = 7), ce qui tend à démontrer que les matériaux non traités sur lesquels repose une grande masse de sol traité à la chaux, jouent le rôle de tampon, tant pour la basicité des eaux d'infiltration que pour les ions calcium dissous après le traitement. Cette conclusion est similaire aux essais de lixiviation menés sur des éprouvettes fabriquées en laboratoire.

À noter que la plus forte concentration en calcium du lixiviat correspond à 661 mg/l de CaO, ce qui est à nouveau inférieur à la PNEC (concentration prédite sans effet, 817,4 mg/l).

Cas d'un bassin traité à la chaux pour le stockage de l'eau

Dans le cadre d'une digue pilote expérimentale en sol traité à la chaux (projet DigueELITE, également sujet de la fiche technique n° 15), un bassin d'eau a été construit en juillet 2015 dans le département du Gard (sud de la France). Le matériau utilisé pour cette opération était un sol limoneux (IP = 5) excavé sur le site et traité avec 2% de chaux vive. Ce bassin d'une capacité d'environ 200 m^3 est également entouré d'un remblai et d'une plateforme construits avec le même sol traité à la chaux.

Après la construction, le bassin a été rempli d'eau de pluie et d'eau pompée. Des mesures du pH de l'eau ont été effectuées 3 mois après la construction, à partir de plusieurs prélèvements de l'eau du bassin et de l'eau prélevée dans la rivière à proximité. Les valeurs sont rapportées dans le Tableau C.4, et également comparées à l'eau de pluie.

Tableau C.4
Valeurs du pH de l'eau contenue dans le bassin traité à la chaux,
comparaison avec l'eau de rivière et l'eau de pluie de la même région.

Origine de l'eau	pH value
Bassin en sol traitè à la chaux	7,2
	7,3
	7,2
Rivière	7,3
Eau de pluie	6,8

La valeur du pH de l'eau contenue dans le bassin à partir de 3 mois est absolument identique à celle de la rivière, ce qui signifie qu'aucun impact du sol constitutif traité à la chaux ne peut être observé.

C.2.3.2. Cas des colonnes traitées à la chaux

Les colonnes de sol traité sont des colonnes verticales ou sub-verticales réalisées par des tarières hélicoïdales qui permettent, tout en injectant de la chaux et/ou du liant hydraulique, de mélanger le sol en place sur des profondeurs pouvant dépasser 25m. On obtient ainsi des colonnes cylindriques réalisées sur place et composées de sol cimenté. En multipliant leur nombre selon un plan d'implantation étudié, il est possible d'améliorer les performances des sols meubles utilisés comme fondations de structures. Cette technique est largement utilisée en Europe, dans les pays nordiques, pour stabiliser les argiles molles.

Plusieurs publications peuvent être trouvées dans la littérature, traitant de colonnes ou de pieux traités à la chaux, et ayant comme premier objectif d'étudier l'étendue de l'amélioration autour de ces zones concentrées en chaux. Certaines d'entre elles donnent également des informations sur l'impact environnemental en termes de diffusion de la chaux dans les sols environnants.

The sublayer of natural soil has a reducing effect both on the pH and the concentration of calcium ions of the leached solution. The pH is consequently greater by one unit with respect to neutrality (pH = 7), which tends to demonstrate that the untreated materials on which a large body of soil treated with lime rests, acts as a buffer, both for the basicity of the infiltrating water but also for the calcium ions dissolved after the treatment. This conclusion is similar to the leaching tests led on laboratory manufactured specimens.

Note that the highest calcium concentration of the leachate corresponds to 661 mg/l CaO, which is again below the PNEC (*Predicted No Effect Concentration,* 817.4 mg/l).

Case of lime-treated basin for water storage

In the context of an experimental pilot levee in lime-treated soil (DigueElite project, also topic of Data Sheet N° 15), a water basin was built in July 2015 in the Gard department (South of France). The material used for this operation was a silty soil (PI = 5) excavated on the site and treated with 2% quicklime. This basin of about 200 m³ capacity is also surrounded by an embankment and a platform built using the same lime-treated soil.

After the construction, the basin was filled with rainwater and pumped water. pH measurements of water were performed 3 months after construction, from several samplings in the basin and from the water taken in the river nearby. The values are reported in Table C.4, and also compared with rainwater.

Table C.4
pH values of water contained in lime-treated basin,
comparison with river water and rainwater from the same area

Orgin of water	pH value
Lime-treated soil basin	7.2
	7.3
	7.2
River	7.3
Rain water	6.8

The pH value of the water contained in the basin from 3 months is absolutely identical to the river, meaning that no impact of the constitutive lime-treated soil can be observed.

C.2.3.2. Lime treated columns case

Treated soil columns are vertical or sub-vertical columns made by helical augers which allow, while injecting lime and/or hydraulic binder, to mix the soil in place over depths that can exceed 25m. Cylindrical columns made in place and composed of cemented soil are thus obtained. By multiplying their number according to a studied layout plan, it is possible to improve the performance of soft soils used as foundations for structures. This technique is widely used in Europe, in the Nordic countries, to stabilize soft clays.

Several publications can be found on the literature, dealing with lime treated columns or lime piles, and having as first purpose to investigate the extent of improvement around these areas concentrated in lime. Some of them also report information about environmental impact in terms of lime diffusion into surrounding soils.

Rao et Mathew [4,5] ont étudié la perméabilité et les produits de réaction dans une argile marine stabilisée à la chaux, en utilisant la technique de la colonne de chaux. Ils ont utilisé l'évolution du pH comme indicateur de la migration de la chaux. Le pH a été surveillé pendant 60 jours à des distances allant jusqu'à 25 cm de la surface de la colonne. La valeur du pH, qui était de 7,5 après 2 jours, a atteint 8,9 après 60 jours.

Ces résultats peuvent être comparés aux tests de terrain effectués par Barker sur des colonnes traitées à la chaux [6]. Il a remarqué que l'augmentation du pH à proximité de la colonne traitée à la chaux est limitée à une distance de 1,5 cm après 13 semaines. Aucune autre évolution n'a ensuite été observée après 13 semaines supplémentaires. Les tests de laboratoire de Rogers [7,8] ont confirmé que la migration des ions hydroxyle est limitée entre 2 et 3 cm de la source de chaux. L'étude de Barker [9] sur 4 sols plus argileux a abouti à des conclusions similaires : le pH n'a augmenté que de 5,5 à 6 après 60 jours à une distance de 3 cm. Les ions calcium semblent être plus mobiles (Figure C.10), mais une fois de plus le périmètre de diffusion semble être limité à quelques centimètres.

Les auteurs fournissent l'explication suivante pour la diffusion de la chaux dans ce type d'application. Le mécanisme réel est probablement une combinaison de diffusion ionique et de transport de masse, en fonction des conditions d'écoulement de l'eau. En ce qui concerne la diffusion, une explication possible des courtes distances observées est qu'elle est contrôlée par un processus d'échange d'ions. Le potentiel d'échange d'ions doit dépendre quelque peu de la minéralogie. La nature auto-limitante des réactions, dans laquelle la stabilisation du sol adjacent à une colonne inhibe la poursuite de la migration, doit également être prise en compte dans le processus de migration.

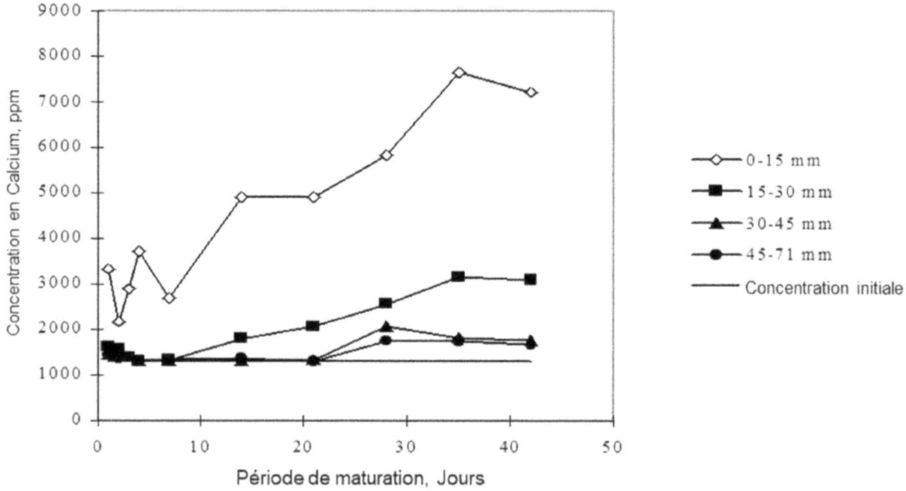

Fig. C.10
Relation entre la concentration de calcium dans l'argile entourant la colonne traitée et la période de maturation.

C.3. VÉGÉTATION

Dans le cadre d'un projet de recherche sur les effets à long terme de la stabilisation d'un limon à la chaux, le Centre de Recherches Routières Belge (CRRB) a mené une étude qui constitue l'extension d'un banc d'essai installé dans les années 1970. Parallèlement aux analyses mécaniques et chimiques du massif support, un examen botanique a été réalisé en 2003 sur ce limon stabilisé de 30 ans afin d'étudier l'impact à long terme du traitement sur la végétation, en comparant la végétation de cette zone traitée avec celle d'une zone témoin adjacente. Le limon a un indice de plasticité de 8 et 95% des particules sont < 74 μm.

Rao and Mathew [4,5] investigated the permeability and the reaction products in lime-stabilized marine clay, using the lime column technique. They used the pH evolution as an indicator of lime migration. The pH was monitored for 60 days at distances up to 25 cm from the column face. The pH value, which was 7.5 after 2 days, reached 8.9 after 60 days.

These results can be compared with field tests made by Barker on lime treated columns [6]. He noticed that the pH increase near the lime treated column is limited to a distance of 1.5 cm after 13 weeks. No more evolution was then observed after 13 further weeks. Laboratory tests from Rogers [7,8] confirmed that hydroxyl ion migration is limited between 2 and 3 cm far from the lime source. Barker's study [9] on 4 more clayey soils led to similar conclusions: pH only increased from 5.5 to 6 after 60 days at a distance of 3 cm. The calcium ions seemed to be more mobile (Figure C.10), but once again the diffusion perimeter seems to be limited to a few centimeters.

The authors provide the following explanation for lime diffusion in this type of application. The actual mechanism is probably a combination of ion diffusion and mass transport depending on water flow conditions. With respect to diffusion, a possible explanation for the short distances observed is that it is controlled by a process of ion exchange. The potential for ion exchange must depend somewhat on mineralogy. The self-limiting nature of the reactions, in which stabilization of the soil adjacent to a pile inhibits further migration, must also be considered in the migration process.

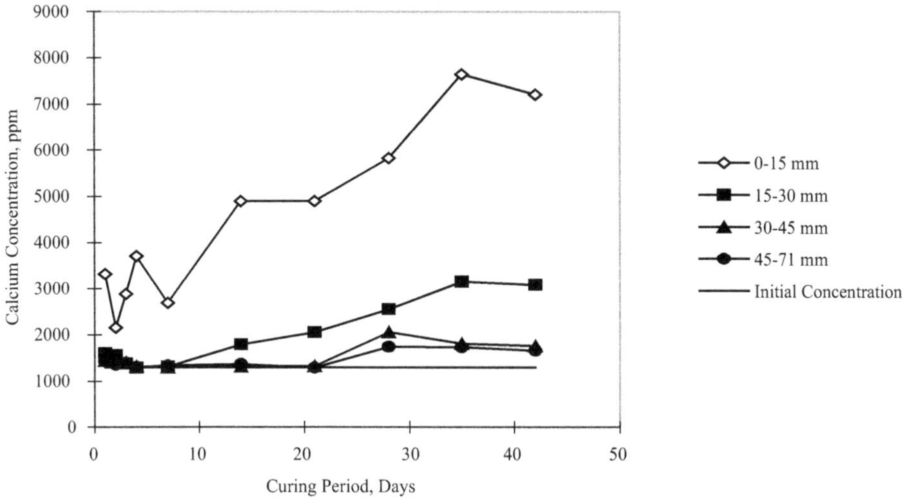

Fig. C.10
Relationship between calcium concentration in clay surrounding the lime pile and curing period.

C.3. VEGETATION

As part of a research project on the long-term effects of stabilizing a loam with lime, the Belgian Road Research Centre (BRRC) conducted a study, which was the extension of a test bed installed in the 1970s. At the same time as the mechanical and chemical analyses of the supporting mass, a botanic examination was carried out in 2003 on this 30-year-old stabilized loam in order to study the long-term impact of the treatment on vegetation, by comparing the vegetation in this treated area with that in an adjacent reference area. The loam has a plasticity index of 8 and 95% of particles are < 74 μm.

La planche d'essai a été réalisée en août 1972, sur une section de sol du site d'expérimentation de Sterrebeek, qui appartient au CRRB. Un limon a ainsi été mélangé à 7% de chaux vive sur une profondeur de 30 cm sur une surface de 225 m² (15x15 m). Cette zone traitée a été laissée dans cet état pendant plus de 30 ans sans supporter de charges de trafic et sans traitement ou modification supplémentaire. Seule une tonte annuelle est mentionnée. On estime que les 10 premiers cm de la couche traitée ont été recolonisés par la végétation. Des relevés phytosociologiques exhaustifs ont été effectués par le laboratoire de botanique systématique et de phytosociologie de l'Université Libre de Bruxelles. La procédure utilisée est la méthode traditionnelle Braun-Blanquet; sur une surface standard de 4 m² et dans des milieux végétaux physionomiquement homogènes. Les relevés sont limités à une zone normalisée, ce qui permet de comparer tous les relevés en fonction de leur richesse spécifique, c'est-à-dire le nombre d'espèces qu'ils contiennent. Au total, quatre relevés ont été effectués dans la zone non traitée et un nombre identique dans la zone traitée à la chaux.

C.3.1. Espèces présentes

Le nombre d'espèces enregistrées dans les deux zones ne diffère pas de manière significative : 28 pour la zone témoin contre 25 pour la zone traitée. De plus, il a été noté que de nombreuses espèces étaient communes aux deux zones. Parmi les espèces relevées, les plus calciphiles sont le géranium disséqué (Geranium dissectum), la tanaisie (Tanacetum vulgare), la véronique rampante (Veronica prostrata), le lathyrus nissolia, le basilic sauvage (Calamintha clinopodium), la luzerne (Medicago sativa) et le tussilage (Tussilago farfara). Les espèces calciphiles se trouvaient autant dans la zone témoin que dans la zone traitée à la chaux. Lors des relevés, la zone traitée présentait à la fois une couverture végétale plus faible (en moyenne 55% du sol couvert de végétation contre 85% dans la zone test) et une végétation moins développée. La végétation atteignait une hauteur moyenne de 80 cm dans la zone témoin et de 60 cm dans la zone traitée à la chaux. Toutefois, ces disparités semblent s'estomper au fil des saisons.

Des valeurs indiquant les différentes espèces présentes afin de décrire correctement les différentes tranches de végétation identifiées et leur relation avec les variables environnementales, les coefficients acido-alcalins et la disponibilité de l'azote ont été calculés sur la base des valeurs indicatives d'Ellenberg.

Le paramètre le plus pertinent dans l'étude semble, en effet, être celui de l'acidité, alors que la teneur en azote du sol reflète généralement la fertilité globale du sol exprimée par la production de végétation.

Une valeur indicative d'Ellenberg a été attribuée à chaque espèce afin de calculer des coefficients de relevé. Le total des valeurs des espèces est ensuite divisé par le nombre d'espèces du relevé.

Les coefficients ainsi calculés découlent des valeurs indicatives de l'acidité (R) et de la teneur en azote (N). L'échelle des valeurs va respectivement de la forte acidité (R=1) à la basicité et à la forte teneur en calcium (R=9) et d'une teneur en azote extrêmement faible (N=1) à une teneur en azote excessive (N=9). Le Tableau C.5 présente les valeurs des indicateurs pour les zones examinées.

Les deux zones ne sont pas très différentes l'une de l'autre. Le nombre moyen d'espèces par relevé est très proche et les valeurs de R sont également similaires. Les valeurs de N sont légèrement inférieures dans la zone traitée, ce qui est corroboré par un niveau de biomasse plus faible (Tableau C.5).

The test bed was made in August 1972, on a section of soil at the Sterrebeek experiment site, which belongs to the BRRC. A loam was thereby mixed with 7% quicklime to a depth of 30 cm over an area of 225 m² (15x15 m). This treated area was left in this condition for more than 30 years without bearing any traffic loads or without any additional treatment or changes. Only one annual trim is mentioned. It is estimated that the first 10 cm of the treated layer was recolonized by the vegetation. Exhaustive phytosociological readings have been taken by the systematic botany and phytosociology laboratory at the Université Libre de Bruxelles. The procedure used is the traditional Braun-Blanquet method; on a standard 4 m² area and in physiognomically homogeneous vegetation communities. The readings are restricted to a standard area which means that all the readings can be compared for their specific richness, i.e. the number of species they contain. In total, four readings were taken in the untreated area and an identical number in the lime-treated area.

C.3.1. Present species

The number of species recorded in the two areas did not differ significantly: 28 for the reference area compared with 25 for the treated area. In addition, it was noted that many species were common to the two areas. Among the species noted, the most calciphilous were cut-leaved cranesbill *(Geranium dissectum),* common tansy *(Tanacetum vulgare),* sprawling speedwell *(Veronica prostrata),* grass vetchling *(Lathyrus nissolia),* wild basil *(Calamintha clinopodium),* alfalfa *(Medicago sativa)* and coltsfoot *(Tussilago farfara).* The calciphilous species were found just as much in the test area as the lime-treated area. When the readings were taken, the treated area had both a smaller amount of vegetation cover (on average 55% of the soil covered in vegetation compared with 85% in the reference area) and less developed vegetation. The vegetation reached an average height of 80 cm in the reference area and 60 cm in the lime-treated area. However, these disparities seemed to recede as the seasons progressed.

Values indicating the different species present in order to correctly describe the different units of vegetation identified and their relationship with environmental variables, the acid-alkaline coefficients and the availability of nitrogen were calculated based on the Ellenberg indicator values.

The most relevant parameter in the study seemed, in fact, to be that of acidity, whereas the nitrogen content in the soil generally reflects the overall fertility of the soil expressed by the production of vegetation.

Each species was allocated an Ellenberg indicator value in order to calculate the coefficients for a reading. The total of the values from the species is then divided by the number of species in the reading.

The coefficients thereby calculated result from the acidity (R) and the nitrogen content (N) indicator values. The scale of values ranges respectively from strong acidity (R=1) to the basicity and high calcium content (R=9) and from an extremely low level of nitrogen (N=1) to excessive nitrogen (N=9). Table C.5 shows the indicator values for the areas examined.

The two areas do not differ greatly from each other. The average number of species per reading is very close and the R values are also similar. The N values are slightly lower in the treated area, which is corroborated by a lower level of biomass (Table C.5).

Tableau C.5
Résultats des valeurs des indicateurs R (acidité) et N (azote) obtenus après 30 ans sur la plateforme CRR. La zone traitée à la chaux correspond à 30 cm de limon de faible plasticité (PI = 8) traité à la chaux à 7%. La zone d'essai correspond à la zone de référence.

Zone témoin				Zone traitée à la chaux			
Inspection n°	Nombre d'espèces	Valeurs de R	Valeurs de N	Inspection n°	Nombre d'espèces	Valeurs de R	Valeurs de N
1	17	6.8	4.9	5	9	6.3	4.7
2	18	6.3	5.4	6	15	6.5	4.2
3	12	6.6	6.0	7	14	6.3	5.3
4	17	6.5	5.6	8	17	6.1	4.8
Moyenne	16	6.6	5.5		14	6.3	4.8

C.3.2. Conclusion de l'étude de la végétation

Même si, physionomiquement, la zone témoin et la zone traitée à la chaux semblent bien différentes au moment des relevés, ces différences ne sont pas marquées dans les résultats. Le nombre total d'espèces observées dans les deux milieux et le nombre moyen d'espèces par relevé ne sont pas significativement différents. La proportion d'espèces calciphiles est similaire dans les deux milieux, et les valeurs R ne permettent pas de les distinguer. Seule la valeur N est légèrement inférieure dans la zone traitée à la chaux, ce qui revient à dire que la fertilité globale du sol est légèrement inférieure dans la zone traitée.

C.4. CONCLUSIONS

L'étude multi-échelle, réalisée au moyen d'essais de lixiviation en laboratoire, d'échantillons prélevés dans une tranchée expérimentale saturée et sur un chantier d'excavation grandeur nature, a permis de conclure que l'impact environnemental d'un traitement à la chaux, via la migration/diffusion des ions calcium et hydroxyles vers les matériaux et aquifères voisins, est très limité. La migration de ces ions et l'impact sur le pH des matériaux sont limités à une zone de quelques centimètres (5 à 6 centimètres pour le pH, 20 centimètres au maximum en ce qui concerne les ions calcium plus mobiles). Ceci a été démontré par des expériences en laboratoire, ainsi que par une expérience sur le terrain (tranchée remplie de matériaux traités à la chaux, puis trempés pendant 2 mois).

Les essais de lixiviation montrent un effet très limité sur l'eau percolée. Les observations tendent à démontrer le caractère " tampon " d'un sol, qui agit comme une barrière neutralisante vis-à-vis de la diffusion à partir des structures traitées à la chaux. Ceci confirme les conclusions de la littérature disponible sur les colonnes traitées à la chaux.

De plus, il a été constaté que le pH et la concentration en ions calcium des couches traitées étaient stables dans le temps, ce qui témoigne de la progression des réactions pouzzolaniques initiées par la chaux, lorsque la stabilisation du sol est l'objectif visé.

Enfin, du point de vue de la végétation, les espèces qui poussent sur une structure de référence traitée à la chaux sont similaires à celles présentes à proximité, même si une fertilité légèrement inférieure est observée sur les sols traités à la chaux.

Table C.5
Results of the R (acidity) and N (nitrogen) indicator values obtained after 30 years in the CRR bed. The lime-treated area corresponds to 30 cm of low plasticity loam (PI = 8) treated with 7% lime. The test area corresponds to the reference area

Test area				Lime-treated area			
Reading no.	Number of species	R values	N values	Reading no.	Number of species	R values	N values
1	17	6.8	4.9	5	9	6.3	4.7
2	18	6.3	5.4	6	15	6.5	4.2
3	12	6.6	6.0	7	14	6.3	5.3
4	17	6.5	5.6	8	17	6.1	4.8
Average	16	6.6	5.5		14	6.3	4.8

C.3.2. Conclusion from the vegetation study

Even if, physiognomically, the reference area and the lime-treated area appear quite different at the time of the readings, these differences are not marked in the results. The total number of species observed in the two environments and the average number of species per reading, were not significantly different. The proportion of calciphilous species is similar in the two areas, and the R values cannot be used to distinguish them. Only the N value is slightly lower in the lime-treated area, which amounts to saying that the overall fertility of the soil is slightly less in the treated area.

C.4. CONCLUSIONS

The multiscale study, carried out through laboratory leaching tests, samples withdrawn from a saturated experimental trench and on a full-size excavation site, has made it possible to conclude that the environmental impact of a treatment with lime, via the migration/diffusion of the calcium and hydroxyl ions towards the neighboring materials and aquifers, is very limited. The migration of these ions and the impact on the pH of the materials is limited to a zone of a few centimeters (5 to 6 centimeters for the pH, 20 centimeters at most as regards the more mobile calcium ions). This was shown from lab experiments, as well as on a field experiment (trench filled with lime-treated materials, then soaked for 2 months).

The leaching tests show a very limited effect on the percolated water. The observations tend to demonstrate the "buffering" nature of a soil, which acts as neutralizing barrier with regard to the diffusion from the structures treated with lime. This confirms the conclusions of the available literature on lime treated columns.

Furthermore, it has been found that the pH and the concentration of calcium ions of the treated layers was stable over time, which is evidence for the progression of the pozzolanic reactions initiated by the lime, when stabilization of the soil is the targeted objective.

Finally, on the vegetation point of view, the species that grow on a referenced lime treated structure are similar to those present in the vicinity, even if a slightly lower fertility is observed on lime-treated soil.

C.5. RÉFÉRENCES (ANNEXE C)

[1] https://aida.ineris.fr/consultation_document/8589 (France, 1996)

[2] https://circabc.europa.eu/sd/a/97d7bd92-e92e-4b42-a2b3-6a1d8d00d81d/National%20 Technical%20Regulation%20%20on%20Industrial%20Wastewater.pdf (eu, 2009)

[3] https://echa.europa.eu/regulations/reach/understanding-reach

[4] Rao, Mathew. *Effect of lime on cation exchange capacity of marine clay*, Journal of Geotechnical and Geoenvironmental Engineering, 123, 2, 1997

[5] Rao, Mathew. Permeability studies in marine clays stabilized with lime columns, int. Offshore and Polar Engineering, Hamilton, 1990

[6] Barker J.E., Rogers C.D.F., Boardman D.I. Physico-chemicals changes in clay soils surrounding lime piles, international conference on underground infrastructure research: Municipal, Industrial and Environmental Applications, University of Waterloo, Ontario, Canada, 2001

[7] Rogers C.D.F., Glendinning S. *The role of lime migration in lime pile stabilization of slopes*, Quarterly Journal of Engineering Geology, 29, 1996

[8] Rogers C.D.F., Glendinning S., Troughton V.M. *The use of additives to enhance the performance of lime piles*, Proceedings of the 4th International Conference on Ground Improvement Geosystems, Helsinki, 2000

[9] Barker J.E. *Ion Migration associated with lime piles*, Ph. D. Thesis, University of Birmingham, Department of Civil Engineering, January 2002

C.5. REFERENCES (ANNEX C)

[1] https://aida.ineris.fr/consultation_document/8589 (France, 1996)

[2] https://circabc.europa.eu/sd/a/97d7bd92-e92e-4b42-a2b3-6a1d8d00d81d/National%20Technical%20Regulation%20%20on%20Industrial%20Wastewater.pdf (eu, 2009)

[3] https://echa.europa.eu/regulations/reach/understanding-reach

[4] Rao, Mathew. *Effect of lime on cation exchange capacity of marine clay*, Journal of Geotechnical and Geoenvironmental Engineering, 123, 2, 1997

[5] Rao, Mathew. Permeability studies in marine clays stabilized with lime columns, int. Offshore and Polar Engineering, Hamilton, 1990

[6] Barker J.E., Rogers C.D.F., Boardman D.I. Physico-chemicals changes in clay soils surrounding lime piles, international conference on underground infrastructure research: Municipal, Industrial and Environmental Applications, University of Waterloo, Ontario, Canada, 2001

[7] Rogers C.D.F., Glendinning S. *The role of lime migration in lime pile stabilization of slopes*, Quarterly Journal of Engineering Geology, 29, 1996

[8] Rogers C.D.F., Glendinning S., Troughton V.M. *The use of additives to enhance the performance of lime piles*, Proceedings of the 4th International Conference on Ground Improvement Geosystems, Helsinki, 2000

[9] Barker J.E. *Ion Migration associated with lime piles*, Ph. D. Thesis, University of Birmingham, Department of Civil Engineering, January 2002

14. FICHES TECHNIQUES D'APPLICATIONS

- Fiche Technique N°1 – Australie
- Fiche Technique N°2 – Thaïlande
- Fiche Technique N°3 – France : Digue de Fond Pignon
- Fiche Technique N°4 – France : Barrage de Michelbach
- Fiche Technique N°5 – USA : Canal de Friant-Kern
- Fiche Technique N°6 – USA : Barrage de Los Esteros
- Fiche Technique N°7 – USA : Barrage de Mc Gee Creek
- Fiche Technique N°8 – USA : Petits barrages du Mississippi et des USA
- Fiche Technique N°9 – Chine : Digue de Heilongjiang Pangtoupao
- Fiche Technique N°10 – République Tchèque : Barrages de Javor et Kohúta
- Fiche Technique N°11 – Swaziland : Barrage de Mnojli
- Fiche Technique N°12 – France : Petits barrages de la Duchère
- Fiche Technique N°13 – France : Barrage de Pannecière
- Fiche Technique N°14 – Burkina Faso : Barrage de Loumbila
- Fiche Technique N°15 – France : Digue expérimentale de DigueElite
- Fiche Technique N°16 – France : Digues d'essai de Salin de Giraud
- Fiche Technique N°17 – Chine : Fondation de la digue de Minjiang Longxikou
- Fiche Technique N°18 – Belgique : Protection de pente expérimentale sur la digue de Vlassenbroek
- Fiche Technique N°19 – Malaisie : Surélévation du barrage de Sungai Cherok
- Fiche Technique N°20 – France : Réparation du barrage de Maribot
- Fiche Technique N°21 – France : Sols cimentés pour la conception de chaussées
- Fiche Technique N°22 – France : Sols cimentés pour les lignes ferroviaires à grande vitesse

14. APPLICATIONS DATA SHEETS

- Sheet N°1 – Australia
- Sheet N°2 – Thaïland
- Sheet N°3 – France: Fond Pignon levee
- Sheet N°4 – France: Michelbach dam
- Sheet N°5 – USA: Friant-Kern canal
- Sheet N°6 – USA: Los Esteros dam
- Sheet N°7 – USA: Mc Gee Creek dam
- Sheet N°8 – USA: Mississippi and USA small dams
- Sheet N°9 – China: Heilongjiang Pangtoupao Levee
- Sheet N°10 – Czech Republic: Javor and Kohútka dams
- Sheet N°11 – Swaziland: Mnjoli dam
- Sheet N°12 – France: La Duchère small dams
- Sheet N°13 – France: Pannecière cofferdam
- Sheet N°14 – Burkina Faso: Loumbila dam
- Sheet N°15 – France: DigueElite experimental levee
- Sheet N°16 – France: Salin de Giraud test levees
- Sheet N°17 – China: foundation of the Minjiang Longxikou Levee
- Sheet N°18 – Belgium: Vlassenbroek experimental levee covering shell
- Sheet N°19 – Malaysia: Raising of Sungai Cherok dam
- Sheet N°20 – France: Repair of the Maribot dam
- Sheet N°21 – France: Cemented soils in pavement design
- Sheet N°22 – France: Cemented soils in high-speed railways

For Product Safety Concerns and Information please contact our EU representative GPSR@taylorandfrancis.com
Taylor & Francis Verlag GmbH, Kaufingerstraße 24, 80331 München, Germany

www.ingramcontent.com/pod-product-compliance
Ingram Content Group UK Ltd.
Pitfield, Milton Keynes, MK11 3LW, UK
UKHW020154200926
475702UK00016B/2710
9781032883519